Live2D绘制指南 插画拆分技法与实战

卡米雷特 编著

電子工業出版社
Publishing House of Electronics Industry
北京 · BEIJING

图书在版编目（CIP）数据

Live2D 绘制指南 ： 插画拆分技法与实战 / 卡米雷特编著. -- 北京 : 电子工业出版社, 2024. 10.
ISBN 978-7-121-48885-6

Ⅰ. TP391.414

中国国家版本馆CIP数据核字第20249LH691号

责任编辑：孔祥飞
印　　刷：北京缤索印刷有限公司
装　　订：北京缤索印刷有限公司
出版发行：电子工业出版社
　　　　　北京市海淀区万寿路 173 信箱　　　邮编：100036
开　　本：787×1092　1/16　印张：25　字数：640 千字
版　　次：2024 年 10 月第 1 版
印　　次：2024 年 10 月第 1 次印刷
定　　价：129.00 元

凡所购买电子工业出版社图书有缺损问题，请向购买书店调换。若书店售缺，请与本社发行部联系，联系及邮购电话：（010）88254888，88258888。

质量投诉请发邮件至 zlts@phei.com.cn，盗版侵权举报请发邮件至 dbqq@phei.com.cn。

本书咨询联系方式：（010）88254161 ~ 88254167 转 1897。

前言

在短短几年间，一系列被称为“Live2D”的新 2D 动画软件迅速发展，凡是关注 2D 动画领域的人，都一定听说过它的名字。

借助 Live2D 可以将静态的插画制作成 Live2D 模型，使其按照预想的方式动起来。

我们既可以在 Live2D Cubism 中通过控制模型的动作，得到一段动画素材，又可以将 Live2D 模型嵌入游戏，作为可以运动的游戏资产。最妙的是，借助面部捕捉技术，我们可以让 Live2D 模型实时反映真人的表情和动作，实现主持、直播等用途。

由于 Live2D 的迅速走红，网络上可以找到许多教程，作者也是制作教程的人之一。然而，网络上绝大多数教程介绍的都是如何“建模”，也就是如何将插画制作成Live2D模型。在Live2D的官方教程中，对于“插画”部分的讲解也只占相当小的比例。

但插画素材是否合适，将决定建模质量的上限，甚至决定我们能否顺利建模。这就带来了一个问题：如果不懂建模，那么即使是一个优秀的画师，也很难给出一个适合 Live2D 建模的插画素材。这样一来，画师和模型师往往需要反复沟通修改，或者需要额外的人负责处理插画素材，从而带来大量的额外成本。

写作的目的

本书从模型师的角度，详细讲解如何准备用于Live2D建模的插画素材。换句话说，就是要让画师真正理解该不该分层、该怎么分层，以及分层的意义是什么。

本书的第1～5章主要讲解一些理论知识，包括准备插画素材的目的、如何让PSD文件符合标准、如何优化PSD文件、Live2D如何处理图层、拆分的总原则等。学会了这些，在准备插画素材的过程中，读者就能灵活地应对大多数情况。

本书的第6～13章将进入实践部分，结合图示与案例，读者可以了解到各种特殊内容应如何处理，进一步加深对绘制和拆分的理解，以及学会如何交付文件。在此过程中，读者能够更加深入地理解前面讲述的理论知识，做到知其然也知其所以然。

本书的受众

如果读者是一名画师（或拆分师），则在阅读本书后，会理解应如何绘制和拆分插画素材，甚至会想要亲自尝试Live2D建模。如果读者是一名Live2D模型师，则在阅读本书后，会对插画素材有更好的理解，也会在处理插画素材或与画师沟通时更加顺畅。

本书的内容

本质上，本书讲解的是如何处理用于2D动画的插画素材，使处理好的插画素材可以应用到Spine、Adobe Character Animator、DragonBones等其他软件中。因此，即使读者是其他领域的2D动画工作者，本书所讲的许多方法和思路也是适用的。

本书的特色

作者是一名Live2D模型师，曾受Live2D官方（Live2D软件的开发及运营公司）的邀请，制作并发布了名为《Live2D绘制指南》的视频教程。该视频教程的大纲也是由Live2D官方提供的，教学目的和本书如出一辙。

然而，由于视频的时长有限，许多小细节只能一笔带过。在制作完视频后，作者也想到了许多不包含在大纲内，但非常值得讲解的问题。为此，经Live2D官方同意和授权，作者重新梳理了整个大纲，将视频版的内容甄选、修改、扩充并整理成册，于是有了本书。相比于视频版本，本书知识量翻倍，结构更合理，用词也更加严谨。

商标和授权

撰写本书最大的难点是版权问题。虽然作者绘制或建模过许多Live2D模型，但大部分形象归属其他公司或个人，故不宜放出。本书内使用的均为作者自绘的原创角色，以及经过授权的角色形象或素材。本书中出现的虚拟形象、插画素材和背景素材等仅用于教学目的，版权仍归原持有者所有。感谢以下内容的持有者为本书提供的授权。

- **Live2D株式会社**：内容大纲（Bilibili@Live2D官方账号）。
- **夏卜卜**：虚拟形象（Bilibili@夏卜卜）。
- **萌娘百科虚拟UP主编辑组**：虚拟形象（Bilibili@萌百虚拟UP主编辑组）。
- **小K直播姬**：直播背景（Bilibili@小K直播姬）。

本书中出现的Live2D、Live2D Cubism、Photoshop等词语，通常是各公司商标或注册商标。本书中未使用TM、®、© 等符号标记商标。

软件版本和信息时效性

本书主要使用Adobe Photoshop CC 2020和Live2D Cubism 5.0版本撰写，提及的其他软件通常以官方的国际版（简体中文版或繁体中文版）为准。在这些软件的其他版本中，对插画素材的支持情况和处理方式可能会发生变化，UI的翻译方式也可能发生变化，但这些通常不会对操作产生实质影响。

本书提供的信息在撰写时均是有效的。如果希望获取最新信息，请前往各制作商的官方网站确认。

最后，作者希望通过本书能让读者在2D动画领域做出更好的成绩。

很荣幸能与各位读者一起学习，愿我们共同成长。

目录

第 1 章

了解 Live2D 及插画素材

本章主要介绍什么是Live2D，以及为什么需要为它准备插画素材。

1.1 什么是Live2D

根据Live2D官方的说法，“Live2D”是一系列能让插画动起来的软件的总称，如图1-1所示。但在实际使用过程中，Live2D这个词的概念更加宽泛。在中国，我们通常用Live2D指代2D动画技术，以及使用2D动画技术的动态图片、虚拟形象、游戏立绘等。

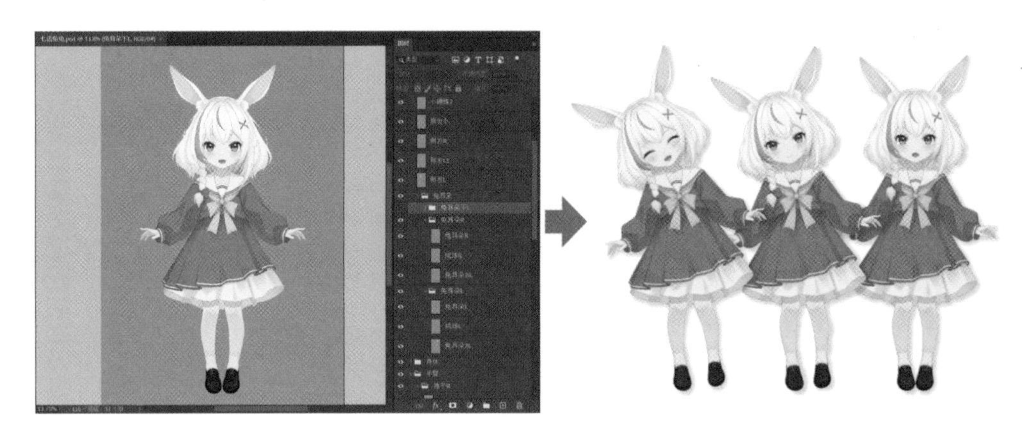

图 1-1 让插画动起来

下面简单介绍一下Live2D的发展，以及Live2D的应用和软件对比。

1.1.1 Live2D的发展

Live2D正如它的名字一样，是要让2D（平面的）插画素材Live（活动）起来。相比于3D，使用2D插画素材制作模型和动画虽然存在一些限制，却能保留绘画才有的细腻的笔触和独特的质感。为此，Live2D公司一直在致力于开发能让插画动起来的软件。

Live2D动画技术起源于2008年。为了方便应用和推广，Live2D公司开发了两款编辑器——Live2D Cubism Editor和Live2D Euclid Editor，用于制作不同类型的Live2D模型，如图1-2所示。

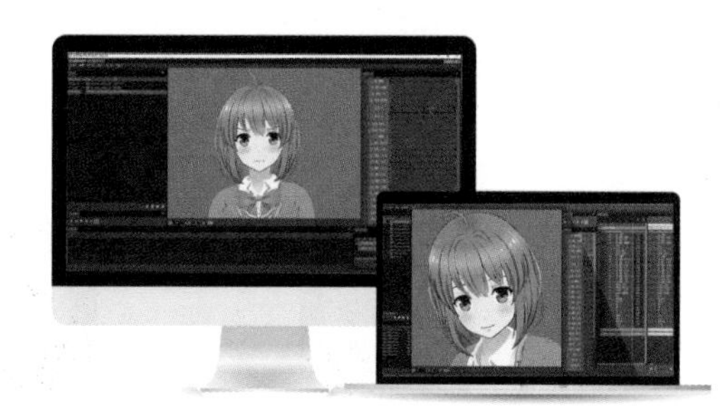

图 1-2　两款编辑器

1. Live2D Cubism Editor

Live2D Cubism Editor（后文简称 Live2D Cubism）的 1.0 版发布于 2013 年。借助 Live2D Cubism，用户可以用一个经过拆分的 2D 插画素材制作模型，最终实现类似动画的效果。相比于 3D 模型，虽然 Live2D 模型存在一些限制，但是可以保留画师细腻的笔触和风格，拥有足够的表现力，而且成本较低。更重要的是，Live2D Cubism 使用起来相对比较简单，对画师来说很容易学习。因此 Live2D Cubism 迅速收获了许多忠实用户，并在游戏、动画、直播等领域迅速发展。Live2D Cubism 一直是 Live2D 公司的核心产品，其在 2023 年 9 月已经更新到了 5.0 版本。

由于 Live2D Euclid Editor 早已停止了更新，因此我们如今提到的 Live2D 相关的产品，一般指的是 Live2D Cubism 和用它制作的模型。本书的教学目的是让读者学会制作插画素材，让插画素材适合在 Live2D Cubism 中建模。

2. Live2D Euclid Editor

Live2D Euclid Editor 是在 Live2D Cubism Editor 的基础上诞生的，于 2017 年 4 月发布。在这款编辑器中，用户可以将 2D 插画素材与 3D 模型结合，制作出几乎等同于 3D 模型的效果。但是，由于这一效果的实现非常复杂，对插画素材和使用者的要求太高，因此推广起来十分困难。2018 年 10 月，Live2D 公司最终决定放弃这款软件。

3. Live2D 的发展现状

在发源地日本，Live2D 已经成为 2D 动画的业界标准之一，深入到了各个领域。有大量专业的公司和从业者正使用 Live2D 完成日常工作。

在中国，Live2D 的发展正处于爬坡阶段。目前，Live2D 在直播领域有比较高的知名度，在游戏和动画领域的市场占有率正在增加，因此国内已经出现了许多 Live2D 相关的岗位。相信在不久的将来，Live2D 会在国内取得更大的发展。

1.1.2 Live2D 的应用和软件对比

了解过 Live2D 的历史和发展现状后，我们来简单了解一下 Live2D 在各个领域的应用，以及对应领域的竞品。常见的其他 2D 动画软件或技术如图 1-3 所示。

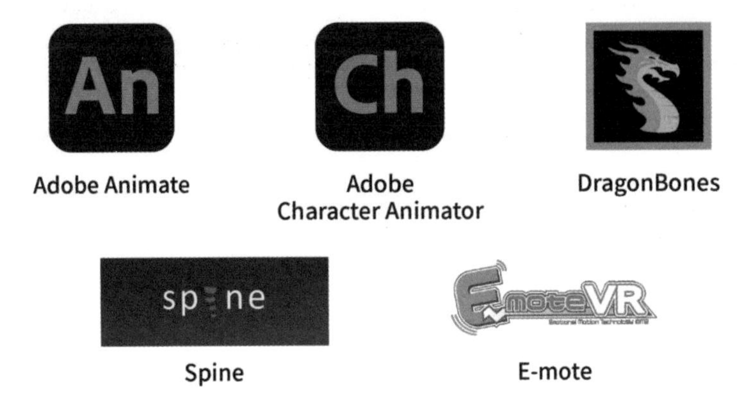

图 1-3 常见的其他 2D 动画软件或技术

使用 Live2D Cubism 制作的模型通常有 3 种用途：制作动画、嵌入游戏或软件、借助面部捕捉技术直播或主持。

1. 制作动画

使用 Live2D 制作完成的模型，可以像 3D 模型那样用于制作关键帧动画。2021 年上映的，由细田守导演的动画电影《雀斑公主》中，许多镜头都是用 Live2D 制作的。

许多厂商会选择使用 Live2D 制作短篇动画广告，用于游戏等产品的宣传。许多在网络上收集到的动态壁纸也都是用 Live2D 制作的。

由于 2D 动画是一个比较成熟的行业，而 Live2D 技术只是其中一种可行的选择，因此 Live2D 在这个领域的市场份额并不高。

2. 嵌入游戏或软件

Live2D 模型可以嵌入游戏或软件，作为动态立绘或其他动态素材使用。比如，主机游戏《妖怪学园 Y》和手机游戏《少女前线》《碧蓝航线》《偶像梦幻祭 2》等的立绘都是使用 Live2D 制作的。

该领域的竞品较多，包括 Adobe Animate、E-mote、Spine、DragonBones 等知名软件或技术。由于近年 Live2D 在动漫游戏领域的影响力较大，用户经常把使用了其他软件或技术的动态立绘也称作 Live2D。

3. 借助面部捕捉技术直播或主持

将 Live2D 模型嵌入软件后，模型的眨眼、转头等参数可以被实时控制。在面部捕捉技术的加持下，可以实时追踪并反映真人的面部表情，实现现场直播或主持的功能。

在 3D 领域，这个技术是比较常见的。包括《阿凡达》和《底特律：化身为人》在内的许多 3D 电影和 3D 游戏，都是使用面部捕捉和动作捕捉技术制作的。在摄影棚中，3D 模型可以实时反映真人的表情和动作，从而大幅降低人工制作动画的成本。

但是在 2D 领域，Live2D 几乎没有竞品。

从用户方面看，如国际知名的虚拟主播公司 NIJISANJI（“彩虹社”）和 Hololive 等，都在使用 Live2D 模型进行直播。从技术方面看，如酷狗的官方团队“酷狗直播酷次元”和主做 3D 动作捕捉技术的“小 K 直播姬”等，在 2D 直播领域都选择了 Live2D 模型作为载体。虽然他们都基于 Live2D 官方的 SDK 开发了自己的算法，但是模型本身仍然是需要用 Live2D Cubism 制作的。

虽然包括 Adobe Character Animator 在内的动画软件，同样可以对制作出的模型进行面部捕捉，但是市面上并没有成熟的面部捕捉软件做支持，也没有很好的社区生态，因此使用和学习都比较困难。

而 Live2D 模型不仅有许多免费或收费的面部捕捉软件可供选择（比如，著名的 VTube Studio 和国产软件小 K 直播姬，如图 1-4 所示），而且用户和社区非常活跃。目前，网络上使用 2D 虚拟形象进行直播的用户，绝大多数（目前甚至可以说全部）用的都是 Live2D 模型。本书介绍的插画素材对应的 Live2D 模型，大多也是用于直播的。

图 1-4　使用 Live2D 模型直播（小 K 直播姬）

1.2 制作用于 Live2D 的插画素材

想要制作 Live2D 模型，不仅需要模型师绑定参数并制作动画，还需要画师准备一份合适的插画素材。

1.2.1 制作用于 Live2D 的插画素材的好处

作为一名画师，学会制作用于 Live2D 的插画素材至少有两个好处：一是，可以制作更好的插画素材，让模型师以更短的时间、更高的质量完成 Live2D 模型；二是，可以扩展业务，让拆分插画素材这项技术不仅被局限于 Live2D。也就是说，如果插画素材能用于 Live2D Cubism，则通常也能直接用于此前我们提过的 2D 动画软件。

1. 可以制作更好的插画素材

在业界流传着这样一句话："建模决定 Live2D 的下限，插画决定 Live2D 的上限。"虽然这个说法不够准确，但是插画素材的质量的确可以决定能不能建模、好不好建模。

有时，因为插画的风格特殊或内容复杂，模型师可能没有绘画能力或时间修改插画素材；有时，画师完全不懂分层，提供的是一个 PNG 文件或分层完全不合理的插画素材。此时，需要专业的拆分师对插画素材进行处理，让它符合 Live2D 建模的要求。有拆分师参与的 Live2D 制作流程如图 1-5 所示。

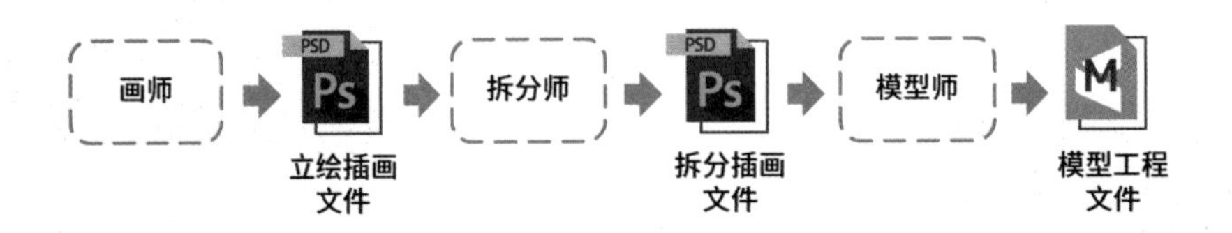

图 1-5　有拆分师参与的 Live2D 制作流程

但是，对整个制作 Live2D 模型的流程来说，引入拆分师会带来很多潜在的问题。即使拆分师由模型师兼任，也可能会存在以下问题。

① **使工作流程复杂化，造成大量的沟通成本。**如果必须由拆分师为插画分层，则在后续修改原插画，或者为模型添加新内容时，需要拆分师再次参与工作。当模型师提出添加某些图层的要求时，拆分师也可能无法完成绘制，要先请画师补画完再拆分。这往往需要客户、画师、拆分师、模型师四方反复沟通，否则不利于模型尽快完工，也不利于大家的时间安排。

② **提高追责难度。**拆分师需要补画出许多原插画中看不到的内容，因为拆分师的绘

画能力和绘画风格往往与画师存在差异，从而导致拆分并制作模型后，模型的观感不够理想。此时，可能会很难分辨问题主要出在画师、拆分师、模型师哪一方，客户想要和三方沟通并解决这个问题也会比较困难。

③ **浪费绘画时间。**本质上拆分师承担的工作是绘画的延伸，在拆分过程中会重复许多画师做过的工作。比如，有的画师在绘制完整的线条后又擦掉了一部分，但拆分师又要将它重新补画完整。根据经验，如果画师本人知道如何拆分插画素材，则会在绘画过程中有意识地逼近拆分结果，使最终完成拆分所花费的时间远少于先绘制再拆分花费的总时间。

综上所述，如果由拆分师完成分层，则该过程可能会带来额外的时间、金钱和沟通成本，如图 1-6 所示。因此作为一名画师，学会制作用于 Live2D 的插画素材可以提升竞争力，并让所绘制的插画有机会被制作成更精致的模型。

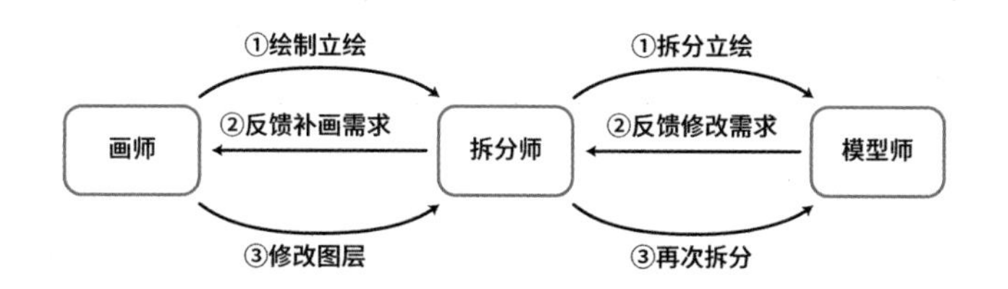

图 1-6　由拆分师完成分层的过程

读者可以通过学习本书讲述的拆分插画的要求和技巧，先成为拆分师，再逐步转型成画师。

本书是根据 Live2D 官方的拆分教程大纲撰写的。Live2D 官方在大纲中也明确表示，由画师来填补图层的空缺部分往往要容易很多。而本书的主要撰写目的是，让画师在不学习 Live2D Cubism 这款软件的情况下，学会如何拆分图层并完成对插画素材的制作。

作者在某些项目中单独担任过画师、拆分师和模型师，也在某些项目中同时兼任过这三重职责。因此，本书能够帮助读者站在整个项目的高度上，掌握较好的拆分方式。

2. 可以扩展业务面

除了 Live2D，市面上还有许多类型相似的 2D 动画软件和技术。事实上，为它们准备插画素材的方法和原理与 Live2D 是共通的。一旦学会了如何拆分用于 Live2D 的插画素材，就有机会快速适应并参与使用了其他软件和技术的项目。

比如，为游戏设计的 2D 动画软件 Spine，对插画素材的分层要求和 Live2D 的几乎完全一致。同一幅插画素材只需略加修改，即可在两款软件间通用。许多游戏公司都将熟练使用 Spine 和 Live2D 作为同一个岗位的任职要求。

除了 Spine，还可以使用和 Live2D 相同的通过插画素材制作模型或动画的软件和技术，包括但不限于以下这些。

- Adobe Animate（曾为 Adobe Flash Professional）。
- Adobe Character Animator。
- Adobe After Effects。
- E-mote。
- DragonBones。

读者如果对以上任意软件或技术感兴趣，则可以尝试将本书中学到的方法灵活运用到它们中。

另外，即使是插画师，在不考虑将插画用于其他用途时，也无法对静态插画的表现力进行提升。有时，只需一点简单的动画，就能将插画的表现力提升几个档次。

比如，单纯拆分插画的背景和角色的眼睛，并用 Live2D 进行制作，就可以得到角色上下漂浮并眨眼的效果。如果由熟练的画师本人完成拆分和建模工作，则可能只需额外花费 2 ~ 3 小时，即可完成一幅上述效果的动态壁纸，如图 1-7 所示。由此带来的效果提升是远超这个时间成本的。

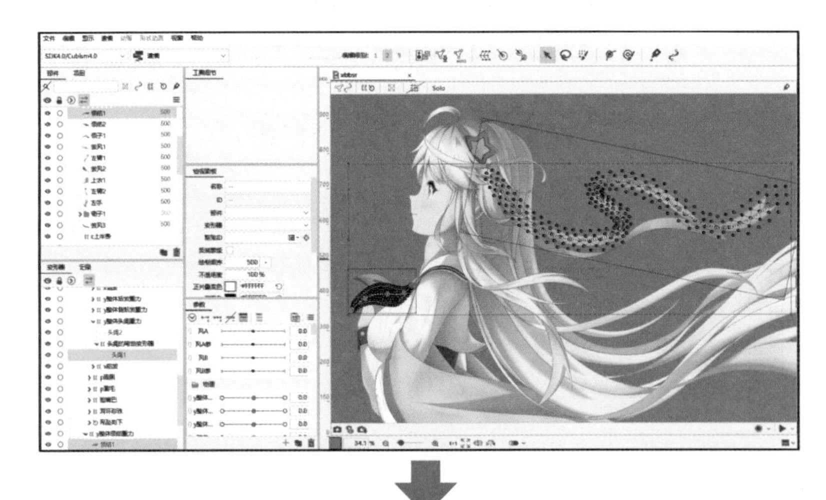

图 1-7　通过拆分制作的动态壁纸

因此，无论读者是考虑委托模型师制作动态插画，还是准备亲自学习 Live2D 建模，系统性地学习如何拆分插画素材都是有帮助的。

1.2.2 制作用于 Live2D 的插画素材需要具备的知识

为了讲好如何制作用于 Live2D 的插画素材，本书准备了以下几个模块的知识，如图 1-8 所示。

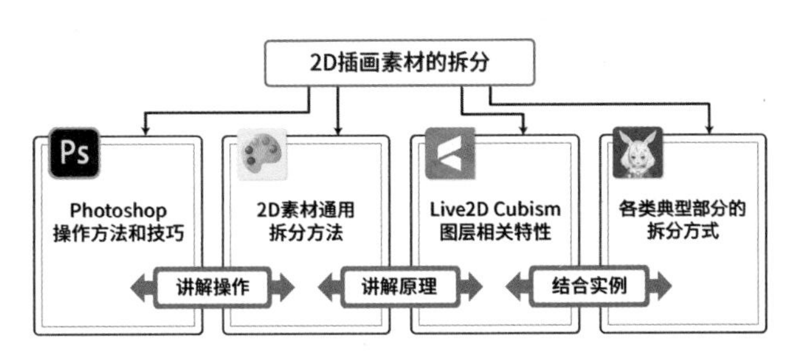

图 1-8 本书的知识结构

1. Live2D 对 PSD 文件的要求

首先，本书将讲解 Live2D 对文件格式、图层结构、画布大小等的硬性和软性要求，帮助读者制作标准、更优秀的插画素材，避免一些不必要的麻烦。

2. Photoshop 的操作技巧

其次，在讲解如何优化 PSD 文件的同时，本书将针对制作插画素材过程中的需求，介绍一些不常用到的、难以想到的 Photoshop 的操作技巧。需要注意的是，本书不包含 Photoshop 的基本操作方式，需要读者自行熟悉一下这款软件。

3. Live2D 软件的工作原理

再次，本书将讲解 Live2D 的一些工作原理，即在将 PSD 文件导入 Live2D Cubism 后，软件可以对图层产生怎样的影响。了解这些，便可以做到“知其所以然”。在拆分、准备图层时，读者可以以此为依据寻找拆分思路，从而可以更加灵活地应对各种情况。

4. 各类典型部分的拆分方式

最后，本书将基于之前介绍的理论和方法，逐一讨论眼睛、嘴巴、眉毛、头发、身体、四肢、衣物、饰品等部分的拆分方式，并通过具体案例帮助读者进一步加深对“制作插画素材”的理解。此外，本书还会介绍在不同设计风格和精度要求下，通过选择其他拆分方式，帮助读者扩展拆分思路。

为了快速投入工作，许多画师都希望直接了解最后一个模块，也就是各类典型部分的拆分方式。比如，画师想先了解眼睛的拆分方式，可以直接阅读本书的 6.1 节，在遇到具体问题时再查看对应的章节即可。但是，如果时间充裕，还是建议读者从基础知识开始学习。

值得一提的是，拆分方式没有绝对的正确与错误。本书介绍的拆分方式不是唯一的，也未必是最好的。读者只有理解了原理，才能结合 Live2D 软件的工作原理、角色的外观设计、项目的需求等，找到合适的拆分方式。

1.2.3 简单了解用于 Live2D 的插画素材的特点

读者如果完全没有接触过 Live2D 或 2D 动画，则可能对“经过拆分的插画素材”没有概念。本节将结合案例，简单讲解一下拆分后的素材有怎样的特点，以此帮助读者初步理解“为什么需要拆分和补画”，并对“看不见的图层”有所认识。

1. 为什么需要拆分和补画

作为用于 Live2D 的插画素材必须经过妥善拆分，我们经常把拆分后的插画素材称为“分层素材”。

这里的“拆分”指的并不是将角色的线条和颜色等分开，而是分离角色的各个部分，如图 1-9 所示。从图 1-9 中可以看出，拆分是一份相当细致、繁杂的工作，需要足够的耐心。但这份工作并不困难，在理解其原理后，只需投入足够的时间，即可顺利完成它。

图 1-9 拆分的含义

为了便于理解，我们先用一个足够简单的角色进行举例说明。比如，在看到小章鱼这个角色时，我们能够想到哪些它可以做的动作呢？按常理来说，小章鱼能做的动作可能包括眨眼、张嘴闭嘴、触须扭曲等。我们应该据此对其进行拆分，如图 1-10所示。

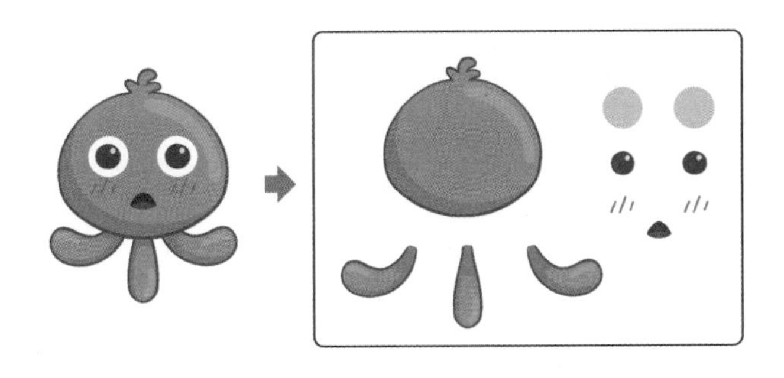

图 1-10　小章鱼和理想的拆分

以触须扭曲为例，在未对小章鱼进行分层时，直接用 Photoshop 的变形功能使其扭曲变形，则会发现，在变形过程中，很难不破坏其他地方的形状，如图 1-11 所示。即使使用 Live2D Cubism 中更强大的变形工具，也会遇到类似的问题。

在对小章鱼进行分层（将需要扭曲的这条触须单独放在一个图层上）后，即可轻松地只改变触须的形状，如图 1-12 所示。

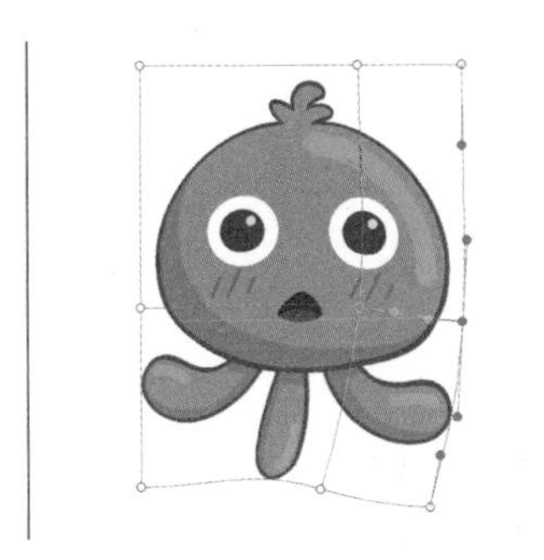

图 1-11　未分层时制作触须扭曲

图 1-12　分层后制作触须扭曲

然而，只是对小章鱼进行拆分还不够。比如，想要制作嘴巴缩小的效果，首先可以按照刚才的思路，单独将嘴巴拆分为一个图层，然后单独对它施加变形。在 Photoshop 中变形后，会发现脸上缺少了一块颜色，如图 1-13 所示。

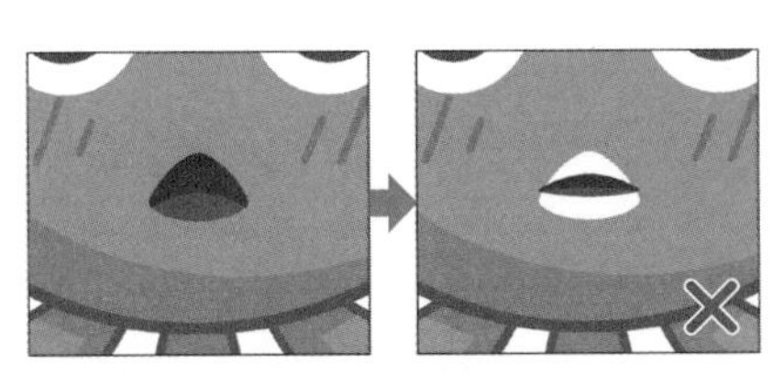

图 1-13　未补画时制作嘴巴缩小的效果

这显然不是我们想要的效果。我们想要的效果是：即使嘴巴闭上了，脸仍然是完整的。也就是说，我们有必要先把去掉嘴巴后的脸部补画完整，再对嘴巴进行变形，这样就不会出现缺少颜色的问题了，如图 1-14 所示。

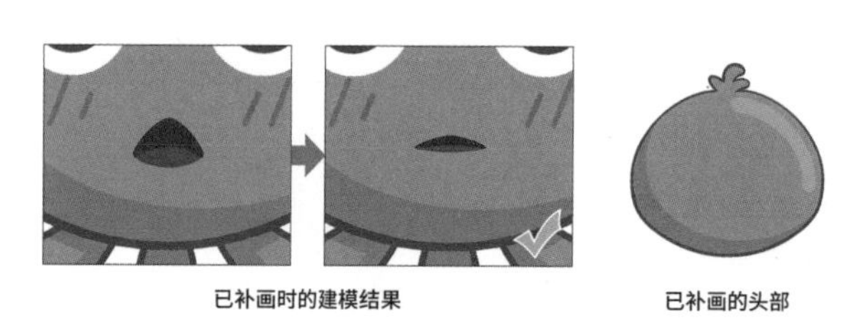

图 1-14 补画后制作嘴巴缩小的效果

虽然相比于 Photoshop，使用 Live2D Cubism 可以进行更精准可控的变形，但是上述问题依然会存在，因此拆分和补画是必不可少的。在日常的工作中，我们经常直接用“拆分”来指代“拆分和补画”。

★请在本书配套资源中查找源文件：1-1- 小章鱼分层 .psd。

2. 看不见的图层

用于 Live2D 建模的插画素材往往需要包含一些在默认状态下看不见的图层。

下面用这个蜜柑箱进行举例说明，如图 1-15 所示。这是一个箱子，在默认状态下，只能看到面向我们的这个面，看似只需拆分出五官即可。

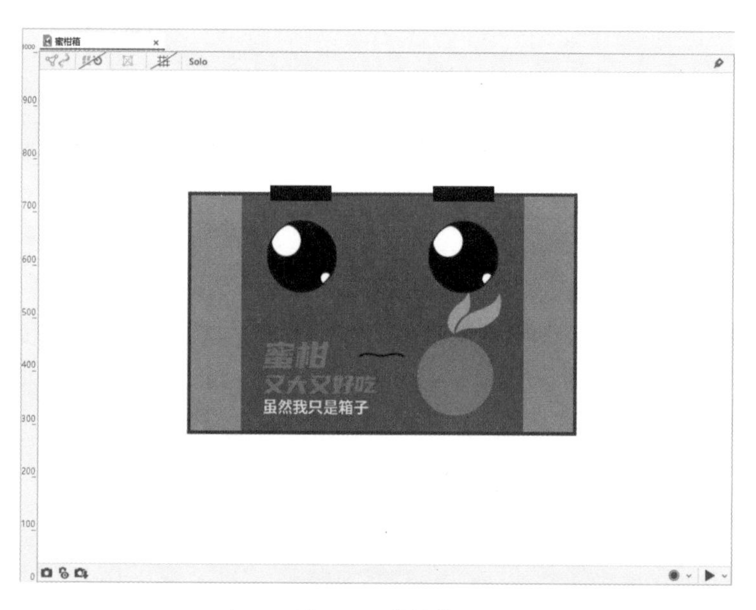

图 1-15 蜜柑箱

但是，我们还需要为它制作转动效果。箱子是一个长方体，长方体是有 6 个面的，就算旋转角度不超过 90°，也至少需要展示出 5 个面。在如图 1-16 所示的角度下，我们看到了 2 个在默认角度下看不到的面。

因此在 Photoshop 中，我们不仅要拆分出正面，还要准备好左侧面、右侧面、顶面和底面，如图 1-17 所示。虽然在默认状态下这些面是不可见的，但是为了转动效果我们仍然需要将它们拆分出来。

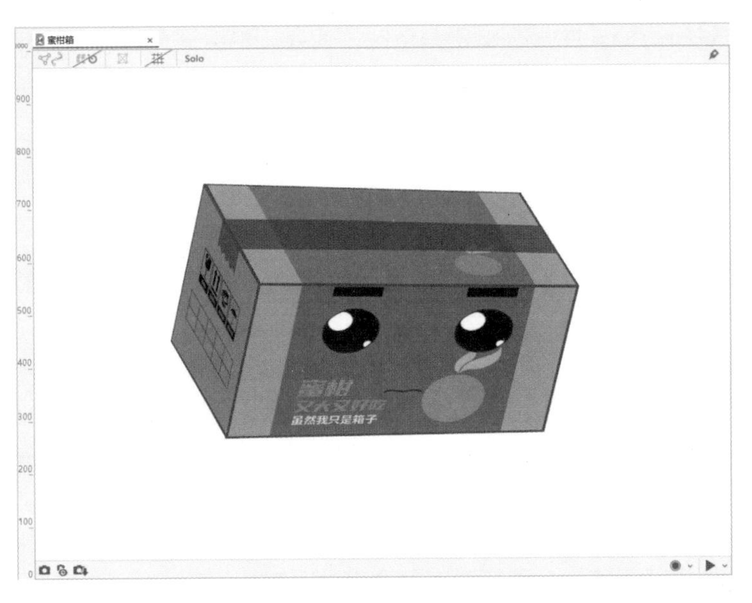

图 1-16 蜜柑箱的转动效果

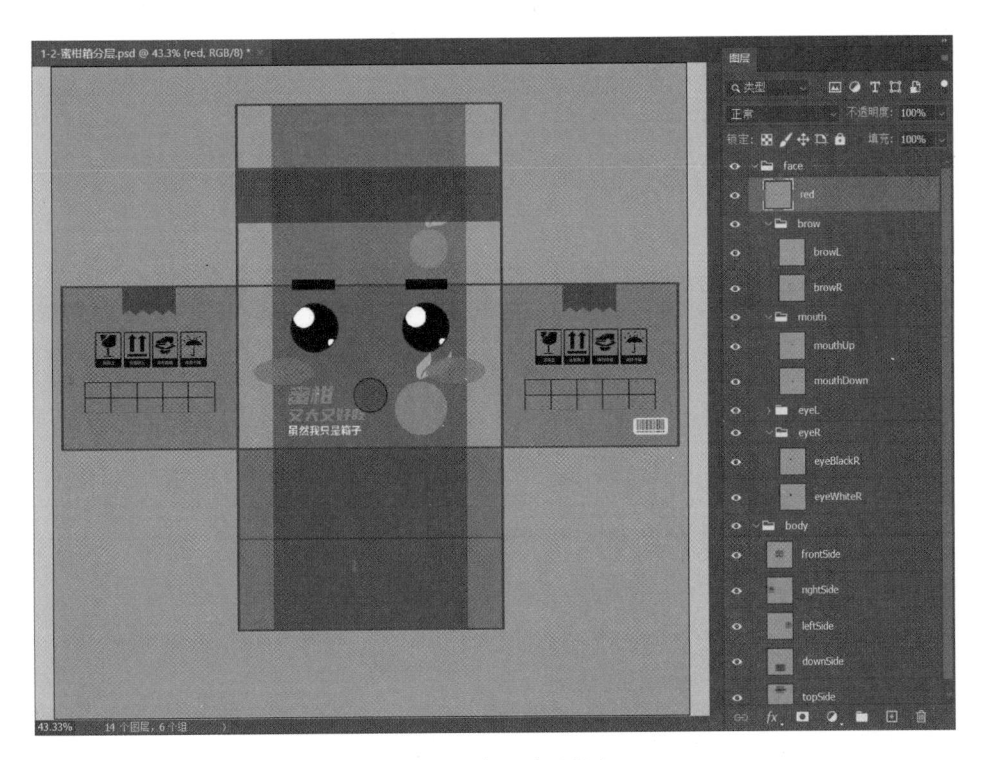

图 1-17 蜜柑箱的拆分

和案例中的情况同理，在角色处于默认状态时，有些内容可能在默认角度下不可见或被其他物品遮挡。一旦角色开始运动，这些内容就会变得可见，也就意味着我们需要准备对应的图层。

通过上面两个简单的案例，读者应该已经大体了解了为什么需要拆分，以及该基于怎样的思维进行拆分。在拆分特定角色时，读者可能会遇到许多复杂情况或特殊需求，无法通过这些简单的思路进行判断。而本书就涵盖了大部分读者可能遇见的典型情况，阅读完本书后，相信读者将能够得心应手地拆分大多数插画素材。

★请在本书配套资源中查找源文件：1-2- 蜜柑箱分层 .psd。

1.2.4 建模软件 Live2D Cubism 的简介

Live2D Cubism 是用来完成 Live2D 建模的软件。虽然本书不涉及 Live2D 建模，但是在很多情况下只有理解了“Live2D 会怎样处理图层”等工作原理，才能真正地学会如何拆分。为此，本书会简单介绍一些关于建模软件 Live2D Cubism 的知识，并在必要时展示软件界面。

下面先来简单了解一下 Live2D Cubism 的界面构成。在这之后，如果读者找不到我们说的是软件的哪个部分，则可以回到这里进行查找。

Live2D Cubism 的界面如图 1-18 所示。

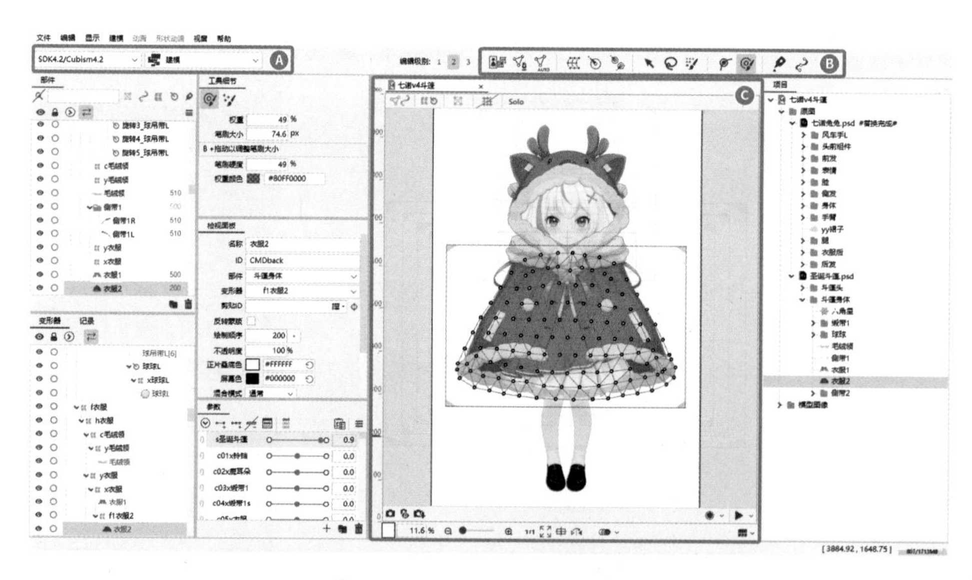

图 1-18　Live2D Cubism 的界面

A. SDK 版本 / 工作区

在这里可以切换模型使用的 SDK 版本和软件的工作区。本书只会涉及建模过程中使用的“建模”工作区。SDK 版本决定了模型支持哪些功能，这可能会影响我们的拆分方式和后续的建模策略，详见 4.1.4 节。

B. 工具栏

在这里可以选择各种工具。后文讲到的编辑网格、胶水等功能就是在这里被调用的。

C. 视图区域

视图区域用于显示模型，也是模型师执行操作的主要区域。在未打开任何模型时，或者在添加、更新 PSD 文件时，可以把 PSD 文件直接拖到这个区域。

在“建模”工作区下，有以下 6 个主要面板，如图 1-19 所示。

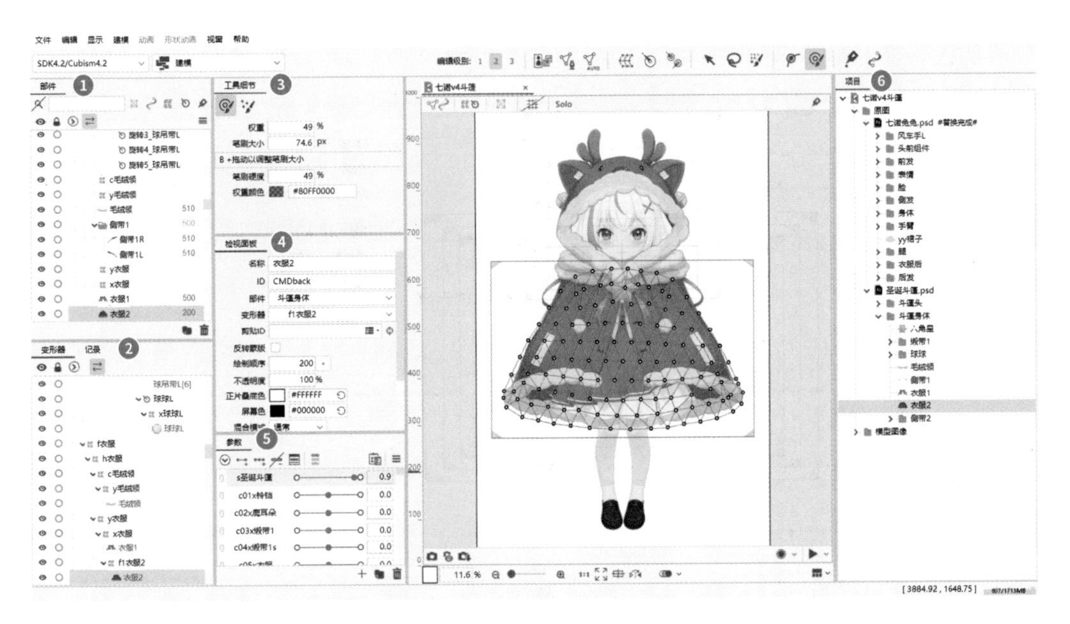

图 1-19 “建模”工作区下的面板

① **“部件”面板**：用于显示和管理“物体”的面板。Live2D Cubism 对“物体”的定义为图形网格（图层）、变形器等任何能在视图区域内选中的对象。在“部件”面板中，我们可以将物体打包成“组（文件夹）”，并将打包后的“组（文件夹）”称为“部件”。在默认状态下，“部件”面板和“项目”面板被放在一起，但在截图中我们将它们分开了。

② **“变形器”面板**：用于显示和管理图形网格和变形器之间的嵌套关系。在这个面板中，我们能更直观地看到子级是如何被父级影响的。在默认状态下，“变形器”面板和“记录”面板被放在一起。

③ **“工具细节”面板**：可以对在工具栏中选中的工具进行设置。在使用图形网格、胶水等工具时，需要在这个面板中对工具进行详细设置。

④ **“检视面板”面板**：可以调整视图区域或“项目”面板中选中物体的设置。后文讲到的剪贴蒙版、混合模式、颜色混合（正片叠底色和屏幕色）等效果都要通过这个面板实现。

⑤ **“参数”面板**：用于显示和管理模型的参数。Live2D Cubism 是通过“将图层的变化绑定在不同的参数值上”来实现模型运动的。本书将在 4.1.2 节讲解这里的“变化”包括什么。

⑥ **“项目”面板**：用于显示和管理模型使用的 PSD 文件（或 PNG/JPG 文件）和模型

图像。如果没有在这个面板中执行过任何操作，则此处的 PSD 文件内的结构应该和导入前相同。模型实际使用的 PSD 文件中的图层会被转换为“模型图像”，并将其存储在面板最下方的列表里。

如果在 Live2D Cubism 的界面中找不到上述面板，则可以在软件最上方找到“视窗”菜单，在该菜单中可以找到任何被关闭的面板；也可以重置整个工作区，让各个面板回到默认位置，如图 1-20 所示。

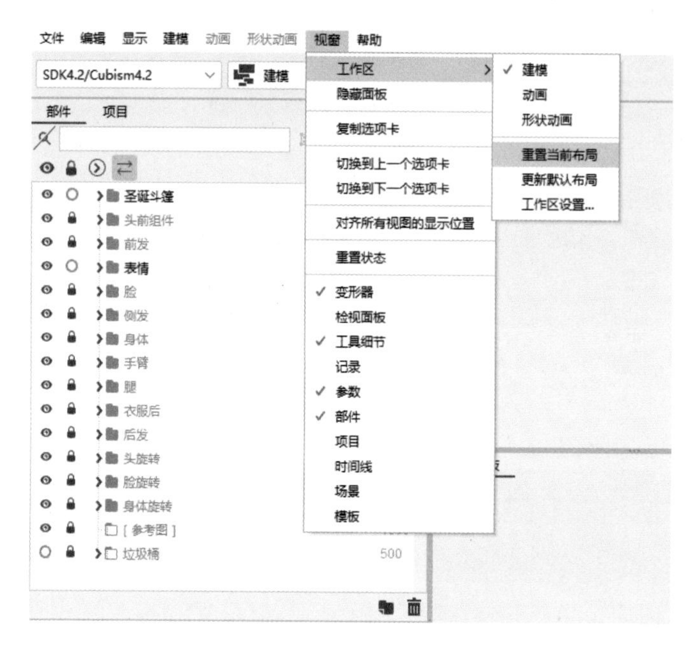

图 1-20　管理 Live2D Cubism 的界面

以上就是对 Live2D Cubism 界面的介绍。我们着重介绍了和本书相关的内容，省略了不相关的部分。想要成为 Live2D 模型师，或者需要了解更多关于 Live2D Cubism 的知识，可以参阅 Live2D 官方的手册和教程。

提示： 部件、组（文件夹）和图层组

在 Live2D Cubism 中，“部件”面板中的组（文件夹）被称为“部件”，是软件专门定义的词汇。

在 Photoshop 中，图层可以被打包成“图层组”。当将用 Photoshop 存储的 PSD 文件导入 Live2D Cubism 时，“图层组”就变成了“组（文件夹）”，即“部件”。这就是说，我们可以认为“图层组”等于“组（文件夹）”，也等于“部件”，只是它们所在的软件和对应的叫法不同。

由于日本的语言习惯问题，“部件”这个词在日语口语中经常被使用，因此在许多 Live2D 相关的教程和书籍中，也会使用“部件”一词形容图层或部位（尽管它们不符合“部件”的定义）。

为了避免读者混淆，本书将 Photoshop 和 Live2D Cubism 中的这类内容统一称为“图层组”（因为导入前后二者是等价的），不再使用“部件”或“组（文件夹）”描述任何内容。当参与其他 Live2D 书籍和教程时，读者能知道“部件”和“组（文件夹）”代表什么含义即可。

扩展：Live2D 官方手册和教程

Live2D 官方提供了中文版的软件使用手册和大量教程资源。如果本书的部分内容不符合最新版软件的显示效果，或者读者想学习 Live2D 建模，则可以前往 Live2D 官方网站获取最新的信息。

1.2.5 随书附件及说明

本书会介绍一些典型案例，并提供 PSD 等格式的文件作为附件，以便读者亲自尝试操作。

请查看本书前言的“读者服务”，按照操作提示下载附件。

二维码内包含的所有文件均仅供学习使用。提供这些文件的目的，仅是让读者更好地理解并尝试本书的内容，或者在进行创作时作为参考。禁止将任何文件用于任何其他目的或二次传播等行为，请知悉。

注意事项：

- 下载内容的版权归作者和版权方所有，禁止用于除个人学习之外的任何用途。
- 严禁复制、传播、发布、出版、贩售等侵害版权的行为。
- 使用二维码内包含的任何文件造成的后果，作者和出版社均不承担任何责任，请自行承担使用风险。

1.2.6 使用官方资源作为参考

虽然本书附带了附件（配套资源），但是这类学习资源总是越多越好的。如果想要更多的 PSD 文件，以及完成建模的模型工程文件，则可以免费获取 Live2D 官方提供的资源。

打开 Live2D 官方网站，在最上方的地球图标处单击，将语言切换为“简体中文”，如图 1-21 所示。在“学习”菜单下执行“Live2D 示例数据集（可免费下载）”命令，即可进入模型列表页面。

模型列表页面中提供了很多精美的示例模型。本书在讲解过程中会偶尔提及 Live2D 官方网站上的模型，读者可以根据名称找到对应的模型。其中，很多模型都包含 PSD 文件，即在模型名称的右侧查看是否有“包含 PSD 文件”标签，或者通过模型下方的表格查看模型包含的“示例数据结构”内是否有 PSD 文件，如图 1-22 所示。

尽管大部分示例模型并不包含 PSD 文件，仍然可以将 PSD 文件导出并用作参考。为此，读者需要在官方网站上下载一个 Live2D Cubism。为了能导出新版模型包含的 PSD 文件，建议直接下载最新版本。另外，如果只是为了导出 PSD 文件，则下载免费试用版即可。

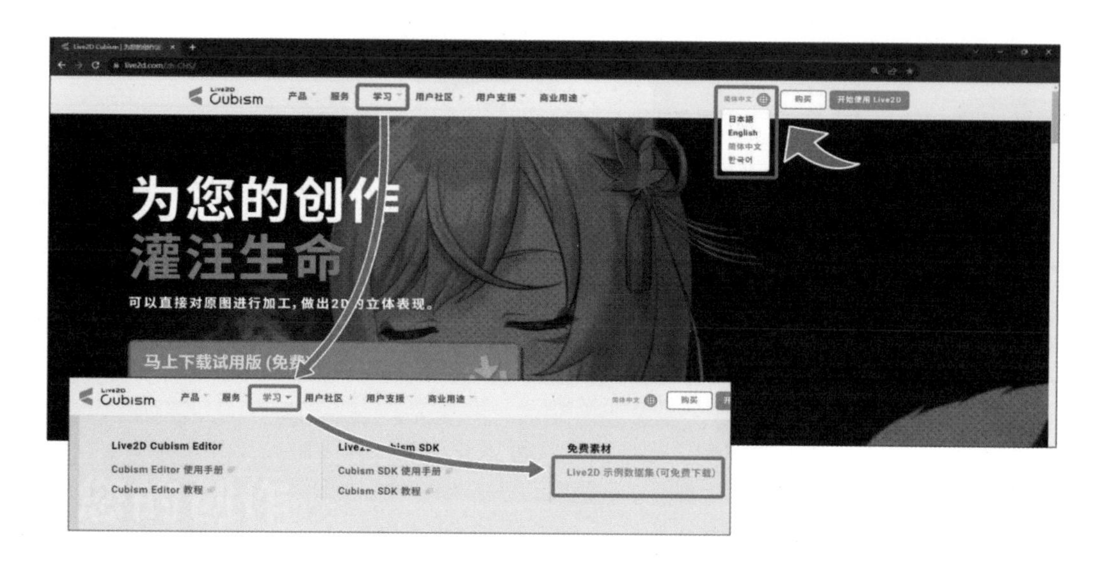

图 1-21　Live2D 官方网站

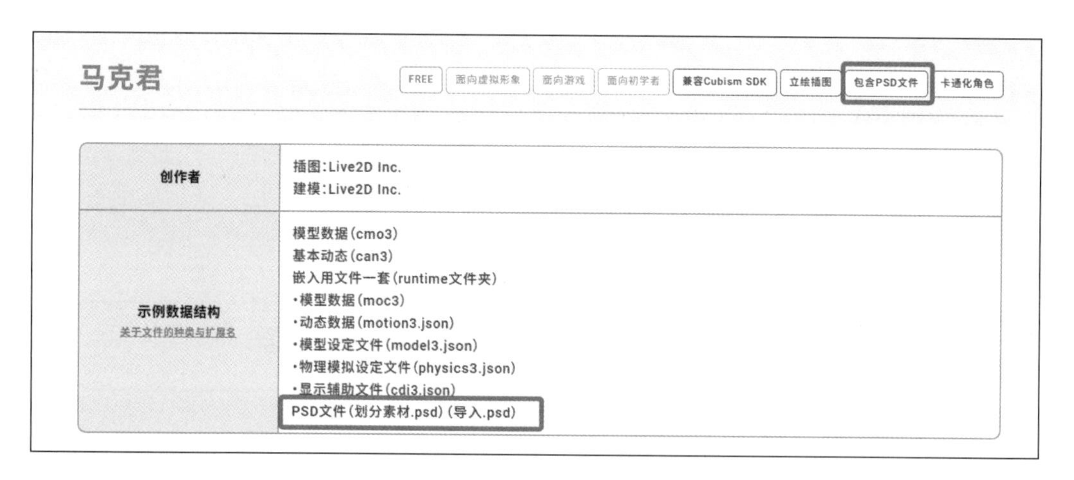

图 1-22　包含 PSD 文件的示例模型

下载并安装后，将示例模型中的工程文件（cmo3 文件）拖到视图区域，或者双击该文件将它打开。在“项目”面板中，展开“原图”图层组，即可看到模型使用的 PSD 文件。右击文件名，在弹出的右键菜单中执行“导出 PSD”命令，即可导出模型工程中的 PSD 文件，如图 1-23 所示。

用这种方法导出的是模型实际使用的 PSD 文件。但是，导出后的 PSD 文件在 Photoshop 中的显示效果，可能会和在 Live2D Cubism 中的大相径庭。这是因为 Live2D Cubism 会以特殊的方式处理图层，本书后面会详细讲解该问题。目前，读者只需知道可以用这种方式导出 PSD 文件并用作参考即可。

除此之外，还有另一种导出 PSD 文件的方法。首先打开任意的 Live2D 工程文件，然后在顶部的菜单栏中，依次执行“文件”→“导出图像 / 视频”→“PSD 图像”命令，如图 1-24 所示。

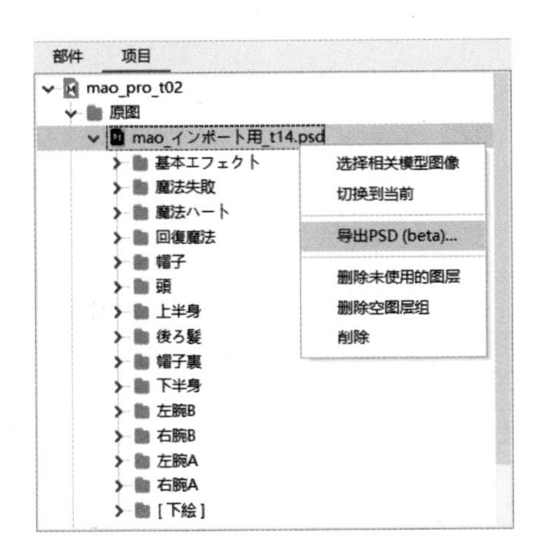

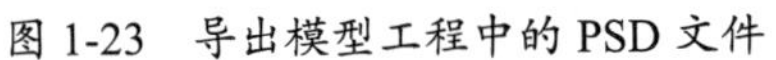
图 1-23　导出模型工程中的 PSD 文件

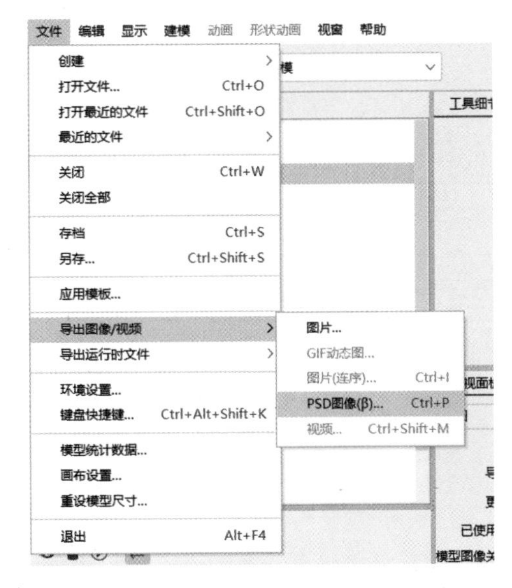

图 1-24　导出 PSD 图像

此时会弹出“导出 PSD”对话框，选择要导出的内容，如图 1-25 所示。如果选中“将所有原图作为 PSD 导出”单选按钮，则导出的结果和之前使用“项目”面板导出的 PSD 文件是相同的。

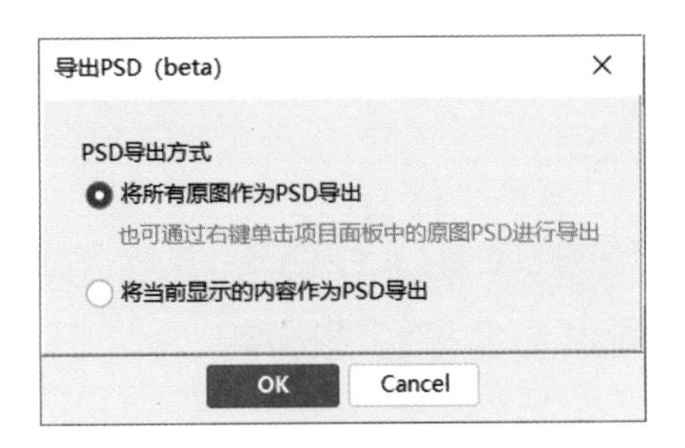

图 1-25　选择要导出的内容

如果选中“将当前显示的内容作为 PSD 导出”单选按钮，则会导出一个经过 Live2D Cubism 处理的文件。在 Live2D Cubism 中添加的蒙版、变形等效果都会被应用到图层上，因此导出后的文件在 Photoshop 中的外观不会发生变化。然而这样的文件已经不是建模时使用的了，图层的内容和排列顺序被破坏或打乱，通常不具有太大的参考价值。

在下载和使用 Live2D 官方网站上的示例模型文件时，请注意查看并遵守授权范围，不要二次传播相关文件，避免产生版权纠纷。

第 2 章

制作符合 Live2D 标准的 PSD 文件

用于建模的软件 Live2D Cubism 使用 PSD 文件作为插画素材，如图 2-1 所示。虽然得到 PSD 文件的途径有很多，但是 Live2D Cubism 对插画素材的格式和内容是有要求的。

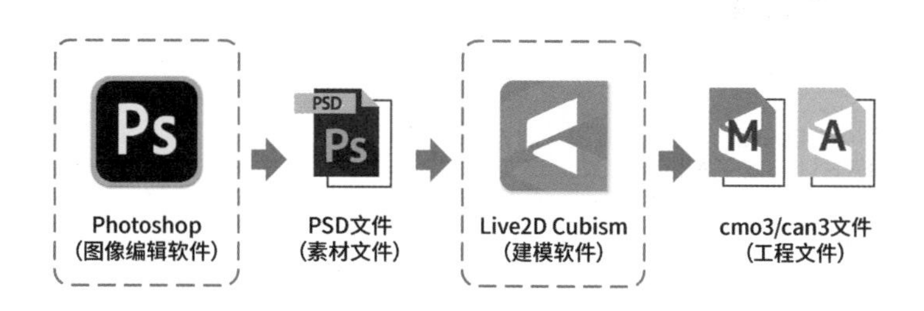

图 2-1　Live2D Cubism 使用 PSD 文件作为插画素材

本章将介绍一些 Live2D Cubism 对 PSD 文件的硬性要求。一方面，这些要求是比较容易达成的；另一方面，如果 PSD 文件达不到这些要求，则该文件可能无法被 Live2D Cubism 读取，或者给建模工作带来极大的不便。

本章的所有操作都不涉及对图层内容的修改。下面先介绍插画素材的文件格式。

2.1　插画素材的文件格式

想要进行 Live2D 建模，通常需要先准备 PSD 格式的文件。然而，PSD 是一个被广泛使用的复杂文件格式，并非任意一个 PSD 文件都可以被导入 Live2D Cubism 中。

因此，无论通过什么途径获取到 PSD 文件，在导入 Live2D Cubism 之前，都应该按照本章的方法对其进行标准化处理。

2.1.1　适合生成 PSD 文件的软件

PSD 文件是 Adobe 公司为 Photoshop 这款软件专门设计的格式，由于 Photoshop 早已成了业界标准，因此现在许多图像处理软件都支持导出 PSD 格式的文件了。尽管如此，我们仍然强烈建议使用特定软件生成 PSD 文件。

1. Live2D 官方推荐的软件

Live2D 官方推荐使用以下两款软件来输出 PSD 格式的文件，如图 2-2 所示。

- 由 Adobe 公司开发的 Photoshop。
- 由 CELSYS 公司开发的 CLIP STUDIO PAINT（后文简称 CSP）。

图 2-2 Live2D 官方推荐的软件

如果使用其他软件导出 PSD 文件，则在导入 Live2D Cubism 时可能会出现各种问题。因此，无论使用什么软件绘画，都建议最终使用 Photoshop 或 CSP 进行标准化。

由于 CSP 有国际版和国内版两个版本，界面的翻译和布局存在一些差异，因此本书选择使用 Photoshop 进行讲解。CSP 的用户也请不用担心，因为使用 CSP 可以实现本书中讲到的几乎所有的操作，只是各选项的位置可能有所不同。

2. 可以仅用在绘画阶段的软件

正如上文所述，读者可以先使用其他软件绘画并导出 PSD 文件，再使用 Photoshop 或 CSP 进行标准化。

如果目标是绘制用于 Live2D 建模的插画素材，则需要一款带有图层功能且可以导出 PSD 文件的绘画软件。除了 Photoshop 和 CSP，还有一些常见的符合此要求的绘画软件，如图 2-3 所示。

- 由 SYSTEMAX 开发的 PaintTool SAI 和 PaintTool SAI2。
- 由 Corel 开发的 Painter。
- 由 Savage Interactive 开发的 Procreate。

图 2-3 其他常见绘画软件

虽然这些软件都可以导出 PSD 文件，但是可能会导致一些问题。下面针对上述 3 款软件分别举一个简单的例子进行说明。

（1）PaintTool SAI。

在使用 PaintTool SAI（后文简称 SAI）绘画时，有些功能可能是 Photoshop 不支持的。比如，在 SAI 中可以将图层组作为剪贴蒙版的被剪贴图层，但是该操作在 Photoshop 中是不被支持的。

如果在 SAI 中将图层组设置为剪贴蒙版的被剪贴图层，如图 2-4 所示，则在 Photoshop 中将其打开时，图层会出现显示错误，并且该错误通常表现为部分图层不可见，部分图层出现黑边，如图 2-5 所示。

图 2-4　在 SAI 中对图层组使用剪贴蒙版

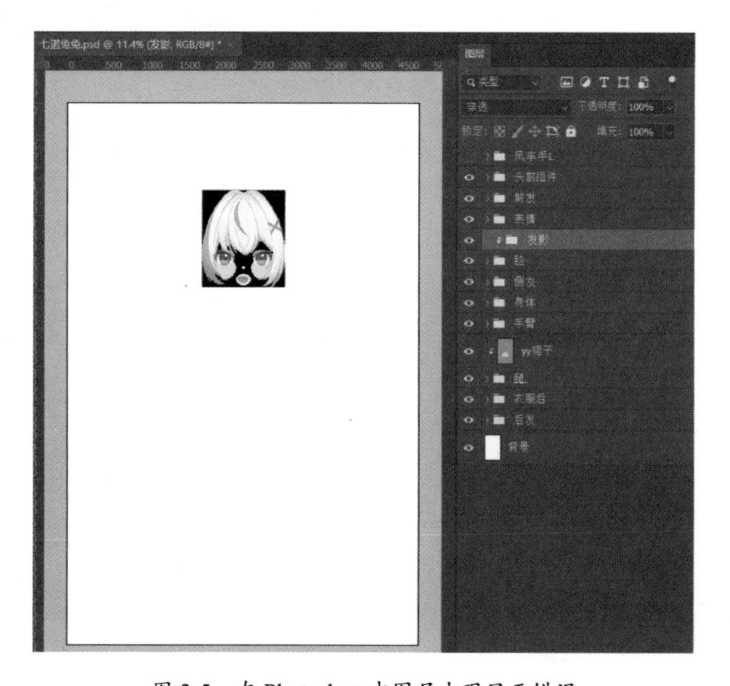

图 2-5　在 Photoshop 中图层出现显示错误

虽然我们只需在 Photoshop 中将剪贴蒙版解除（选中被剪贴图层后按组合键“Ctrl+Alt+G”），就能解决这个问题，如图 2-6 所示，但是这可能会导致外观上的变化，并且在剪贴蒙版大量存在时，操作起来也会很麻烦。

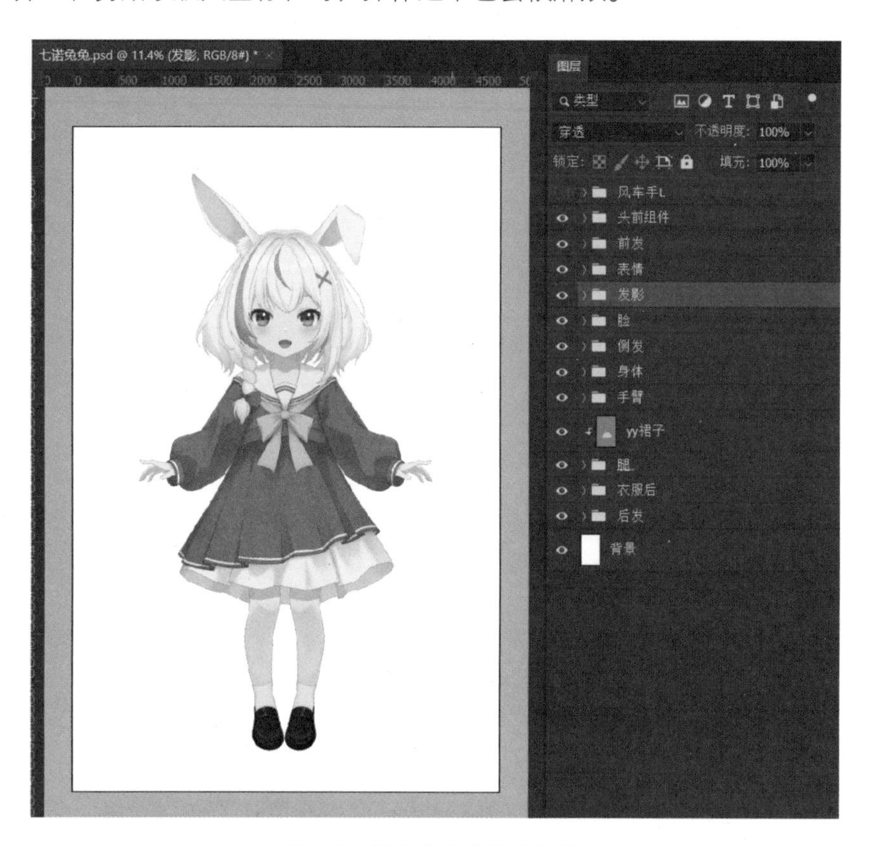

图 2-6　解除剪贴蒙版后恢复

（2）Corel Painter。

在使用 Corel Painter（后文简称 Painter）绘画时，导出的 PSD 文件在 Photoshop 中可能呈现出不同的外观。比如，Photoshop 不支持 Painter 的图层效果和调整图层功能，需要提前进行栅格化。

再比如，导出时 Painter 中的群组信息会丢失，因此导出后仍然需要在 Photoshop 中重新整理图层（整理图层的方式将在 2.2 节中进行讲解）。

另外，Painter 的混合模式（在 Painter 中被称为“构成方式”）的名称和效果均和 Photoshop 的不同，因此可能会被丢失或被转换，如表 2-1 所示。即使有些图层可以被转换，也可能让得到的结果更亮或更暗，从而导致外观出现较大的差异。

表 2-1　Painter 导出 PSD 文件时部分图层的变化

Painter 中的构成方式	导出后在 Photoshop 中的混合模式
一般	正常（转换）
反向透出	正常（丢失）

续表

Painter 中的构成方式	导出后在 Photoshop 中的混合模式
仿古色	正常（丢失）
彩化	颜色（转换）
相乘	正片叠底（转换）
滤光	滤色（转换）

（3）Procreate。

在使用 Procreate 绘画时，虽然导出的 PSD 文件通常不会存在问题，但是可能会面临一些其他的限制。

Procreate 是运行在 iPad OS 上的软件，由于 iPad 性能有限，画布尺寸和图层数量存在隐性限制，因此可能无法满足用户对插画素材的精度要求（参见 3.1.1 节）。

另外，相对于计算机，iPad 上可用的工作区域更小，因此完成的图稿更有可能存在污点或瑕疵，命名和整理图层也非常麻烦。

虽然这些绘画软件存在一些潜在的问题，但是我们仍然可以自由选择符合绘画习惯的软件。在绘画过程中，只要注意以下几个点，就能避免很多不必要的麻烦。

① 尽量只使用普通混合模式（Photoshop 中图层为“正常”混合模式，图层组为“穿透”混合模式）。我们可以通过调整颜色等手段代替混合模式的效果，或者在条件允许的情况下合并使用了混合模式的图层。

② 栅格化特殊图层和图层样式。许多软件中有矢量图层、文字图层、3D 图层等非普通类型的图层，或者有描边、投影、浮雕等图层样式，为了避免它们被转换或丢失，建议提前执行栅格化。

③ 提前了解项目需求，创建尺寸合适的画布。

即使遵循了上述的建议，在将插画素材导入 Live2D Cubism 前，也请务必不要忘记使用 Photoshop 或 CSP 检查修改并重新保存。

扩展：什么是栅格化

“栅格化”指的是将图层的显示效果转换成像素的操作。在某些软件中也可能被称为“平面化”“光栅化”等。

比如，图层原本不带描边，可以通过设置“描边”图层样式来添加描边，如图 2-7 所示。此时，“描边”图层样式是可以开关的，说明描边没有真正被添加到图层上。

如图 2-8 所示，在图层上右击，在弹出的右键菜单中执行“栅格化图层样式”命令，这样图层样式会消失，图层会变为普通图层，但外观不会发生变化。这是因为原本由图层样式控制的描边所产生的新像素已经被添加到了图层上。由于这个过程的本质是将计算产生的结果转换成方格状的像素，因此这个过程被称为“栅格化”。

在进行栅格化时，除了可以使用“栅格化图层样式”命令，还可以使用“栅格化图层”“栅格化文字”“栅格化 3D”等命令，其作用都是相同的。

图 2-7　设置“描边”图层样式

图 2-8　栅格化图层样式

3. 软件界面布局和设置建议

在本书的后续内容中，我们会使用 Photoshop 进行讲解。为了让读者容易区分，本书中所有的 Photoshop 软件截图均使用深色模式的界面截取，所有的 Live2D Cubism 软件截图均使用浅色模式的界面截取。

在使用 Photoshop 绘制插画素材时，建议按照以下方式设置软件。

（1）“图层”面板。

因为我们要将插画的各个部分都拆分到独立的图层上，所以需要管理大量的图层。此时，让“图层”面板单独占据一个竖排的位置，这样在绘制和整理图层时都会比较方便。

在 Photoshop 中，首先打开界面顶部的“窗口”菜单，确保“图层”面板已被打开（或者按“F7”键开关“图层”面板），如图 2-9 所示；然后在界面上找到“图层”面板，将写着“图层”字样的面板标签拖到视图区域边缘，在出现蓝色竖线后放开，即可将“图层”面板单独作为一列，如图 2-10 所示。

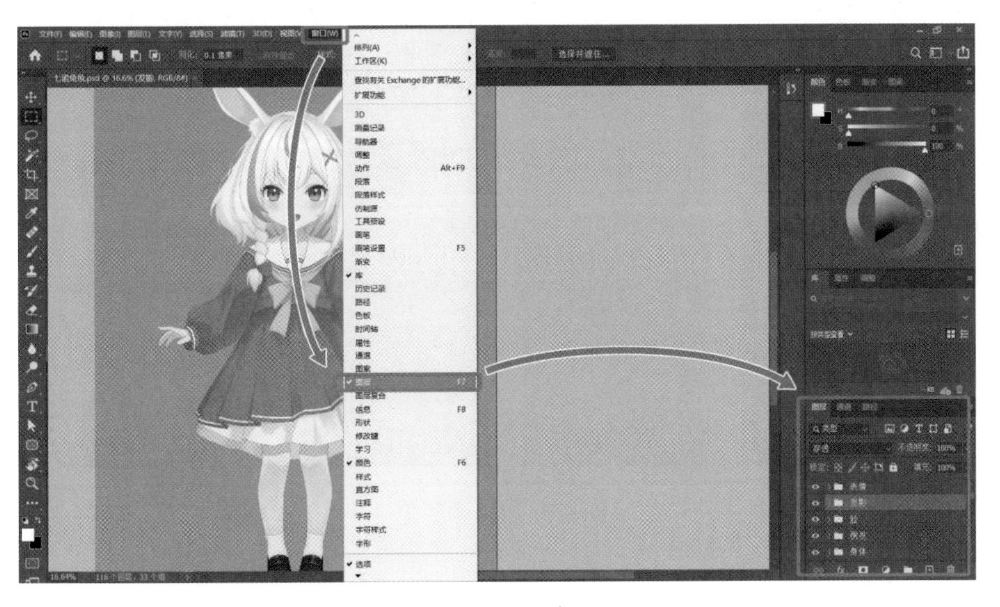

图 2-9　打开“图层”面板

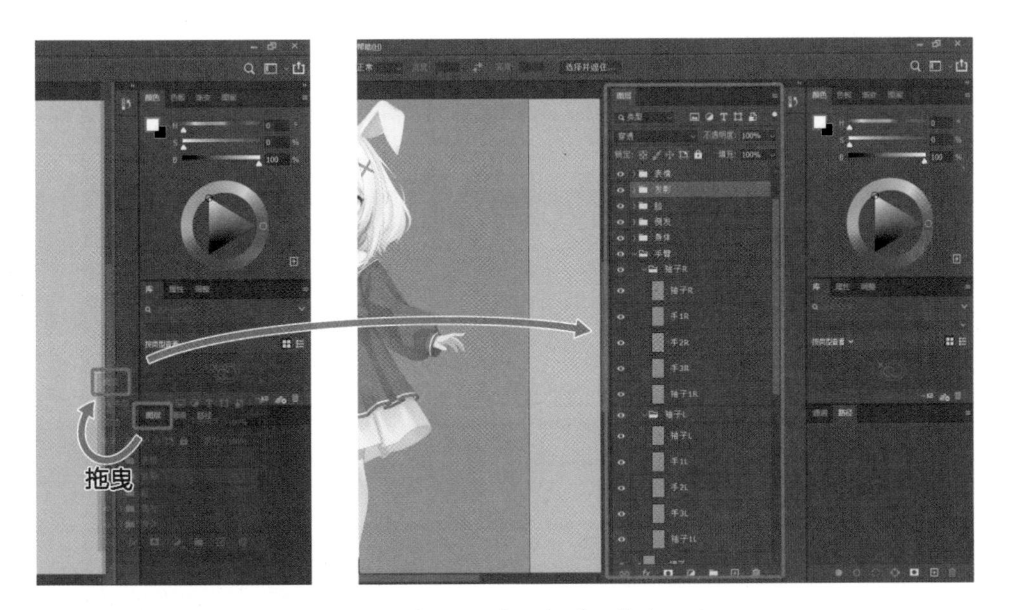

图 2-10　将“图层”面板单独作为一列

此时，“图层”面板单独占据一列，可以同时显示更多图层。

在图层名左侧的缩览图上右击，可以改变缩览图的大小，如图 2-11 所示。在绘画阶段，本书建议选择“无缩览图”或“小缩览图”，以便观察图层结构。

在后续的 3.2.3 节中讲解清理污点的方法时，会介绍缩览图的其他用法。

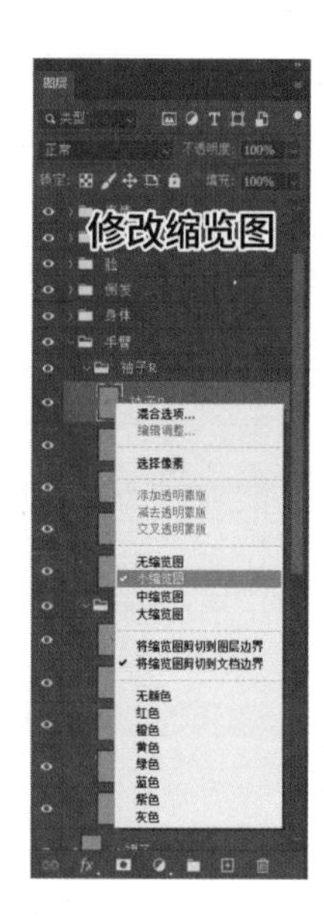

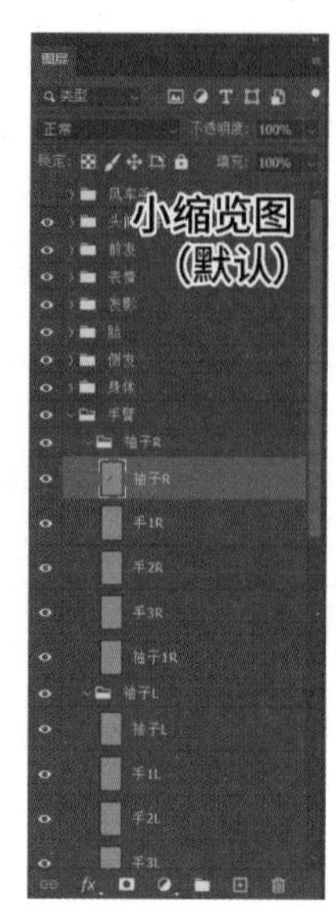

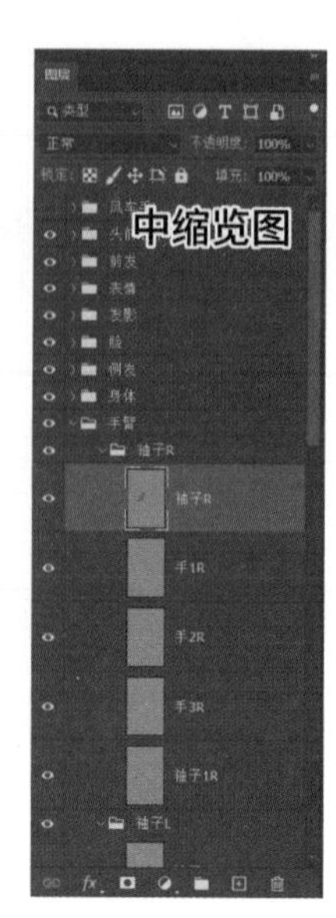

图 2-11　缩览图尺寸

（2）不透明度网格。

在使用 Photoshop 绘画时，我们经常需要单独显示某个图层或图层组。

按住“Alt”键并单击图层或图层组前面的眼睛图标，即可隐藏其他图层，单独显示对应的部分，如图 2-12 所示。

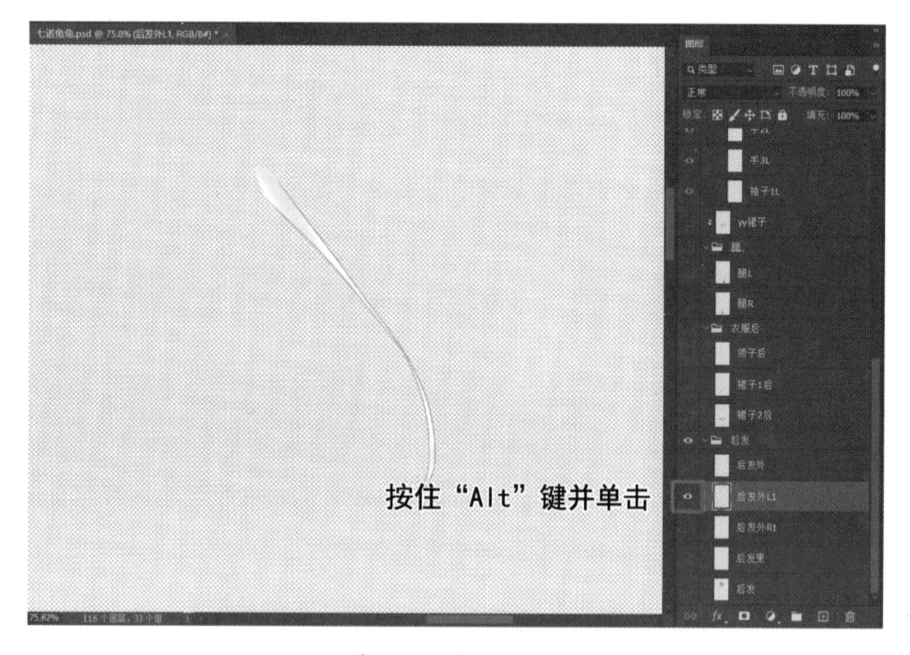

图 2-12　单独显示图层（修改网格前）

在默认状态下，Photoshop 的背景是灰白网格，很不方便观察。尤其是在后续步骤中，我们需要尽可能清理图稿中的污点和漏色，而灰白网格会很影响操作。

在顶部的菜单栏中依次执行“编辑”→“首选项”→“透明度与色域”命令，在弹出的“首选项”对话框中分别单击两个色块，修改灰白网格的颜色，一般将两个色块改为同样的颜色即可。如果不知道用什么颜色合适，则可以填入代表灰色的“#999999”，如图2-13所示。

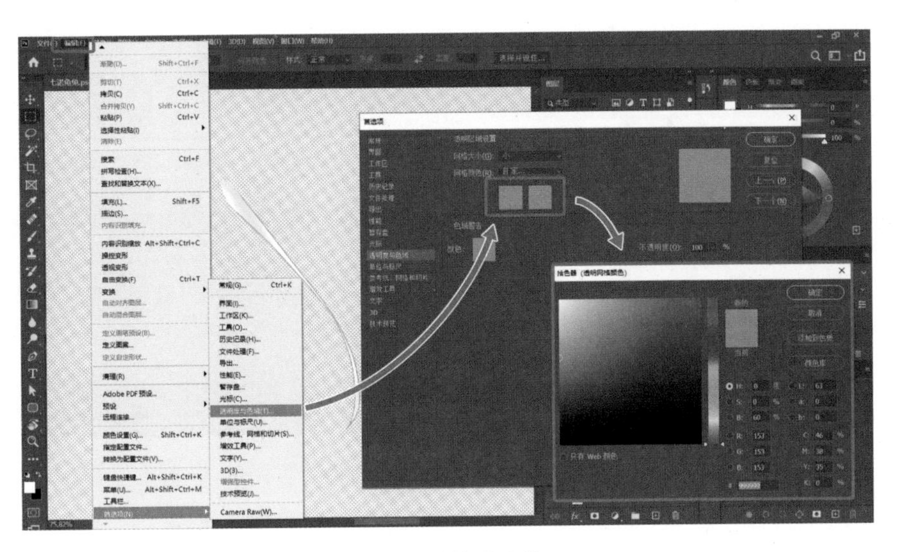

图2-13 修改网格

单击“确定”按钮后，我们再尝试单独显示一个图层，即可看到背景已经是纯灰色了，如图2-14所示，这样在绘画时会更方便观察。根据图稿本身的颜色，读者可以将网格颜色改为对比度更强的颜色，以便观察。

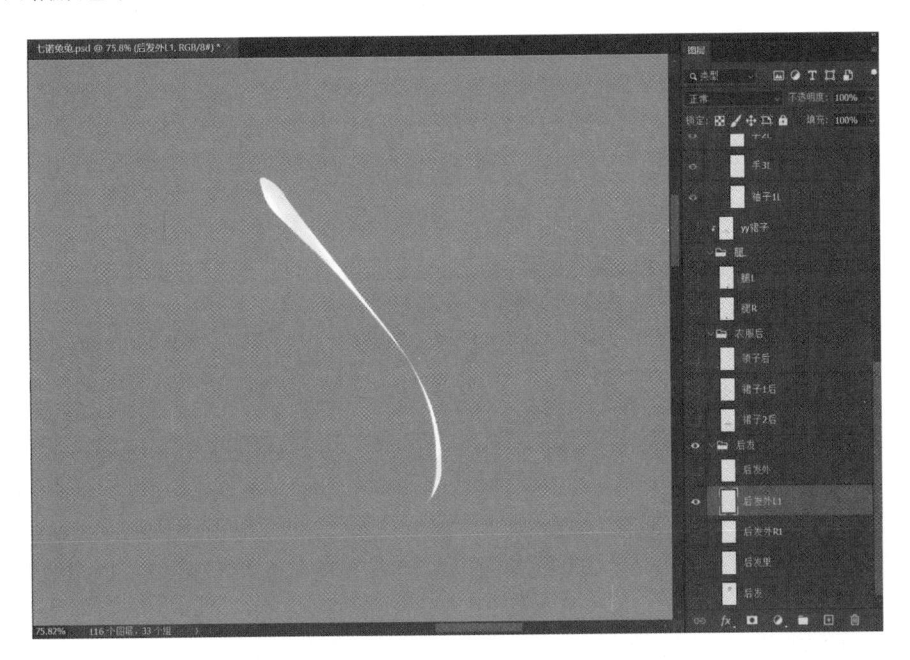

图2-14 单独显示图层（修改网格后）

如果想要改回默认的灰白网格，则在顶部的菜单栏中依次执行“编辑”→“首选项”→“透明度与色域”命令，弹出“首选项”对话框，在“网格颜色”下拉列表中选择“淡”选项即可，如图 2-15 所示。

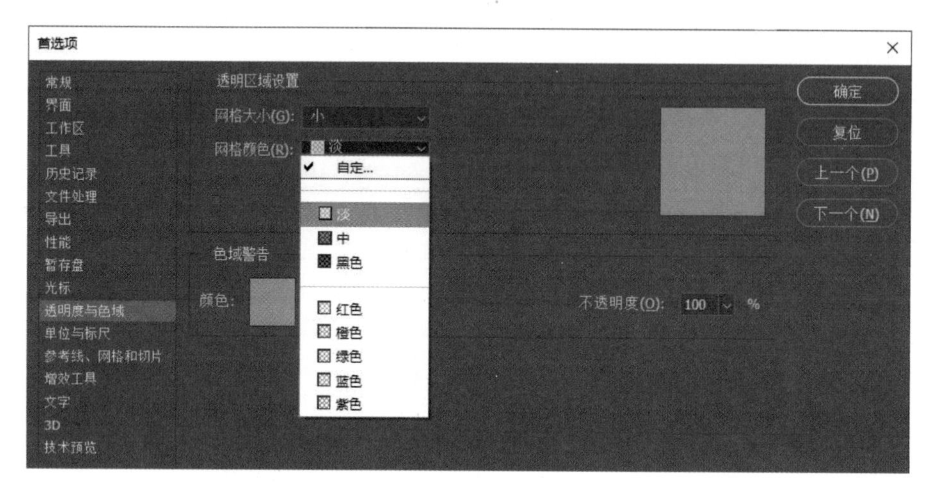

图 2-15　修改回默认网格

经过以上设置，绘制和整理用于 Live2D 的插画素材会更加方便。

2.1.2　导入符合要求的 PSD 文件

设置好软件后，我们就可以对 PSD 文件进行标准化处理，使其符合导入 Live2D Cubism 所需的最低要求。需要注意的是，如果 PSD 文件不符合本节的要求，则可能导致该文件无法完成导入。

1. 位深度和颜色模式

Live2D Cubism 要求 PSD 文件的模式必须为“RGB、8 位”。下面使用 Photoshop 打开 PSD 文件进行修改操作，因为这些修改都是不可逆的，所以在操作前请务必先对 PSD 文件进行备份。

其中“RGB”指的是颜色模式。在 Photoshop 顶部的菜单栏中依次执行“图像”→“模式”→“RGB 颜色”命令，即可修改为目标颜色模式，如图 2-16 所示。

如果图像原本是 CMYK 等其他常见颜色模式，则在转换为 RGB 颜色模式后，颜色通常不会发生改变。如果感觉修改颜色模式后图像颜色发生了改变，则可以在转换完成后微调颜色。

除此之外，我们还可以顺便检查一下颜色配置文件是否为“sRGB”。颜色配置文件的设置并不会影响 PSD 文件的正常读取，却有可能影响图像在 Photoshop 中显示的颜色，导致它看起来和 Live2D Cubism 中的显示效果不同。

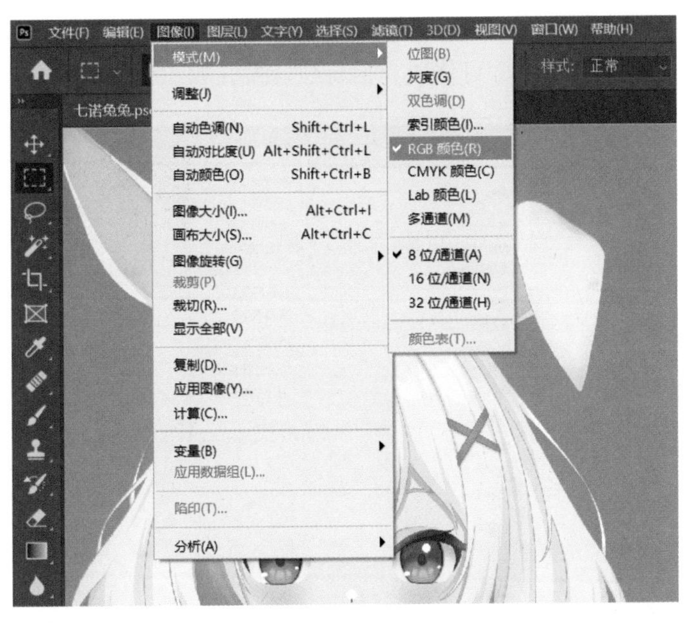

图 2-16　修改颜色模式

在 Photoshop 顶部的菜单栏中依次执行“编辑”→“颜色设置”命令（或者按组合键“Shift+Ctrl+K”），弹出“颜色设置”对话框，在“工作空间”选区中将“RGB”设置为“sRGB IEC61966-2.1”，即可修改颜色配置文件，如图 2-17 所示。如果感觉修改颜色模式后图像颜色发生了改变，则可以在转换完成后微调颜色。

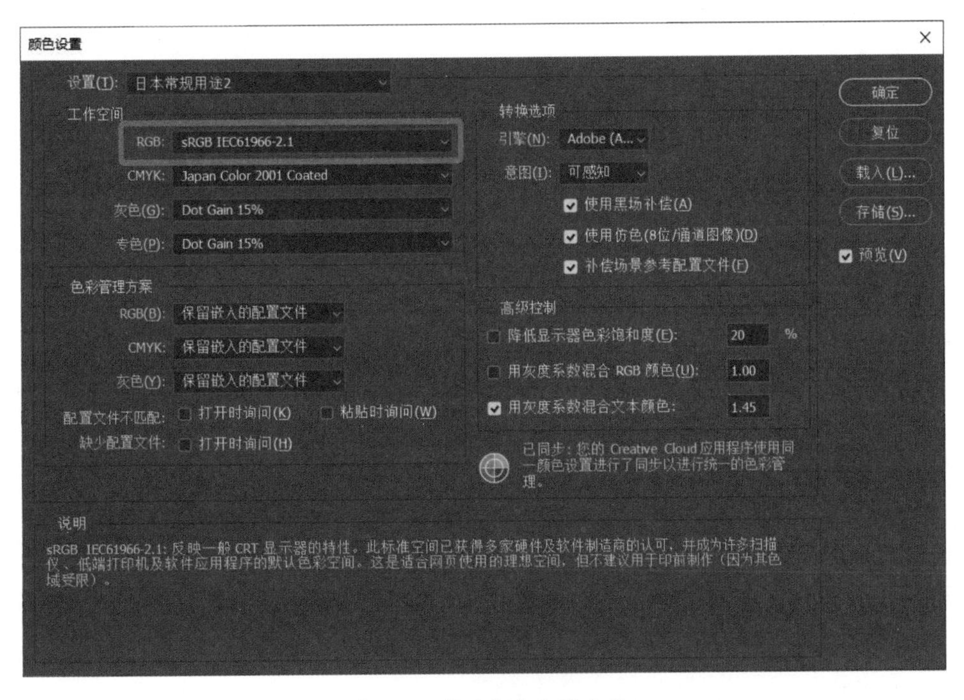

图 2-17　修改颜色配置文件

而"8位"指的是颜色的位深度。在Photoshop顶部的菜单栏中依次执行"图像"→"模式"→"8 位 / 通道"命令，即可修改为目标位深度，如图 2-18 所示。

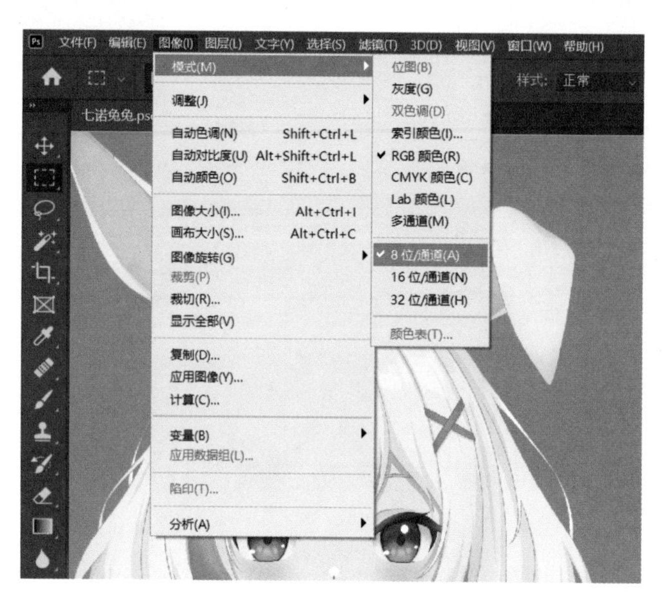

图 2-18　修改位深度

有些画师对图像颜色的要求较高，可能会在绘画时选择更高的位深度。由于从"16 位"或"32 位"转换为"8 位"的过程中，图像的变化是肉眼几乎不可见的，因此可以放心修改。

如果画师想要从头开始绘制，则在新建文件后可以先检查好这两项设置，以免后续再做修改。

2. 删除路径

Live2D Cubism 曾经不支持包含路径的 PSD 文件。如果包含路径，则 PSD 文件无法被 Live2D Cubism 读取。

虽然在 Live2D Cubism 更新到 4.2 版本时，这个问题已经得到了解决，但是为了以防万一，本书还是建议清理文档中的路径。

在 Photoshop 中，首先打开界面顶部的"窗口"菜单，确保"路径"面板已被打开；然后在界面上找到"路径"面板，选中需要删除的路径；最后单击"路径"面板底部的"删除"图标，即可删除路径，如图 2-19 所示。

由于 Live2D 往往包含许多左右对称的部分，因此画师在绘画时，可能会开启 Photoshop 的对称功能。有时，画师也会使用钢笔工具或自定义形状工具创建一些比较规则的图形，用来辅助绘画。这些操作都可能会生成路径。

即使画师是自己完成绘画的，也可能会意外地添加了路径。因此，在导入 Live2D Cubism 前需要对所有 PSD 文件进行路径清理。

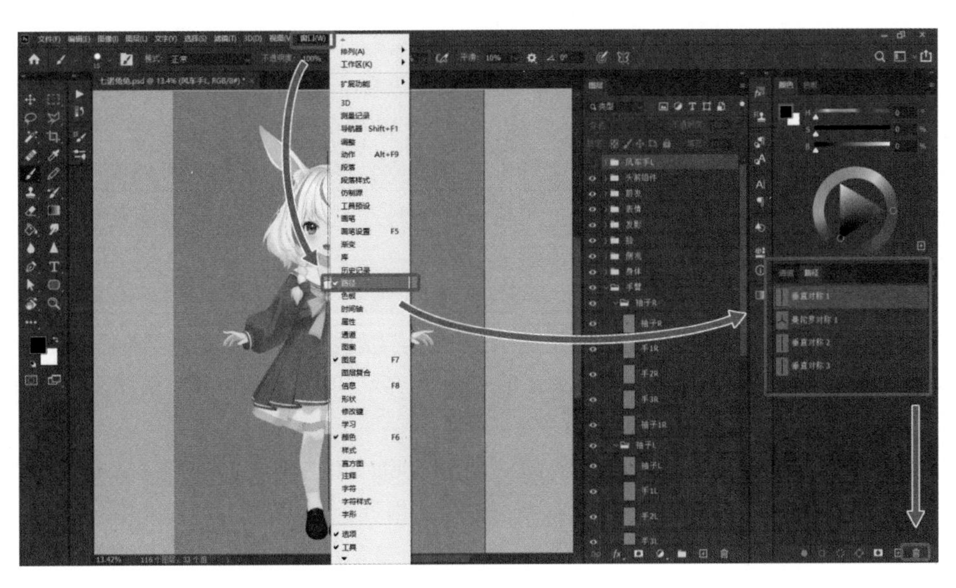

图 2-19 删除路径

3. 在 Live2D Cubism 中导入 PSD 文件

完成上述操作后，无论 PSD 文件是什么内容，理论上应该都可以导入 Live2D Cubism 了。下面直接使用 Live2D Cubism 尝试一下经过上述操作后的 PSD 文件能否顺利导入。

打开软件，直接将 PSD 文件拖曳到软件右侧的空白区域（视图区域），即可在 Live2D Cubism 中打开 PSD 文件，如图 2-20 所示。

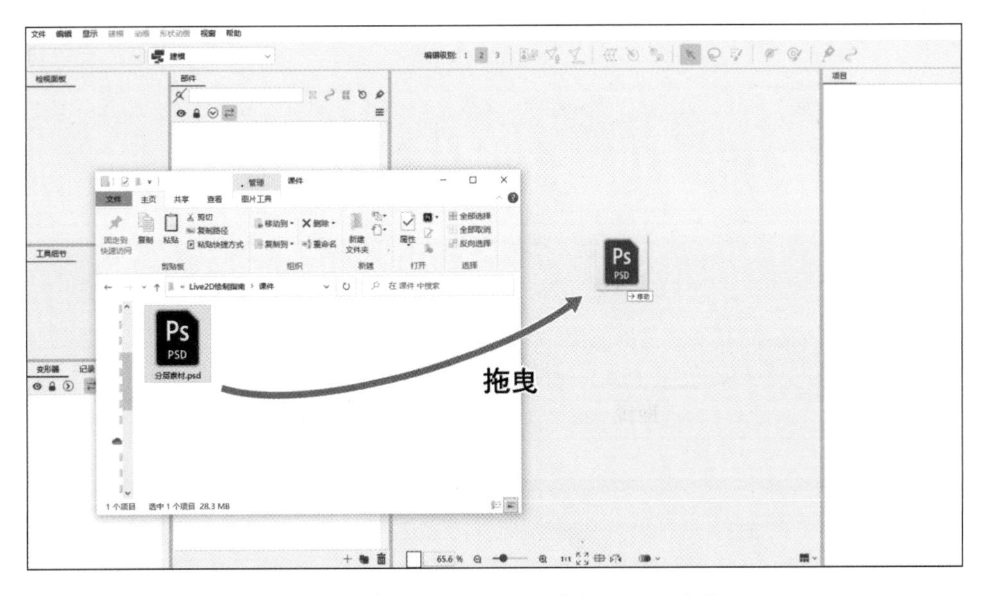

图 2-20 在 Live2D Cubism 中打开 PSD 文件

如果图像的尺寸较大，则会弹出“确定”对话框，用来选择预览尺寸，如图 2-21 所示。一般不需要自行选择预览尺寸，保持默认设置，直接单击“OK”按钮即可。

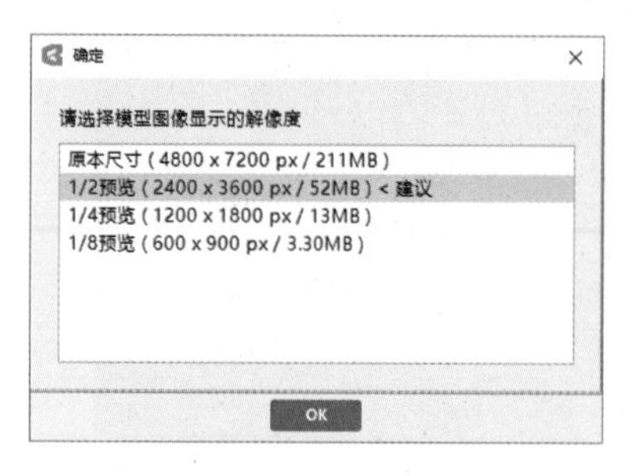

图 2-21　选择预览尺寸

在完成插画素材的导入后，Live2D Cubism 会自动用导入的 PSD 文件新建一个 Live2D 模型工程。

如果无法完成上述操作，则需要重新检查 PSD 文件，使其符合导入要求。

一个 Live2D 模型工程可以包含多个 PSD 文件。因此在绘画时，可以根据项目进度、文件容量等需求，将插画素材分为多个 PSD 文件，并在建模时分别导入同一个工程。

需要注意的是，多个 PSD 文件的尺寸如果不同，那么导入后的插画素材的默认位置可能会不符合画师的预期。我们将在 2.1.3 节中通过导入 PNG 文件的案例来帮助读者理解这个问题。

2.1.3　使用 PNG 文件

事实上，在 Live2D Cubism 中除了可以使用 PSD 文件，还可以使用 PNG 文件。

1. 导入 PNG 文件

比如，我们准备好了一个 PNG 文件，内容为角色的麦克风，直接将它拖曳到已经打开的 Live2D 模型工程中，在弹出的“图片设置”对话框中可以选择“纹理”或“参考图”选项，如图 2-22 所示。

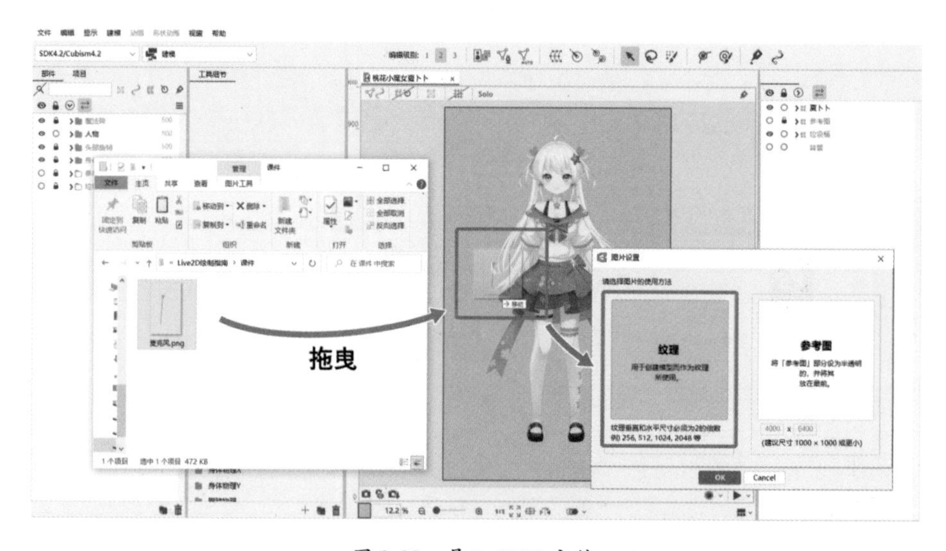

图 2-22　导入 PNG 文件

导入结果（符合预期）如图 2-23 所示。读者可以用同样的方式导入 PSD 文件或 JPG 文件。但是，由于 JPG 文件不支持透明背景，因此通常不建议使用。

需要注意的是，在没有打开任何 Live2D 模型工程时，无法直接导入 PNG 文件并新建工程，因此需要至少准备一个 PSD 文件用于建模。

图 2-23　导入结果（符合预期）

2. 文件的尺寸问题

在刚才的案例中，我们使用 PNG 格式的文件导入了角色的麦克风。

由于导入的 PNG 文件包含大量无效的透明区域，如果将这些透明区域都裁剪掉（见图 2-24）会怎样呢？

裁剪后，麦克风紧贴边缘，不再有大量透明区域，看起来更简约。但是，用同样的方式导入裁剪后的 PNG 文件后，会发现麦克风并不能显示在预期的位置上，而是被放在了左上方，如图 2-25 所示。这是因为 PNG 文件的大小和画布大小不同了，所以软件会以左上角为基准放置 PNG 文件，从而导致麦克风无法显示在预期的位置上。

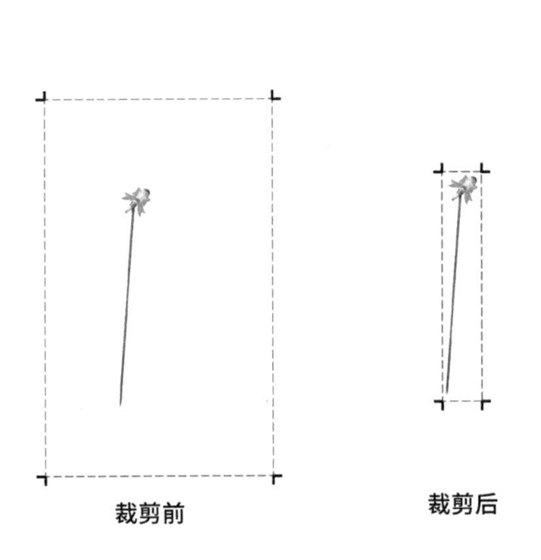

图 2-24　裁剪插画素材前后

图 2-25　导入结果（不符合预期）

我们可以将 PNG 文件和 PSD 文件重合在一起查看，如图 2-26 所示。在裁剪前，二者以左上角为基准对齐时，PNG 文件的内容处于正确的位置。在裁剪后，二者以左上角为基准对齐时，PNG 文件的内容偏离预期的位置。

在 Live2D Cubism 中，模型师虽然可以自由移动任何图层的位置，但是重新排列和对准各图层却很麻烦，也不能保证完全准确。因此在修改、新增图层或参考图时，无论使用的是 PNG 文件还是 PSD 文件，都不要改变画布的尺寸。

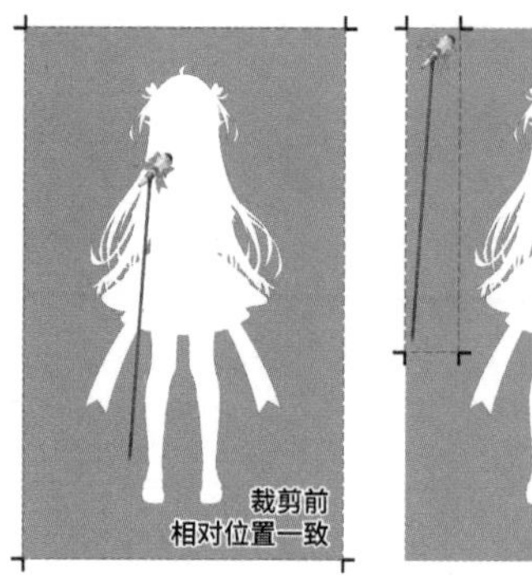

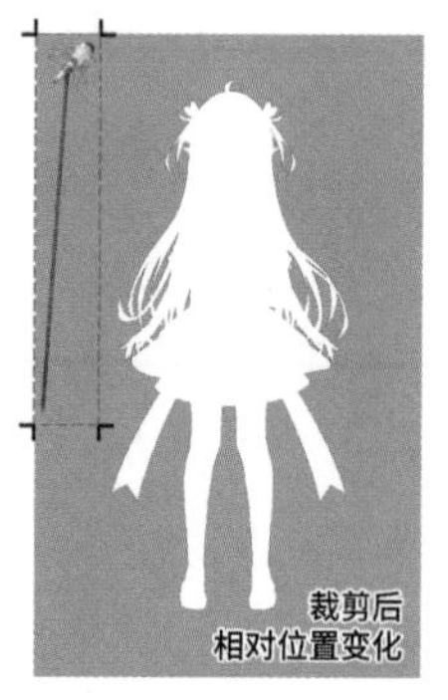

图 2-26　裁剪前后 PNG 文件内容的位置对比

需要注意的是，模型师也可以在 Live2D Cubism 中修改画布尺寸。但是修改后，在导入 PSD 文件时仍然会以画布的左上角为基准对齐。因此，一旦模型师修改了工程文件的画布尺寸，画师的 PSD 文件的画布尺寸就不再与之匹配。当画师想要更新或追加 PSD 文件时，可能会出现问题。

因此，在绘制插画素材时需要合理地设置画布尺寸，以避免出现需要修改的情况。本书将在 3.1.1 节中详细讲解画布的尺寸问题。

2.2 图层命名和整理标准

在按照 2.1 节所讲的方式将 PSD 文件导入 Live2D Cubism 后，即可在 Live2D Cubism 的“部件”面板中看到和 PSD 文件相似的图层结构，如图 2-27 所示。

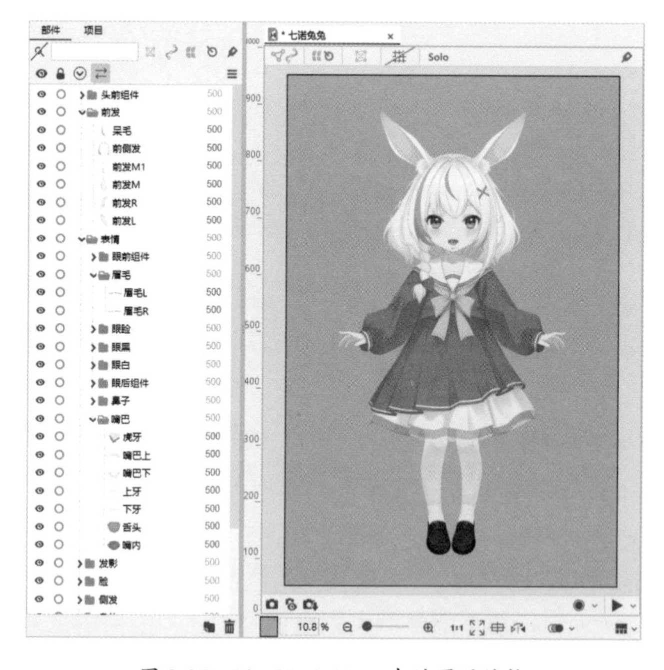

图 2-27　Live2D Cubism 中的图层结构

Live2D Cubism会按顺序显示Photoshop中的图层，并保留图层的名称。如果在Photoshop中创建了图层组，那么在导入Live2D Cubism后图层组仍然会作为图层组存在。

也就是说，我们可以提前对PSD文件中的图层进行命名和整理。实际上，结构合理、命名妥当的PSD文件会极大地方便建模工作，甚至可以避免很多错误。

2.2.1 图层的顺序和结构

在Photoshop中，如果创建了图层组，则可以很方便地单独显示、隐藏、锁定图层组和其中的图层。在Live2D Cubism中也一样，如果有类似图层组的结构——组（文件夹）存在，那么很多操作会更加方便。

在整理图层组时，首先应按照各个部分的包含关系，对图层的嵌套结构进行整理；然后按照各个图层组的覆盖关系，对嵌套后的图层组进行排序。

1. 何谓嵌套结构

我们将图层组和图层的包含关系称为嵌套结构。用于Live2D建模的插画素材，其内容基本是角色，因此图层组基本是按照角色的身体部位和衣服结构进行嵌套的。

下面以角色的手臂为例进行介绍。

首先，我们可以将整个右臂视为第1级，新建一个“右臂”图层组，将所有相关的图层都放在该图层组中。由于右臂可以分为右大臂、右小臂、右手，并且这里的右大臂和右小臂分别只有一个图层，因此没有必要为它们单独创建一个图层组。但是对于右手，我们可以新建一个“右手”图层组，用于放置手掌和手指等图层。

按照上述方式整理后，我们就得到了一个比较理想的嵌套结构，如图2-28所示。下面用表格的方式更清晰地表示右臂的嵌套结构，如表2-2所示。在导入Live2D Cubism之后，图层组的结构保持不变。

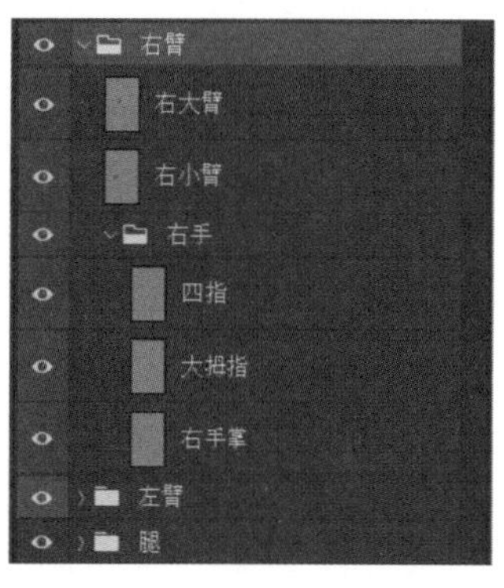

图2-28　右臂的嵌套结构

表2-2　右臂的嵌套结构

<table>
<tr><td rowspan="5">🗀 右臂</td><td colspan="2">右大臂</td></tr>
<tr><td colspan="2">右小臂</td></tr>
<tr><td rowspan="3">🗀 右手</td><td>四指</td></tr>
<tr><td>大拇指</td></tr>
<tr><td>右手掌</td></tr>
</table>

角色包含的所有图层都应被整理成类似这样的嵌套结构。对于朝向正面、立正站姿的常规角色插画素材，我们通常会拆分、整理出如表 2-3 所示的嵌套结构。虽然根据不同的角色设计和实际需要，图层内容会有所不同，但是大致的嵌套结构都是相似的。

表 2-3　常规角色插画素材的嵌套结构

<table>
<tr><td rowspan="3">前发</td><td colspan="2">前发左</td></tr>
<tr><td colspan="2">前发右</td></tr>
<tr><td colspan="2">前发中</td></tr>
<tr><td rowspan="2">侧发</td><td colspan="2">侧发左</td></tr>
<tr><td colspan="2">侧发右</td></tr>
<tr><td rowspan="11">表情</td><td rowspan="2">眉毛</td><td>左眉</td></tr>
<tr><td>右眉</td></tr>
<tr><td rowspan="5">右（左）眼睛</td><td>右（左）上眼睑</td></tr>
<tr><td>右（左）下眼睑</td></tr>
<tr><td>右（左）高光</td></tr>
<tr><td>右（左）眼黑</td></tr>
<tr><td>右（左）眼白</td></tr>
<tr><td rowspan="3">嘴巴</td><td>上嘴唇</td></tr>
<tr><td>下嘴唇</td></tr>
<tr><td>嘴内</td></tr>
<tr><td colspan="2">鼻子</td></tr>
<tr><td rowspan="4">脸</td><td rowspan="2">脸</td><td>脸颊红晕</td></tr>
<tr><td>脸 / 头</td></tr>
<tr><td rowspan="2">耳朵</td><td>左耳</td></tr>
<tr><td>右耳</td></tr>
<tr><td rowspan="5">衣服前</td><td colspan="2">衣领前</td></tr>
<tr><td rowspan="2">上装</td><td>上衣</td></tr>
<tr><td>上衣饰品</td></tr>
<tr><td rowspan="2">下装</td><td>裙子 / 裤子</td></tr>
<tr><td>腰部饰品</td></tr>
<tr><td rowspan="3">身体</td><td colspan="2">脖子</td></tr>
<tr><td colspan="2">躯干</td></tr>
<tr><td colspan="2">腰臀</td></tr>
<tr><td rowspan="4">右（左）臂</td><td colspan="2">右（左）大臂</td></tr>
<tr><td colspan="2">右（左）小臂</td></tr>
<tr><td rowspan="2">右（左）手</td><td>右（左）手指</td></tr>
<tr><td>右（左）手掌</td></tr>
</table>

续表

右（左）腿	右（左）大腿
	右（左）小腿
	右（左）脚 / 鞋子
衣服后	衣领后
后发	后发
	发饰

对于任意一个用于 Live2D 建模的 PSD 文件，都建议像这样将所有图层进行打包并嵌套，最终得到几个大图层组。无论是对绘画来说，还是对建模来说，这么做都会提升工作的交接效率和便利性。

尤其是对画师来说，在绘画过程中有意识地逐步建立这样的嵌套结构，还可以起到辅助思考的作用，在后续需要拆分图层时也能更加得心应手。

2. 如何进行排序

在理想情况下，当我们整理完所有图层后，插画素材应该看起来是外观完整、没有瑕疵的。这样模型师在导入插画素材后，就能直接了解到图层组合后的效果，从而减少许多时间成本。

因此，在整理嵌套结构的同时，我们还要考虑图层的顺序问题。

比如，“头发”看起来是连成一体的，应该属于同一个图层组。但按照这样的方式划分图层组，如表 2-4 所示，虽然会使头发的嵌套结构看起来更清晰，但是我们只能选择将“头发”图层组中的图层统一放在脸的前方或后方，如图 2-29 所示。这会让模型师难以第一时间把握模型的观感，在整理图层时很容易出现错误。

表 2-4　错误的头发嵌套结构

头发	前发	前发左
		前发右
		前发中
	侧发	左侧发
		右侧发
	后发	后发
脸	脸	脸颊红晕
		脸 / 头
	耳朵	左耳
		右耳

因此，有时我们也要适当放弃完美的嵌套结构，将中间有夹层的前、后两部分图层分开，分别放在不同的图层组中。比如，头发、衣服等往往至少需要分为前、后两部分图层（见表 2-3），以此得到相对合理的图层覆盖顺序。

图 2-29 错误的头发嵌套结构

但是，如果图层结构过于复杂，穿插和夹层的情况过多，则可以选择舍弃图层覆盖顺序，优先保证合理的嵌套结构。

举个比较极端的例子，请想象一下，假如角色身上围绕着一条飘带，绕过了脖子、手臂、躯干、大腿等部分。此时如果还想要保证图层的覆盖顺序，那么嵌套结构可能会很不合理，如表 2-5 所示。对于这种情况，我们可以把飘带相关的图层都放在同一个图层组中，优先保证嵌套结构的整洁、合理如表 2-6 所示。

表 2-5 不合理的飘带嵌套结构

🗀 前发	……
🗀 侧发	……
🗀 表情	……
🗀 脸	……
🗀 飘带 1	飘带 1
🗀 衣服前	……
🗀 身体	……
🗀 飘带 2	飘带 2
🗀 右（左）臂	……
🗀 飘带 3	飘带 3
🗀 右（左）腿	……
🗀 飘带 4	飘带 4
🗀 衣服后	……
🗀 飘带 5	飘带 5
🗀 后发	……

表 2-6　合理的飘带嵌套结构

🗀 前发	……
🗀 侧发	……
🗀 表情	……
🗀 脸	……
🗀 衣服前	……
🗀 身体	……
🗀 右（左）臂	……
🗀 右（左）腿	……
🗀 衣服后	……
🗀 飘带	飘带 1 飘带 2 飘带 3 飘带 4 飘带 5
🗀 后发	……

相较于前一种嵌套结构（见表 2-5），后一种嵌套结构（见表 2-6）更有利于建模，这是因为相互关联的图层更容易被找到。在 Live2D Cubism 中，模型师可以在不改变嵌套结构的情况下，重新调整图层的绘制顺序，即覆盖顺序。本书将在 4.1.1 节中介绍 Live2D Cubism 是如何处理绘制顺序的。

2.2.2　图层的命名规则

为了让模型师快速找到所需的图层和图层组，并搞清楚它们的内容和作用，画师需要妥善为它们命名。

不同画师可能会对同一个部位有不同的叫法。比如，有的画师习惯将“眼黑”称作“眼球”“眼珠”“黑眼球”“瞳孔”等，这并没有对错之分，也不会为建模带来障碍。也就是说，在通常情况下，只要为图层起一个容易辨识的名字就足够了，画师完全可以使用习惯性的叫法。除此之外，掌握以下命名规则，会对建模更有帮助。

1.　Live2D 中的左右

由于人体是对称的，因此插画素材中的许多图层都有左、右两部分，如眼睛、手臂、腿等。在命名时，我们可以在图层的名称里添加“左”“右”，或者“L”（代表 Left）、“R”（代表 Right）等来区分左右。

读者可以根据习惯自由选择写法，这并没有对错。比如，对于两侧的眼睛的图层组名称，我们可以任选以下的一种写法：

- 右眼、左眼。
- 眼睛右、眼睛左。

- 眼睛 R、眼睛 L。
- 眼 R、眼 L。

需要注意的是，在 Live2D 中，对于面向我们的角色，屏幕左侧是“右”，屏幕右侧是“左”，如图 2-30 所示。比如，对于位于屏幕右侧的眼睛，其名字应该为“左眼”。

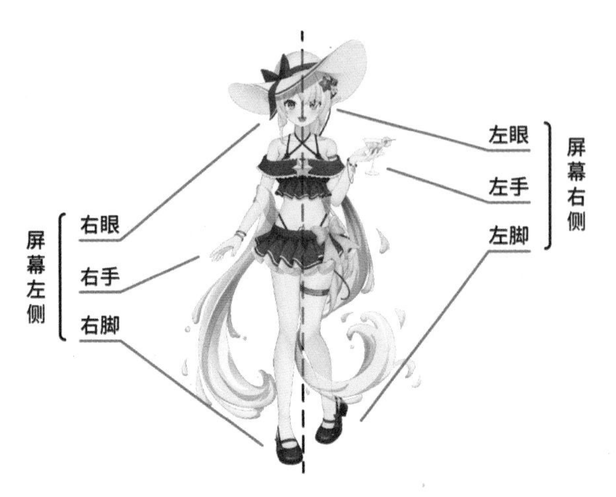

图 2-30 Live2D 中的左右

这么规定左右有两个好处。

第一个好处是，这样的左右和角色本身的左右是一致的。也就是说，Live2D 中的左右指的是角色本身的左右，和角色的朝向无关。

第二个好处是，这样制作出来的模型更符合面部捕捉的直觉。

在进行面部捕捉时，我们面对着屏幕，屏幕上的角色会跟着我们的动作运动。在理想的情况下，屏幕上的角色应该像照镜子一样，跟随我们进行镜像运动。如果我们向左歪头，屏幕上的角色却向屏幕右侧歪头，那么操作起来就会非常反直觉。

为此，面部捕捉软件已经对参数进行了镜像处理。比如，当我们闭上左眼时，实际会驱动“右眼开闭”（ParamEyeROpen）这个参数，导致模型使用这个参数的那一侧眼睛闭合，即屏幕上的角色闭上右眼，如图 2-31 所示。

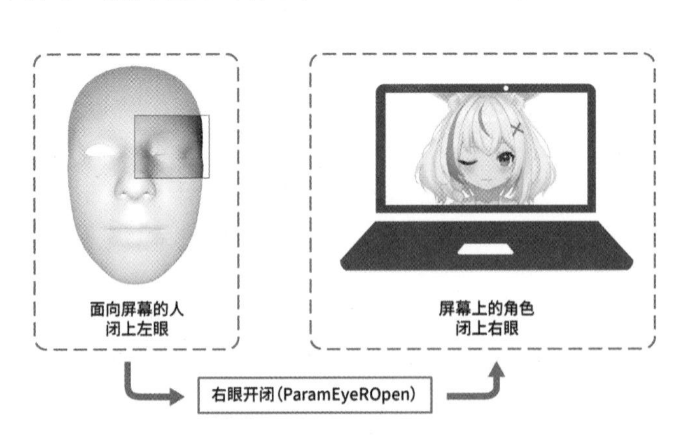

图 2-31 面部捕捉的左与右

为了实现这个效果，模型师需要将屏幕左侧的眼睛与“右眼开闭”参数绑定。如果这只眼睛的图层名称为“左眼睑”“左眼黑”“左眼白”等，却与“右眼开闭”参数绑定，则会妨碍模型师的思考，增加建模出错的概率。

因此，请务必按照角色本身的左右进行命名，避免潜在的问题。再次强调，对于面向我们的角色，屏幕左侧是“右”，屏幕右侧是“左”。

2. 推荐的命名规则

除了上述规则，还有一些建议遵守的命名规则。

（1）避免出现重名图层。

对 Live2D Cubism 来说，图层名称是图层唯一的标识。

即使存在重名图层，在首次导入 PSD 文件时也不会出现任何问题。但是，在替换 PSD 文件时，Live2D Cubism 基本是根据图层名称来判断替换前、后的两个图层是否对应的，如果 PSD 文件中存在重名图层，则在执行替换时很可能会出错。比如，角色身上有多个蝴蝶结，并且图层名称都为“蝴蝶结”，在替换时 Live2D Cubism 可能会使用错误的图层执行替换，导致模型的外观出现问题。

虽然模型师可以手动修复这个问题，但是重名图层越多，出现问题的可能性就越大，甚至有可能一次性出现多处问题。再加上我们可能经常需要修改原图并替换 PSD 文件，如果多次出现这类问题且未能及时发现和处理，则会使修复工作变得非常烦琐。

在命名时，我们可以给图层添加描述，如“裙子蝴蝶结”“头顶蝴蝶结”“蝴蝶结右”“红蝴蝶结”；也可以添加编号，如“缎带 1”“缎带 2”“缎带 3”；还可以写明嵌套关系，如“衣领前”“衣领后”“头发前”“头发后”。这样既能避免错误，又能方便模型师查找和辨识。

如果模型需要使用多个 PSD 文件，那么理论上图层是可以跨文件重名的。但是为了保险起见，仍然建议使用唯一的图层名称。

（2）写清楚特殊图层的用途。

有时，我们会为 Live2D 模型准备一些特殊类型的图层，如蒙版图层、阴影图层、发光图层、参考图等。读者可能暂时不理解其中有些图层的制作方法和作用，请不必着急，我们会在本书中进行详细讲解，这里先只讨论命名问题。

对于这些特殊图层，本书建议直接把它们的作用写在图层名称里。下面是一些常见的特殊图层，在命名时可以使用如下的图层名称。

- **蒙版图层**：下巴线_蒙版、耳朵线 M（M 或 Mask，代表蒙版）。
- **阴影图层**：前发左_阴影、前发右 S（S 或 Shadow，代表阴影）。
- **发光图层**：宝石_发光、宝石 H（H 或 Highlight，代表发光）。
- **参考图**：闭眼_参考、闭眼 Ref（Ref 代表参考图）、[闭眼]（Live2D Cubism 会在单独导入的参考图的名称两侧加中括号）。

特殊图层往往会以特殊的形式影响模型的观感。如果取一个容易辨识的名字，那么模型师能快速理解这些图层的作用，使得建模过程更加顺利。

（3）如条件允许，使用英文名。

虽然 Live2D Cubism 是完全支持中文的，使用中文命名图层不会出现任何问题，但是在导入 PSD 文件后，Live2D Cubism 会为每个图层分配一个 ID，并且这个 ID 仅支持数字、字母和下画线。如果图层名称里有 ID 不支持的字符，那么在导入 PSD 文件后，图层的 ID 会自动生成“ArtMesh+ 序号”形式的字符串，如图 2-32 的右图所示。

而如果图层名称原本就符合 ID 的命名规则，且没有重名，那么 ID 会直接使用图层的名称，如图 2-32 的左图所示。这个结果显然会更加理想。

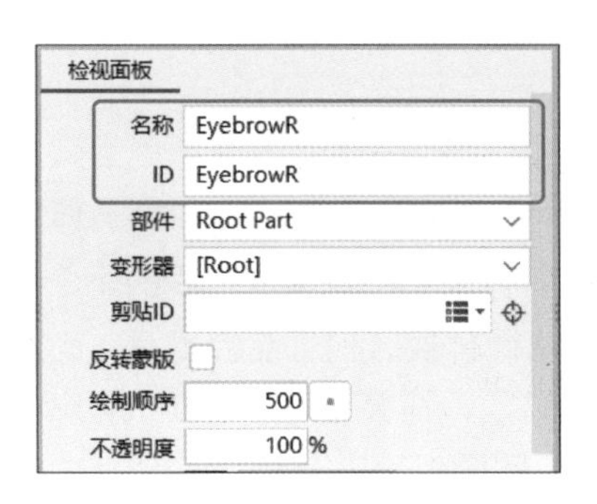

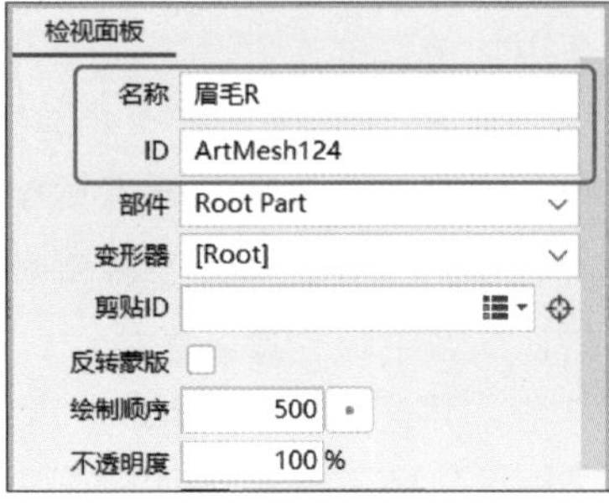

图 2-32　图层名称与 ID

在建模过程中，模型师很少需要通过 ID 来辨别或查找图层。但是在将 Live2D 模型导入其他软件时，模型师是需要根据 ID 定位某个图层的。知名面部捕捉软件 VTube Studio 就有这样的功能。如果所有的 ID 都是“ArtMesh+ 序号”的形式，那么定位起来会非常困难，除非逐一尝试，否则我们无法知道哪个名称对应什么图层，如图 2-33 所示。

图 2-33　自动生成的 ID

虽然模型师可以在Live2D Cubism中修改图层的ID，但是这项工作比较烦琐。因此，如果画师和模型师都熟悉英文，则推荐使用英文命名图层和图层组，如图2-34所示。由于ID仅支持数字、字母和下画线，因此可以采用编程中常见的驼峰命名法或下画线命名法，以此避免出现空格等其他符号。

- **大驼峰命名法**（各单词首字母大写）：EyeBrowR。
- **小驼峰命名法**（从第二个单词开始首字母大写）：eyeBrowR。
- **下画线命名法**（用下画线分割单词）：eye_brow_R。

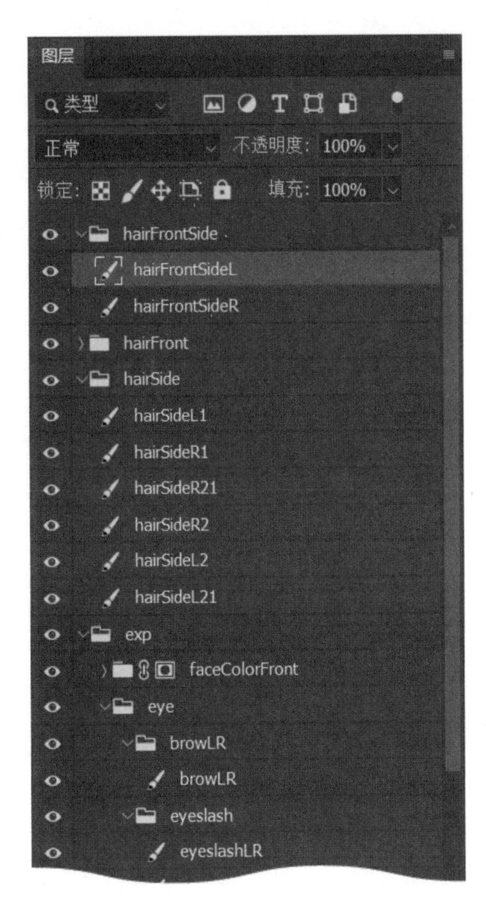

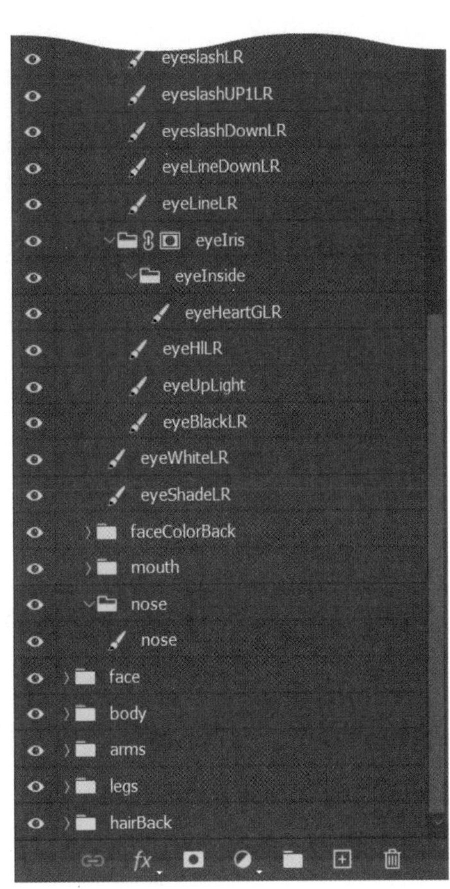

图2-34 使用英文命名图层和图层组

尤其是当Live2D模型要用于游戏开发时，图层使用英文名可能会是硬性要求。如果感觉英文不够方便，那么使用由英文字母构成的汉语拼音也是可以的。

除了上述建议，在绘画过程中，画师还可以使用特殊的命名方式，以便执行Live2D官方的自动整理图层的脚本。本书将在3.2.6节中详细讲解这种命名方式和脚本的用法。

第 3 章

优化 PSD 文件的内容

第 2 章讲的是 Live2D Cubism 对 PSD 文件的硬性要求，下面再来讲一些软性要求。在绘制新图稿或整理已完成的图稿时，如果按照接下来所讲的方法进行优化，那么最终得到的 PSD 文件将更适合建模。

3.1 绘制新图稿

本章主要介绍绘制新图稿时采用哪些方法可以优化 PSD 文件。

3.1.1 画布的尺寸设置

在新建文件时，除了需要注意 2.1.2 节讲过的颜色模式等问题，还需要确定画布的尺寸。画布的尺寸设置应该考虑的是图稿的用途问题和设备的性能问题。

1. 图稿的用途问题

之前讲过，Live2D 模型可能用于游戏、直播等。为了让模型在这些使用场景下足够清晰，我们需要保证画布足够大。下面我们假设要绘制的是角色的全身，并针对各种不同的用途分析所需的画布大小。

截至目前，由于网络、硬件性能等限制，大多数网络直播的清晰度为 1080P，即画面的高度为 1080 像素。而用于直播的模型，通常只需展示上半身，甚至只展示胸口以上的部分，如图 3-1 所示。也就是说，我们最好能让模型胸口以上的部分（身高的 1/3）的高度达到 1080 像素，这样才能避免模型模糊。

图 3-1　直播时模型的显示范围（1）

因此，模型的身高至少为 1080 像素的 3 倍（3240 像素），而我们绘制的角色也应该是这样的高度。由于角色会运动，而且可能有帽子等导致角色更高的饰品，因此在创建画布时建议留一些冗余，如将画布高度设置为 4800 像素。至于宽度，只要能够容纳角色即可。比如，我们可以创建宽度为 3200 像素、高度为 4800 像素的画布，或者高度冗余量更小些的画布，如图 3-2 所示。

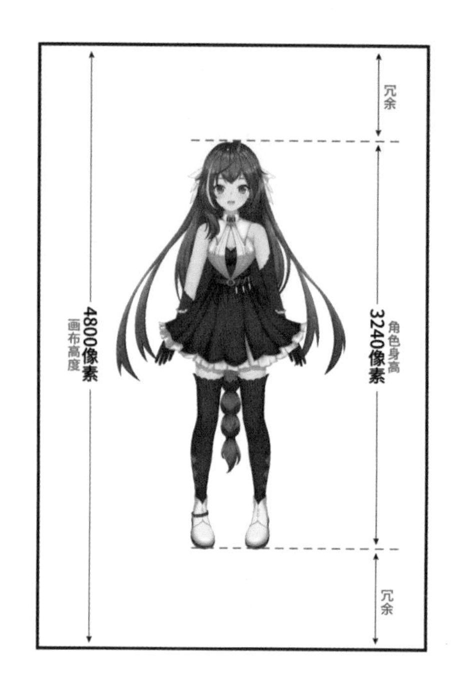

图 3-2　图稿与画布尺寸

当然，我们还要考虑具体的项目需求。比如，有些模型可能更适合直接展示全身，如果模型为 Q 版角色，那么画布高度略微超过 1080 像素即可，如图 3-3 所示。再比如，有时我们可能不希望模型占用太多的计算机性能，也不太在乎模型的画质，那么让画布高度仅有 500 像素也是可以的。

图 3-3　直播时模型的显示范围（2）

对游戏中使用的 Live2D 模型来说，开发部门会对 Live2D 模型的规格有明确要求。即使没有要求，我们的计算思路也是一样的。虽然部分游戏所支持的分辨率为 4K，即画面高度为 2160 像素，但是游戏只会显示出角色身体的大半部分，如图 3-4 所示。因此，我们通常只需保证模型身高的 1/2 大于 2160 像素即可。

图 3-4　游戏内模型的显示范围

据此计算，角色的常规身高至少为 2160 像素的两倍（4320 像素）。如果画布不需要太多冗余，那么我们同样可以创建宽度为 3200 像素、高度为 4800 像素的画布。

无论是什么用途，想要制作更加精细、更加复杂的模型往往需要更大的画布，否则一些小细节会难以绘制和建模。因此对于较高规格的项目，甚至可以创建宽度为 5000 像素、高度为 8000 像素的大型画布，以便应对大多数情况。顺便一提，Live2D 官方推荐的用于高清立绘的画布尺寸为 5000 像素 ×8000 像素。

将画布创建得大一些是有好处的。如有必要，我们可以在绘画完成后再进行缩小处理，这样不会出现明显的清晰度损耗。但反过来，如果最开始的画布太小，那么是不能直接放大的，会导致画面模糊。因此，在客户或开发部门等对画布的尺寸有明确要求时，画师应创建与之相等或更大尺寸的画布。

在 Photoshop 中新建文档时，有几个项目需要设置或检查，如图 3-5 所示。

① **宽度和高度**：按照上面的思路填写即可。

② **单位**：必须选择“像素”，否则宽度和高度的实际意义不同。

③ **颜色模式**：RGB 颜色、8bit（参见 2.1.2 节）。

④ **颜色配置文件**：sRGB IEC61966-2.1（参见 2.1.2 节）。

设置完这几项后，我们可以将其保存为“文档预设”，以备下次使用。本书提供了立绘－低清、立绘－标清、立绘－高清 3 种规格的文档预设。读者可以下载并导入到 Photoshop 中使用。

★请在本书配套资源中查找源文件：3-1-Photoshop 文档预设 .psd。

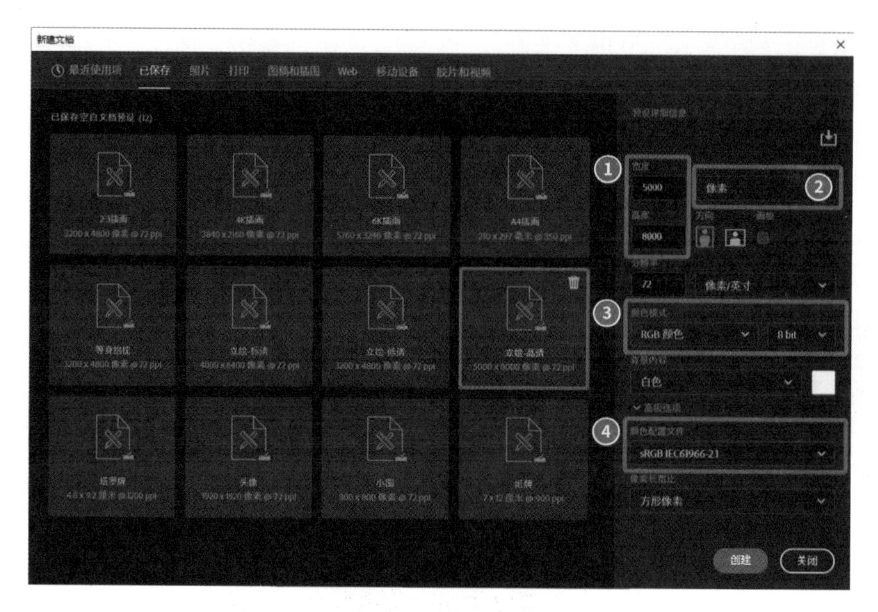

图 3-5　新建画布

扩展：关于“分辨率”

在新建文档时，Photoshop、SAI 等都有“分辨率”这一选项。通常来说，数字文档的分辨率是用 ppi 来表示的，如图 3-6 所示。ppi 是“pixels per inch”的简写，意为“像素 / 英寸”。

其中，“像素”是计算机世界使用的尺寸单位，而“英寸”是现实世界使用的尺寸单位（也可以使用“厘米”等）。也就是说，分辨率的作用是让两个世界的尺寸进行单位换算。

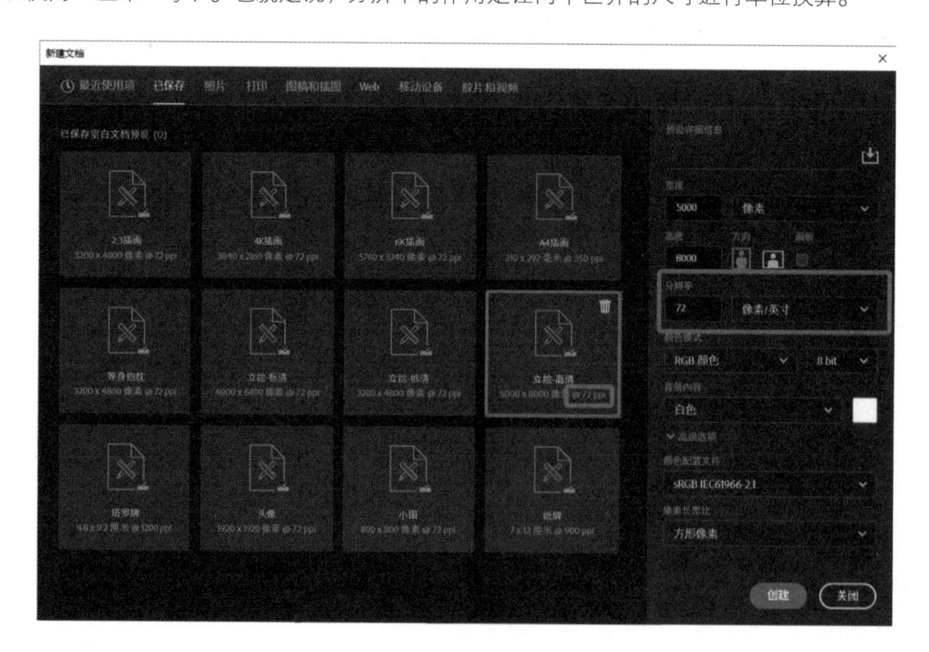

图 3-6　分辨率

Live2D 模型通常只用于计算机世界，不涉及现实世界中的尺寸。因此，只要宽度和高度使用“像素”作为单位，分辨率设置为多少都没有实质影响。因为计算机屏幕常用的分辨率为 72 像素 / 英寸，所以在新建文档时可以将分辨率设置为 72 像素 / 英寸。

然而，有些画师习惯以现实世界中的尺寸新建画布。比如，常见的 A4 尺寸，其宽度和高度分别为 210 毫米和 297 毫米。对计算机来说，现实世界的尺寸不能直接使用，必须通过“分辨率”将单位转换为像素，因此我们必须设置好分辨率，如图 3-7 所示。

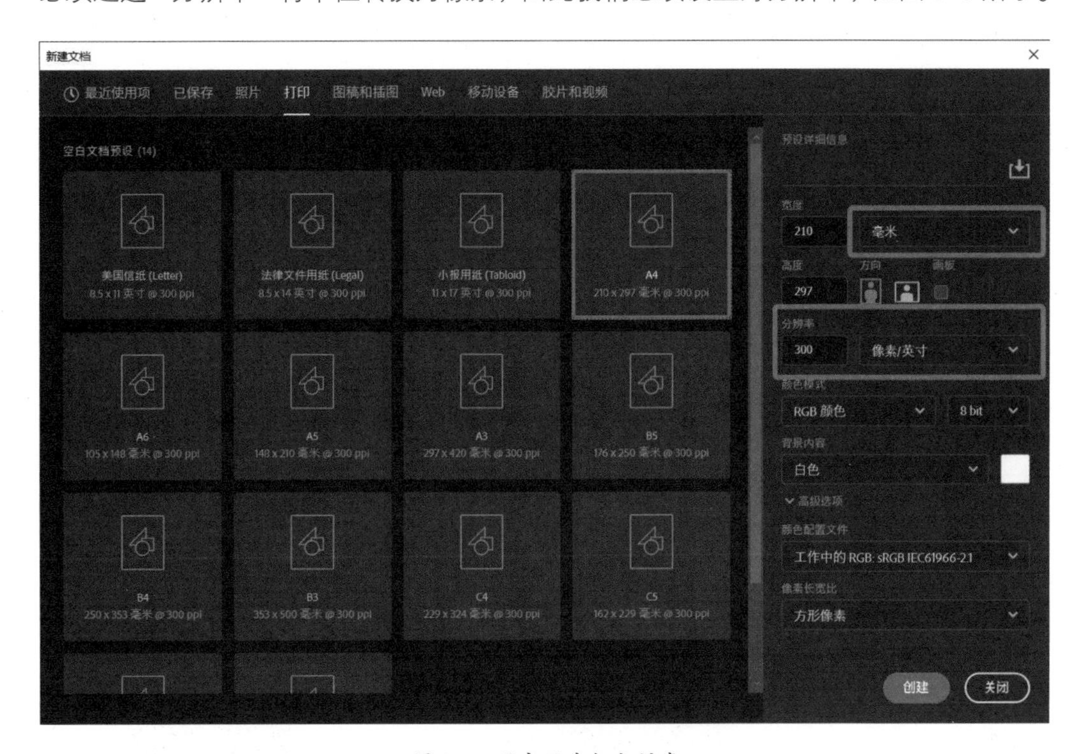

图 3-7 现实尺寸与分辨率

不同分辨率将得到不同的像素数量。表 3-1 所示的是不同的常见分辨率值对画布尺寸的影响。从表 3-1 中可以看出，选择 A4 尺寸后，如果将分辨率改为 72 像素 / 英寸，那么实际画布的高度将仅有 842 像素，这通常是远远不够的。

表 3-1 不同的常见分辨率值对画布尺寸的影响

尺寸设置（宽度 × 高度）	分辨率（像素 / 英寸）	实际画布尺寸（宽度 × 高度）
210 毫米 ×297 毫米	72（屏幕常用分辨率）	595 像素 ×842 像素
210 毫米 ×297 毫米	150（打印常用分辨率）	1240 像素 ×1754 像素
210 毫米 ×297 毫米	220（打印常用分辨率）	1819 像素 ×2572 像素
210 毫米 ×297 毫米	300（打印 & 印刷常用分辨率）	2480 像素 ×3508 像素
210 毫米 ×297 毫米	350（SAI2 常用分辨率）	2894 像素 ×4903 像素
210 毫米 ×297 毫米	600（高精度扫描常用分辨率）	4961 像素 ×7016 像素

因此，在使用现实世界的尺寸新建画布时，请务必谨慎选择分辨率。使用以下公

式可以计算出最终得到的分辨率是否足够：

宽度/高度的像素值=宽度/高度的毫米数×毫米到英寸的换算率×分辨率

其中，毫米到英寸的换算率约为0.03937英寸/毫米。假设画布宽度为600毫米，分辨率为350像素/英寸，那么代入公式可得画布的宽度像素值（四舍五入到整数）。

宽度像素值=600毫米×0.03937英寸/毫米×350像素/英寸

宽度像素值=8267.7像素

宽度像素值≈8268像素

读者可以使用Photoshop创建一个对应尺寸的画布，用于检验上述的计算结果。

以上只是对分辨率的简单讲解，针对本书的绘画目的，了解这些就足够了。在印刷插画时，还可以通过分辨率计算印刷后的图稿是否足够清晰。如果读者感兴趣或有需要，则可以自行学习更多有关印刷的知识。

2. 设备的性能问题

虽然理论上画布越大越好，但是画布越大在绘画和建模阶段给设备带来的负担越重。

对于设计比较简单的全身人形角色模型，要想创建所有常规的面部捕捉参数（见第6章）和物理效果，图层数量至少为50个；本书使用的示例模型，图层数量通常为100～200个；而复杂的商业级模型，图层数量甚至可能超过400个。要知道，这是绘画完成并合并图层后的数值，在绘画过程中，图层数量可能是这个数值的2～5倍，如图3-8所示。在画布较大时，如果画师的设备性能不够高，那么在绘画过程中很容易出现卡顿问题，降低工作的效率与质量。

图3-8 PSD的图层数量

这个问题对模型师来说同样存在。Live2D Cubism需要对几乎所有图层施加变形，因此图层越多，设备的计算压力就越大。在同一个项目中，对模型师的设备性能的要求甚至会高于画师。

对主播、游戏开发团队等终端用户来说，通常不必担心这个问题。这是因为模型师可以通过导出尺寸经过压缩的模型来减轻终端用户的设备负担，具体原理可以参见4.4.2节。也就是说，只要模型师有能力处理模型，画师在绘画时就可以选择任意尺寸的画布。

3.1.2 绘画时整理图层的方式

在绘画过程中，本书建议直接以拆分结果为目标进行分层。如果某个部分应该被拆分为独立的图层，则创建一个图层组，将它的线条、光影、底色等图层收纳在一起。

比如，想要把角色的右手单独放在一个图层上，那么在绘画过程中，可以先新建一个“右手”图层组，再将右手的线条和上色等图层都放在图层组中，如图3-9所示。这样在绘画完成之后，只需合并这个图层组，即可得到拆分好的图层。因为最后要合并图层，所以只命名图层组即可，里面的图层可以不命名。

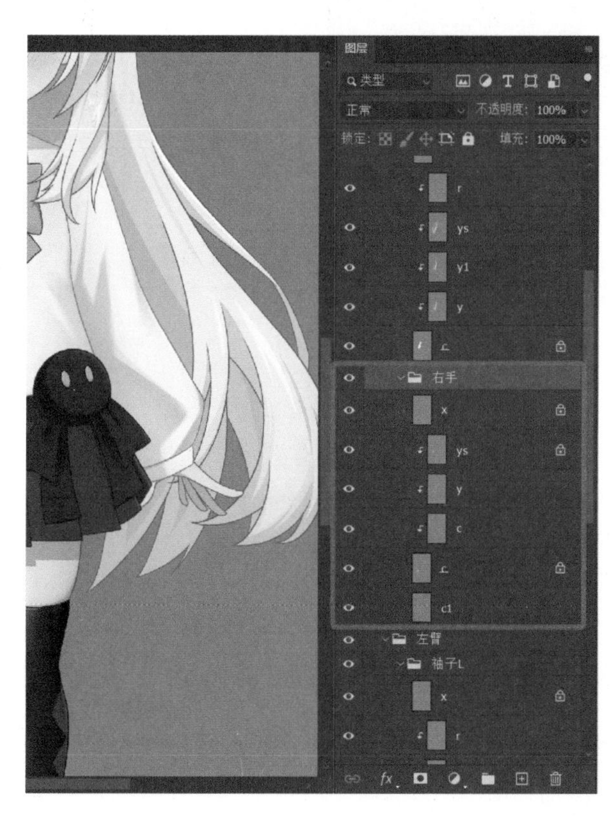

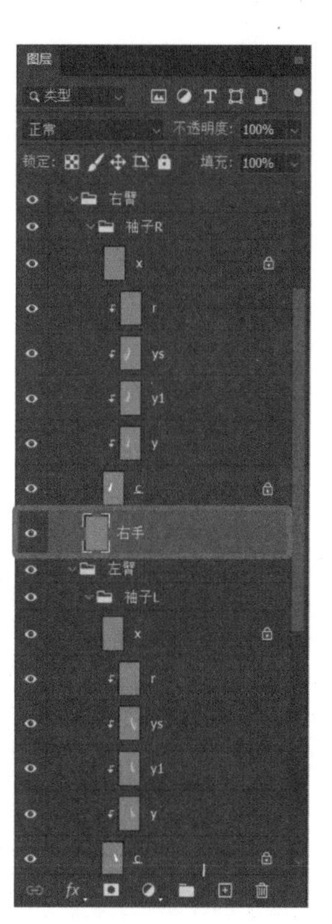

图3-9 绘画过程中的分层

另外，在绘画过程中，可以直接按照之前讲过的嵌套结构创建图层组。比如，上述的“右手”图层组应该包含在“右臂”图层组内。在绘画过程中就像这样进行分组，可以加快项目的整体进程。

我们创建“右手”图层组的目标是，最终将里面的内容合并为一个图层，但创建“右臂”图层组的目标却是为了嵌套结构，所以我们最终是不能合并“右臂”这样的图层组的，否则会损失已经拆分好的图层，如图 3-10 所示。

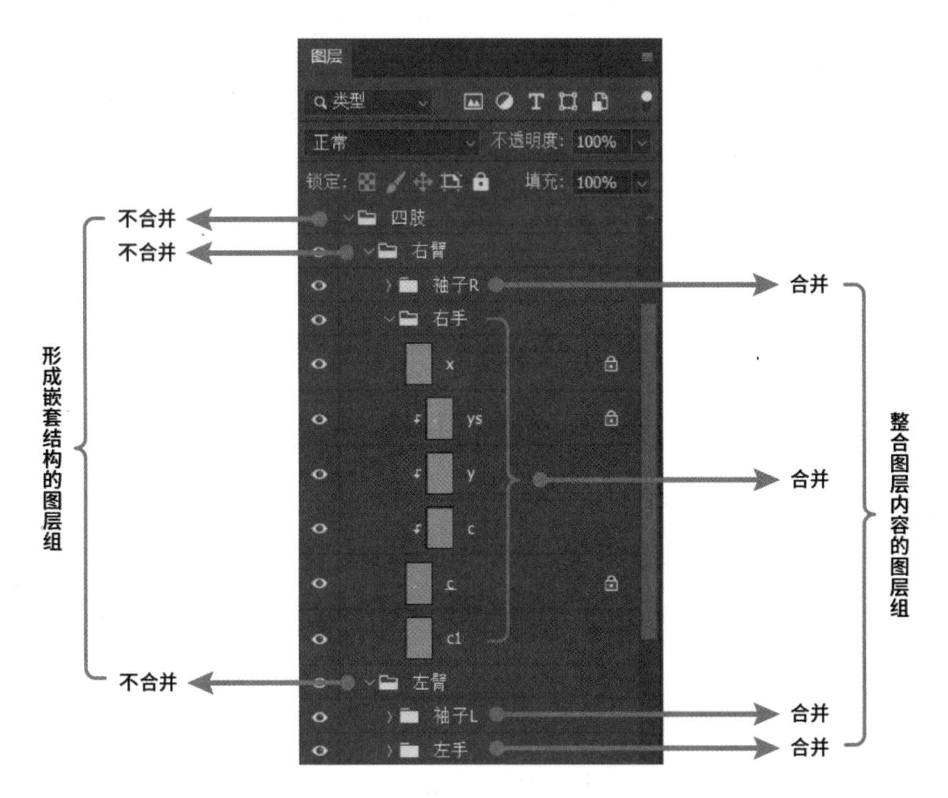

图 3-10　合并图层组

为此，画师可以在形成嵌套结构的图层组的名称前面添加“*”（星号）标记。一方面，这个标记可以提醒画师最后不要执行合并。另一方面，采用这种命名方式后，画师可以使用 Live2D 官方提供的 Photoshop 自动整理图层脚本。具体的合并方式和自动整理图层脚本的用法将在 3.2.6 节中进行讲解。

另外，在绘画过程中，左右对称的两个部分往往很相似，甚至是完全对称的。在绘画过程中，如果将左、右两侧放在同一个图层上，那么使用对称功能或者使用吸管吸取另一侧的颜色会很方便。如果将如图 3-11 所示的左、右两侧的眼黑放在同一个图层上，那么绘制起来会很方便。

实际上，如果左、右两部分是相互分离的，那么在绘画结束后没必要将左、右两侧拆分到不同图层上。因为模型师能够在 Live2D Cubism 中将两侧拆分开并单独处理，具体可以参见 4.1.3 节。

图 3-11　左、右两侧的眼黑位于同一图层

3.1.3　构思角色的运动方式

本书将从头到脚介绍角色各个部位的拆分方式。但是，每个部位能选择的拆分方式不止一种，拆分的精细程度也可以变化。那么我们依靠什么来判断怎么拆分呢？最核心的方法是先构思好角色的运动方式。

在绘画开始前，画师应该和客户、模型师、开发部门等相关人员沟通，建立如表 3-2 所示的 Live2D 建模需求表。其中，关于角色外观的部分此处不再赘述，下面主要介绍角色动作和建模要求的部分。

表 3-2　Live2D 建模需求表

角色外观					
印象色	体型	服装	发型发色	眼型瞳色	印象元素
紫色、粉色	幼年女性、身材小巧	白衬衫、黑色百褶裙、过膝袜、乐福鞋	白色、M 字刘海、长直发、散发尾	紫色瞳孔、轻微吊梢眼	星星发卡、蝴蝶结
更多内容略…					

续表

角色动作和建模要求					
默认姿势	转头角度	转身角度	物理精细度	手臂精细度	其他拆分细节
A 形站姿	约 30°	约 15°	头发以较大的发束拆分，百褶裙不分片拆分	将手臂拆分为大臂和小臂，不拆分手指	需要拆分眼睛高光，发饰尽可能精细拆分
差分物品	差分表情	差分发型	差分衣物	按键动画	按键表情
卡祖笛、麦克风	圈圈眼（替换眼睛）	短发、双马尾	无	背手、抬起手手掌打开	星星眼、爱心眼

提示：什么是“差分”

如果一幅画整体不变，部分内容发生细微变化后变成了一幅新的画，那么两幅画就互为差分。延伸到 Live2D 模型上，为角色换上另一套发型或衣服，为角色添加猫耳朵，将角色的手臂更换为另一个姿势的手臂，这些都可以称为“差分”。

在条件允许的情况下，相关人员根据预算多少、工期长短、实际需求、预期效果、技术能力、合作意愿等进行充分讨论后，即可写出对模型细节的要求。

不同的细节要求对应不同的拆分策略。比如，表格中写明了“头发以较大的发束拆分”，因此总体的拆分似乎不需要那么精细。但表格中也写明了“发饰尽可能精细拆分”，因此发饰不能像头发那样拆分成几个大块，而是要更精细地拆分。不同精度的拆分，需要画师或拆分师在客观上把握拆分精度，如图 3-12 所示。

图 3-12　不同精度的拆分

除了拆分精度，表格中的转头角度、差分、动画等内容也会影响我们准备图层的方式。比如，为了制作差分物品，画师必须在不同的图层中绘制出麦克风和卡祖笛。再比如，为了制作手掌打开的效果，画师必须拆分出手指。

在现阶段，读者可能并不能完全理解这里讲的表格内容对拆分的影响，只需意识到“建模要求会对如何拆分有很大的影响”即可。随着对本书内容的学习，读者会对拆分的认知不断提升。

本书附带了一张和上方表格（见表 3-2）类似的“Live2D 建模需求表”，读者可以根据自己的需求对其进行修改或打印，以便在日常的 Live2D 建模项目中使用。

★请在本书配套资源中查找源文件：3-2- Live2D 建模需求表 .doc。

除此之外，还有一些 Live2D 模型通用的内容，也许不会出现在像这样的表格中。比如，虽然我们绘制的是角色在默认表情下的插画，但是 Live2D 模型却可以呈现出喜、怒、哀、乐等丰富的表情。这些表情是眼睛、眉毛、嘴巴等图层变形后得到的。也就是说，这些表情是由模型师制作的。在此过程中，模型师有相当大的操作空间。

比如，我们通常只绘制一种默认嘴型，但是模型师可以利用这些图层制作出各种各样的嘴型，如图 3-13 所示。然而，非默认嘴型的效果取决于模型师的水平和意愿，画师和模型师的审美也未必相同，因此建模的结果未必能让画师满意。

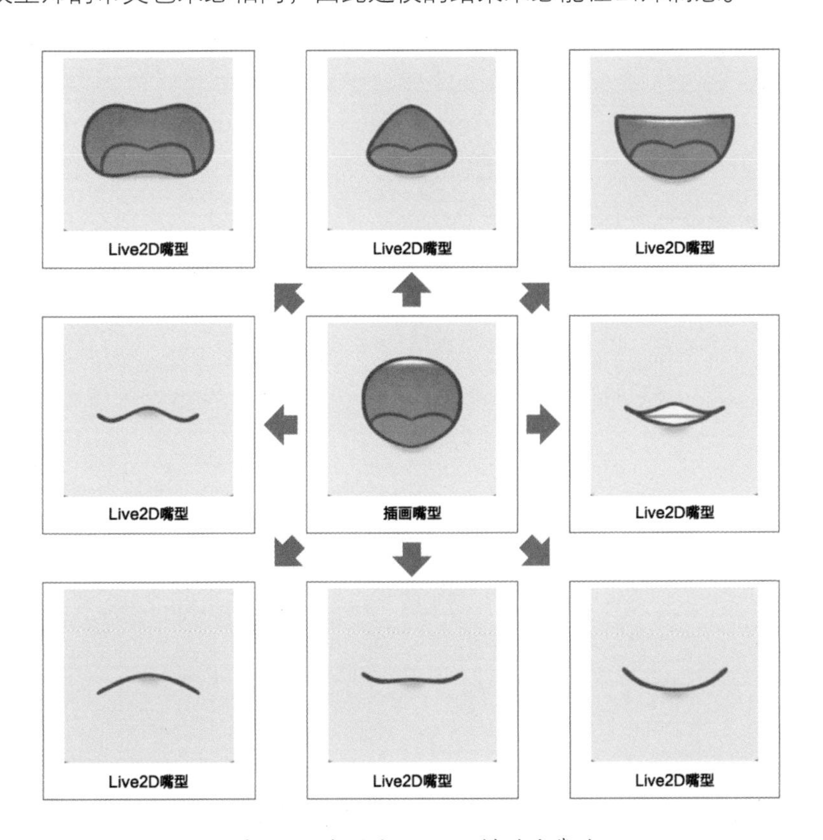

图 3-13　插画和 Live2D 模型的嘴型

为了解决这个问题，绘画时画师可以准备一些参考图，供模型师在建模时使用。比如，画师可以绘制出“闭嘴正常”“闭嘴笑”“闭嘴怒”“张嘴笑”“张嘴怒”等参考图，让模型师比照参考图建模，如图 3-14 所示。参考图不必过于精细，通常只需绘制出嘴唇的线条即可。

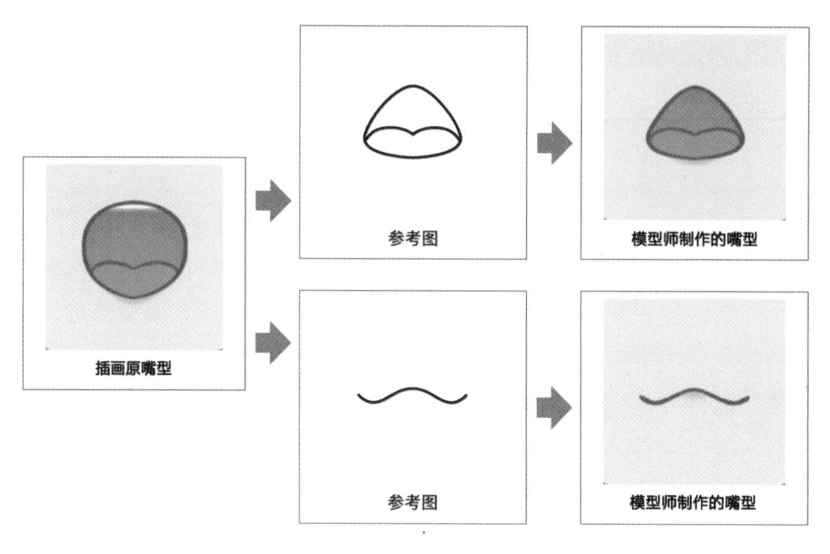

图 3-14　准备参考图

除此之外，画师还可以将绘制好的参考图发送给客户查看。因为修改参考图比修改模型要方便很多，这么做可以减少建模阶段的试错风险和修改次数，提升整个项目的效率。即使画师和模型师没有利益关系，准备参考图也可以体现画师的业务能力，为自己带来更多更好的合作机会。

如果有必要，那么画师可以针对模型任何可能产生的状态变化，准备对应的参考图。除了嘴巴的表情，还有眼睛的表情、眉毛的表情、转头、转身、手臂转动、手型、物理摇摆等。一般来说，准备一些面部表情的参考图就足够了，如图 3-15 所示。

图 3-15　面部表情的参考图

至于准备参考图的方式，画师可以自由选择。由于2.1节讲解过，模型师可以用PSD文件新建模型，也可以将PSD文件或PNG文件导入已有的模型中，因此这些文件都可以包括参考图。也就是说，画师既可以在绘画时将参考图直接放在PSD文件内（注意妥善为图层命名），又可以之后再根据需要绘制参考图，并以PSD文件或PNG文件的形式提交给模型师。

3.2 优化已完成的图稿

在绘画完成后，或者拿到他人绘制完毕的图稿时，模型师需要对图稿进行整理，让它更适合Live2D建模。在检查过文件格式无误后，模型师仍需要进行合并图层、检查污点等操作。

良好的绘画习惯能够避免本节中讲到的绝大多数问题。如果画师之前没有做过2D动画素材的分层，则很难完全避开它们。而且有时我们需要处理别人绘制的图稿，这时需要知道具体该检查什么。

下面将完整、详细地讲解如何优化一幅已经绘制完成的图稿。

3.2.1 备份并检查文件格式

在执行任何操作前，先复制PSD文件，对其进行备份。因为本节要做的许多操作都是破坏性的、不可逆的。虽然操作后的文件更适合建模，但是执行操作之前的文件可能更适合修改，因此有必要对其进行备份。

备份后，在Photoshop中打开文件，先按照2.1节中讲过的方式，将PSD文件的模式修改为"RGB、8位"并删除所有路径；再按照2.2节中讲过的方式，为所有图层组命名；最后按照下面的方式开始优化和整理。

3.2.2 调整特殊图层及其设置

首先，要去除一些Live2D Cubism中不支持或支持情况不佳的特殊图层和设置，避免在导入后观感发生变化。

需要注意的是，本节会严格区分"图层"和"图层组"两个概念。这里所说的"图层组"指的是最终合并完图层后，用于导入的PSD文件中保留的图层组。同样的特殊设置加在图层或图层组上时，产生的结果是完全不同的。我们既可以利用这种特性，又要避免它可能产生的问题。

另外，有些特殊图层和设置虽然会在导入时丢失，但是可以在 Live2D Cubism 中被手动还原。也就是说，只要和模型师沟通好，这些内容带来的效果仍然是可用的。本书将在 4.2 节和 4.3 节中讲解 Live2D Cubism 和这些内容相关的功能。而本节主要讲解在 Photoshop 中调整特殊图层及其设置的相关知识。

1. 调整填充和不透明度

在 Photoshop 中，我们可以通过降低图层的“填充”设置或“不透明度”设置，使图层变成半透明的。

二者的区别在于，“填充”设置不会影响图层样式带来的效果，而“不透明度”设置则会影响图层内所有可见的内容，如图 3-16 所示。由于绘画时很少用到图层样式，因此通常我们认为在 Photoshop 中二者的效果是相同的。

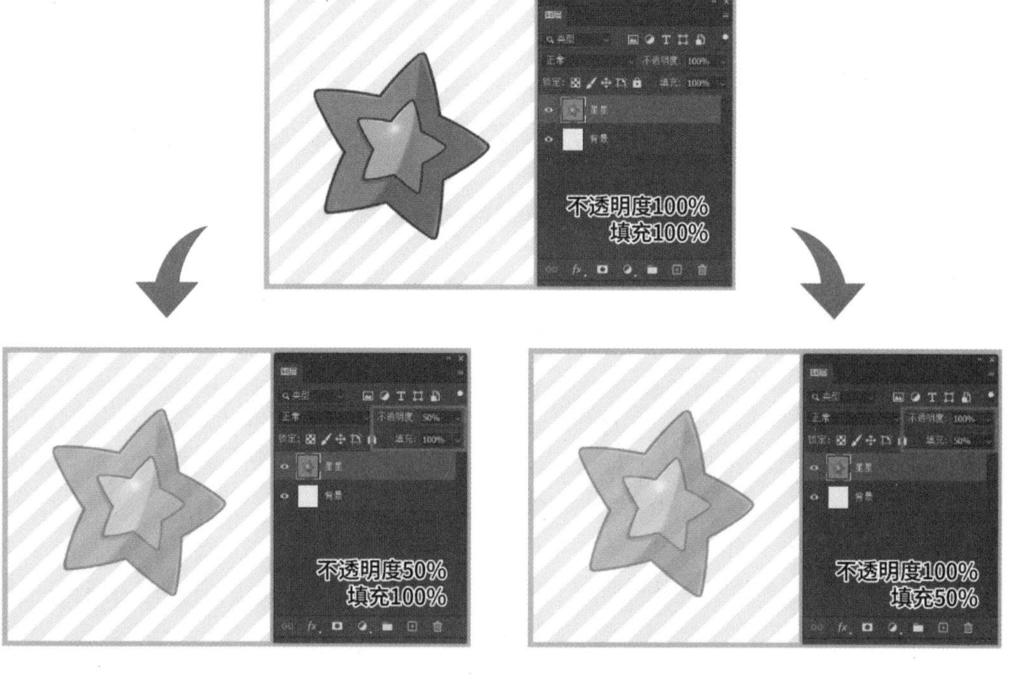

图 3-16　Photoshop 中的图层填充和不透明度

由于 Live2D Cubism 中只支持不透明度，不支持填充，因此在导入 PSD 文件后，图层的“填充”设置会丢失，而“不透明度”设置则被保留下来。也就是说，如果在 Photoshop 中只降低了图层的“填充”设置，那么在导入 Live2D Cubism 后，会得到一个不透明度为 100% 的图层，观感会发生变化，如图 3-17 所示。

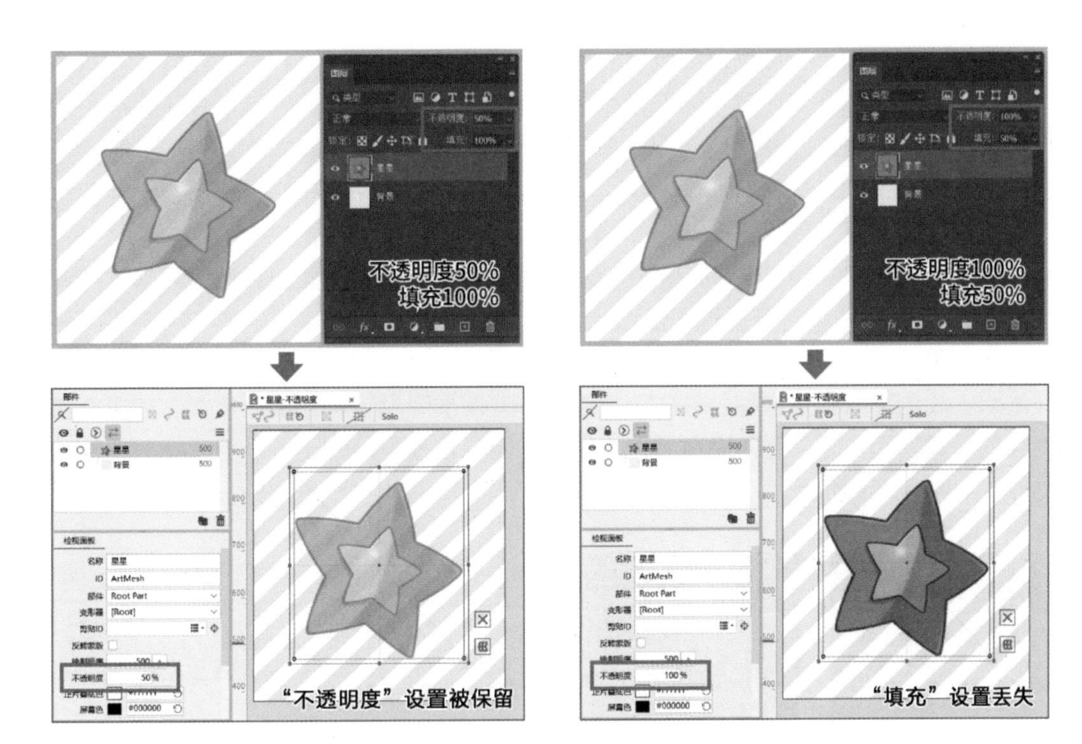

图 3-17　Live2D Cubism 中图层的不透明度

而对图层组来说，"填充"设置和"不透明度"设置均会丢失，因为 Live2D Cubism 不支持在图层组上添加任何特殊属性，如图 3-18 所示。即使将图层组的"不透明度"设置为"0%"，让它在 Photoshop 中不可见，在导入 Live2D Cubism 后图层组及其内容也会显示出来。

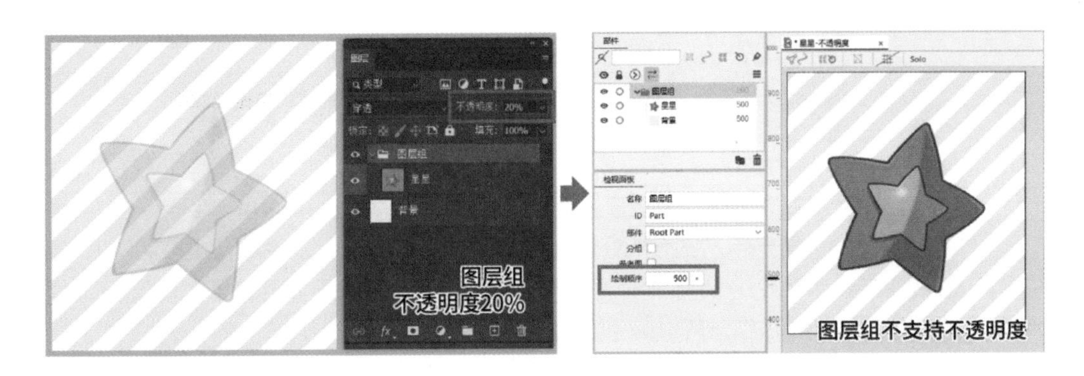

图 3-18　Live2D Cubism 的图层组不支持不透明度

利用这个特性，我们可以降低图层组的不透明度，以此隐藏妨碍观察的部分。比如，"星星眼"和"爱心眼"平时是不需要打开的，如果只隐藏图层（单击图层前面的眼睛图标），那么在偶尔需要执行"显示全部图层"时它们又会显示出来，从而造成许多重复操作。因此，我们可以直接将图层组的"不透明度"调整为"0%"，这样对建模不会有实质影响。

另外，图层的“不透明度”设置只会在首次导入Live2D Cubism时生效。在更新Live2D工程中的PSD文件时，即使修改了PSD文件中原有图层的不透明度（虽然不建议这么做），也不会再影响Live2D工程中图层的不透明度设置。

2. 显示和隐藏图层

我们可以在Photoshop中隐藏图层或图层组（单击图层前面的眼睛图标），而在Live2D Cubism中我们也可以这么做。

无论是图层还是图层组，在导入Live2D Cubism时，其“显示/隐藏”设置都会被继承。我们可以利用这种特性告诉模型师哪些图层是默认关闭的。比如，如果有替换用的手臂，那么可以直接隐藏其中一个图层组，让模型师知道哪一组手臂对应默认动作，如图3-19所示。

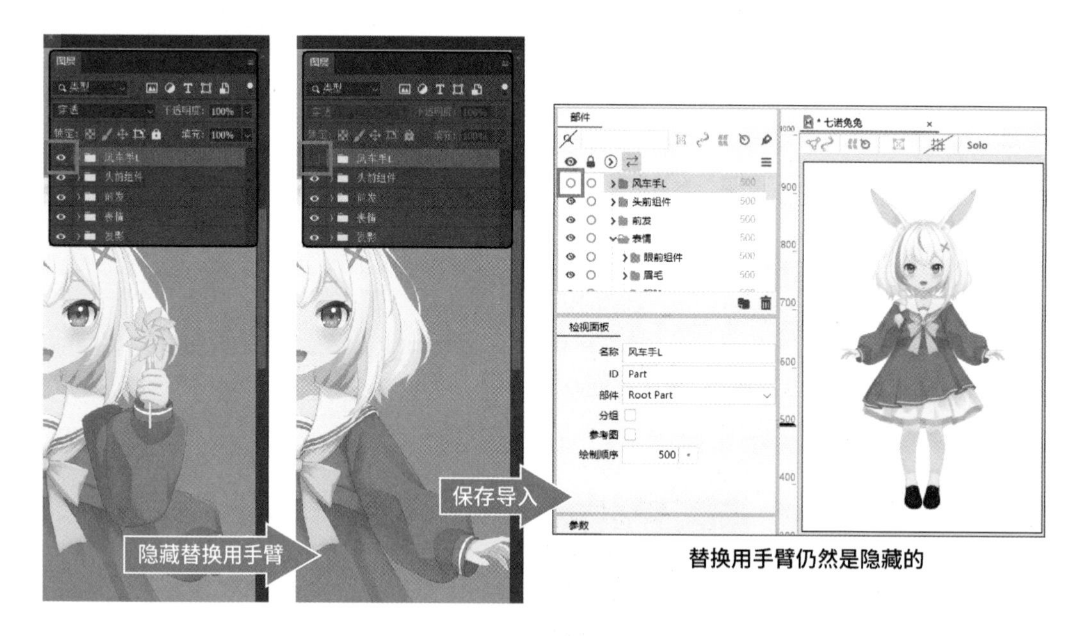

图3-19 显示/隐藏图层或图层组

和“不透明度”设置一样，“显示/隐藏”设置只会在首次导入Live2D Cubism时生效。在更新Live2D工程中的PSD文件时，即使修改了PSD文件中原有图层（或图层组）的“显示/隐藏”设置，也不会再影响Live2D工程中图层（或图层组）的设置。

顺便一提，虽然Live2D Cubism中也有锁定图层的功能，但是Photoshop中的锁定设置（包括锁定透明像素等任何形式）是不会被导入的。

3. 是否保留特殊图层

Photoshop中有一些特殊类型的图层，如文字图层、3D图层、形状图层、调整图层、智能对象等，如图3-20所示。是否使用这些特殊图层完全看个人习惯，有的画师可能很少使用，有的画师可能用得很多。

图 3-20　Photoshop 中的特殊图层

这些特殊图层在导入 Live2D Cubism 时会表现出一些特性，如表 3-3 所示。

表 3-3　特殊图层导入 Live2D Cubism 的结果

图层类型	导入后的变化	说明和注意事项
普通图层	内容不变	
文字图层	显示效果不变	即使是 EmojiOne 字体也支持，但图层名称可能无法正常显示
3D 图层	显示效果不变	会显示 3D 图层的渲染结果
形状图层	显示效果不变	可能会产生路径，参见 2.1.2 节
调整图层	图层丢失	调整图层的效果也会丢失
智能对象（包括矢量图层）	显示效果不变	

从表 3-3 中可以看出，除了调整图层会丢失，其他图层的显示效果不变（相当于被栅格化后再导入）。这些特性是值得利用的。比如，导入前的文件不栅格化文字图层和智能对象，导入后就可以很方便地修改它们的内容。如果读者想详细了解用这些图层都能做什么，可以查看 Adobe 官方的 Photoshop 用户指南。

对于调整图层，则没有很好的处理方式，只能把它的效果单独应用到每一个图层上。

如果想要确保不会出现问题，则需要对这些图层进行栅格化，将其转换为普通图层。在图层上右击，在弹出的右键菜单中执行“栅格化图层”、“栅格化 3D”或“栅格化文字”命令，即可实现栅格化，如图 3-21 所示。

除此之外，还可以将所有特殊图层统一转换为智能对象。智能对象是 Photoshop 打包图层的一种形式，效果和栅格化或合并图层的效果一样。在绘画完成后的合并图层阶段，画师甚至可以直接用智能对象代替合并图层的操作，得到一个既方便编辑又能导入Live2D Cubism的PSD文件。在3.2.5节讲解合并图层时，我们还会谈到智能对象。

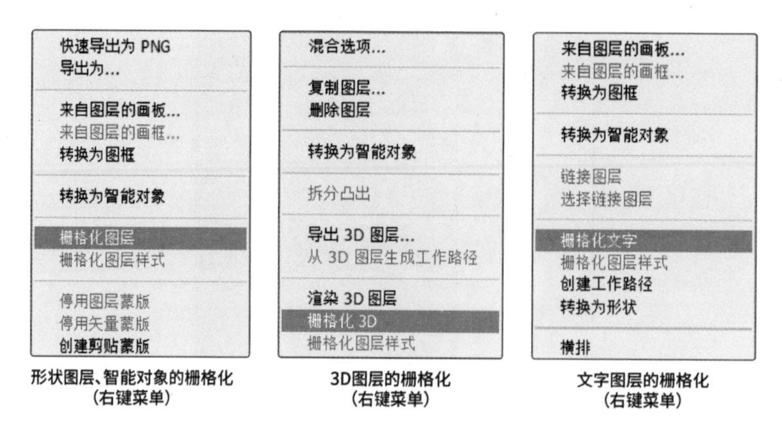

图 3-21　栅格化

在图层或图层组上右击，在弹出的右键菜单中执行“转换为智能对象”命令，即可将图层或图层组转换为智能对象。以后只要双击智能对象的缩览图，就可以再编辑其中的内容。在较新版本的Photoshop中，在智能对象上右击，在弹出的右键菜单中执行“转换为图层”命令，还能转换回普通图层，如图3-22所示。

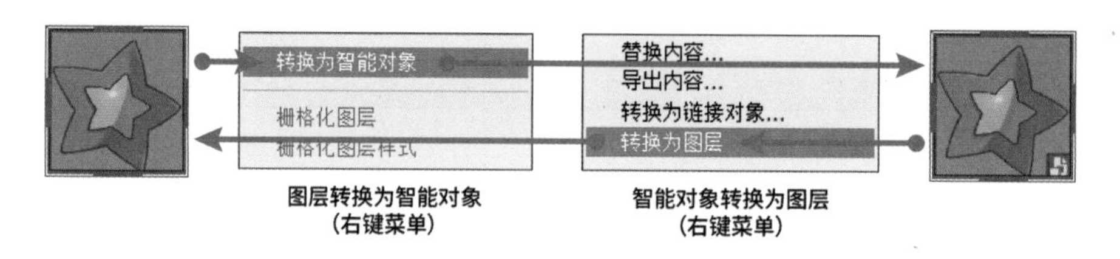

图 3-22　智能对象的转换

4. 应用图层效果和蒙版

在Photoshop中，我们可以给图层附加上可随时关闭的特殊效果，如“图层样式”和“智能滤镜”，也可以使用蒙版隐藏图层的某些部分，包括“图层蒙版”、“矢量蒙版”和“剪贴蒙版”。

在“图层”面板中，我们可以通过图层列表轻松辨别它们，如图3-23所示。

如果图层带有图层样式或智能滤镜，则会在右侧显示对应的图标并在下方显示效果列表，具体效果可在列表中关闭。

如果图层带有图层蒙版（或矢量蒙版），则会在图层缩览图的右侧显示黑白两色的蒙版缩览图。如果图层应用了剪贴蒙版，则缩览图会悬挂在其他图层的上方。

各种效果导入Live2D Cubism的结果如表3-4所示。从表3-4中可以看出，其中许多效果都会丢失。因此，在通常情况下可以将图层上的这些效果应用、合并或栅格化，转换为普通图层。但是图层组上的这些效果没有很好的处理办法，需要分别处理图层组中的每一个图层。

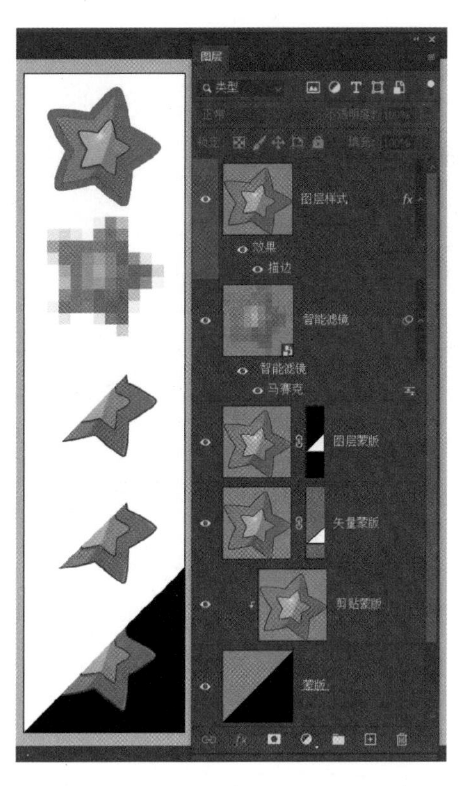

图 3-23 Photoshop 中的各类效果和蒙版

表 3-4 各种效果导入 Live2D Cubism 的结果

效果名称	应用位置	导入后的变化	说明和注意事项
图层样式	图层	效果丢失	
	图层组	效果丢失	
智能滤镜	图层（智能对象）	显示效果不变	智能滤镜上的蒙版效果会丢失
图层蒙版	图层	显示效果不变	蒙版被应用
	图层组	效果丢失	
矢量蒙版	图层	显示效果不变	蒙版被应用，创建蒙版时可能会产生路径，参见 2.1.2 节
	图层组	效果丢失	创建蒙版时可能会产生路径，参见 2.1.2 节
剪贴蒙版	图层	效果丢失	图层会按原顺序排列
	图层组	效果丢失	图层会按原顺序排列

利用这些特性，在绘画和整理图层的过程中，我们可以主动加入一些最终会丢失的效果，用来保障插画素材在 Photoshop 中的观感。

比如，虽然我们要让裙子阴影只显示在大腿的范围内，但是为了让阴影能够运动，我们必须把它补画完整。虽然这样的拆分是正确的，但是在 Photoshop 中，如果裙子阴影只作为一个普通状态的图层，则会有不好的观感，如图 3-24 所示。此时，我们可以选择用图层蒙版或剪贴蒙版来处理这个问题。

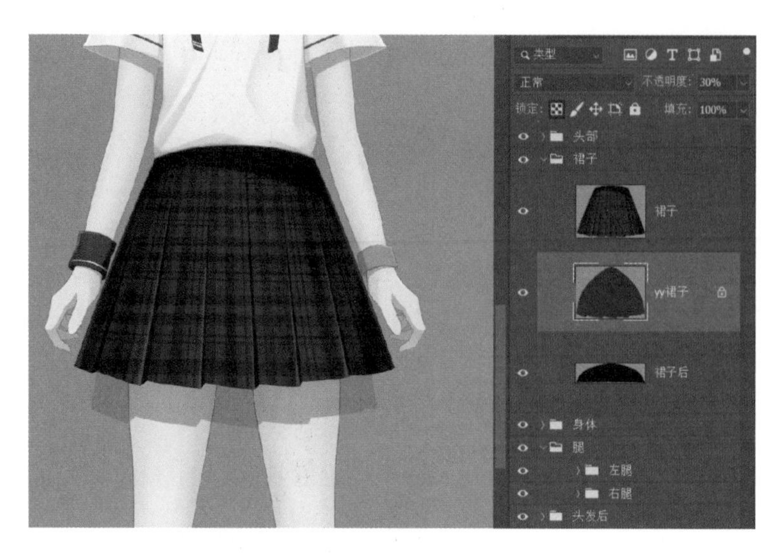

图3-24　裙子阴影的分层

如果想要使用图层蒙版来处理这个问题，则需要首先将裙子阴影对应的图层放在一个图层组中；其次按住“Ctrl”键并单击左腿图层的缩览图；再次按住“Ctrl”和“Shift”键并单击右腿图层的缩览图，从而得到两者相加的选区；最后选中裙子阴影图层所在的图层组，单击“图层”面板底部的“添加图层蒙版”图标即可。

使用图层蒙版的好处是，可以让裙子阴影的图层和“腿”图层组分开，如图3-25所示。比如，将裙子阴影的图层放在“裙子”图层组中，这样嵌套结构会更加合理，方便模型师建模。除此之外，还可以使用图层组将阴影图层打包，一般在阴影图层较多时，建议用这种方法。

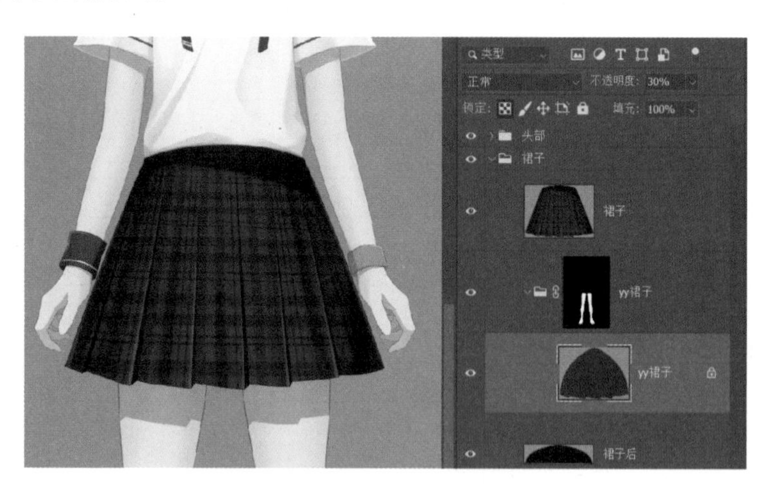

图3-25　裙子阴影（用图层蒙版处理）

如果想要使用剪贴蒙版来处理这个问题，则只需将裙子阴影的图层放在“腿”图层组上方并右击，在弹出的右键菜单中执行“创建剪贴蒙版”命令（或者按组合键“Ctrl+Alt+G”）即可。

使用剪贴蒙版的好处是，操作起来方便快捷，尤其是只有少量阴影图层时。将阴影和阴影所在的图层排列在一起，这样画师在寻找图层时会更方便，如图 3-26 所示。

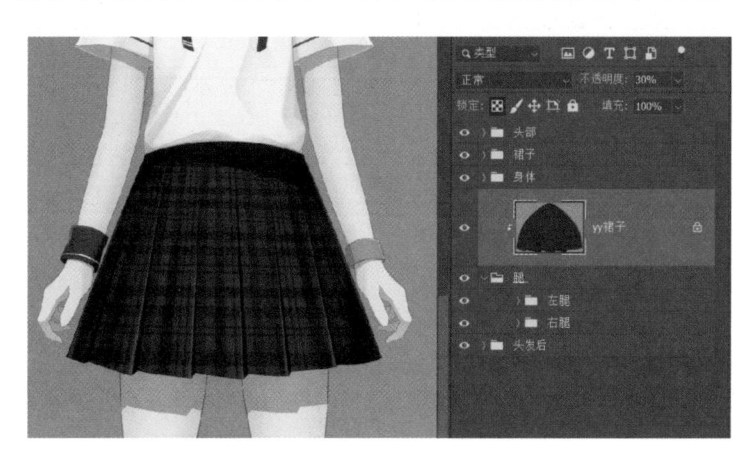

图 3-26　裙子阴影（用剪贴蒙版处理）

综上所述，无论使用哪种蒙版，将文件导入 Live2D Cubism 后，模型的外观都会回到创建蒙版之前的样子。因此需要模型师使用 Live2D Cubism 中的剪贴蒙版功能重新制作出这样的效果。

除了裙子阴影，眼睛（眼黑、高光）、嘴巴（舌头、牙齿）、头发等阴影图层都可以添加这样的蒙版。这样插画在导入 Live2D Cubism 前观感会比较正常，也不会影响导入的结果，有益无害。

5. 调整混合模式

Photoshop 中有多种混合模式。在提亮、压暗颜色时，我们经常会使用“正片叠底”“滤色”等非正常混合模式的图层。然而，大多数混合模式是无法在 Live2D Cubism 中生效的。表 3-5 所示为不同混合模式的图层导入 Live2D Cubism 后的结果。

表 3-5　不同混合模式的图层导入 Live2D Cubism 后的结果

作用对象	混合模式	导入后得到的混合模式	显示效果
图层	正常	通常（转换）	显示效果不变
	正片叠底	乘法	显示效果不变
	滤色	加法（转换）	被转换但效果不同。图层不透明度为 100% 时，显示效果和 Photoshop 中的“线性减淡（添加）”混合模式的一致；图层不透明度小于 100% 时，显示效果比 Photoshop 中的“线性减淡（添加）”混合模式的更亮
	线性减淡（添加）	通常（丢失）	显示效果和 Photoshop 中“正常”混合模式的一致
	其他	通常（丢失）	显示效果和 Photoshop 中“正常”混合模式的一致

续表

作用对象	混合模式	导入后得到的混合模式	显示效果
图层组	穿透	穿透（转换）	显示效果不变
	正常	穿透（丢失）	被转换但效果不同。转换后的显示效果和Photoshop中“穿透”混合模式的一致，混合模式和不透明度将跨越图层组
	其他	穿透（丢失）	显示效果和Photoshop中“穿透”混合模式的一致

注：在Live2D Cubism 4.2及更早的版本中，“加法”和“乘法”分别被翻译为“变亮”和“正片叠底”。

从表3-5中可以看出，图层上除了“正常”和“正片叠底”这两种混合模式，其他混合模式都会发生变化或丢失。因此在整理后的文件中，最好只有“正常”和“正片叠底”这两种混合模式（如果有可能，尽量只保留“正常”混合模式）。

我们可以通过调色、调整不透明度等手段实现和混合模式类似的效果，以此避免意料之外的外观变化。比如，在绘画时，如果瞳孔里的彩色高光是用“滤色”混合模式实现的，那么我们可以先使用吸管工具吸取混合后的颜色，再将图层的混合模式改为“正常”并重新调色，以达到相同的效果，如图3-27所示。

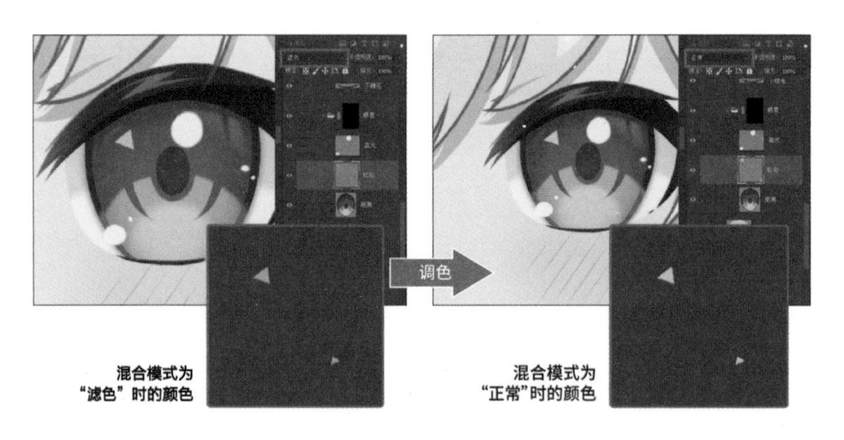

图3-27　用“正常”混合模式图层代替“滤色”混合模式图层

话虽如此，不使用其他混合模式只是一个避免意外的保险手段。既然Live2D Cubism中设计了“乘法”和“加法”这两种混合模式，就可以在有把握的情况下进行使用。后续我们也将讲解一些使用混合模式制作发光、阴影效果的案例。

除了图层，表3-5中也写出了图层组上的混合模式导入后的效果。Live2D Cubism中的图层组是没有任何属性的，实际效果总是会和Photoshop中“穿透”混合模式的一致。因此，在绘画过程中，建议不要修改图层组的混合模式，全部保持默认设置（穿透）即可。如果使用SAI2等软件绘画并导出PSD文件，则导出后图层组的混合模式可能均为“正常”，此时需要在Photoshop中将所有图层组的混合模式均改为“穿透”并观察效果。

另外，在绘画时不建议采用类似将头发的阴影图层全部放在图层组中，并将图层组的混合模式设置为“正片叠底”的做法。这种做法不仅会在导入时丢失效果，还很难在 Live2D Cubism 中将其还原出来，如图 3-28 所示。本书将在 12.2.1 节中介绍这种情况该如何处理。

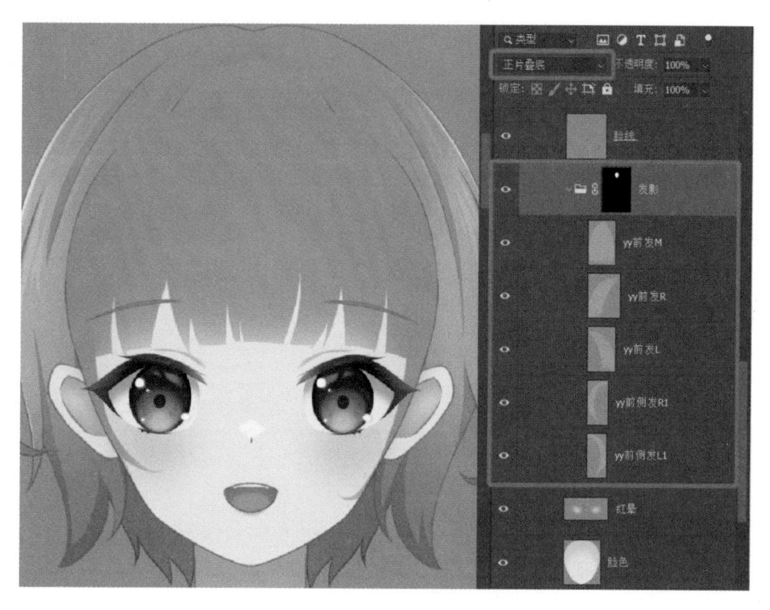

图 3-28 用“正片叠底”混合模式的图层组制作头发阴影

3.2.3 检查图稿中的污点和漏色

在绘画过程中，如果笔触超出了应有的范围却没有擦除干净，则会产生污点；如果上色时颜色没有涂实，或者某一块忘记了填色，则会产生漏色。

在绘画的过程中，污点和漏色是很容易产生的。对于普通插画，这并不会造成什么问题。但是，对 Live2D 建模来说，如果图层存在污点或漏色，则会影响建模进度和模型观感，甚至容易导致错误。

本节介绍的都是手动检查的方法。无论是在合并线条和颜色前，还是在合并线条和颜色后，这些检查方法都易于使用。而在后续的 3.2.6 节中，我们会再介绍一种能自动清理污点的脚本，并且该脚本通常只能在合并图层后使用。

1. 污点可能引发的问题

绘画过程中容易产生两种典型的污点：一种是没有擦除干净的点状杂色，另一种是超出图层范围的半透明杂色，如图 3-29 所示。

图 3-29 污点的类型

在本书的案例中，对污点进行了夸张处理。但是，在现实情况下，无论是在 Photoshop 中还是在Live2D模型中，这些污点看起来可能都不明显。尽管它们对观感的影响很小，却有可能影响建模操作。

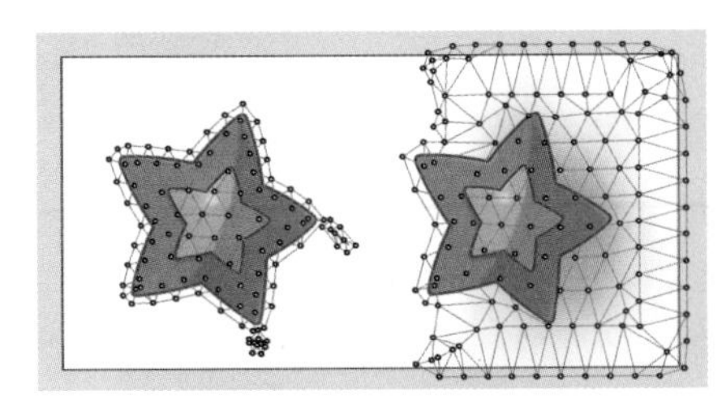

图3-30 污点对网格的影响

在建模过程中，Live2D Cubism会根据图层内容的边界自动创建网格。如果图层上存在污点，则边界会发生变化，使自动创建的网格的形状不理想。因为软件会尝试将污点包裹在网格中，如图3-30所示。虽然模型师可以手动修复网格的形状，但是这不仅是额外工作量的问题，还会有其他潜在风险。

即使模型师利用网格裁剪掉了污点（裁剪的原理见4.1.3节），这些污点也依然会存在于图层上。在创建纹理集时，这个图层对应的纹理边界仍然会受到污点的影响，从而占用更多宝贵的纹理面积，如图3-31所示。

图3-31 污点对纹理边界的影响

更糟糕的情况是，在纹理集中，污点仍会存在，如图3-32所示。当带污点的图层和其他图层共存时，污点可能会叠加在眼睛等重要的图层上，导致观感出现问题，而且这类问题排查起来非常麻烦。

对Live2D Cubism来说，图层内容的“边界”这个概念非常重要。在重新导入修改过的PSD文件时，Live2D Cubism不仅会根据图层名称判断图层是否一一对应，还会根据图层内容的边界进行判断，如图3-33所示。虽然具体机制不明，但是根据实际操作的经验，当图层内容的边界发生大幅改变时，即使图层名称没有变化，Live2D Cubism也可能将其视为一个新图层，使其无法替换掉旧图层。这样一来，图层之间就产生了错误的对应关系，并且这种错误越多，后续更新PSD文件就越困难。

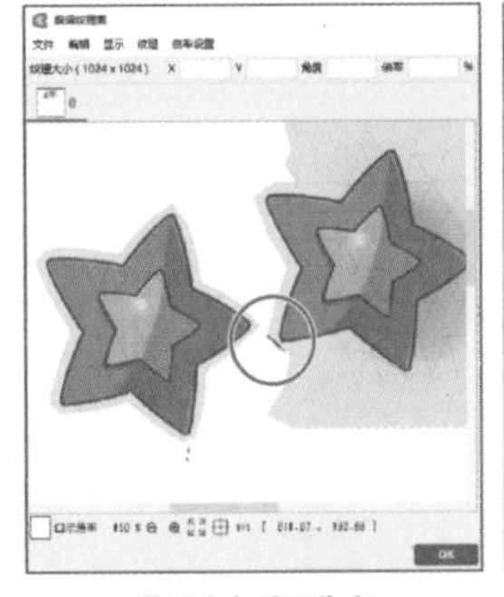

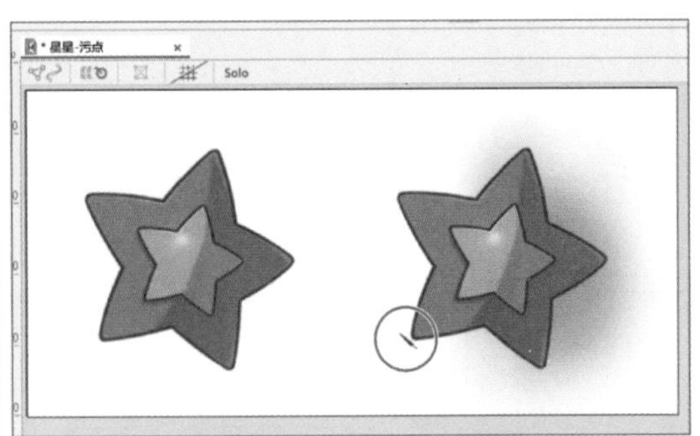

图3-32 污点对纹理集的影响

如果第 1 次导入前有污点，第 2 次导入前擦除了；或者第 1 次导入前没有污点，第 2 次导入前不小心添加了污点，则会导致图层边界发生变化，增加发生错误的风险。

图 3-33　污点对图层边界的影响

2. 漏色可能引发的问题

相较于污点，漏色带来的问题没有那么严重，主要是影响观感。

比如，眼白被眼黑遮挡的地方往往是容易发生漏色的地方。在 Photoshop 中角色睁眼时（画师绘画时看到的状态），漏色难以被发现。但是，在 Live2D Cubism 中，因为眼白要用作剪贴蒙版，所以这个问题会很明显，如图 3-34 所示。

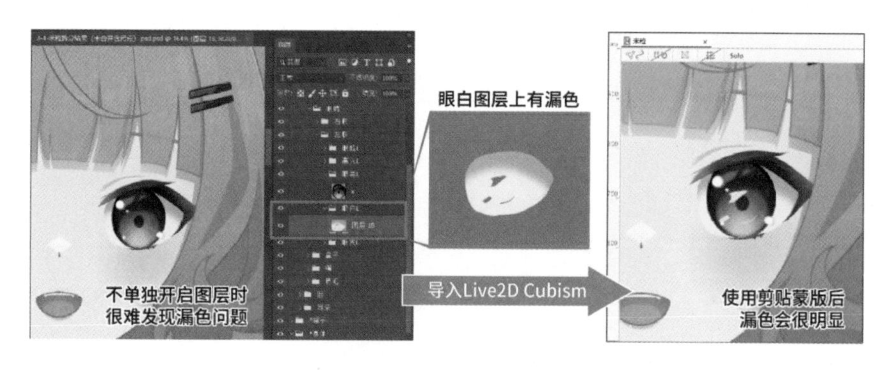

图 3-34　眼白的漏色问题

再比如，在白色的画布下，有些漏色难以看出来；当制作完模型，把模型放在其他背景上时，漏色的问题就会显现出来，如图 3-35 所示。

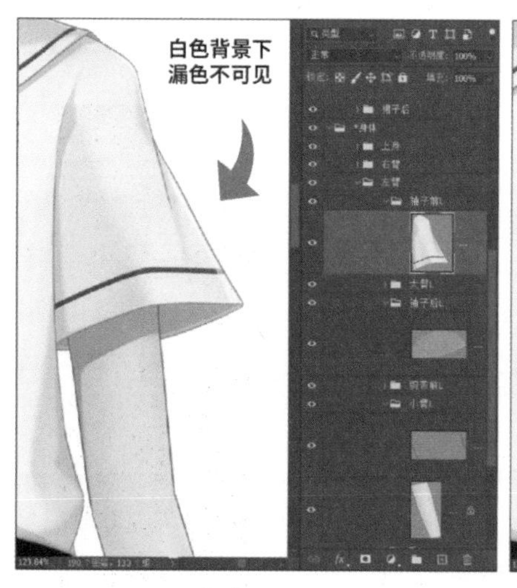

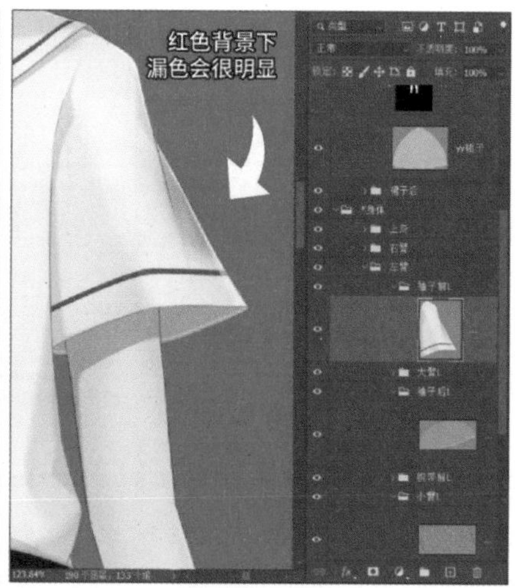

图 3-35　白色画布下的漏色问题

相较于污点，漏色只需填补图层中的空缺部分即可修复。这一操作通常并不会改变图层内容的边界。而在图层边界不变的情况下，再次将 PSD 文件导入 Live2D Cubism 并覆盖原文件，这一操作通常是安全的。

3. 检查方法：利用缩览图观察

由于污点和漏色会导致各种问题，因此在建模前有必要尽可能检查并修补它们。然而，用肉眼观察的方法逐一检查图层不仅麻烦，还容易遗漏。比如，颜色很浅的半透明污点是很难靠肉眼观察出来的。因此，我们需要一些检查方法作为辅助。

我们可以对 Photoshop 进行一些设置，以便观察污点。首先，建议按照 2.1.1 节的方法，将 Photoshop 默认的灰白网格背景改成一个固定颜色的背景。最好改成和模型反差比较大的颜色。比如，例子中的模型以红色和白色为主，那么我们可以将背景设置为深灰色或蓝色，这样观察起来会比较方便，如图 3-36 所示。

图 3-36　不同背景色下观察角色的效果

然后，在“图层”面板的任意图层的缩览图上右击，在弹出的右键菜单中执行“大缩览图”命令，再次右击，在弹出的右键菜单中执行“将缩览图剪切到图层边界”命令，如图 3-37 所示。这样一来，缩览图就会很大，而且能根据图层内容的边界改变大小。

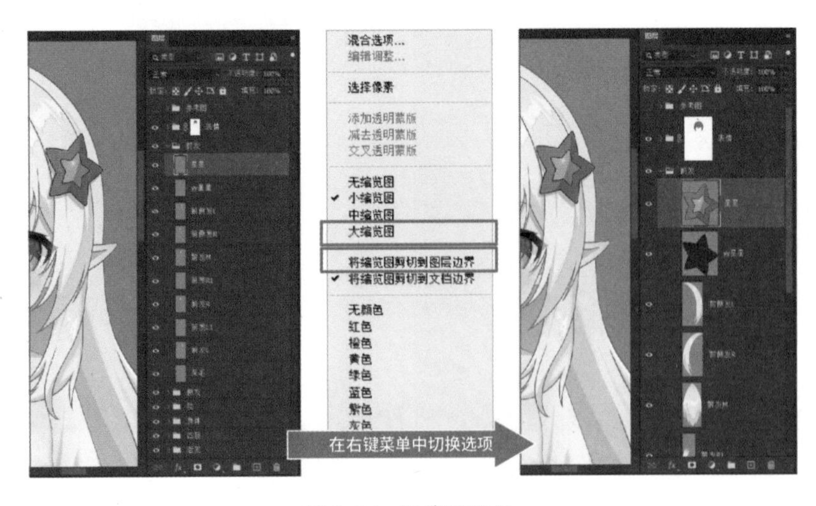

图 3-37　缩览图设置

此时，仅通过观察缩览图，就能知道图层中大概是什么内容，以及是否存在超出应有边界的污点。比如，如果有一缕头发的缩览图明显大于头发应有的范围，则说明超出范围的方向存在污点。在擦除干净污点后，缩览图就会自动变成应有的大小，如图 3-38 所示。

图 3-38 通过缩览图寻找污点

在擦除污点的过程中，建议单独显示图层避免干扰。按住“Alt”键并单击图层（或图层组）前面的眼睛图标，即可单独显示，如图 3-39 所示。如果在单独显示图层后没有进行过新建图层、删除图层、显示 / 隐藏图层等操作，那么再次按住“Alt”键并单击图层前面的眼睛图标，即可恢复之前的显示状态。

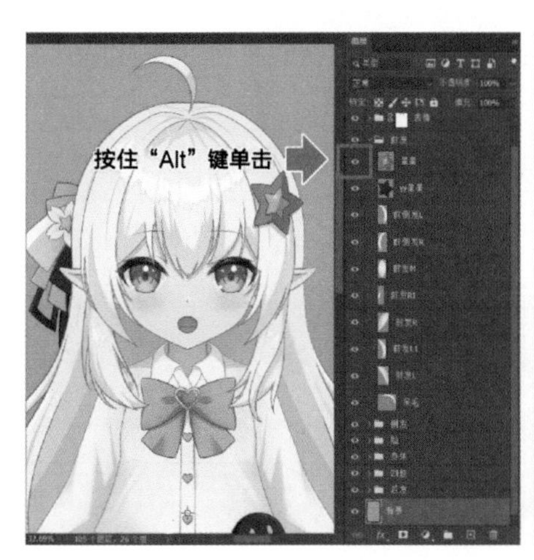

图 3-39 单独显示图层

从图 3-39 中可以看出，在单独显示图层时，背景图层也会被隐藏，即使锁定图层也是如此。如果之前没有修改过 Photoshop 的默认背景，那么在单独显示图层时，灰白网格背景会严重妨碍我们寻找污点和漏色。在部分图层的颜色和背景色相近难以观察时，我们也可以随时修改背景的颜色。

将背景色修改为比较鲜艳的颜色后，在单独显示图层时，会很容易发现漏色问题。而将背景色修改为比较亮或比较暗的颜色后，在单独显示图层时，会很容易发现污点问题。

4. 检查方法：描边和颜色叠加

即使是这样，寻找污点和漏色仍然很困难。此时，我们还可以利用“描边”图层样式检查污点。

首先在“图层”面板中，按住“Shift”键，单击第一个图层组，再单击最后一个图层组，选中所有图层和图层组；然后单击面板底部的“创建新组”图标（或者按组合键“Ctrl+G”），将所有内容放在新的图层组中；最后将新的图层组命名为“角色”，如图 3-40 所示。选中“角色”图层组，单击面板底部的“添加图层样式”图标，在弹出的菜单中执行“描边”命令，弹出“图层样式”对话框；此时左侧列表中的“描边”复选框为勾选状态，只需在右侧对“描边”选区中的参数进行相应的设置即可，如图 3-41 所示。

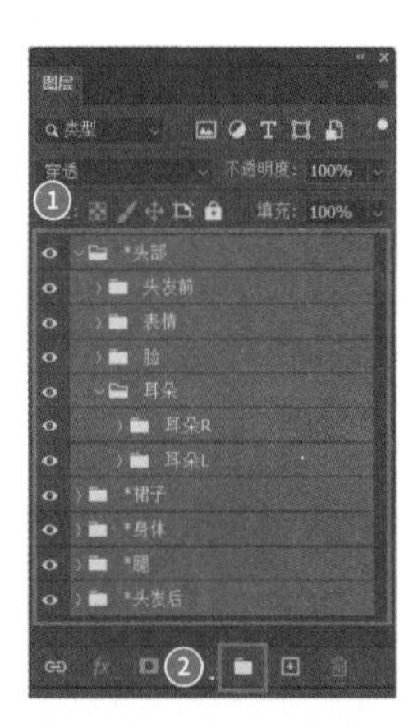
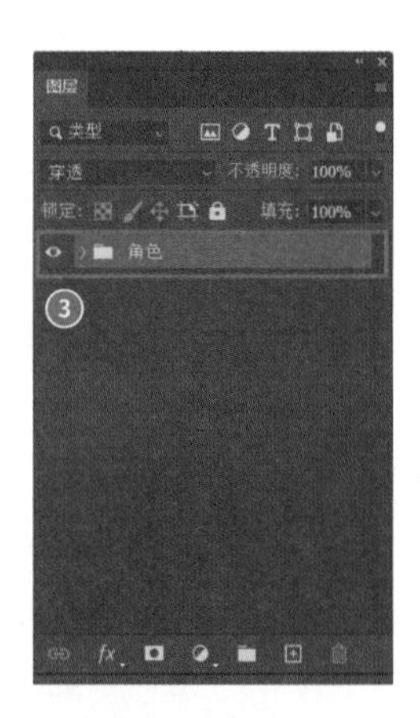

图 3-40　新建图层组

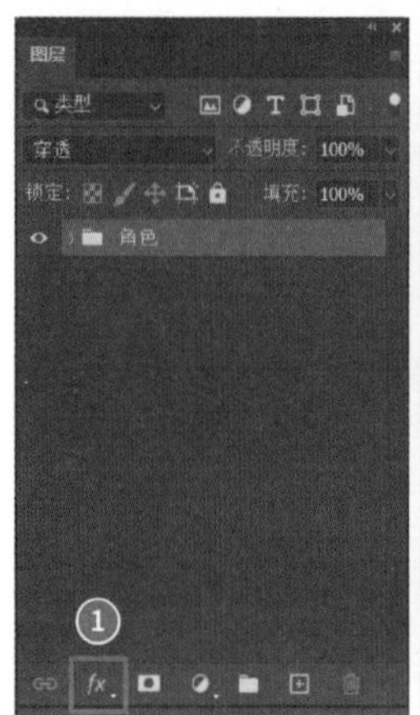
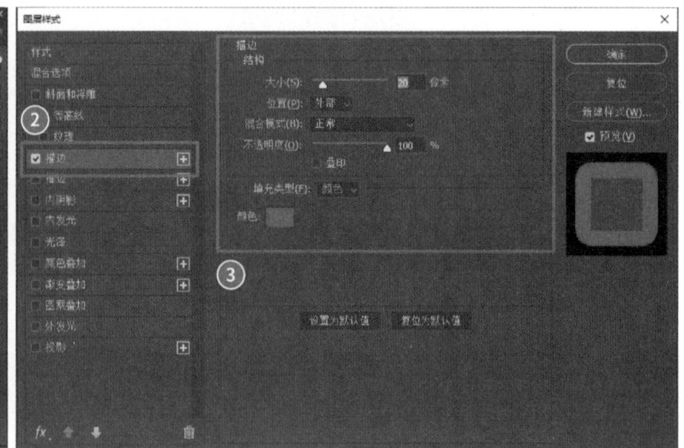

图 3-41　为“角色”图层组添加描边

在弹出的“图层样式”对话框中，首先勾选右侧的“预览”复选框；然后将“位置”设置为“外部”，并调整“大小”直到描边足够明显；最后将“颜色”色块设置为一个足够醒目的颜色（如红色）即可。单击“确定”按钮后，整个图稿就被添加了醒目的描边，如图 3-42 所示。

图 3-42　添加描边的效果

此时，污点就会比较明显。按住“Alt”键，单击图层（图层组）前面的眼睛图标，单独显示每个图层（图层组）并检查。如果图层上有污点，则边缘处会有明显的凸起或悬浮的点，如图 3-43 所示。只要用橡皮擦工具小心地擦除边缘外的污点，描边就会立刻回到正常位置。建议用这个方法检查所有的图层，擦除图稿中所有明显的污点。如果时间精力有限，则擦除距离较远的污点即可。

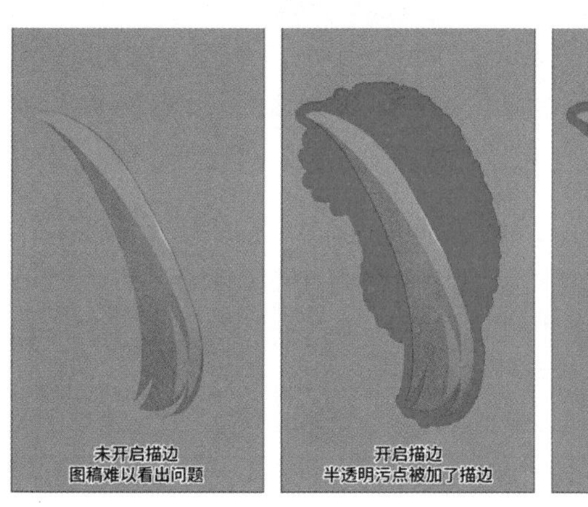

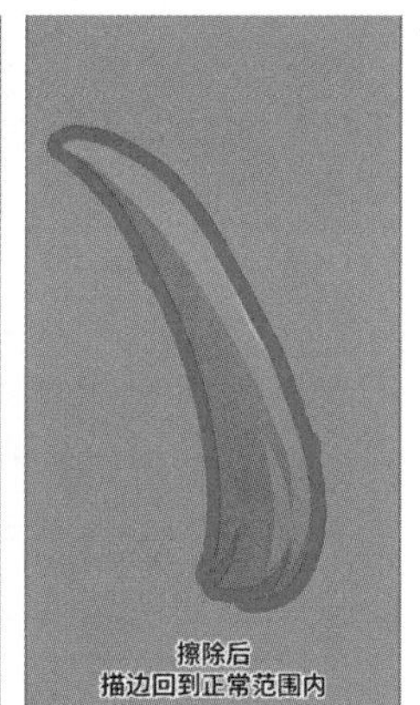

图 3-43　利用描边检查污点

检查完污点后，我们利用“颜色叠加”图层样式检查漏色。双击“角色”图层组右侧的图层样式图标，再次弹出“图层样式”对话框。在左侧列表中取消勾选“描边”复选框，勾选“颜色叠加”复选框并单击，在右侧将“混合模式”设置为“正常”，“颜色”设置为“纯黑色（#000000）”，“不透明度”设置为“100%”，如图 3-44 所示。

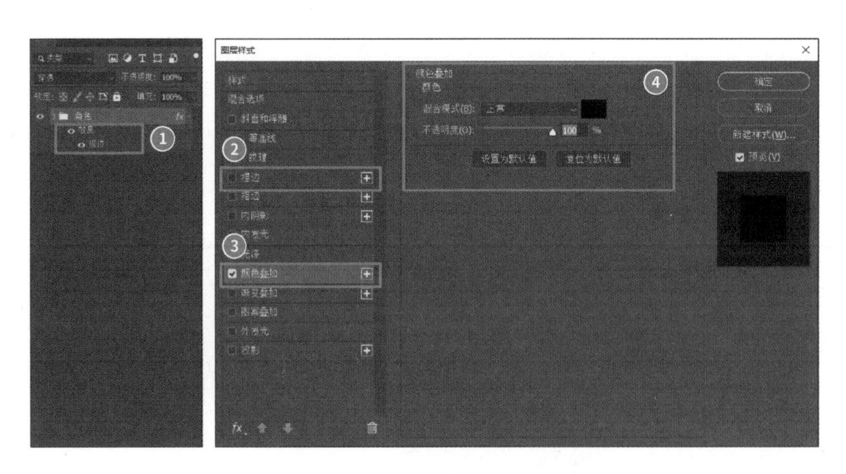

图 3-44　添加颜色叠加

将 Photoshop 的背景色设置成纯白色（#FFFFFF）或较浅的颜色，此时漏色就会很明显。按住“Alt”键，单击图层（图层组）前面的眼睛图标，单独显示每个图层（图层组）并检查。

由于画师的绘画习惯，可能大部分图层都有一些轻微的漏色，如图 3-45 所示。如果时间精力有限，则只需修复比较严重的漏色即可。

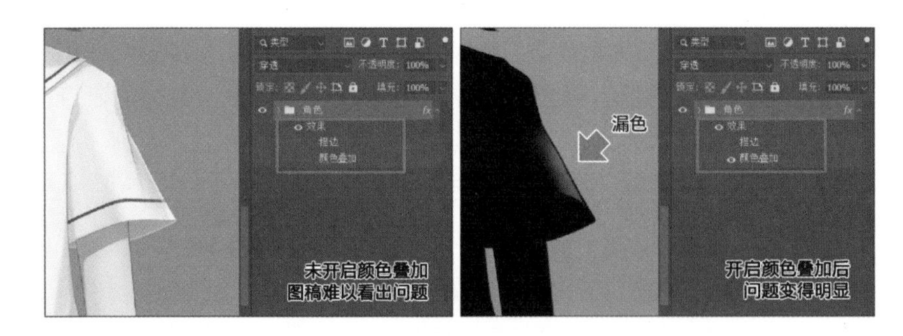

图 3-45　利用颜色叠加检查漏色

虽然在 3.2.2 节中讲过，导入 Live2D Cubism 时，图层组上的图层样式会丢失，但是为了不造成问题，还是建议在检查完成后删除上述图层样式，即在“角色”图层组上右击，在弹出的右键菜单中执行“清除图层样式”命令。

如果想要删除在这一步创建的“角色”图层组，则可以在图层组上右击，在弹出的右键菜单中执行“取消图层编组”命令（或者按组合键“Ctrl+Shift+G”）。

3.2.4　图稿的裁剪和定位

我们在 2.1.3 节中讲过，使用 PSD 文件新建 Live2D 模型时，Live2D Cubism 中的画布大小和图层位置均不会变化。也就是说，提前布置好 PSD 文件中的内容，可以让建模有个好的开始。

首先，我们可以考虑裁剪画布大小。在绘画之前，根据 3.1.1 节中讲的方法设置好画布大小，但是在绘画完成后，角色四周的边缘可能会太宽或太窄，如图 3-46 所示。

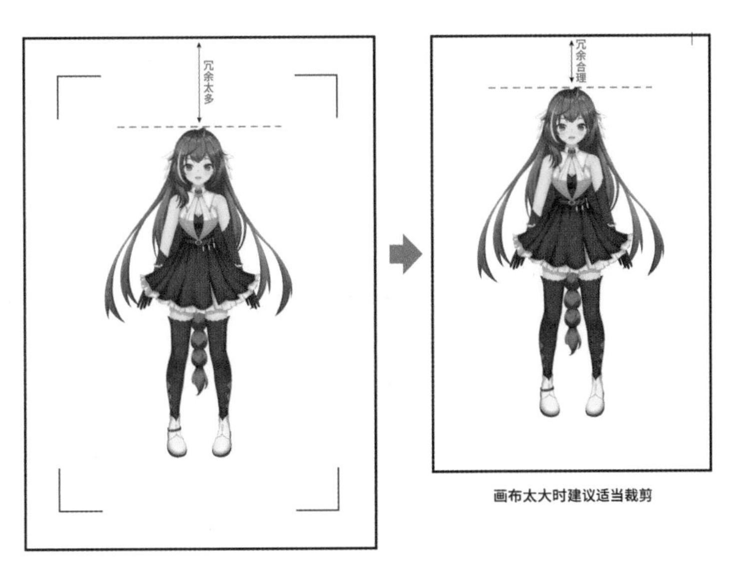

图 3-46　角色和画布的大小

在建模过程中，模型师可以在 Live2D Cubism 中导出角色的预览图，而预览图周围的边缘和画布边缘是一致的。因此建议调整一下画布，让边缘有一个合适的大小。通常来说，让模型身高占到画布高度的 75% ~ 85%；左右边缘和上下边缘的宽度基本相同即可。

另外，如果角色是左右对称的，则建议将角色的对称轴放在画布的中轴线上。因为 Live2D Cubism 默认的对称轴也是画布的正中心，如果角色基于画布的中轴线对称，则在建模时可以使用各种对称功能节省时间。

为此可以先建立参考线，标记出画布中轴线的所在位置。在 Photoshop 顶部的菜单栏中依次执行“视图”→“新建参考线版面”命令，在弹出的“新建参考线版面”对话框中勾选“列”复选框，将“数字”设置为“2”，其他选项留空，如图 3-47 所示。单击“确定”按钮后，得到 3 条纵向的参考线，我们需要的是画布中央的这条。

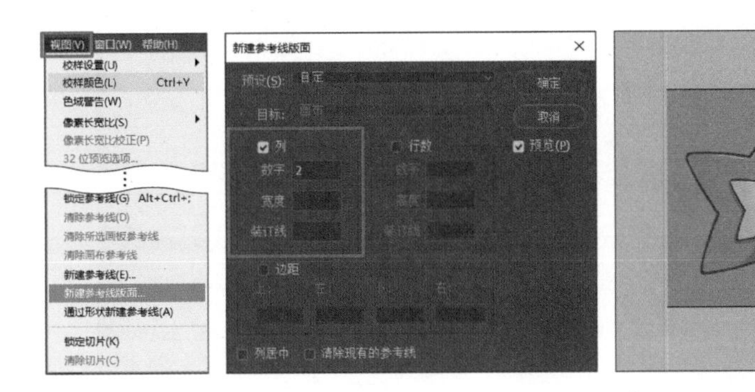

图 3-47　新建参考线

有了参考线后，按住“Shift”键，单击第一个图层，再单击最后一个图层，选中所有图层，将角色的中轴线和画布的中轴线（中央的参考线）对齐即可。我们可以将角色的鼻子、下巴尖、肚脐等作为位于中轴线上的部位，如图 3-48 所示。如果上述的几个部位不在一条垂直线上，则需要优先让鼻子处于对称线上，以保证脸部是对称的。

图 3-48　让角色和画布的中轴线对齐

如果想要删除这些参考线，则在顶部的菜单栏中依次执行“视图”→“清除参考线”命令即可。

3.2.5　合并线条和颜色

在 Live2D Cubism 中，每个图层都是可以分别运动的，只有合并线条和颜色图层，才可以避免它们发生错位。

在绘画时，我们会将预计要合并的线条、颜色、高光、阴影等图层都放在一个图层组中。下面只需合并图层组即可。选中图层组，然后在顶部的菜单栏中依次执行“图层”→“合并组”命令（或者按组合键“Ctrl+E”），即可合并图层组，如图 3-49 所示。合并后得到的图层将直接继承图层组的名字。

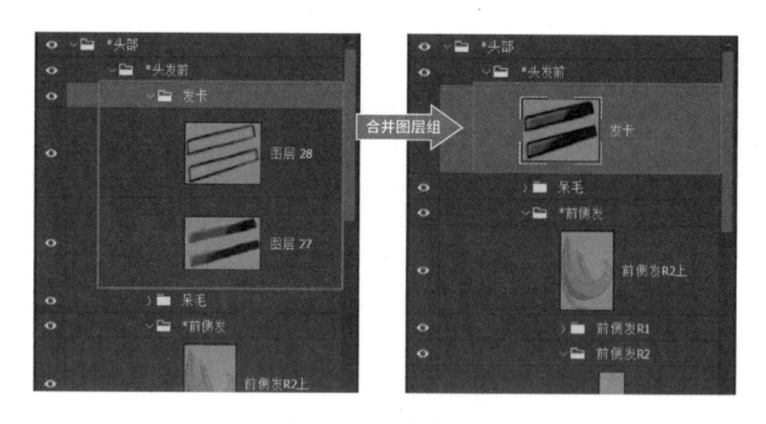

图 3-49　合并图层组

除了使用Photoshop合并图层，还有一个更好的选择，即将图层组转换为智能对象。在图层组上右击，在弹出的右键菜单中执行“转换为智能对象”命令，这么做和合并图层得到的效果是一样的，如图 3-50 所示。而这么做的好处是，合并前的图层不会丢失，可以随时修改。

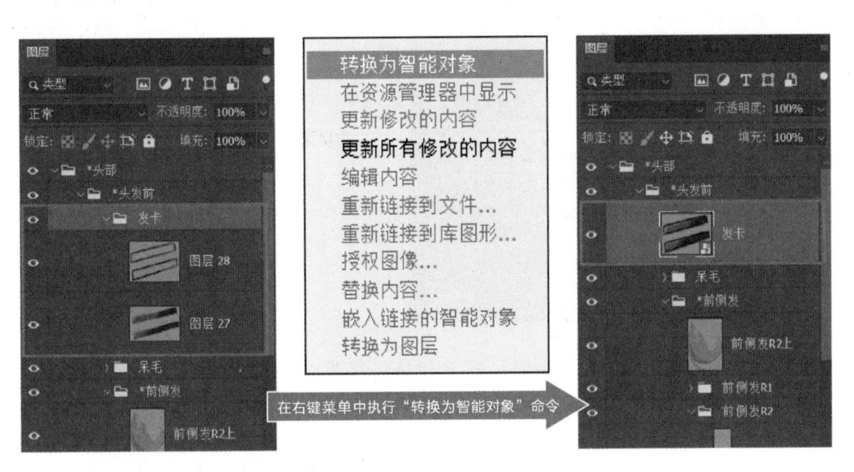

图 3-50 将图层组转换为智能对象

在 Photoshop CC 2020 之前的版本中，双击智能对象的缩览图，可以单独编辑智能对象里的内容。在 Photoshop CC 2020 之后的版本中，我们可以在智能对象上右击，在弹出的右键菜单中执行“转换为图层”命令，直接让图层组返回合并前的状态。

在默认设置下，转换为智能对象是没有快捷键的，但它对应于顶部的菜单栏中的“图层”→“智能对象”→“转换为智能对象”命令，因此我们可以为这个命令设置自定义快捷键，以便批量执行该操作。

智能对象可以和图层一样被导入 Live2D Cubism 中。由于智能对象包含了合并前所有图层的信息，因此得到的 PSD 文件会比较大。在处理完所有图层后，如果想要将智能对象全部转换为普通图层，则可以对所有图层执行“栅格化图层”命令。

在“图层”面板的左上角，将过滤器改为“类型”或“智能对象”；单击最右侧的“智能对象过滤器”图标，即可筛选出所有智能对象图层；按住“Shift”键，在智能对象图层上单击，选中所有智能对象图层；在任意智能对象图层上右击，在弹出的右键菜单中执行“栅格化图层”命令，即可批量栅格化智能对象；执行完之后，单击“图层”面板右上角的过滤器开关，即可关闭过滤器，显示所有图层，如图 3-51 所示。

值得一提的是，并不是所有线条和颜色都应该被合并。为了在角色向侧面转头时能够擦除下巴处的脸部线条，我们通常会将脸的线条和颜色分开，如图 3-52 所示。此外，在处理发光等特殊图层时，也经常需要将线条和颜色分开。我们会在 6.4.3 节中讲解脸部的拆分时讨论具体的案例，此处只需记住“可能存在不需要合并图层的情况”即可。

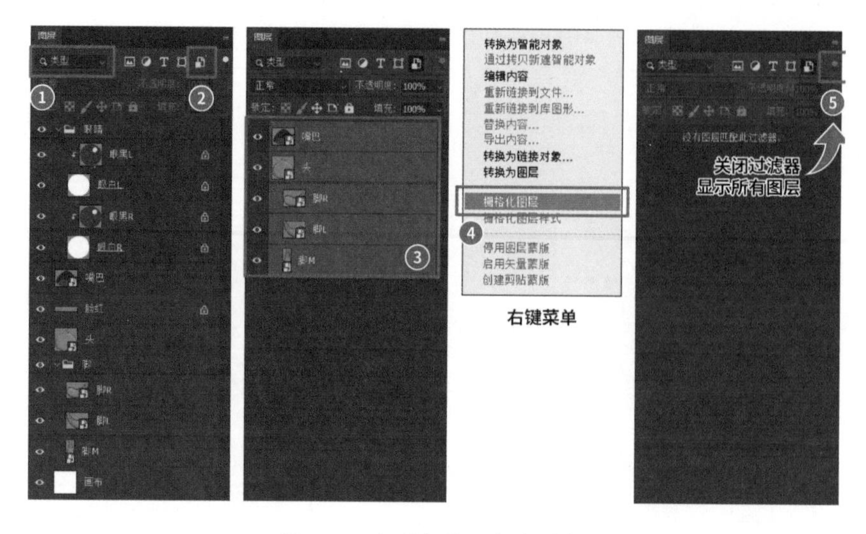

图 3-51　批量栅格化智能对象

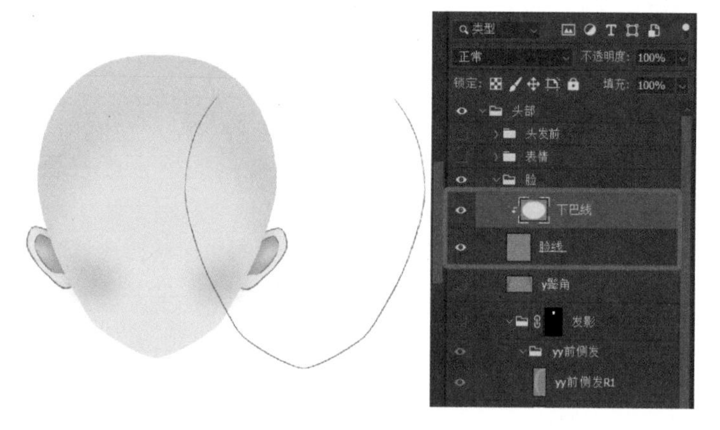

图 3-52　不合并脸的线条的情况

3.2.6　Live2D 官方的自动化脚本

尽管本书已经提供了已知的最便捷的方法，但是手动执行整理和合并图层、清理污点等操作仍是比较烦琐的。其实，Live2D 官方提供了两个脚本，可以用来简化许多步骤。

本节使用角色名为“米粒”的插画作为示例。读者可以利用附件查看使用脚本前 PSD 文件的状态，并亲自尝试脚本的效果。

★请在本书配套资源中查找源文件：3-4- 米粒拆分结果（未合并含污点）.psd。

首先，需要下载 Live2D 官方脚本。访问 Live2D 官方网站，在“产品”菜单下执行“Photoshop 脚本”命令，即可进入下载页面。我们可以在这里下载到“Live2D_

Preprocess”和“Live2D_Cleaning”两个脚本，如图 3-53 所示。下载后，将压缩包中 jsx 格式的文件解压缩到任意容易找到的地方。

图 3-53　下载 Live2D 官方脚本

然后，在 Photoshop 中打开 PSD 文件，并按本节所讲的方法执行脚本。在使用脚本前请务必注意，这两个脚本都需要我们提前对文件做一些设置，而且都会对图层内容造成不可逆的影响。因此，在使用之前请务必备份好 PSD 文件。

1. 自动预处理脚本

下面将介绍“Live2D_Preprocess”脚本，即预处理脚本的作用和使用方法。以下内容对应脚本的 1.4 版本。如果下载的是更新的版本，则需要注意官方网站上的说明。

这个脚本将会代替我们执行以下操作：

- 合并图层组（合并线条和颜色）。
- 应用图层蒙版。
- 合并剪贴蒙版。
- 删除路径。

这个脚本涵盖了我们此前讲过的许多操作，能够节约许多时间。然而，为了让脚本顺利发挥作用，我们需要提前对图层做一些设置。

（1）在不需要合并的图层组前添加星号。

脚本会合并任何名称前面不带“*”（星号）的图层组。也就是说，如果按照之前讲过的方式整理图层，那么图层组中的线条和颜色会自动合并。为了避免形成嵌套结构的父级图层组被合并，我们只需在重命名时按组合键“Shift+ 数字 8”，在图层组的名称前添加星号即可，如图 3-54 所示。

（2）停用不想被处理的蒙版。

脚本会自动合并图层上的剪贴蒙版（但不会合并图层组上的剪贴蒙版），并应用图层上的图层蒙版（但不会应用图层组上的图层蒙版）。如果不希望这些蒙版被处理，则需要提前停用它们。

在绘画时，我们可能会把“眼白”图层作为“眼黑”图层和“高光”图层的剪贴蒙版。如果直接执行脚本，则会合并“眼白”“眼黑”“高光”3 个图层，这不是我们希望看到的结果，因此需要提前执行“释放剪贴蒙版”命令，如图 3-55 所示。对于图层蒙版也是一样，如果不希望某些图层蒙版被应用，则需要提前执行“删除图层蒙版”命令。

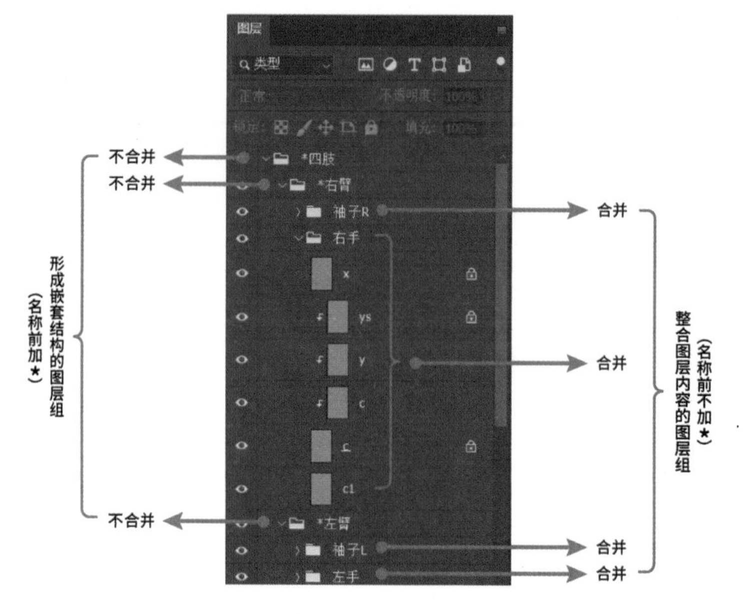

图 3-54 在父级图层组前添加星号

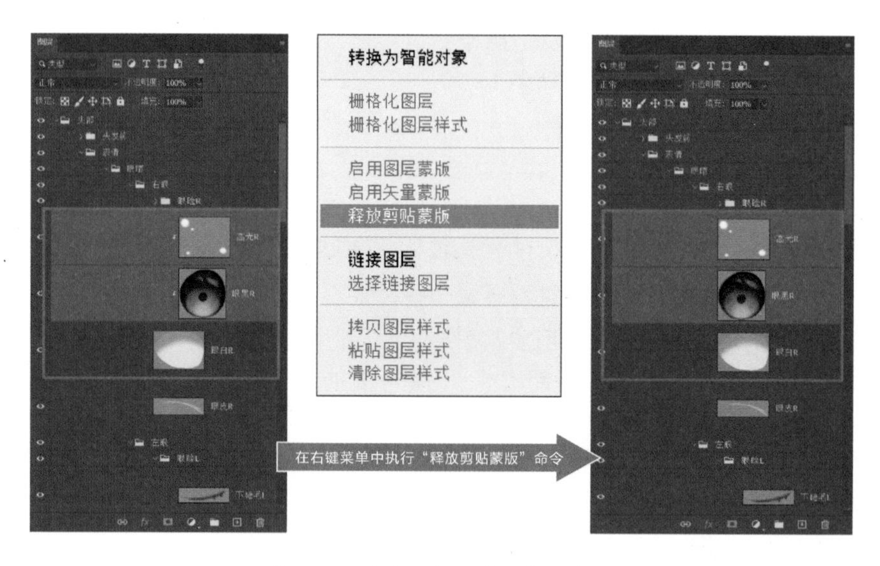

图 3-55 释放不想合并的剪贴蒙版

在实际测试中，可能因为软件版本等问题，剪贴蒙版有时并不会被合并。因此，对于需要合并的剪贴蒙版，建议将它们一起放在名字前不带星号的图层组中，通过图层组完成合并。

（3）显示所有图层。

因为脚本会执行合并图层组的操作，所以在合并前，如果图层组内的部分图层被隐藏了（或不透明度为 0），则合并后会丢失这部分内容。因此，需要让所有有用的图层均处于显示状态。

在“图层”面板中，按住“Shift”键，单击第一个图层组，再单击最后一个图层组，选中所有图层和图层组，即使图层组处于折叠状态也没有关系。在顶部的菜单栏中依次执行“图层”→“显示图层”命令（或者按组合键“Ctrl+,”），即可显示全部图层，如图 3-56 所示。如果“图层”菜单中显示的是“隐藏图层”命令，则执行两次，即先全部隐藏图层，再全部显示图层。

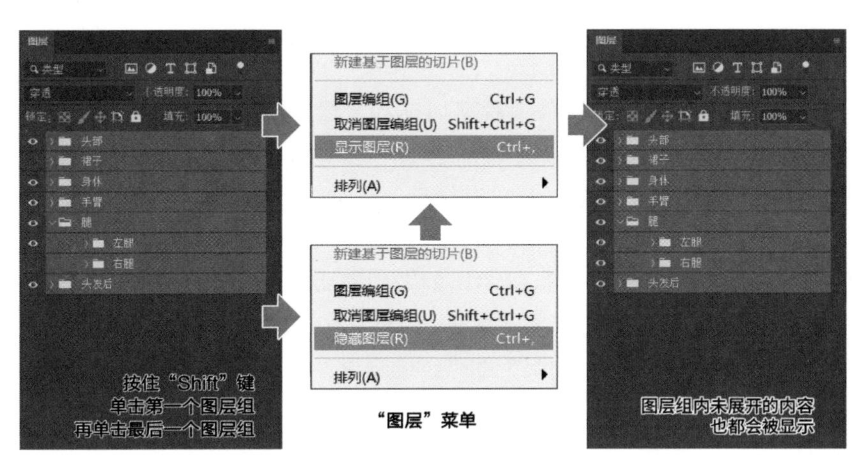

图 3-56　显示全部图层

经过上述设置后，我们可以使用这个脚本完成 PSD 文件的预处理工作。在顶部的菜单栏中依次执行“文件”→“脚本”→“浏览”命令，在弹出的“载入”对话框中选中之前下载的脚本（Live2D_Preprocess.jsx），并单击“载入”按钮，如图 3-57 所示，等待脚本执行完成。如果执行结果不理想，则可以还原上一步（按组合键“Ctrl+Z”）以撤销操作。

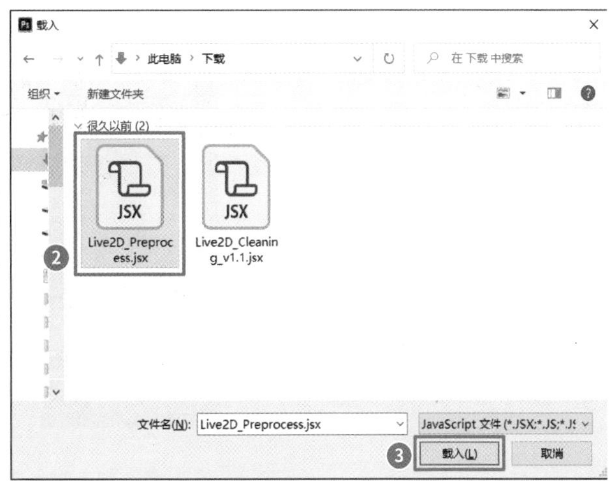

图 3-57　预处理脚本

一旦掌握了上面这些设置方法，我们就可以在绘画、拆分或检查图稿的过程中顺便完成图层名称和嵌套关系的设置。之后只需直接执行这个脚本即可，这大大提升了工作效率。

2. 自动污点清理脚本

下面将介绍“Live2D_Cleaning”脚本，即污点清理脚本的作用和使用方法。以下内容对应脚本的1.1版本，如果下载的是更新的版本，则需要查看Live2D官方网站上的说明。

顾名思义，这个脚本可以帮助我们清理图稿上的污点。通常来说，先执行预处理脚本，再执行污点清理脚本的工作流程可以节约大量时间。

这里先简述一下污点清理脚本的工作原理：首先将图层上的所有像素视为纯白色（如果不透明度低于100%，则按比例视为灰色），背景视为纯黑色；然后进行模糊处理，并按照阈值设置，将足够白的灰色像素设置为纯白色，足够黑的灰色像素设置为纯黑色；最后将这个黑白的新图层作为原图层的图层蒙版，即可在原图层上删除新图层上的黑色区域，如3-58所示。根据这个原理，如果某个区域的面积小，或者是半透明的，则模糊后容易被设置为纯黑色，最终通常会被删除；如果某个区域的面积大，或者是不透明的，则模糊后不会受影响，仍会保持纯白色。但是，如果阈值过大，则边缘的一小部分可能会变为黑色，也就是说最终边缘可能被删除一小圈。

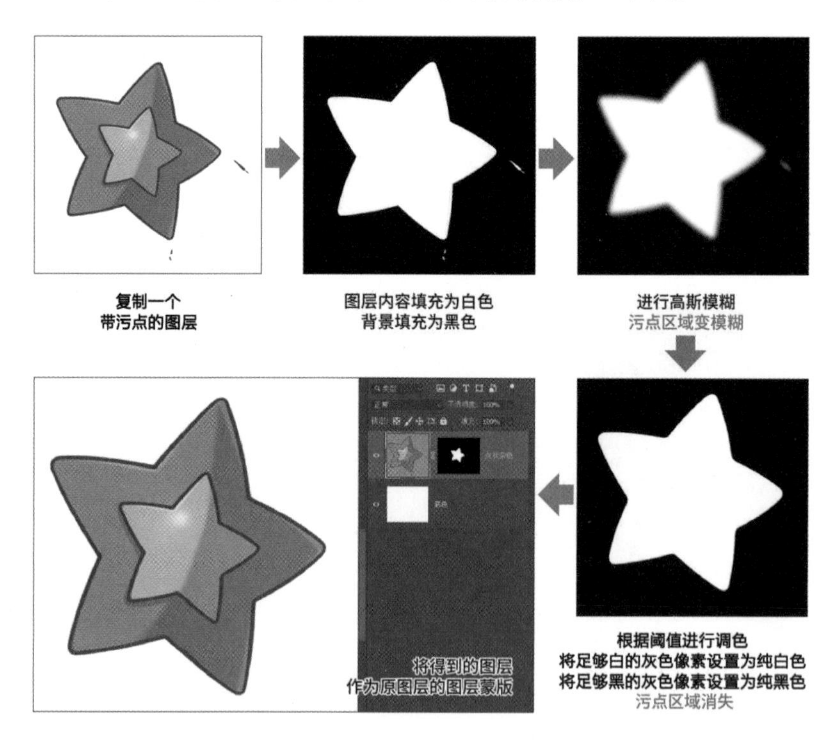

图3-58　污点清理脚本的原理

上述内容模拟了污点清理脚本会对每个图层执行的操作。综上所述，这个脚本只能擦除较小的或不透明度较低的污点，而且有概率破坏图层内容的边缘。

尽管自动污点清理脚本存在一点限制和隐患，但仍是值得一用的，可以节省许多时间。在使用前，要让所有图层的像素处于可编辑状态，因此需要做以下这些准备。

（1）解锁所有图层。

因为污点清理脚本要操作图层上的像素，所以需要解除所有图层和图层组上任何形式的锁定，否则 Photoshop 会报错“命令‘删除’当前不可用”。

在“图层”面板中，按住“Shift”键，单击第一个图层组，再单击最后一个图层组，选中所有图层和图层组，即使图层组处于折叠状态也没有关系。在顶部的菜单栏中依次执行“图层”→“锁定图层”命令，在弹出的“锁定图层”对话框中勾选所有复选框，并单击“确定”按钮。在顶部的菜单栏中依次执行“图层”→“锁定图层”命令，在弹出的“锁定图层”对话框中取消勾选所有复选框，并单击“确定”按钮，这样图层组和图层组内的所有内容会被取消锁定，如图 3-59 所示。

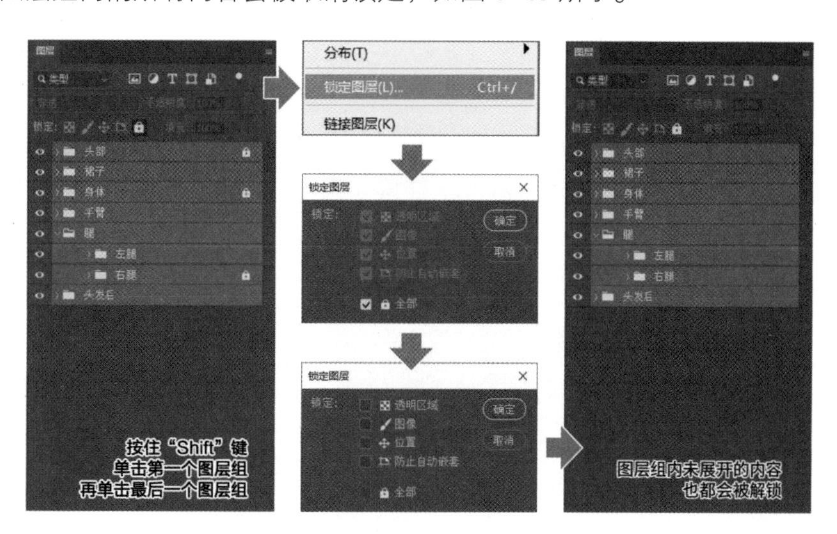

图 3-59　解锁全部图层

（2）栅格化所有智能对象和特殊图层。

智能对象或特殊图层（如文字图层）里的像素是无法被编辑的，会造成脚本报错，因此想要对其进行编辑，需要执行栅格化。批量栅格化智能对象的方法见 3.2.5 节。

（3）显示所有想被处理的图层。

这个脚本会跳过所有被隐藏的图层组和图层。如果希望所有图层被处理，则需要全部显示它们。

在“图层”面板中，按住“Shift”键，单击第一个图层组，再单击最后一个图层组，选中所有图层和图层组，即使图层组处于折叠状态也没有关系。在顶部的菜单栏中依次执行“图层”→“显示图层”命令（或者按组合键“Ctrl+,”），即可显示全部图层。

之后，如果不希望某个图层或图层组被处理，则需要单独隐藏它们，如图 3-60 所示。

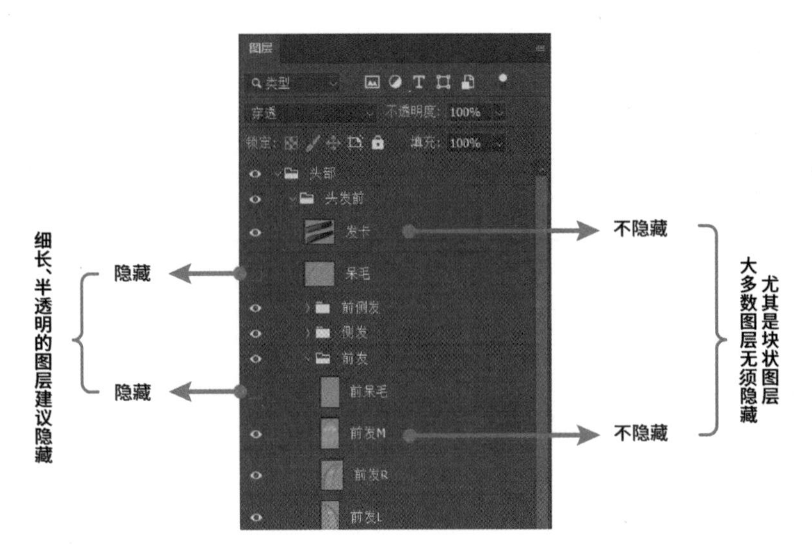

图 3-60　隐藏不想被处理的图层

经过上述设置后，我们可以使用这个脚本完成污点的清理工作。在顶部的菜单栏中依次执行“文件”→“脚本”→“浏览”命令，在弹出的“载入”对话框中选中之前下载的脚本（Live2D_Cleaning.jsx），并单击“载入”按钮。在弹出的对话框中，可以设置清理的阈值，这个对话框的翻译结果如图 3-61 所示（Live2D 官方暂未提供中文版的脚本，但不影响使用）。

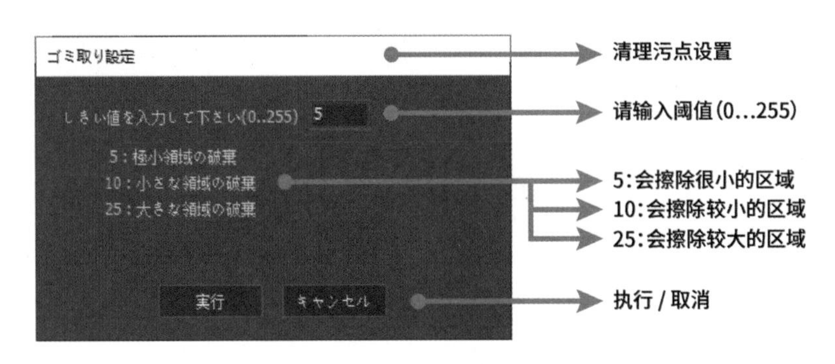

图 3-61　设置阈值

通常来说，将阈值设置为默认的“5”即可。阈值越高，擦除范围越大，破坏图层边缘的风险也越高。确认设置后，等待脚本执行完成即可。如果执行脚本得到的结果不理想，则可以还原上一步（按组合键“Ctrl+Z”），以撤销操作。

脚本是否会破坏图层的边缘，一方面取决于阈值，另一方面取决于画风。如果绘制的线条带有比较柔和的边缘，则会更容易遭到脚本破坏，产生锯齿状边缘。另外，对于之前的图例中比较夸张的污点，即使将阈值设置得很大，也难以取得很好的清理效果，如图 3-62 所示。

由此可见，污点清理脚本的局限性还是比较大的。因此读者可以根据自己的需求和画风来选择是否使用污点清理脚本。

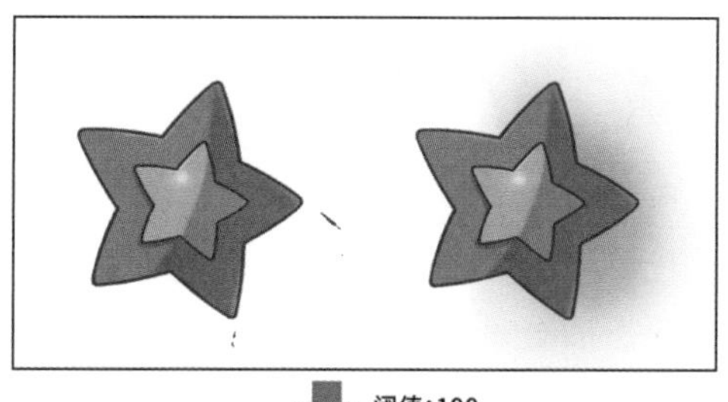

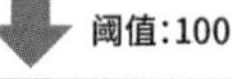

图 3-62　夸张的污点清理效果有限

3.3 合理选择各部分的初始状态

本节主要探讨各部分的初始状态问题。

既然 Live2D 的功能是让插画动起来，就意味着每个部分都会呈现多种状态。眼睛可以是睁眼或闭眼状态，嘴巴可以是张嘴或闭嘴状态，眉毛可以向上弯也可以向下弯，手臂可以抬高一些，也可以放低一些……虽然我们是通过变形来实现这些变化的，但是变化总要有起点。也就是说，在建模之前，插画素材中的每个部分都有一个初始状态。不同的初始状态显然对应着不同的绘画内容，如果决策失误，则需要画师重画或补画。

初始状态该怎么选择呢？如果客户或模型师等没有对初始状态提出明确要求，则可以用以下 3 种策略进行决策。

- 让尽可能多的图层处于可见状态。
- 让插画的外观符合模型的初始状态。
- 让各部分处于运动潜力最大的状态。

对于特定的部分，这 3 种策略可能是相互冲突的。但是，在整个模型中，可以组合使用这 3 种策略，为每个部分选择最合适的处理方式。下面结合案例，探讨一下每种策略的含义和应用场景。

3.3.1 让尽可能多的图层可见

在绘制插画素材时，优先让尽可能多的图层可见是比较常见的做法，这主要体现在眼睛和嘴巴上。尤其是眼睛，我们绝大多数都会绘制角色的睁眼状态。因为在睁眼状态下可以看到所有的相关图层，包括眼黑、高光、眼白、眼睑等。然而，在闭眼状态下，许多图层是不可见的，如图 3-63 所示。

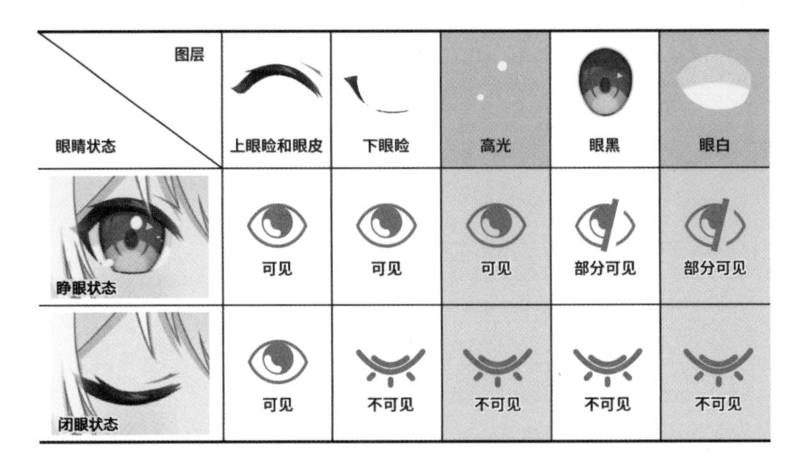

图层 眼睛状态	上眼睑和眼皮	下眼睑	高光	眼黑	眼白
睁眼状态	可见	可见	可见	部分可见	部分可见
闭眼状态	可见	不可见	不可见	不可见	不可见

图 3-63　睁眼和闭眼状态下可见的图层

如果图层是不可见的，那么画师很难想象出那些图层在可见时会是怎样的，绘制起来会更加困难。对模型师来说也是一样，如果模型的初始状态是闭眼状态，那么制作睁眼状态会比较麻烦。

对嘴巴来说也是一样。张嘴状态下我们不仅能看到嘴的底色，还能看到角色的牙齿和舌头。而闭嘴状态下就只能看到上、下嘴唇，如图 3-64 所示。

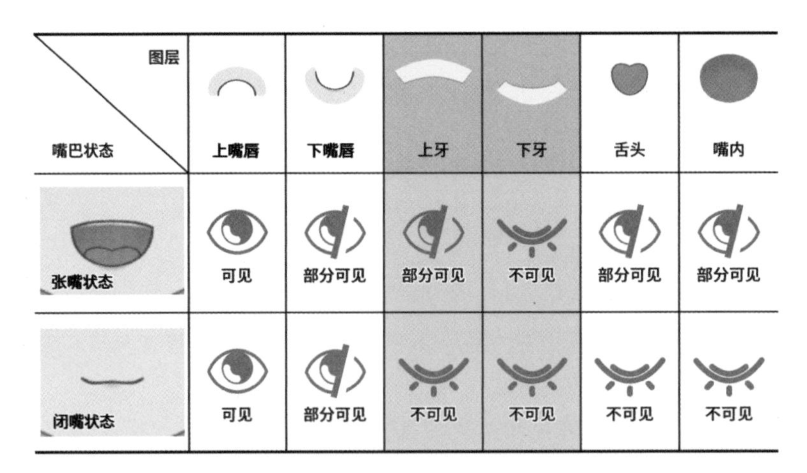

图层 嘴巴状态	上嘴唇	下嘴唇	上牙	下牙	舌头	嘴内
张嘴状态	可见	部分可见	部分可见	不可见	部分可见	部分可见
闭嘴状态	可见	部分可见	不可见	不可见	不可见	不可见

图 3-64　张嘴和闭嘴状态下可见的图层

因此，我们通常会选择睁眼状态和张嘴状态作为角色插画的初始状态。

3.3.2 按模型的初始状态绘制

虽然我们总是选择睁眼状态作为初始状态，但是有时也会选择闭嘴状态作为初始状态。这是因为，模型在默认状态下通常是闭着嘴的。

通常来说，对于直播用的 Live2D 模型，其默认状态如下。

- 以较稳定的姿势站立。
- 面朝正前方。
- 睁眼闭嘴，面无表情。
- 所有需要添加物理效果的部分自然下垂。

这是因为在 Live2D Cubism 中，我们通常需要将这样的状态设置为参数的默认值。如果默认值设置错误，那么面部捕捉软件可能无法正确地反映表情。所以，我们见到的大多数直播用的 Live2D 模型，其初始状态都是这样的，如图 3-65 所示。

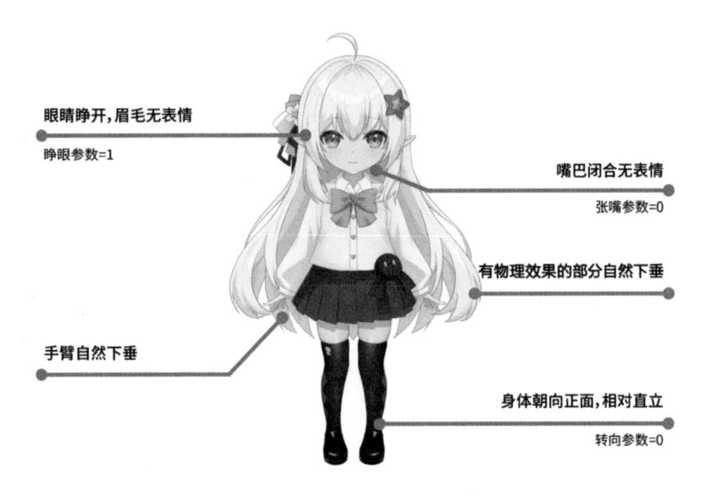

图 3-65　模型的初始状态

也就是说，即使插画素材中的嘴巴是张开的，模型师也需要让参数的默认值是闭嘴状态。因此，闭嘴状态的外观十分重要。尽管绘制起来比较困难，有的画师也会选择按照默认状态进行绘制，以此优先保障默认状态下模型的外观。

对眉毛来说也是一样。虽然模型的眉毛可以移动、旋转、变形，但是我们通常会绘制面无表情状态下的眉毛，也就是眉毛几乎平行且微微向上弯的状态，如图 3-66 所示。

另外，对于头发、衣服等有物理效果的部分，其初始状态通常是自然下垂的。如果没有特殊需要，则不要直接绘制这些部分飘动起来的状态，否则可能会造成建模上的困难。

如果 Live2D 模型是用于游戏的，则需要注意开发人员的要求。在这种情况下，开发人员可能会要求插画素材必须和模型的默认状态完全一致。也就是说，画师可能需要完全按照模型的初始状态绘制素材。

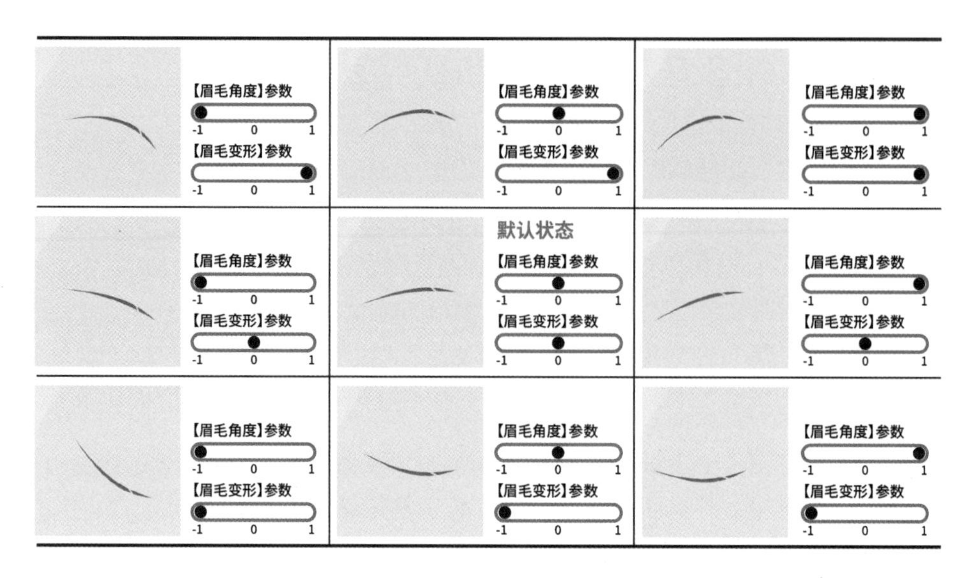

图 3-66 眉毛的默认状态

3.3.3 优先保证各部分的运动潜力

最好绘制无表情状态下的眉毛，以及物理状态为自然下垂的摇摆部分，不仅因为这些是默认状态，还因为这样可以保证各部分的运动潜力是最大的。

虽然在 Live2D Cubism 中我们可以让图层变形，但是变形的精细程度总是有限的。换句话来说，变形幅度越小，就越不容易出现问题。

一束带有物理摇摆效果的头发，可以摆向左侧，也可以摆向右侧，如图 3-67 所示。如果选择摆向左侧为初始状态，那么头发在变化到摆向右侧的过程中需要较大幅度的变形。如果选择自然下垂为初始状态，那么头发在向两侧摇摆时的变形幅度都不会太大。也就是说，选择自然下垂为初始状态更能保证这个图层的运动潜力。

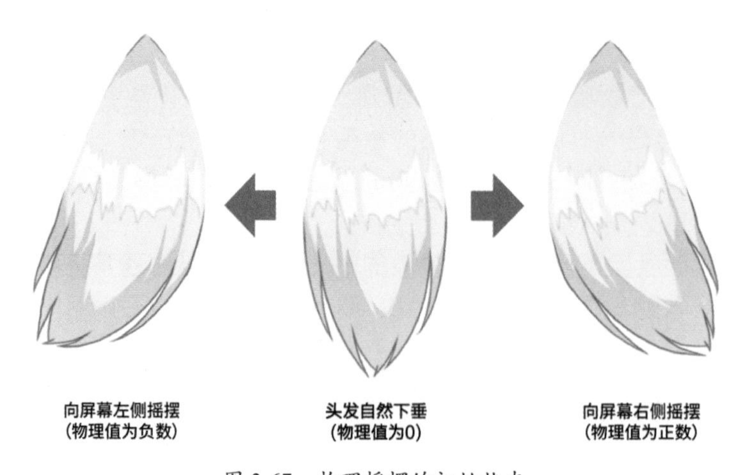

图 3-67 物理摇摆的初始状态

在选择手臂的初始姿势时，运动潜力的问题更加明显。之所以3D模型都选择以T形站姿为初始姿势，是因为这个姿势下的手臂角度大约是运动范围的中间值，如图3-68所示。在这个姿势下进行绑骨和蒙皮，可以让手臂在任何状态下角度变化都不至于太大，防止手臂的衔接处出现问题。

包括Live2D模型在内的2D模型，其手臂的旋转角度通常没有那么大。如果有需要，我们一般会直接替换掉手臂，而不是让手臂大幅度变化，否则绘画和建模都会很困难。因此，2D模型通常选择以A形站姿为初始姿势，如图3-69所示。在这个姿势下，手臂通常可以变换到我们所需的角度。

图3-68　3D模型和T形站姿

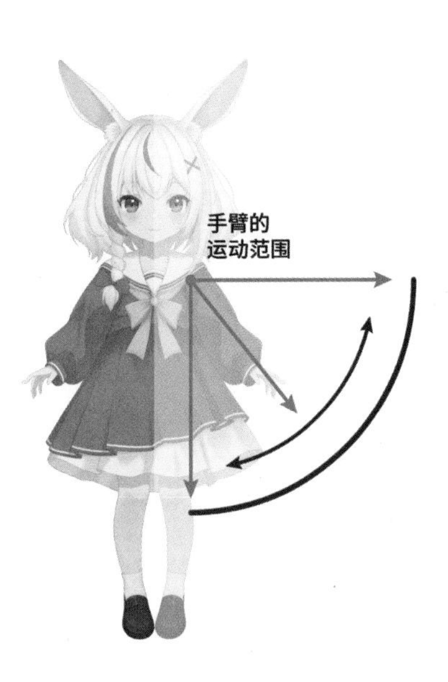

图3-69　2D模型和A形站姿

如果像3D模型一样选择T形站姿，当需要让2D模型的手臂放下来时，就需要手臂旋转约90°。旋转这么大的角度后，肩膀处的衔接就很容易出现问题，给建模带来不便。虽然这并非不能做到，但是我们没有必要故意选择建模比较困难的方案。

当然，选择以A形站姿为初始姿势并不是必须的。在没有要求的情况下，我们可以任意选择模型的初始姿势。这张动态壁纸所用的Live2D模型的插画，其初始姿势完全不符合常规（甚至看向侧面），头发也是飘动起来的，但是拆分后模型师可以顺利建模，如图3-70所示。

尽管这3种策略都需要我们考虑一些问题，但是在绘画时并不需要有太大的心理压力。归根结底，合理选择各部分的初始状态，其目的是使建模过程更加方便，或者使建模结果更加可控。随着读者对Live2D的理解逐渐加深，会越来越知道该怎么选择初始状态。本书介绍这些知识，也只是希望能帮助读者加速这个过程，指引读者制作出更高质量的插画素材。

图 3-70 非常规姿势的 Live2D 模型

3.4 根据建模的需要整理图层

考虑到可能存在想要兼任画师和模型师的读者，本节将介绍一些可以方便建模的整理图层的方法。

需要注意的是，尽管本节会讲解每种整理方法的用途，但是不会讲解在 Live2D Cubism 中要具体如何操作，因为那样不仅会偏离本书的主旨，而且需要读者具有足够的建模知识才能看懂。因此，在使用对应的整理方法前，请确保读者或模型师能够使用对应的建模功能，否则建议还是按照其他章节中讲的方式进行拆分。

3.4.1 只保留复杂对称部分的一侧

在 Live2D Cubism 中，我们可以很轻松地将任何部分进行对称处理。也就是说，如果某个对称的部分很复杂，我们只需绑定其中一侧的参数进行整体复制并对称得到另一侧即可。即使部分绑定了有方向性的参数（如眼珠运动的方向），在对称后也只需反转参数或变更参数即可，不需要再做一次。

因此在绘画时，如果有些复杂的部分是左右完全对称的，那么画师可以只绘制其中一侧，或者绘制完之后，在 PSD 文件中删掉其中一侧。这样可以减少工程文件中不需要的内容，让文件更加轻量化。

比如，最典型的就是眼睛。眼睛由多个图层构成，每个图层都需要绑定参数并变形，制作起来比较复杂。因此，如果眼睛是左右完美对称的，那么画师可以只绘制其中一侧，从而节省不少时间。

这个模型的眼睛就几乎是左右完美对称的，其中眼睑、眼球、眼白、眼皮和眉毛都完美对称，只有高光是不对称的，如图 3-71 所示。

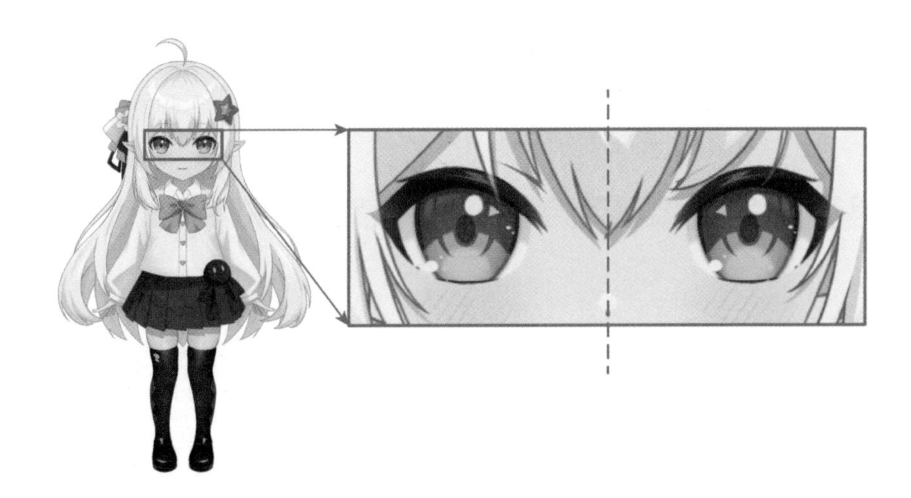

图 3-71　几乎完美对称的眼睛

此时，我们可以在 PSD 文件中使用比较特殊的整理方法。在整理对称的左右眼时，我们可以将所有和左眼相关的内容放在“左眼”图层组中；而“右眼”图层组只保留“右高光”图层即可，其他图层组都可以删掉，如表 3-6 所示。

表 3-6　整理对称的左右眼的图层结构

<table>
<tr><td rowspan="10">🗀 表情</td><td>🗀 右眼</td><td colspan="2">右高光</td></tr>
<tr><td rowspan="7">🗀 左眼</td><td>🗀 眉毛</td><td>眉毛</td></tr>
<tr><td rowspan="6">🗀 眼睛</td><td>上眼睑</td></tr>
<tr><td>下眼睑</td></tr>
<tr><td>左高光</td></tr>
<tr><td>眼黑</td></tr>
<tr><td>眼白</td></tr>
<tr><td>眼皮</td></tr>
<tr><td>🗀 嘴巴</td><td colspan="2">嘴巴拆分出的图层</td></tr>
<tr><td colspan="3">鼻子</td></tr>
</table>

除了高光图层，我们没有为任何眼睛图层添加代表左右的前缀。第一是因为，我们删除了另一侧的图层，即使不加后缀，图层名称也不会重复。第二是因为，最终整

个“左眼”图层组都要被对称到另一侧，所以图层既可以是“左”又可以是“右”，没有必要进行区分。

如果想在图层名称前添加“左”和“右”，则可以在左眼图层中都添加前缀“左”。当模型师在Live2D Cubism中复制眼睛后，可以批量替换右眼图层名称中的“左”为“右”。

另外，为了方便对称，我们把“眉毛”图层组也放在了“左眼”图层组中。这对建模不会有实质性的影响。

这样处理图层后，角色立绘的效果如图3-72所示。从图3-72中可以看出，这样的插画素材的观感是不理想的，甚至会令人有些疑惑，因此只建议读者在亲自建模时这么做。

在建模时，先绑定好左眼的开闭、微笑参数，以及眉毛的变形、移动参数，再将整个“左眼”图层组中的内容复制并对称，最后只需反转或变更一下各图层绑定的参数，并单独重新制作右眼的高光即可。

图3-72　删除对称图层后角色立绘的效果

对于手臂、腿等部分，如果是完全对称的，就都可以这样处理。这种方法甚至可以用于一些细节，如只保留蝴蝶结的一半，制作完物理效果之后再对称出另一半。如果模型对称的部分非常多，那么活用对称功能可以大大提高效率。

然而，对于耳朵等几乎不需要绑定参数的对称部分，就不建议这么做了，否则会增加模型师的工作量。

3.4.2 应对自动生成面部动作的需要

在 Live2D Cubism 5.0 版本中，加入了基于人工智能的“自动生成面部动作”功能，也就是可以由人工智能自动完成脸部的 X 轴旋转和 Y 轴旋转。虽然这个功能的效果目前只能达到初级模型师的水平，但是对初学者来说是足够的，并且这个功能本身可能会随着更新越来越强大。

要想使用这个功能，就必须按照软件规定的方式整理脸部的图层结构。具体来说，我们需要准备“左眉毛”“右眉毛”“左眼”“右眼”“左眼珠”“右眼珠”“鼻子”“嘴巴”“脸”“左耳朵”“右耳朵”共 11 个图层组。

虽然图层组的名称没有硬性要求，容易识别即可，但是使用上述的这些名称可以让软件直接选好对应的图层组，使操作更方便。另外，这里的耳朵指的是人耳，像猫耳等头发上的兽耳不在其列。

除了“左（右）眼珠”图层组可以嵌套在“左（右）眼”图层组中，其他图层组之间都不需要相互嵌套。为了达成这个要求，我们必须按照和往常不同的方式整理图层。表 3-7 所示为适合自动生成面部动作的图层结构。上述的 11 个图层组已经用深色底标记出来了，尽管有些图层组中只包含一个图层，但是不可以将它们删除。

表 3-7 适合自动生成面部动作的图层结构

<table>
<tr><td rowspan="16">表情</td><td rowspan="2">眉毛</td><td>左眉毛</td><td>左眉</td></tr>
<tr><td>右眉毛</td><td>右眉</td></tr>
<tr><td rowspan="5">右眼</td><td colspan="2">右上眼睑</td></tr>
<tr><td colspan="2">右下眼睑</td></tr>
<tr><td rowspan="2">右眼珠</td><td>右高光</td></tr>
<tr><td>右眼黑</td></tr>
<tr><td colspan="2">右眼白</td></tr>
<tr><td rowspan="5">左眼</td><td colspan="2">左上眼睑</td></tr>
<tr><td colspan="2">左下眼睑</td></tr>
<tr><td rowspan="2">左眼珠</td><td>左高光</td></tr>
<tr><td>左眼黑</td></tr>
<tr><td colspan="2">左眼白</td></tr>
<tr><td rowspan="3">嘴巴</td><td colspan="2">上嘴唇</td></tr>
<tr><td colspan="2">下嘴唇</td></tr>
<tr><td colspan="2">嘴内</td></tr>
<tr><td>鼻子</td><td colspan="2">鼻子</td></tr>
<tr><td rowspan="4">脸部</td><td colspan="3">脸颊红晕</td></tr>
<tr><td>脸</td><td colspan="2">脸</td></tr>
<tr><td rowspan="2">耳朵</td><td>左耳朵</td><td>左耳</td></tr>
<tr><td>右耳朵</td><td>右耳</td></tr>
</table>

需要注意的是，这11个图层组中最好不要包含无关的图层，否则变形效果可能不理想。比如，这里的“脸颊红晕”图层，就要从“脸”图层组中拆分出来。如果脸上有贴纸、美人痣、发际线等图层，也需要从“脸”图层组中拆分出来，因为这些图层无法进行正确的变形，需要在执行完自动生成面部动作后手动处理。

上述的图层结构虽然可以执行自动生成面部动作，但是结构比较复杂。为了让读者体会出这种图层结构的特点，我们准备了对应的正常的图层结构，如表3-8所示。从表3-8中可以看出，在图层内容一致的情况下，正常的图层结构更简洁、更合理。因此，在不考虑使用自动生成面部动作功能的情况下，还是选择后者为好。

表3-8　正常的图层结构

表情	眉毛	左眉
		右眉
	右眼睛	右上眼睑
		右下眼睑
		右高光
		右眼黑
		右眼白
	左眼睛	左上眼睑
		左下眼睑
		左高光
		左眼黑
		左眼白
	嘴巴	上嘴唇
		下嘴唇
		嘴内
	鼻子	
脸	脸	脸颊红晕
		脸
	耳朵	左耳
		右耳

第 4 章

图层在 Live2D 中的作用方式

前文讲解了在整个文件的层面上，应该如何绘制和优化图稿。下面主要讲解具体应该如何拆分图层。不过在此之前，我们先讲解一下 Live2D Cubism 是如何显示和处理图层的。

因为 Live2D Cubism 处理图层的方式和 Photoshop 是不同的，所以图层在模型上的样子未必和图稿中的一致。只有了解 Live2D Cubism 中图层的显示方式和作用，才能理解为什么会产生这种差异，以便更好地把握拆分图层的方法。

当然，本书的目的并不是讲解 Live2D 建模，只需读者了解在 Live2D Cubism 中存在这些功能即可。这能够让读者在设计形象和拆分图层时有更多选择，绘制出上限更高的插画素材。

4.1 Live2D Cubism 处理图层的方式

本章将从 Live2D Cubism 处理图层的主要方式开始讨论。

4.1.1 结构与绘制顺序

在 2.2 节中讲到，Live2D Cubism 支持和 Photoshop 类似的嵌套结构。在导入 PSD 文件后，Live2D Cubism“部件”面板中的图层结构和 Photoshop“图层”面板中的图层结构应该是完全一致的，如图 4-1 所示。

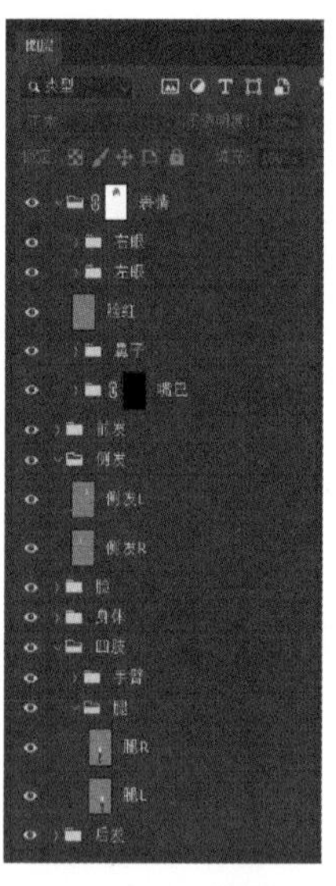

Photoshop“图层”面板中的图层结构

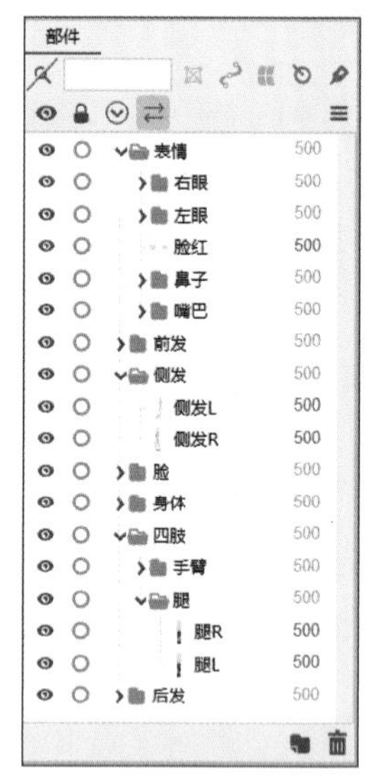

Live2D Cubism“部件”面板中的图层结构

图 4-1 图层结构对比

扩展： 图层在 Live2D Cubism 中的名称

在导入 Live2D Cubism 后，图层会被称为“图形网格”。为了方便理解，在大多数情况下，本书在两款软件中都使用“图层”来称呼它们。

在导入 Live2D Cubism 后，图层组会被称为“组（文件夹）”。为了方便理解，在大多数情况下，本书在两款软件中都使用“图层组”来称呼它们。

在默认状态下，Live2D Cubism 中图层是从上到下依次覆盖的，这一点也和 Photoshop 中一致。然而，Live2D Cubism 中的图层还有一个“绘制顺序”参数，如图 4-2 所示。

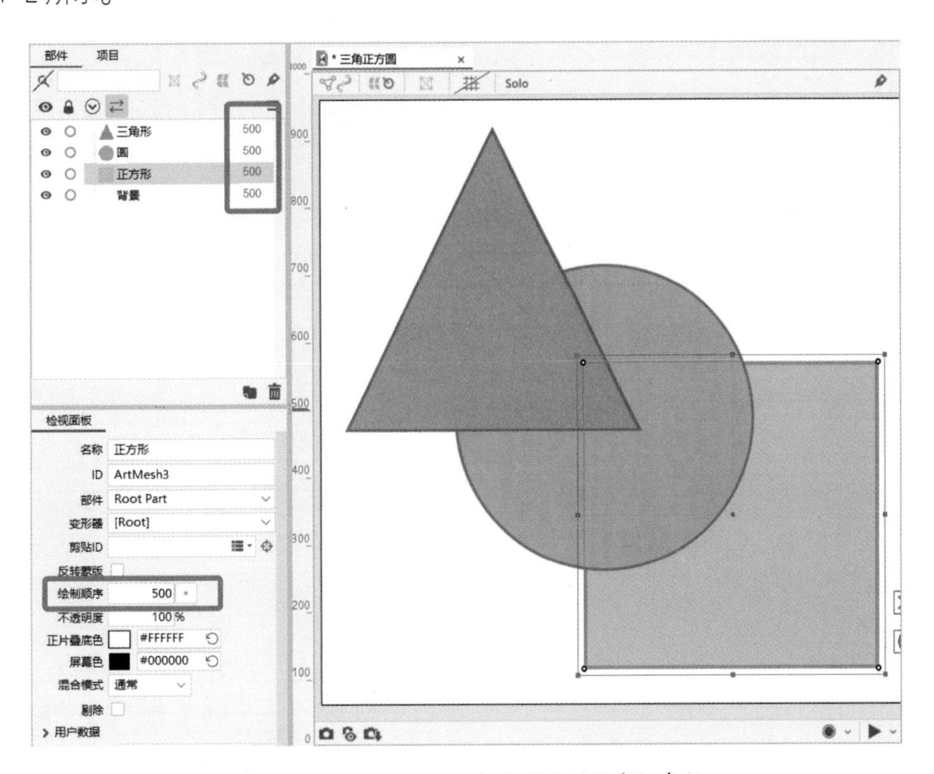

图 4-2　Live2D Cubism 中的“绘制顺序”参数

“绘制顺序”参数的设置范围为 0 ~ 1000。即使不改变图层的上下关系，也可以通过“绘制顺序”参数控制图层的覆盖顺序。“绘制顺序”参数的值越大，图层就会显示在更上方。换句话说，只要下方图层的“绘制顺序”参数的值更大，就可以覆盖上方的图层，如图 4-3 所示。

在两个图层的“绘制顺序”参数的值相同时，上方的图层仍然会覆盖下方的图层。在导入 PSD 文件后，所有图层的“绘制顺序”参数均为默认值（500），因此看起来和 Photoshop 中是一样的。

由于 Live2D Cubism 有这样的特性，因此在整理图层时，读者可以优先考虑嵌套结构是否合理。至于图层相互覆盖的显示效果，可以交给模型师处理。

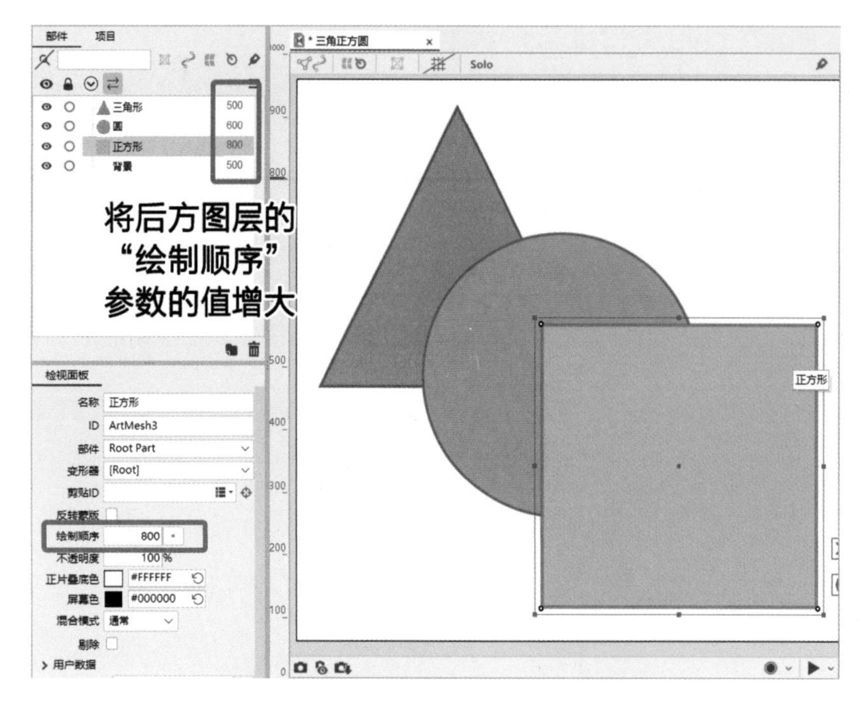

图 4-3 通过“绘制顺序”参数改变覆盖顺序

4.1.2 根据参数产生变化

完成绑定后，Live2D Cubism 中的图层可以根据参数产生变化，这也是 Live2D Cubism 能让插画动起来的原理。本节不讲如何设置参数，只谈一下参数可以改变图层的哪些属性。

在 Live2D Cubism 中，我们可以将图层的下述全部或部分属性绑定在参数上，让它们产生变化。

- 变形（比如，扭曲、旋转和翻转、位移、缩放、拉伸、压扁等）。
- 绘制顺序。
- 不透明度。
- 颜色混合（正片叠底色、屏幕色）。

通过改变参数可以改变三角形的方向和位置、圆形的形状和绘制顺序、正方形的不透明度和绘制顺序，以及背景的颜色混合，如图 4-4 所示。

在拆分图层前，需要先思考：模型会做出怎样的动作？这些动作会让图层产生怎样的变化？这些变化是否能在 Live2D Cubism 中实现？在拆分特定部分时，也需要保持这样的意识，思考每一个图层的作用和变化方式会是怎样的。

本书将在 4.2 节和 4.3 节中详细讲解不透明度和颜色混合的作用方式。

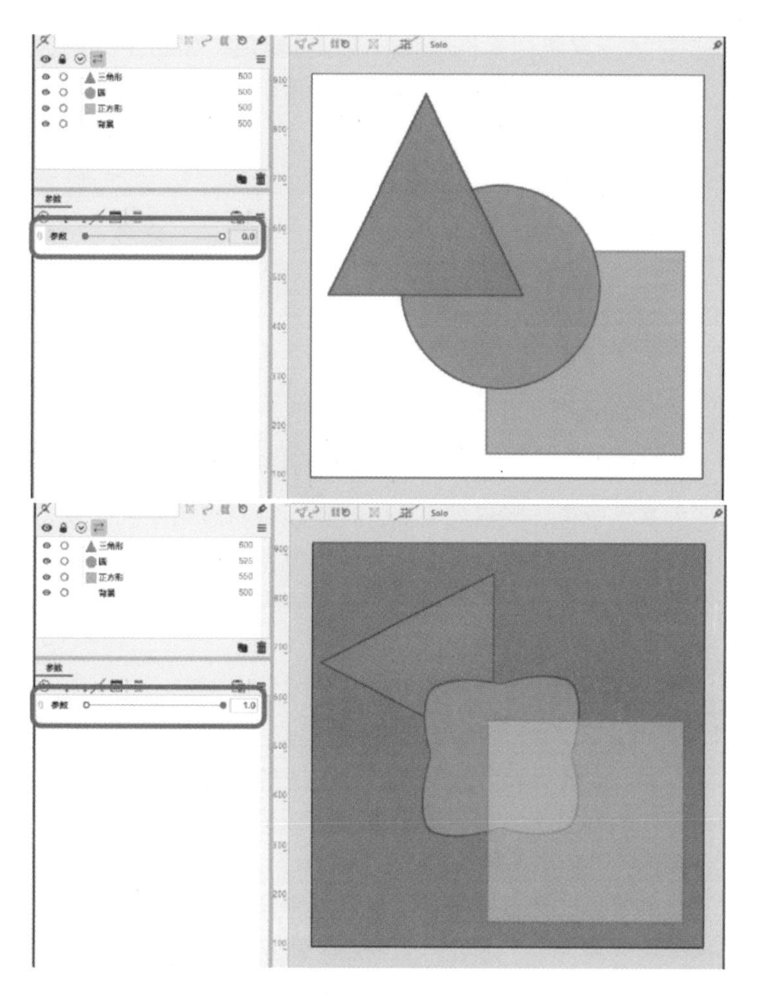

图 4-4 参数可以改变的属性

扩展： 变形器

在 Live2D Cubism 中存在名为“变形器”的容器，包括“旋转变形器”和“弯曲变形器”两种。

变形器的作用是将图层打包，让它们一起变化。变形器之间可以相互嵌套，并且可以根据需要一层一层地嵌套下去，最终形成基于运动的嵌套结构。变形器和 Photoshop 中的图层组有些相似，其变化会影响所有子级图层和子级变形器。

作为画师，只需了解 Live2D Cubism 中存在变形器即可，基本不会影响对拆分的判断。

4.1.3 网格和纹理

当在 Live2D Cubism 中导入 PSD 文件后，图层会被称为图形网格（ArtMesh）。

Live2D Cubism 中的图形网格由网格和纹理两部分组成，如图 4-5 所示。其中，网格是变形的基本单位，可以手动编辑；纹理指的是用于显示的像素的集合，由图层的内容决定。

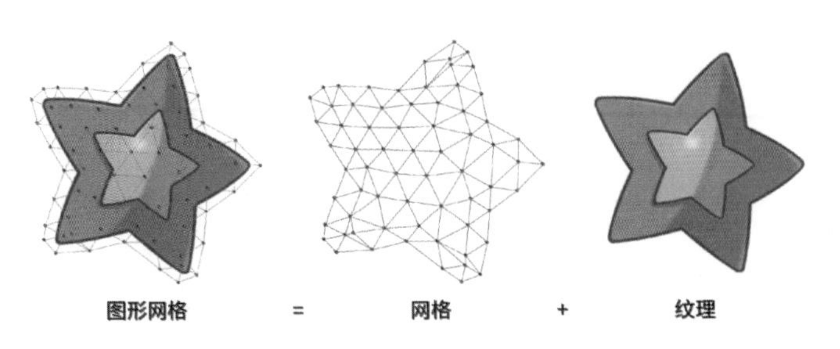

图 4-5　Live2D Cubism 中的图形网格

网格是变形的基本单位，网格越密集，就可以进行越精密的变形。模型师可以编辑网格本身，控制它的形状和密度等；也可以控制网格的变形方式，带动下方的纹理一起变形。虽然在绘画和拆分时只能控制纹理，但是根据图形网格的特性，在划分图层时，我们可以选择更加便利的方式。

1. 网格的不同部分可以分别变形

根据上面的描述，读者可能会认为网格必须是整体的、连续的，但事实并非如此。其实，图形网格可以相互分离，并且不同部分可以分别变形。基于这个特性，我们可以避免许多不必要的拆分。

比如，对于这种常见的愤怒符号，虽然看起来是相互分离的 3 个部分，但是没有必要对其进行拆分，只需将它们放在一个图层上即可，如图 4-6 所示。

图 4-6　愤怒符号不必拆分

在 Live2D Cubism 中，模型师可以创建相互分离的图形网格，以便通过图形网格操控每个部分。如果我们想让愤怒符号的 3 个部分相互远离，则可以直接在 Live2D Cubism 中操作图形网格，不需要拆分图层，如图 4-7 所示。

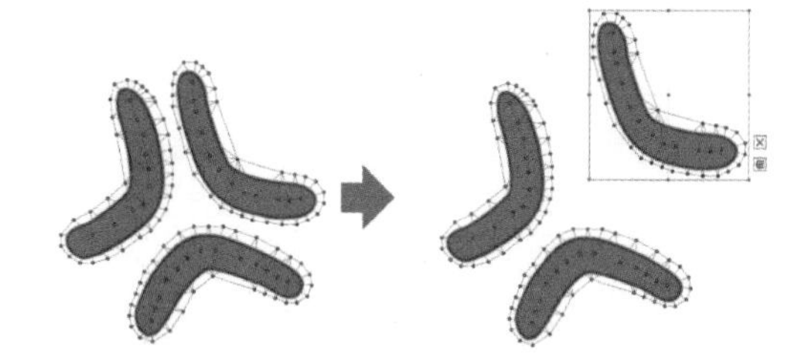

图 4-7　利用图形网格分别变形各个部分

2. 网格外的部分会被隐藏

除此之外，模型师还可以删除网格的一部分。在没有网格的地方，纹理是无法被显示出来的，因此删除网格可以起到隐藏部分纹理的作用。

下面以刚才的愤怒符号为例，如果我们在 Live2D Cubism 中随意圈出一部分网格并删除，则会隐藏对应部分的纹理，如图 4-8 所示。

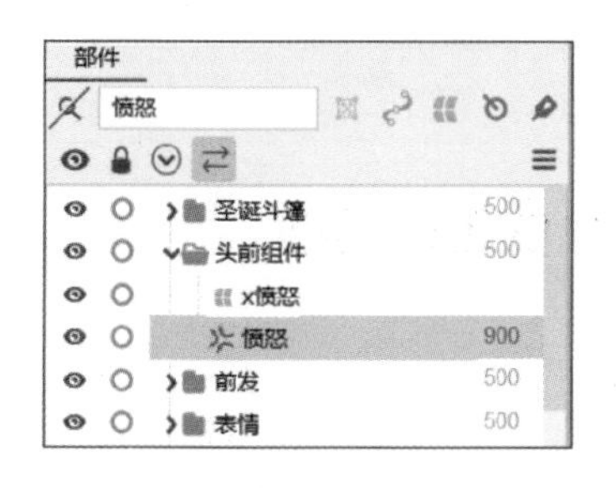

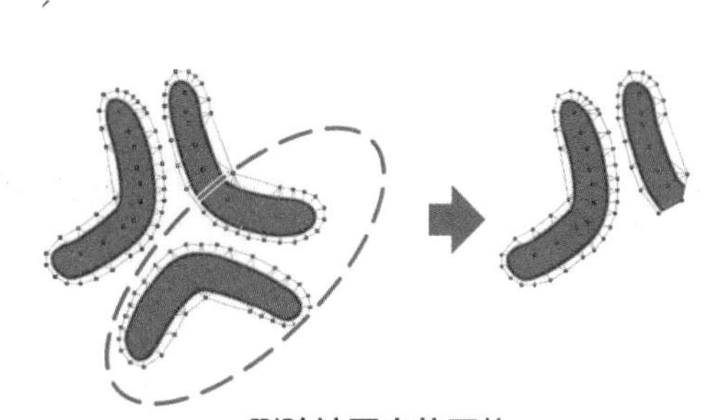

图 4-8　删除部分网格

由于 Live2D Cubism 支持用网格切割纹理，因此在绘画时可以少拆分一些图层，这样会更方便操作。

比如，在 Photoshop 中，我们可以将左耳和右耳绘制在同一个图层上，而不是拆分成两个图层，如图 4-9 所示。在建模时，模型师可以在 Live2D Cubism 中复制“耳朵”图层，将“耳朵”图层和复制的“耳朵”图层分别命名为“耳朵 L”和“耳朵 R”。对于“耳朵 L”图层，只创建左耳部分的图形网格；对于“耳朵 R”图层，只创建右耳部分的图形网格，从而得到和拆分图层相同的效果，如图 4-10 所示。

虽然这样会给模型师带来些许麻烦，但是画师绘制和修改图稿会更有效率，因此对整个工程来说是有利的。尤其在同时担任画师和模型师时，这么做往往会更加方便。

图 4-9　在 Photoshop 中不拆分左右耳

图 4-10　在 Live2D 中用图形网格拆分左右耳

但需要注意的是，就像刚才图 4-8 所示的那样，如果在纹理的中间截断网格，则会产生非常硬的断面。因此，只建议在像素明显断开的情况下考虑使用网格隐藏部分纹理，不要用这种方法切断连续的像素。

4.1.4　模型用途和 SDK 版本的问题

在 Live2D Cubism 中，除了最基本的绘制顺序，图层和图层之间还可能产生透明交错、蒙版、发光、粘连等各种复杂效果的相互作用。只有搞清楚这些原理，读者才能知道在特殊情况下该如何准备图层。

但在讲解这些之前，读者必须先认识到一个问题：上述的相互作用并不是在任何情况下都能生效的。

在大多数情况下，我们会将 Live2D 模型嵌入其他软件中使用。比如，嵌入面部捕捉软件中可用于直播或主持，嵌入游戏引擎中可作为游戏素材。为此，Live2D 官方准备了名为“SDK”的工具包帮助开发者们实现嵌入，如图 4-11 所示。

图 4-11　Live2D Cubism 中的 SDK 工具包

随着 Live2D 的新功能越来越多，SDK 也在逐步更新。这就意味着，旧版本的 SDK 可能不支持新版本的 SDK 才有的功能。而之前提到的软件或游戏引擎使用的 SDK 未必是最新的。因此，当将新版本 SDK 对应的模型导入使用旧版本 SDK 的软件或游戏引擎时，模型可能会发生外观上的变化，甚至可能无法导入。

比如，4.3.2 节中讲解的颜色混合效果是“SDK4.2/Cubism4.2”版本加入的，如果将制作出的模型嵌入只支持“SDK4.0/Cubism4.0”版本的软件或游戏引擎中，则无法实现对应的效果。

表 4-1 所示为常用 SDK 版本支持的功能列表。我们高亮标记了需要画师了解的两个条目，之后也会分别讲解它们。

表 4-1 常用 SDK 版本支持的功能列表

支持功能	Cubism3.0/3.3	Cubism4.0	Cubism4.2	Cubism5.0
反转蒙版	×	○	○	○
跳帧	○	○	○	○
扩展插值	○	○	○	○
图形路径	×	×	×	×
形状动画	×	×	×	×
序列图片轨道	×	×	×	×
洋葱皮	×	×	×	×
融合变形	×	×	○	○
正片叠底色 / 屏幕色	×	×	○	○
增强网格编辑	×	×	×	×
运行时模型轨道	×	×	×	×
参数书签	×	×	×	×
强化融合变形	×	×	×	○

某个功能是否可以使用，将影响绘制和拆分图层的方式。作为画师，了解这些可以减少不必要的麻烦，提升自己的专业性。如果不确定模型最终会使用哪个 SDK 版本，则可以查看对应软件的官方网站或发行平台上有没有对应的更新信息，如图 4-12 所示。除此之外，画师还可以与模型师、开发人员等沟通，获知项目所需的 SDK 版本。

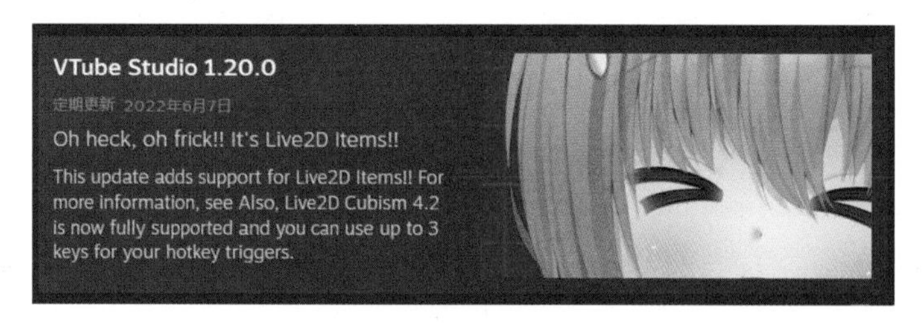

图 4-12 VTube Studio 支持 SDK4.2/Cubism4.2 的更新说明

4.2 不透明度和蒙版

Live2D Cubism 对不透明度、蒙版的处理方式和 Photoshop 有较大的区别。这导致很多分层策略在 Photoshop 中能使用，但是在 Live2D Cubism 中很难有好的效果。下面详细介绍一下 Live2D Cubism 处理不透明度和蒙版的方式。

4.2.1 不透明度和半透明图层

在 Photoshop 中，当一个不带蒙版的图层表现为半透明状态时，可能是因为以下3种情况。

- 图层设置了低于 100% 的不透明度。
- 图层上的像素本身是半透明的。
- 父级图层组设置了低于 100% 的不透明度。

而在 Live2D Cubism 中，图层组没有办法设置任何属性，也不支持不透明度的调整。取而代之的是，Live2D Cubism 的变形器带有“不透明度”属性，可以统一改变子级的不透明度。因此，在 Live2D Cubism 中，当一个不带蒙版的图层表现为半透明状态时，也可能是因为以下 3 种情况。

- 图层（图形网格）设置了低于 100% 的不透明度。
- 图层（图形网格）上的像素本身是半透明的。
- 父级变形器设置了低于 100% 的不透明度。

1. 图层组的不透明度问题

虽然看上去，两个软件中的不透明度设置是一一对应的关系，但是实际上并非如此。

在 Photoshop 中，如果图层组的不透明度为 50%，图层组中图层的不透明度均为 100%，那么图层相互重合的地方是不可见的。如果图层组的不透明度为 100%，图层组中图层的不透明度均为 80%，那么图层相互重合的地方是可见的，如图 4-13 所示。从图 4-13 中可以看出，二者得到的显示效果是不同的。

图 4-13 Photoshop 中的不透明度

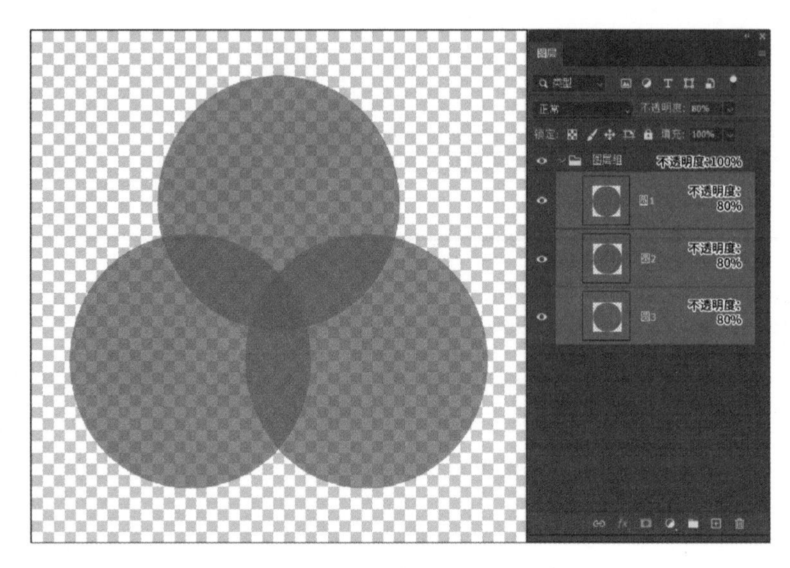

图 4-13　Photoshop 中的不透明度（续）

我们可以在 Live2D Cubism 中执行类似的操作，如图 4-14 所示。如果变形器的不透明度为 100%，变形器中图层的不透明度均为 80%，那么图层相互重合的地方是可见的；如果变形器的不透明度为 80%，变形器中图层的不透明度均为 100%，那么图层相互重合的地方也是可见的。从图 4-14 中可以看出，二者得到的显示结果是相同的。

也就是说，Live2D Cubism 中的变形器虽然可以统一改变子级图层的不透明度，但是不具备合并不透明度的能力。

不过，我们可以利用剪贴蒙版在一定程度上修复这个问题，如图 4-15 所示。但是，这种方法存在很大的限制，不能保证一定可以实现和 Photoshop 中相似的效果。比如，在图 4-15 中，应用剪贴蒙版后图层之间出现了缝隙，模型师需要花时间处理这个问题。

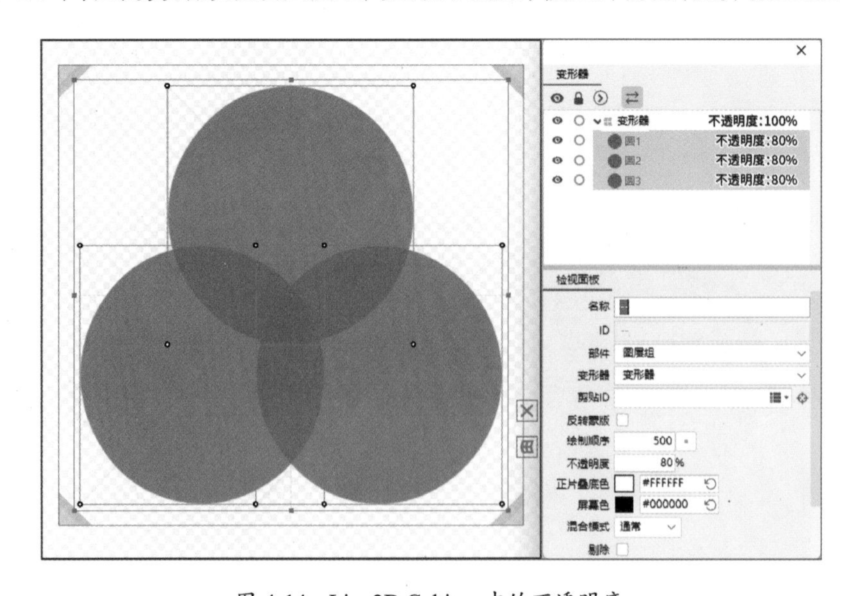

图 4-14　Live2D Cubism 中的不透明度

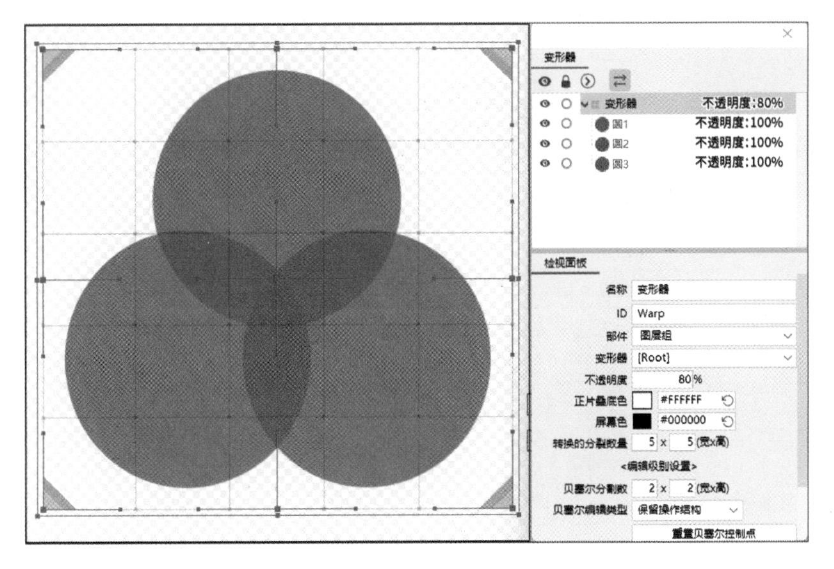

图 4-14　Live2D Cubism 中的不透明度（续）

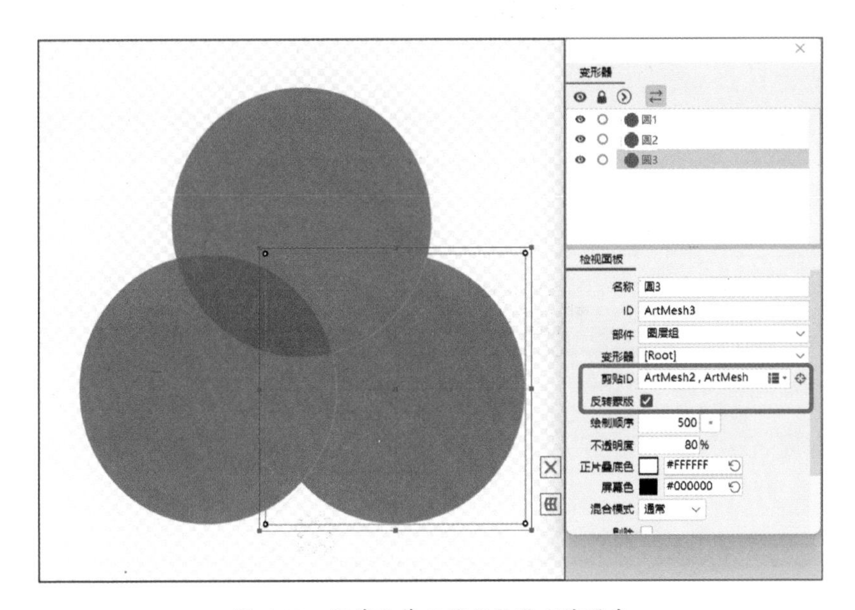

图 4-15　用剪贴蒙版辅助设置不透明度

这一特性会影响我们的绘画策略。比如，想要一条飘带是半透明的，但是又需要将它拆分为两段。在 Photoshop 中，我们可以轻松地把它拆分开并在图层组上设置不透明度，让飘带看起来没有破绽。但是，在 Live2D Cubism 中，一旦设置了不透明度，破绽就会出现，如图 4-16 所示。

这类破绽是比较难以消除的。在绘画时，我们需要分别为两段飘带设置不透明度，并小心地在衔接处添加一个半透明过渡，让它们看起来能完美衔接，如图 4-17 所示。只有使用上述这种拆分方式，才能保证在 Photoshop 和 Live2D Cubism 中得到同样的效果。

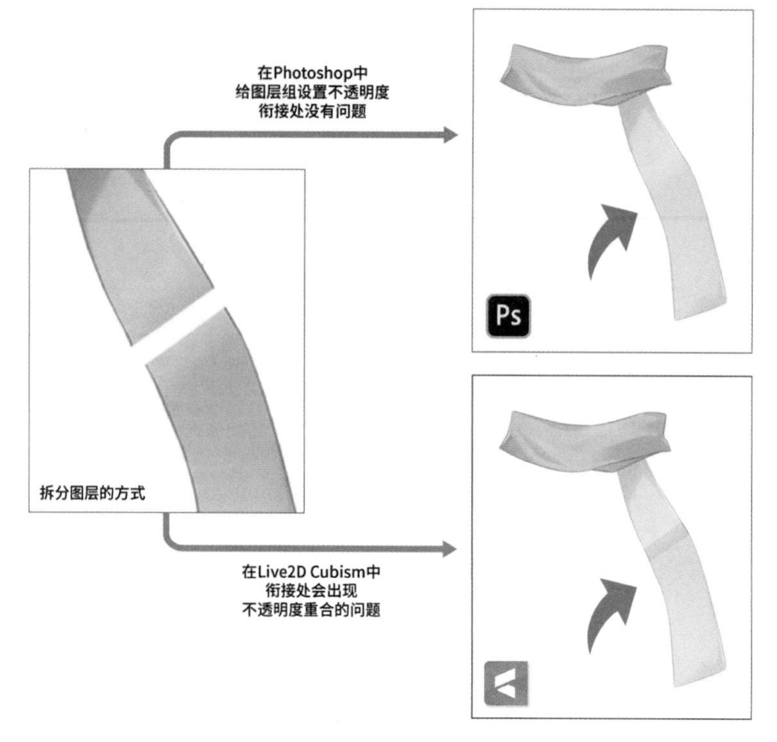

图 4-16　不透明度产生的破绽

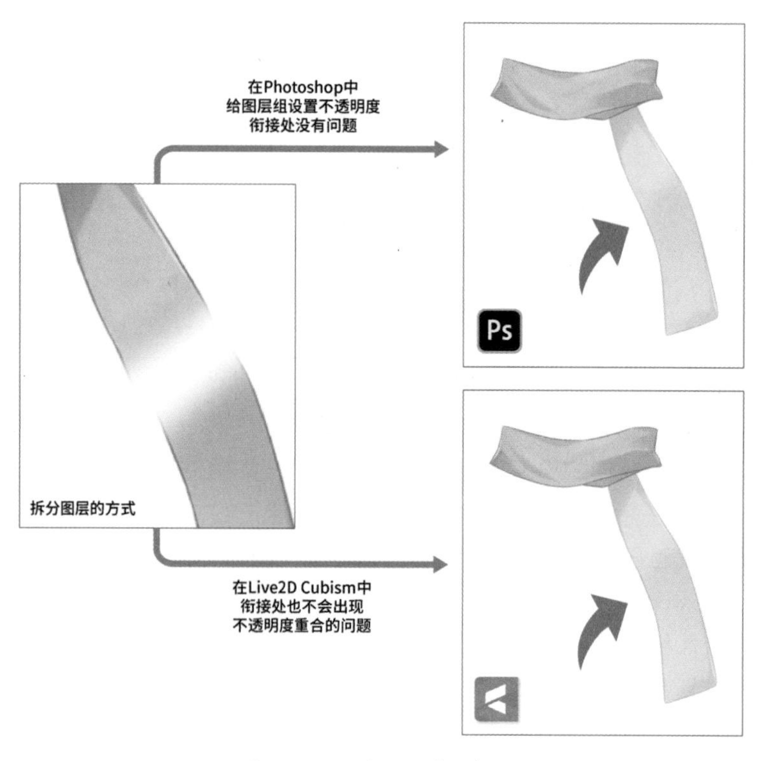

图 4-17　不透明飘带的拆分

如果单纯看图难以理解，则可以结合附件中的PSD文件体会这两种拆分方式的区别。

★请在本书配套资源中查找源文件：4-1-不透明飘带的拆分.psd。

2. 将不透明度设置转换为半透明像素

在Photoshop中，单个图层实现半透明效果有两种方式：一种是设置图层的不透明度，另一种是让图层上的像素本身是半透明的。

由于Live2D Cubism也支持为图层设置不透明度，因此通常来说，这两种方式也可以在Live2D Cubism中使用，并且两款软件中的显示效果相同。左侧图层的不透明度为80%，像素的不透明度为100%；而右侧图层的不透明度为100%，像素的不透明度为80%，如图4-18所示。它们的显示效果是一样的，在Photoshop和Live2D Cubism中都是如此。

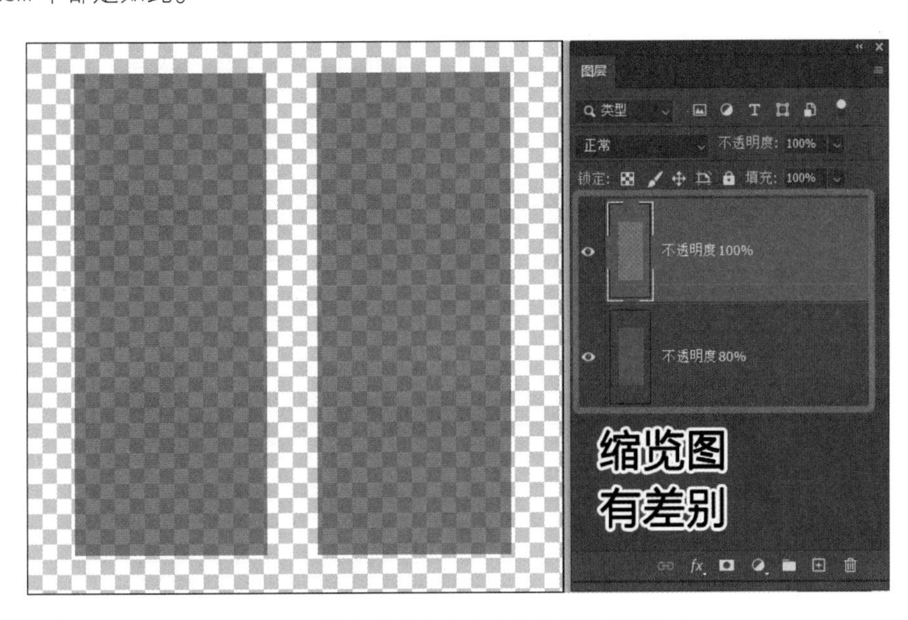

图4-18 单个图层实现半透明效果的两种方式

虽然两种方式看起来效果相同，但是在不同的使用场景下会表现为不同的特性。比如，在图层要作为剪贴蒙版时，效果只取决于像素本身是否是半透明的，与图层的不透明度设置无关（详情参见4.2.2节）。因此，读者需要学会如何将“图层的不透明度设置”转换为“像素本身的半透明效果”。

在绘画时，首先用不透明度为100%的笔刷画出图层的内容，然后在“图层”面板中降低图层的“不透明度”参数，或者使用不透明度小于100%的橡皮擦工具擦除图像，从而得到理想的半透明效果，如图4-19所示。

之后新建一个空图层，放在当前图层的旁边。选中这两个图层，在顶部的菜单栏中依次执行“图层”→“合并图层”命令（或者按组合键“Ctrl+E”），即可合并空图层，如图4-20所示。

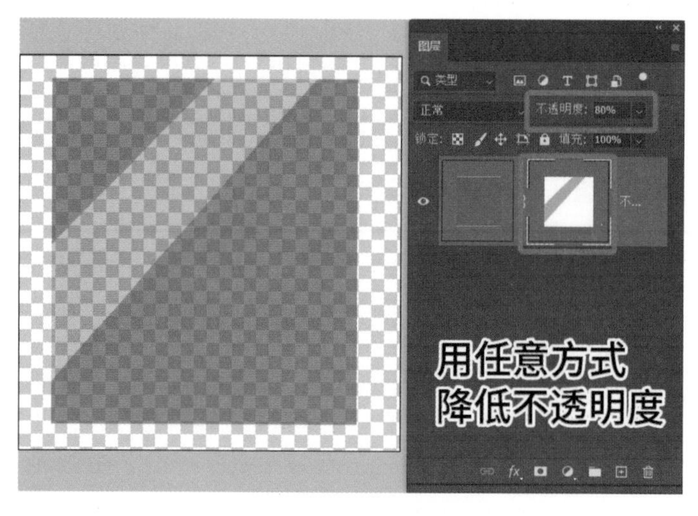

图 4-19　得到半透明效果

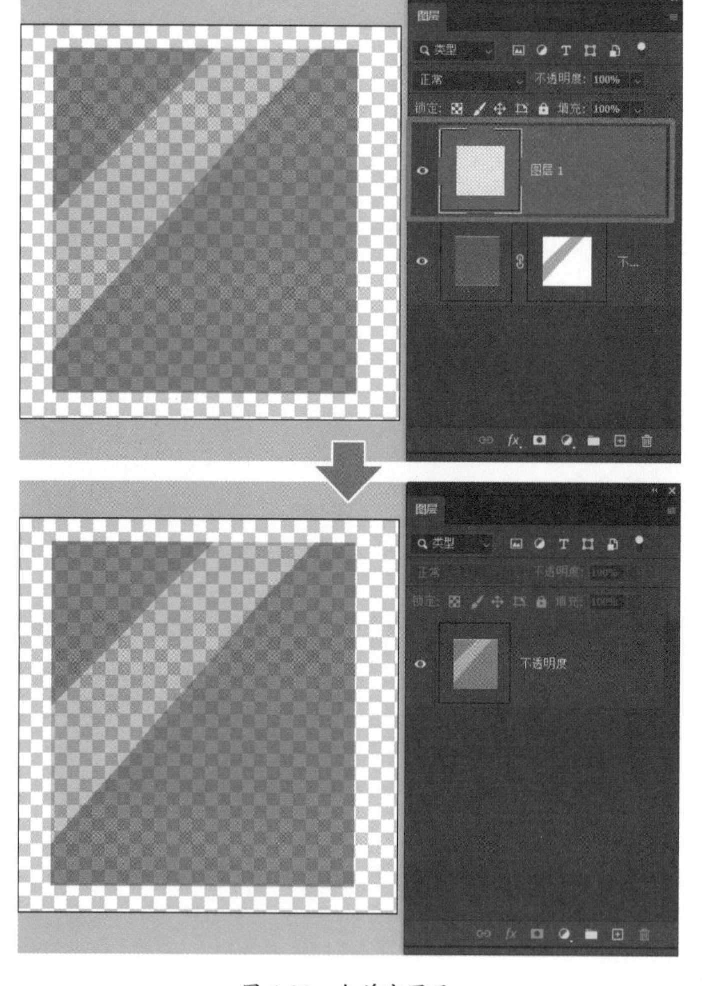

图 4-20　合并空图层

这样一来，我们就可以得到不透明度为 100%，同时有半透明效果的图层。

3. 半透明内容和背景的关系

Live2D 模型中可能会有半透明的部分，如衣服、特效等，并且这些部分可能会和背景交错。然而，实际的使用环境并不总是支持背景上的半透明部分。

比如，绿幕并不能很好地支持半透明效果。有时我们需要在面部捕捉软件中设置绿幕，并在直播软件中设置抠图效果（色度键滤镜），如图 4-21 所示。

图 4-21　使用绿幕进行直播

在这种情况下，模型的半透明部分会先被填充绿色。在直播软件中，这些部分要么会被抠掉，要么会带有绿色，给人的观感很不好，如图 4-22 所示。

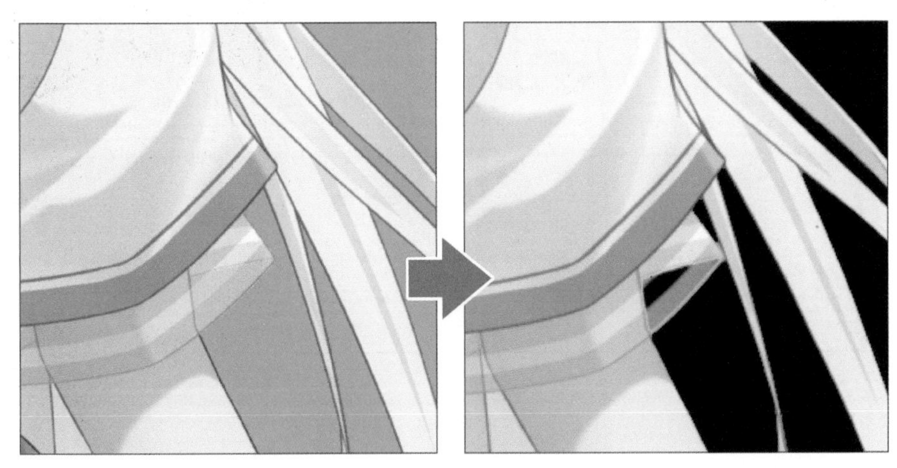

图 4-22　绿幕抠图造成的问题

除了绿幕，不同的游戏引擎、面部捕捉软件、直播软件，渲染背景不透明度的方式可能存在区别，透出背景的半透明部分可能会观感不佳。因此，通常建议避免进行这样的设计。如果必须有半透明部分，那么可以考虑在下面垫上不透明的图层以改善这个问题。本书将在 12.1.3 节中讲解使用这个方法的具体案例。

4.2.2 剪贴蒙版

在 Live2D Cubism 中存在"剪贴蒙版"功能，而且使用起来比 Photoshop 中的剪贴蒙版更加灵活方便。由于眼睛大概率会用到剪贴蒙版，因此大部分 Live2D 模型都包含剪贴蒙版设置。

下面先来介绍 Photoshop 中剪贴蒙版的原理。在 Photoshop 中，我们可以将一个图层或一个图层组作为其他图层的剪贴蒙版。为避免混淆，我们将前者称为"蒙版图层"（Photoshop 官方将其称为"基底图层"），将后者称为"被剪贴图层"（Photoshop 官方将其称为"剪贴蒙版图层"），如图 4-23 所示。其中，蒙版图层控制裁剪结果，而被剪贴图层则是被裁剪的内容。

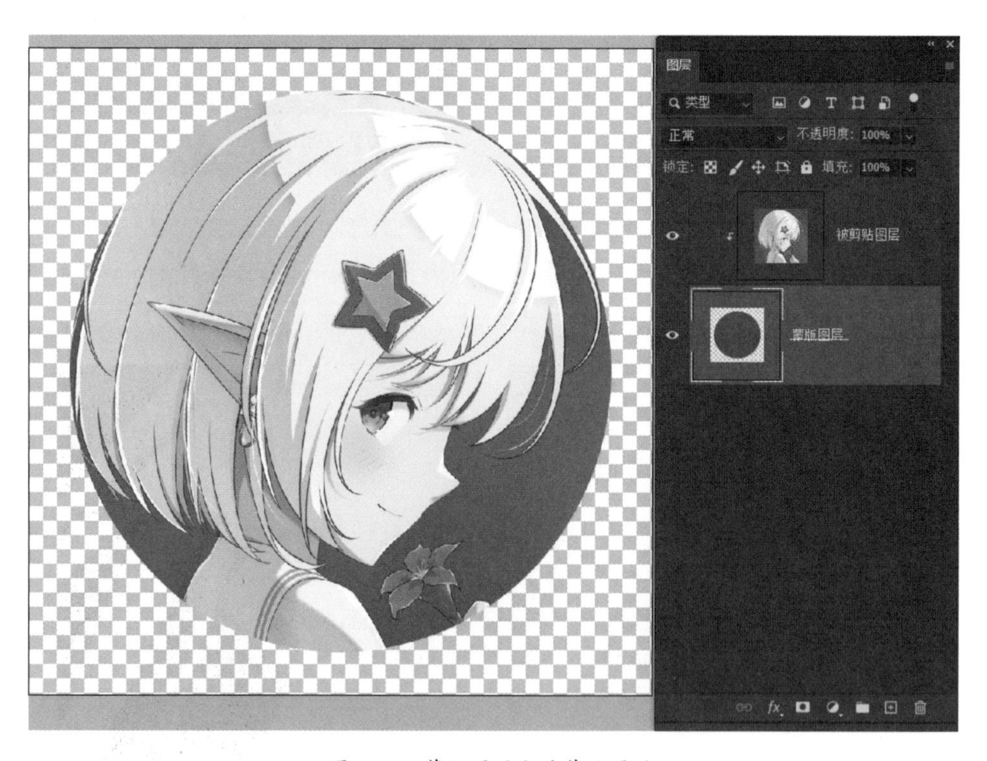

图 4-23 蒙版图层和被剪贴图层

设置好剪贴蒙版后，在蒙版图层中所有的可见像素组成的区域内，会显示被剪贴图层的内容。如果蒙版图层中的某些像素是半透明的，那么被剪贴图层对应的那些像素也会是半透明的。比如，将蒙版图层左侧的像素设置为半透明的，那么被剪贴图层左侧对应的像素也会变成半透明的，如图 4-24 所示。

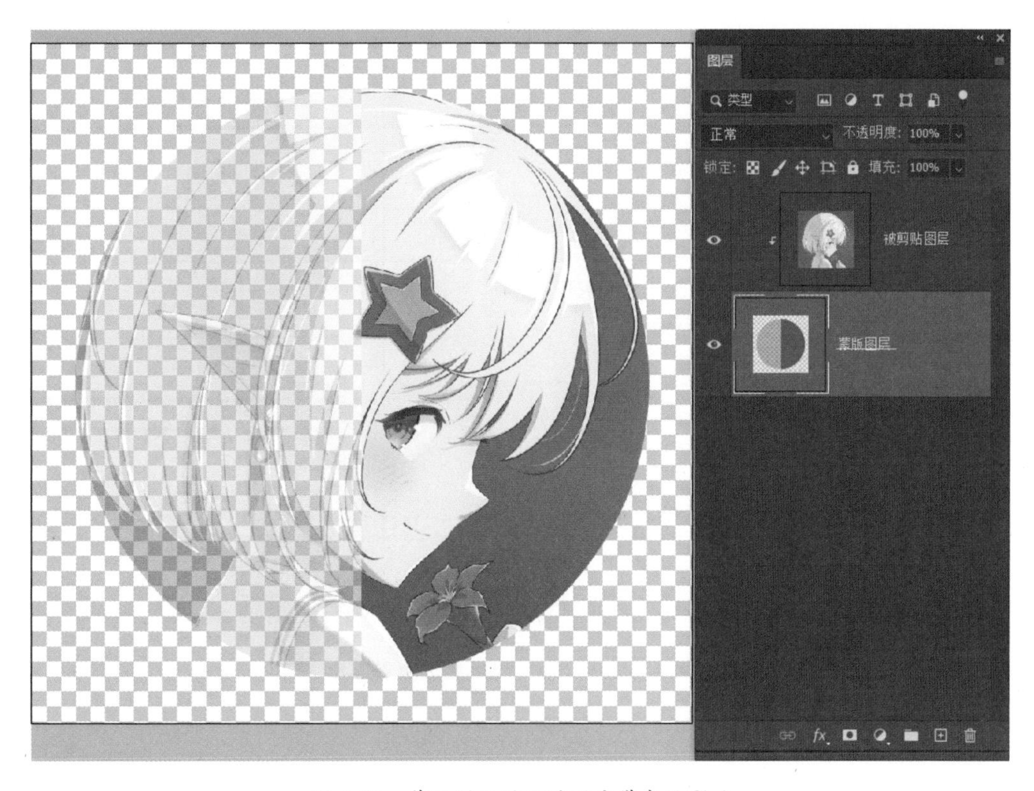

图 4-24 蒙版图层的不透明度带来的影响

搞懂了 Photoshop 中剪贴蒙版的原理，就能轻松理解 Live2D Cubism 中剪贴蒙版的原理。在继续讲解之前，请先注意 Photoshop 中剪贴蒙版存在的几个限制：

- 被剪贴图层只能对应一个蒙版图层（一个图层或一个图层组）。
- 被剪贴图层必须位于蒙版图层上方，而且必须是紧邻的。
- 蒙版图层必须可见，如果隐藏或降低不透明度，则会影响到被剪贴图层。

由于 Live2D Cubism 中的剪贴蒙版和 Photoshop 中的作用相同，却不存在这些限制，因此更加灵活便利。下面主要介绍 Live2D Cubism 中剪贴蒙版的几种特性。

1. 蒙版图层的顺序和不透明度的设置不影响剪贴蒙版的效果

在 Live2D Cubism 中，蒙版图层的图层顺序（“部件”面板中的图层顺序）、绘制顺序和不透明度都不会影响蒙版图层的实际功能。当我们将蒙版图层移到被剪贴图层的上方，如图 4-25 所示，并且将蒙版图层的“不透明度”修改为“0%”后，剪贴蒙版依然在发挥作用。

也就是说，在绘画时，我们可以使用任何颜色绘制蒙版图层，并把蒙版图层放在好找的位置（比如，和被剪贴图层放在一起）。之后，只要将蒙版图层的“不透明度”设置为“0%”，就不会影响我们观察图稿。

图 4-25　Live2D Cubism 中的剪贴蒙版

2. 蒙版图层可以有多个

在 Live2D Cubism 的“检视面板”面板中，将蒙版图层的 ID 添加到被剪贴图层的“剪贴 ID”文本框中，即可设置剪贴蒙版，如图 4-26 所示。

图 4-26　在 Live2D Cubism 中设置剪贴蒙版

而在“剪贴 ID”文本框中，我们可以添加多个蒙版图层的 ID。比如，裙子的阴影需要同时显示在左腿和右腿上，需要将左腿和右腿的 ID 都添加到裙子的“剪贴 ID”文本框中，从而复原在 Photoshop 中实现的效果，如图 4-27 所示。

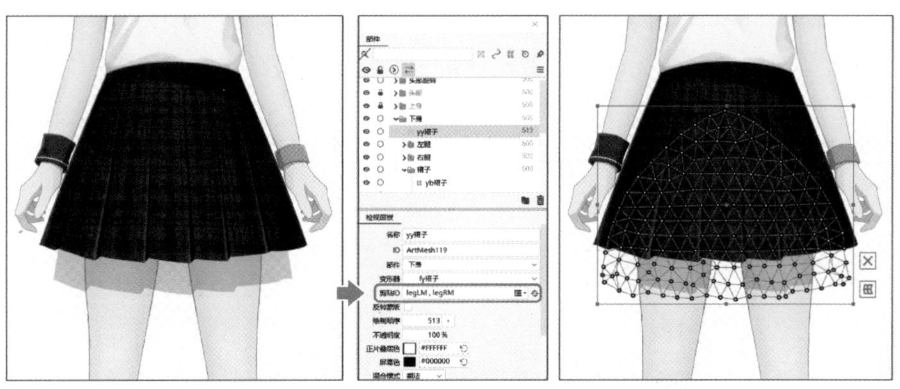

图 4-27　为裙子阴影设置剪贴蒙版

当然，就像 Photoshop 中的那样，Live2D Cubism 中的多个被剪贴图层共用一个蒙版图层也是完全可以的。

3. 蒙版图层上的半透明像素将会生效

虽然蒙版图层的“不透明度”设置不影响剪贴蒙版的效果，但是蒙版图层上的半透明像素可以让被剪贴图层对应的区域变为半透明的。在这一点上，Live2D Cubism 和 Photoshop 中的效果相同。

当我们使用左半边半透明的圆形作为蒙版图层，应用剪贴蒙版后被剪贴图层的左半边也会是半透明的，如图 4-28 所示。和图 4-25 的情况相比，被剪贴图层的状态显然改变了。

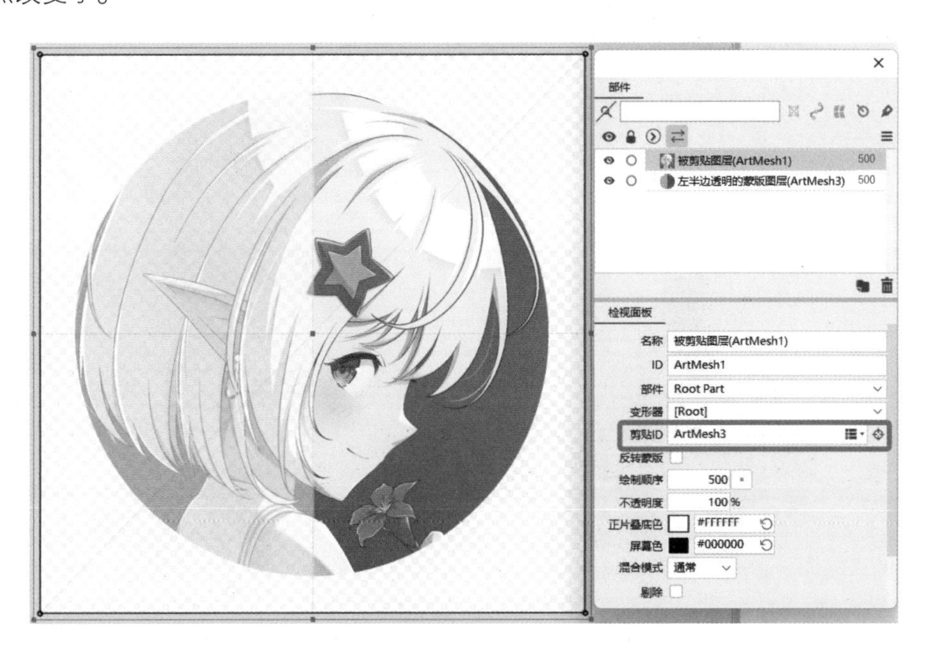

图 4-28　蒙版图层上的半透明像素

因此，蒙版图层可以成为控制不透明度的一种手段。利用这个特性，我们可以制作出一些有趣的效果。比如，我们首先准备一个全部都是半透明像素的图层作为蒙版图层，让它铺满“水平线”下方的区域；然后在Live2D Cubism中，将船作为被剪贴图层；最后将蒙版图层的“不透明度”设置为“0%”，使其不可见，即水平线下方的船身变成半透明的，如图4-29所示。

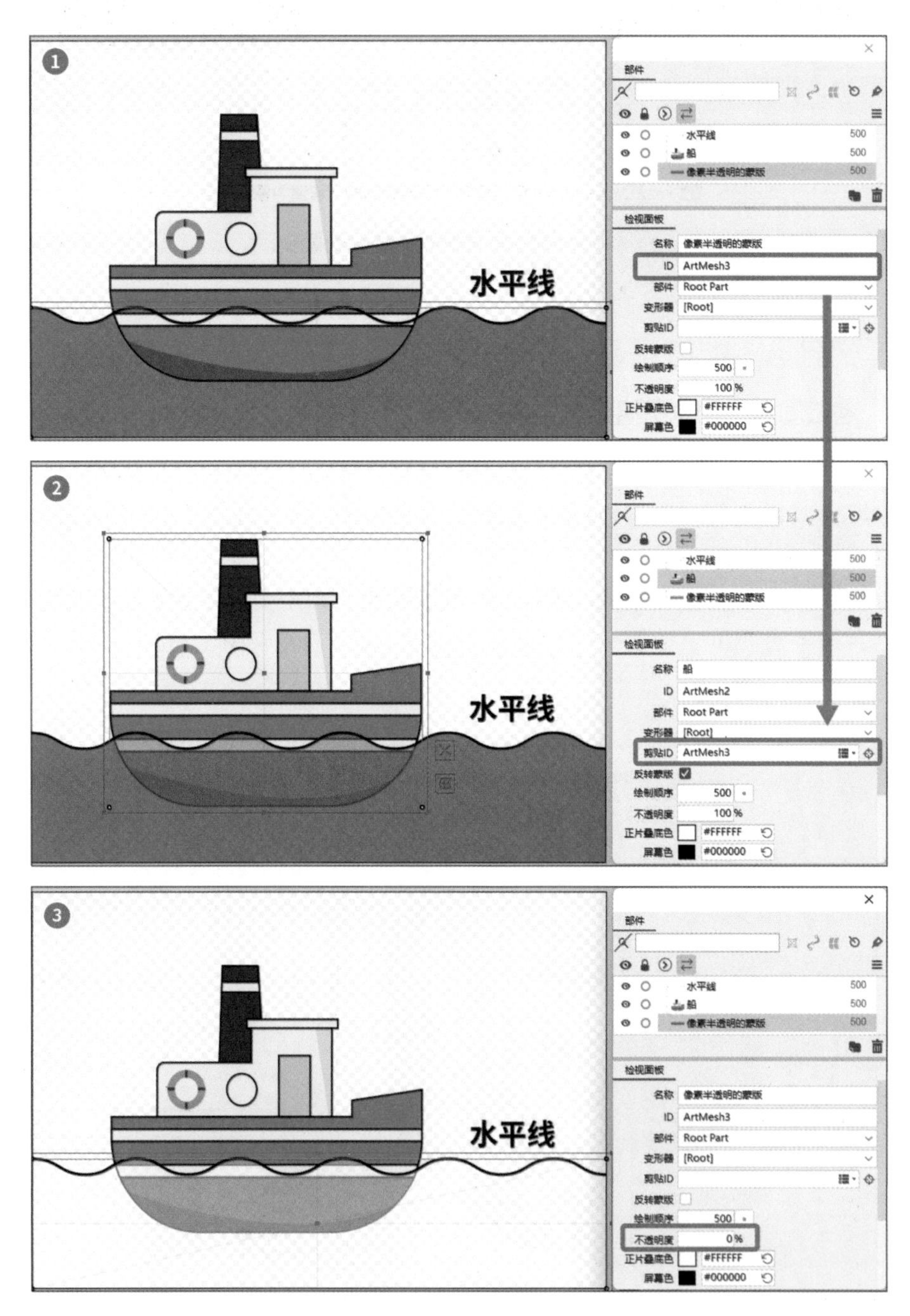

图4-29　使用剪贴蒙版创建半透明区域

像这样，利用剪贴蒙版可以精确、自由地控制不透明度。然而，这么做意味着我们额外使用了一个剪贴蒙版。虽然在 Live2D Cubism 中剪贴蒙版的数量是没有上限的，但是在 SDK 中却存在这种上限。因此，对于需要嵌入其他软件的模型，要慎重考虑剪贴蒙版的数量问题。

4. 蒙版图层的上限

如果预计 Live2D 模型要用于直播、游戏等，则需要注意 SDK 对剪贴蒙版的数量有限制。5.0 版本的 SDK 对剪贴蒙版的支持情况如表 4-2 所示。

表 4-2　5.0 版本的 SDK 对剪贴蒙版的支持情况（节选）

	Cubism SDK for Unity	Cubism SDK for Native	Cubism SDK for Web	Cubism SDK for Java
蒙版数量	在默认情况下可以使用 64 个蒙版图层	在默认情况下可以使用 36 个蒙版图层 ※ 通过启用高清蒙版可以解除限制	在默认情况下可以使用 36 个蒙版图层	在默认情况下可以使用 36 个蒙版图层 ※ 通过启用高清蒙版可以解除限制

我们不必了解 SDK 的工作原理，只需要知道在将 Live2D 模型嵌入其他软件时，尽量不要使用超过 64 个蒙版图层即可。VTube Studio、小 K 直播姬等面部捕捉软件都使用 SDK，因此也仅支持 64 个蒙版图层。

如果蒙版图层的数量超过上限，虽然不会影响模型的加载，但是会出现显示错误。然而，被剪贴图层的数量却没有限制。总之，在模型需要被导出后使用时，剪贴蒙版是一种有限的资源。有时画师要和模型师一起努力改良设计方案，以便在有限的资源内实现想要的效果。

4.3 颜色混合

前文提过，在 Live2D Cubism 中有“加法”和“乘法”两种混合模式（在 Live2D Cubism 4.2 及更早的版本中翻译为“变亮”和“正片叠底”）。其实在 Live2D Cubism 中，除了混合模式，图层（图形网格）和变形器还可以被添加“屏幕色”或“正片叠底色”，我们将其称为“颜色混合”。“混合模式”和“颜色混合”功能，可以帮助我们在 Live2D Cubism 中实现调色。

4.3.1 “加法”和“乘法”混合模式

在Live2D Cubism中，可以通过“检视面板”面板为图层设置“加法”或“乘法”两种混合模式，如图4-30所示。

图4-30 Live2D Cubism中的混合模式

我们说过，“乘法”混合模式的效果和Photoshop中“正片叠底”混合模式的效果相同；在不透明度为100%时，“加法”混合模式的效果类似于Photoshop中“线性减淡（添加）”混合模式的效果。前者的实际作用，是将下方的图层压暗；后者的实际作用，是将下方的图层提亮。压暗或提亮的程度由开启混合模式的图层的颜色决定。

除非使用了剪贴蒙版，否则上述“提亮”或“压暗”的范围是下方的所有图层，这一点和Photoshop中一致。但是需要注意的是，在导出Live2D模型后，开启混合模式的图层不能影响模型外的背景。虽然在Live2D Cubism中，开启“加法”混合模式的发光图层影响了画布（提亮了白色得到的仍然是白色）；但是导出后，混合模式只能影响模型内的部分，超出模型范围的部分效果会失效（直接显示为图层原本的颜色），如图4-31所示。因此，在准备图层时，就应考虑好这类问题。

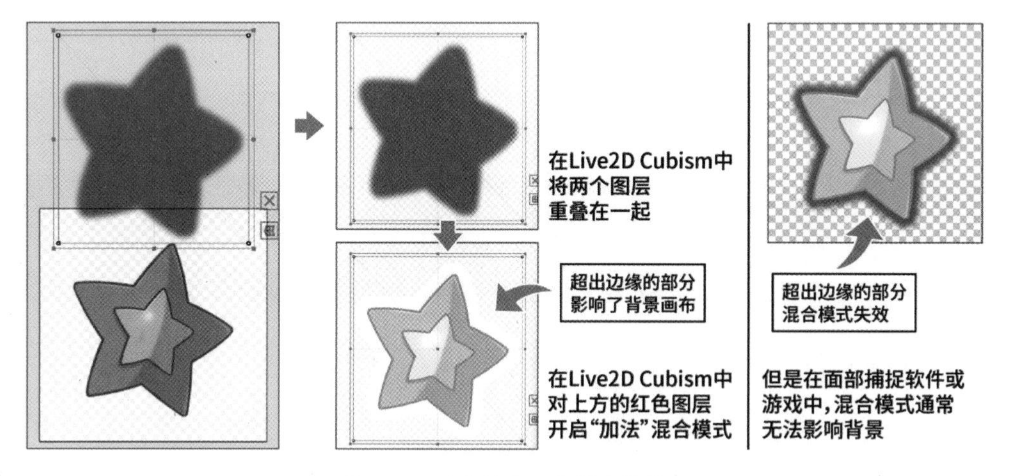

图4-31 混合模式无法影响背景

对于“加法”混合模式，由于Photoshop中“线性减淡（添加）”混合模式带来的提亮效果非常强，因此在Live2D Cubism中一般使用“加法”混合模式制作发光或反光效果。比如，魔法宝石发光的效果或金属物体反光的效果。我们可以通过改变光效图层的形状、不透明度和颜色来控制效果，如图4-32所示。

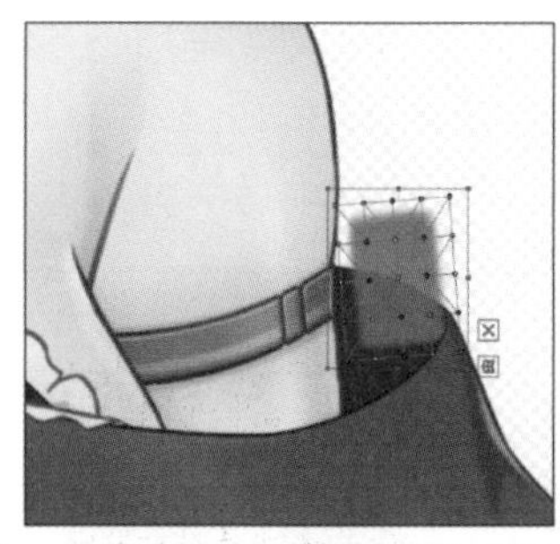
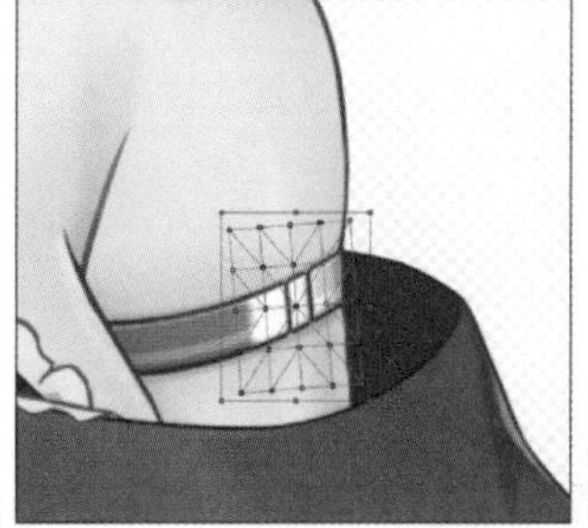
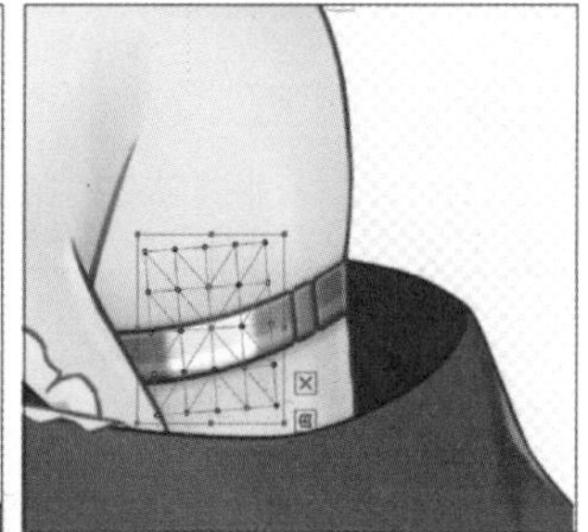

未开启“加法”混合模式和“剪贴蒙版”　　　　开启“加法”混合模式和“剪贴蒙版”

图 4-32　用“加法”混合模式制作光效

配合 Live2D Cubism 中的不透明度设置和位置变化，即可制作光效开启、关闭、移动的效果。

对于“乘法”混合模式，由于效果和 Photoshop 中的“正片叠底”混合模式的效果一致，因此我们可以将它用作阴影效果，就像绘画时那样。配合剪贴蒙版，可以将阴影控制在所需的范围内。

4.3.2　屏幕色和正片叠底色

在 Live2D Cubism 中，除了可以为图层（图形网格）设置混合模式，还可以在上面叠加一层“屏幕色”或“正片叠底色”。使用这种方法，可以在建模阶段为图层调色。

其中“屏幕色”对应 Photoshop 中的“滤色”混合模式。效果相当于在图层上方新建一个对应颜色的纯色图层，并调整到“滤色”混合模式，如图 4-33 所示。正因如此，“屏幕色”的默认颜色为纯黑色（#000000），叠加后不会为图层带来任何变化。

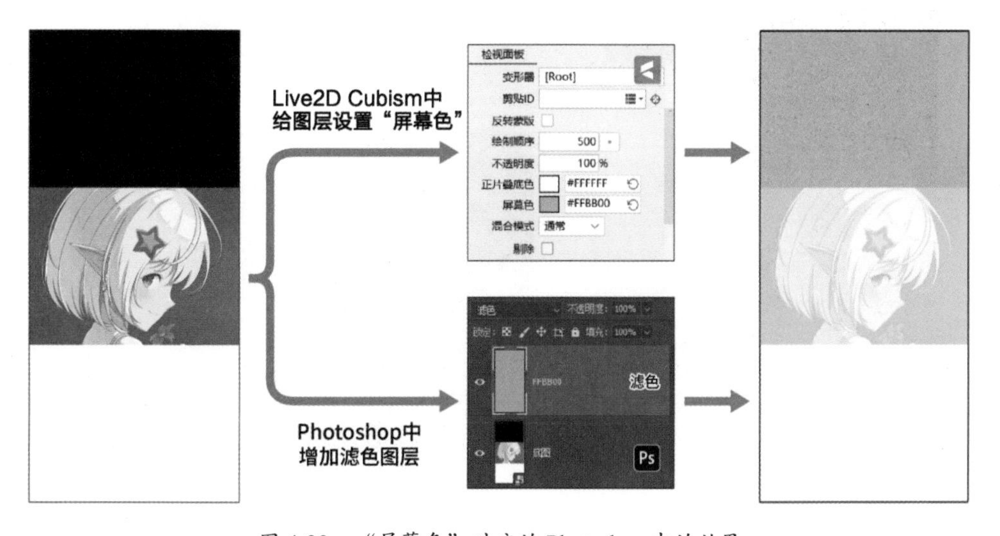

图 4-33　“屏幕色”对应的 Photoshop 中的效果

而“正片叠底色”对应Photoshop中的“正片叠底”混合模式。效果相当于在图层上方新建一个对应颜色的纯色图层，并调整到“正片叠底”混合模式，如图4-34所示。正因如此，“正片叠底色”的默认颜色为纯白色（#FFFFFF），叠加后不会为图层带来任何变化。

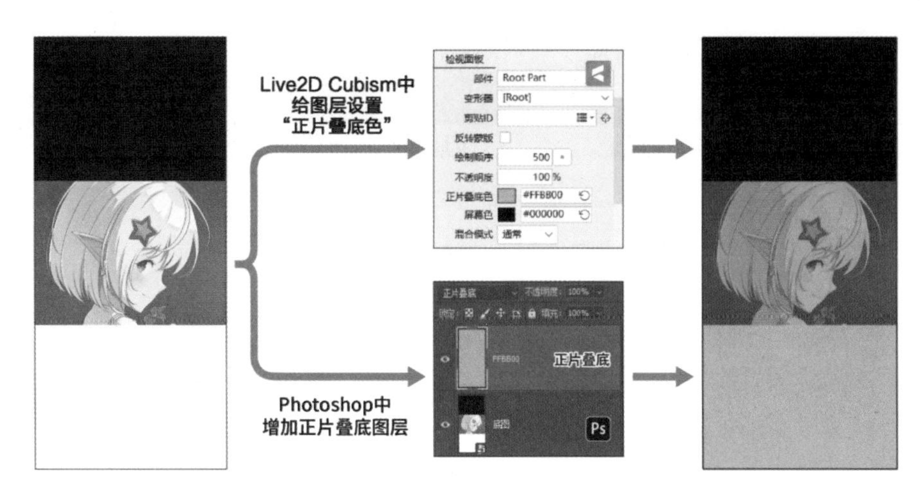

图4-34 “正片叠底色”对应的Photoshop中的效果

在Live2D Cubism中，“屏幕色”和“正片叠底色”可以同时存在。同时使用两种叠加的颜色，可以实现更加多样的调色结果，如图4-35所示。然而需要注意的是，在Live2D Cubism中，总是会先应用“正片叠底色”再应用“屏幕色”，二者的顺序无法调换。而在Photoshop中，一旦将二者的顺序调换，得到的结果会是不同的。在图4-35中，Photoshop中的两个图层只是顺序不同，“#FF0066”为滤色图层的颜色，“#FFBB00”为正片叠底图层的颜色。

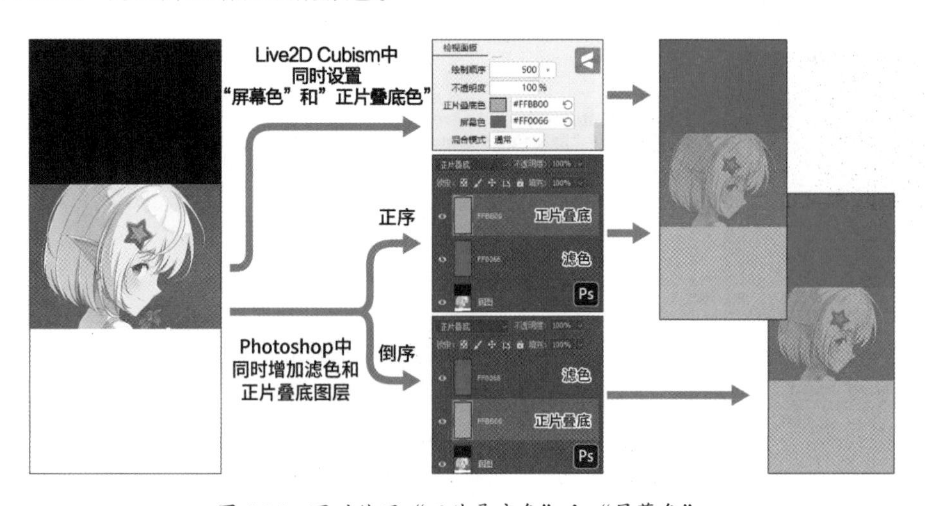

图4-35 同时使用“正片叠底色”和“屏幕色”

利用这个特性，我们可以在Live2D Cubism中将图层变成纯色的。先将“正片叠底色”设置为纯黑色（#000000），再将“屏幕色”设置为任意颜色，即可让图层变成和“屏幕色”一样的纯色，如图 4-36 所示。建模时，模型师经常利用这种方法得到和原图层相同形状的纯色图层，用来填充空缺等。

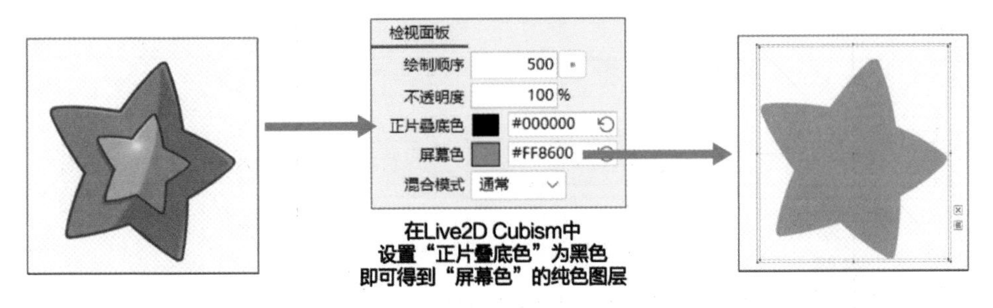

图 4-36 利用叠加的颜色得到纯色图层

另外，我们不仅可以在图层（图形网格）上叠加混合的颜色，还可以在变形器上进行叠加。叠加后，混合的颜色将作用于变形器内的所有内容，包括子级图层和变形器，如图 4-37 所示。我们可以在包含所有模型内容的变形器上使用刚才讲的方法，将模型变为单色的。也就是说，如果想要隐藏整个模型，则不需要准备大量用于替换的纯色图层，只需告诉模型师想要的颜色即可。

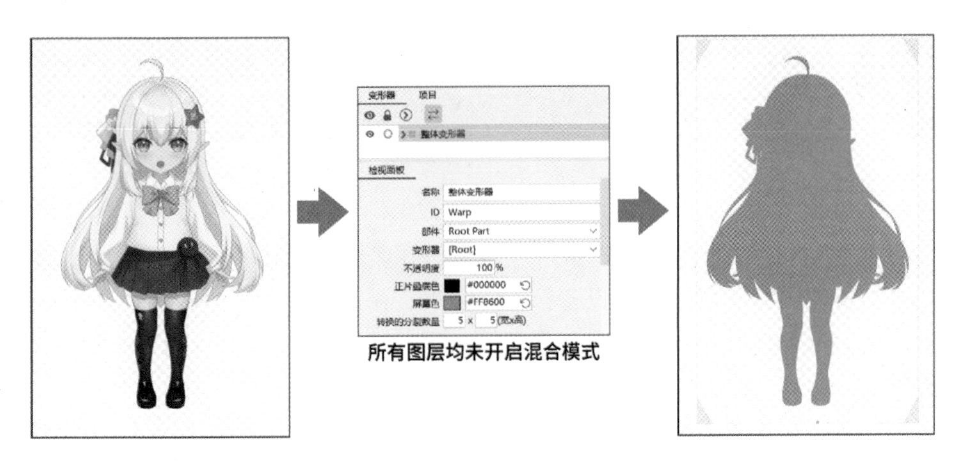

图 4-37 在变形器上叠加混合的颜色

然而需要注意的是，如果在 Live2D Cubism 中为图层设置了 4.3.1 节中讲的混合模式，并在父级变形器上叠加混合的颜色，则得到的结果会是二者的叠加。当我们像刚才那样尝试设置时，模型不会变成单色，因为设置了混合模式的图层会更亮或更暗，如图 4-38 所示。这在一定程度上会限制我们使用这个功能。

另外，尽管这个功能可以用来调色，但应用范围比较有限。比如，我们很难将红色的头发调成蓝色的，同时保证有很好的效果。因此，通常不建议使用这个功能制作多种服装颜色、多种发色等。

读者只需知道 Live2D Cubism 中存在这样的调色功能即可。在预计需要模型的某些部分有提亮、压暗、变色等效果时，可以以此为前提进行分层。在 1.2.6 节中提到的 Live2D 官方的示例模型中，名为“虹色 Mao”的模型就充分利用了这个功能，制作了可以变色的魔法效果，如果读者感兴趣可以下载并查看。

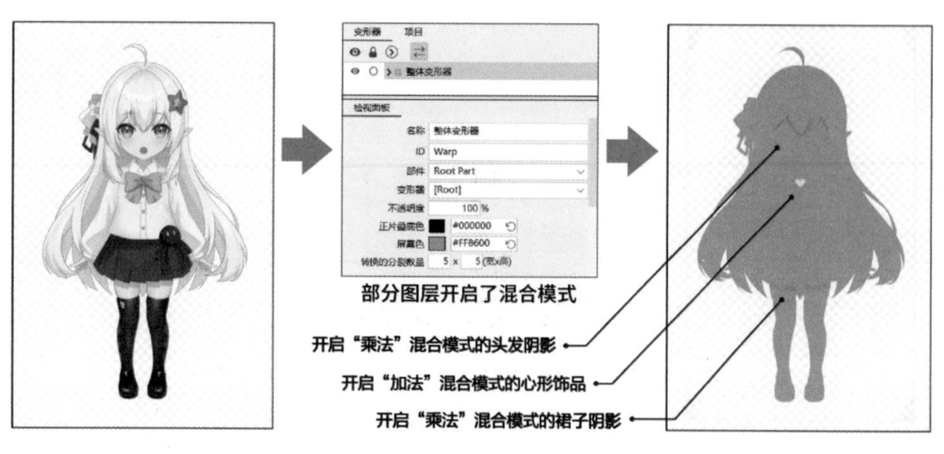

图 4-38　父级颜色混合和子级混合模式的冲突

4.4 素材的缩放和纹理集

我们在 3.1.1 节中提过，画布的尺寸越大，在绘画和建模的过程中，对设备的要求就越高。如果画师和模型师的设备都足够强大，那么使用大尺寸的画布是完全没有问题的。因为在制作和导出模型时，都有缩小尺寸的手段，让实际运行时使用的模型足够轻量化。

作为画师，不需要掌握具体操作方式，只需略微了解一下即可。在准备蒙版等图层时，这些知识也许能起到指导作用。

除了在建模时直接缩小图层，还有两种缩小图层的方法。

4.4.1 缩小图层在纹理集内的比例

从 Live2D Cubism 中导出的 Live2D 模型是依靠纹理集显示图层内容的。在如图 4-39 所示的 Live2D 模型及其对应的纹理集中可以看出，纹理集实质上是把模型使用的所有图层平铺在一张或几张图片上得到的。

当在游戏或面部捕捉软件中使用 Live2D 模型时，模型实际调用的就是纹理集中的内容。也就是说，在导出模型后，我们甚至可以通过修改纹理集的内容来影响模型的外观。比如，在纹理集中找到眼睛并修改颜色，就可以改变模型眼睛的颜色了。虽然并不推荐这种方法，但是该方法至少是可行的。

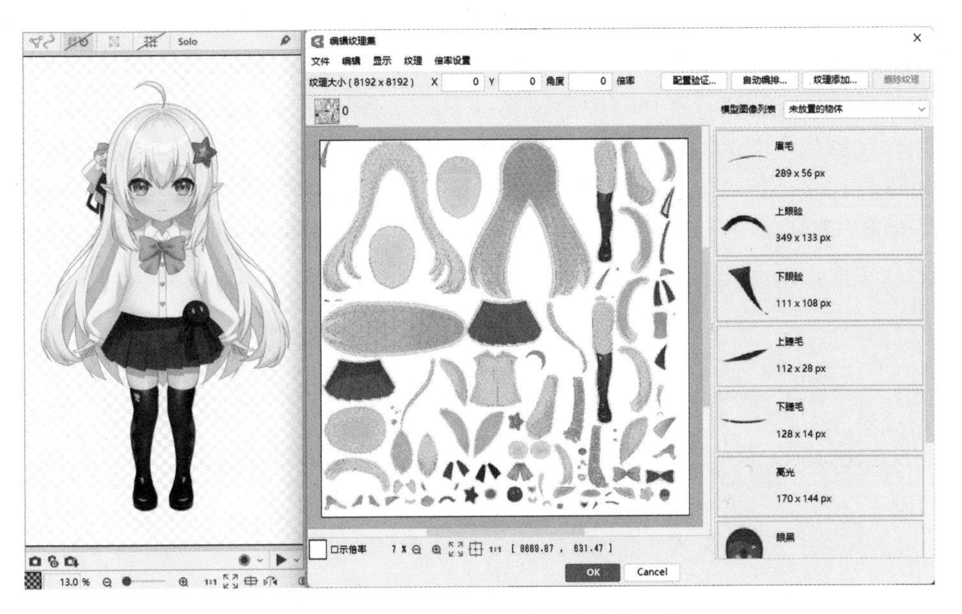

图 4-39　Live2D 模型及其对应的纹理集

而在建模过程中，纹理集中图层的缩放比例是可以修改的，甚至可以单独修改每一个图层的缩放比例（在软件中被称为“倍率”），如图 4-40 所示。

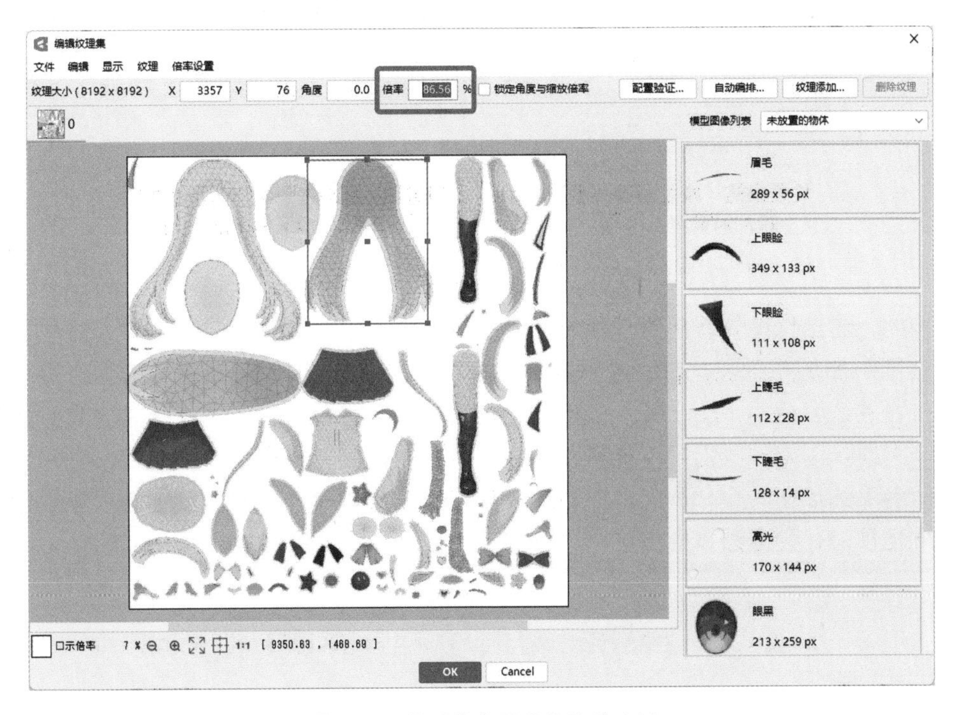

图 4-40　纹理集中图层的缩放比例

也就是说，在 Live2D Cubism 中，模型师能够根据图层的重要性来决定它在导出后的缩放比例。根据 Live2D 官方监制的建模教程书籍中的建议，可以用“脸部 100%、身体 70%、腿 50%”来分配各部分图层的缩放比例，以此让模型更加轻量化。另外，较大范围的蒙版图层和制作发光效果用的纯色图层等，也可以使用较小的缩放比例。当然，如果设备性能比较宽裕，能全部使用 100% 的缩放比例是最好的。

逐一设置各个图层的比例是比较麻烦的。常见的做法是将图层分批加入纹理集，并分批设置比例。而在 Live2D Cubism 中，设置纹理集的界面右侧的图层排列顺序和 PSD 文件是一致的，不受建模阶段任何操作的影响，如图 4-41 所示。如果模型中有多个 PSD 文件，则会先排列完一个 PSD 文件中的所有图层，再排列下一个 PSD 文件中的图层。

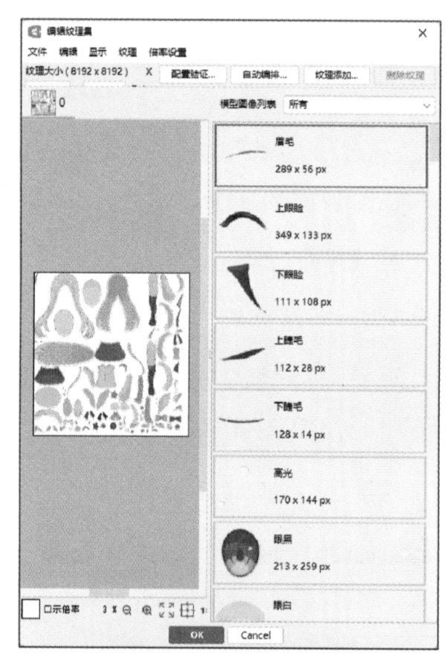

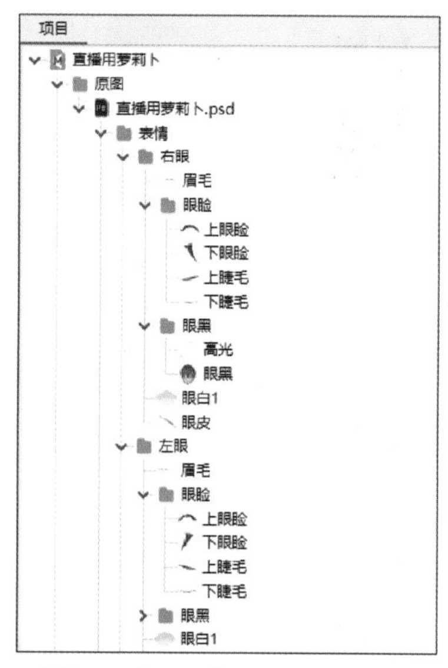

图 4-41　纹理集中图层的排列顺序

因此，这里也能体现出整理图层顺序的重要性。为了方便设置纹理集，我们应该尽量让同类图层相邻。比如，所有表情相关的图层应该紧邻在一起（这同时也符合此前推荐的嵌套结构）。在图层很多的情况下，甚至可以按内容将插画素材拆分为多个 PSD 文件。比如，我们可以先将所有专用的蒙版图层单独放在一个 PSD 文件中，再将所有参考图放在一个 PSD 文件中，以便在设置纹理集时统一处理。当读者亲自尝试 Live2D 建模时，会逐渐体会到这种做法的便利性。

4.4.2　导出时设置纹理集的整体比例

除了分别设置每个图层的比例，在导出模型时，还可以设置纹理集的整体比例，如图 4-42 所示。在“输出目标”选项处，可以将纹理集最低缩小到宽度和高度均为 512 像素（缩小的比例取决于模型当前的纹理集尺寸）。

通过缩小纹理集，可以让导出的模型更加轻量化，减轻用户设备的负担。然而这种做法存在两个问题。

第一，模型师没有办法在 Live2D Cubism 中观察缩小纹理集后的效果。之前讲过的直接编辑纹理集中的缩放比例（倍率）的方法，其结果是可以反映在建模软件中的。但是，在导出模型时，缩小纹理集后的结果只能在外部查看，从而导致外观不够理想。

第二，纹理集的宽度只能是 2 的幂。所以，在导出模型时，也只能以 2 的幂作为倍率进行缩小，如图 4-43 所示。也就是说，我们无法精确控制最终比例，这很容易导致类似“1/2 太大，1/4 太小”的情况。比如，想要导出后的清晰度是原本的三分之一，这是无法做到的。

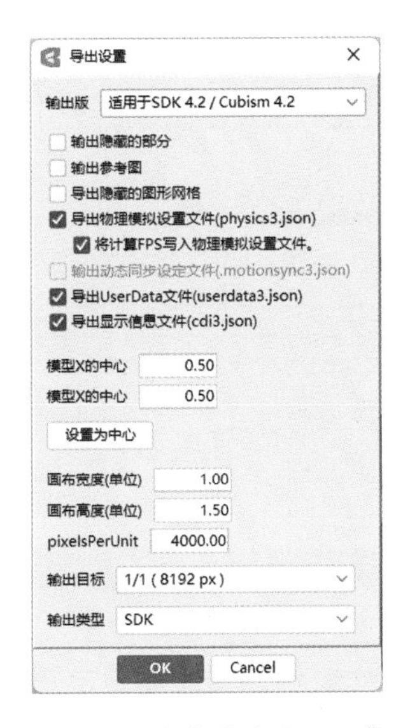

图 4-42　输出时缩放纹理集

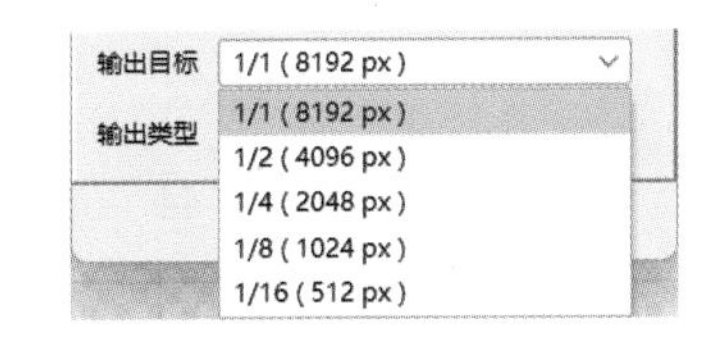

图 4-43　纹理集的宽度限制

因此必须妥善配合这两种做法，才能最终得到合适的缩放比例。在绘制模型插画、拆分图层时，也可以适当考虑这个问题，提前和模型师沟通。

4.5　胶水和蒙皮切割

在 Live2D Cubism 中，图层之间除了相互重叠，还可以相互作用（比如，使用“胶水”功能粘在一起）。而这个功能也会对我们的拆分策略产生一定影响。

4.5.1 胶水：粘连相邻图层

我们在 4.1.3 节中说过，在 Live2D Cubism 中，图层内容会作为“纹理”，用于控制变形的则是纹理上的“网格”。使用“胶水”功能可以将两个图层的“网格”部分顶点粘在一起，从而使得两部分纹理保持连接状态。

为了方便理解，我们举个例子具体说明。在 Live2D Cubism 中有袖子和衣服两个图层，分别创建好了网格，此时可以使用“胶水”功能将袖子和衣服衔接处的网格顶点粘在一起，如图 4-44 所示。

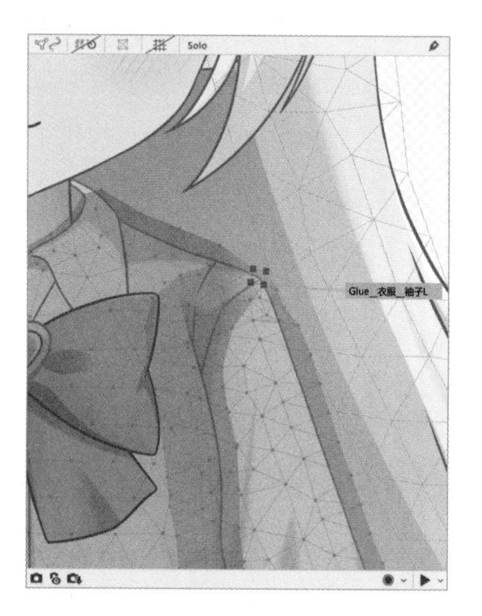

图 4-44　使用“胶水”功能粘连网格顶点

粘连后，当手臂旋转时，即使不专门控制衔接处的形状，肩膀处也不会断开；即使以很夸张的方式将袖子拖到很远，纹理也保持着连接状态，如图 4-45 所示。

图 4-45　使用“胶水”功能粘连后可以防止纹理断开

“胶水”功能可以让纹理保持连接状态，让建模更加便利。因此在建模时，我们经常会在关节处（比如，肩膀、手肘、腰、膝盖等）使用“胶水”功能，避免关节活动时纹理断开。

在后续的 5.2.1 节中会讲到，拆分图层时，需要让图层之间有一些重合的部分，以免运动时出现破绽。在大多数情况下，重合部分越多越好，但在需要使用“胶水”功能时，重合部分则不宜太多，这是因为“胶水”功能通常只适合添加在网格边缘的顶点上，而不是网格内部。

以刚才的袖子和肩膀为例。最好让“胶水”功能只影响红圈的范围内的顶点，如果重合部分太多，那么红圈外的形状会变得更难控制；如果重合部分太少，那么红圈内的内容不够，肩膀处就容易断开，如图 4-46 所示。我们会在讲解拆分时再具体讨论这个问题。此处，读者只需知道“胶水”功能有什么作用，以及大概对拆分会有怎样的影响即可。

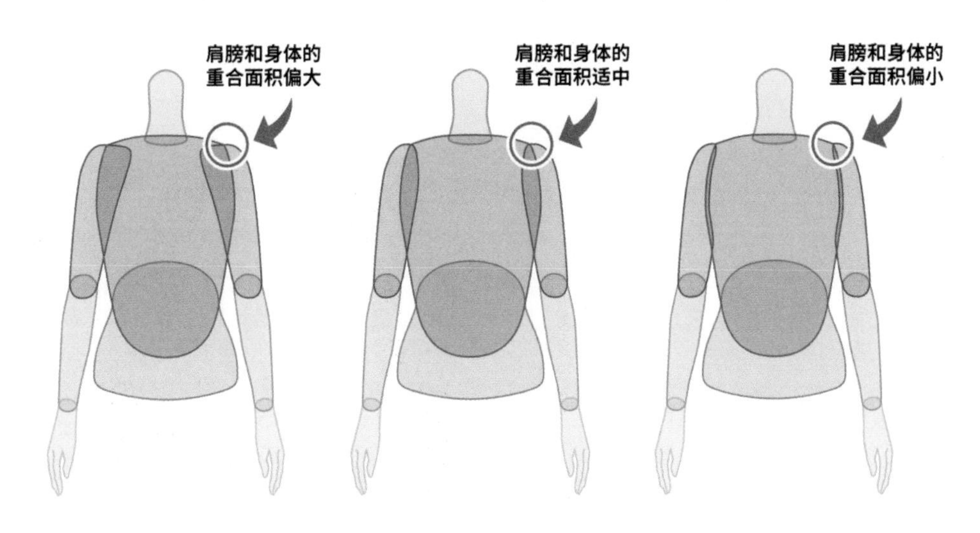

图 4-46　更适用“胶水”功能的情况

4.5.2　蒙皮：自动切割图层

在 Live2D Cubism 中，还有一个与“胶水”功能紧密相关的功能——“蒙皮”。这里的“蒙皮”和 3D 建模软件中的蒙皮意义很像，即在一个图层上，沿着一条曲线自动创建类似 3D 骨骼的旋转变形器，让图层获得可以活动的“关节”，如图 4-47 所示。

换句话来说，使用“蒙皮”功能后，图层会被切成几段，每一段都可以在旋转变形器处旋转。配合物理模拟，就可以制作出较长的摆件自由摇摆的感觉。这么说可能有些抽象，我们举个具体的例子。比如，角色身上有一条长条形的丝带，我们沿着丝带的轨迹使用“蒙皮”功能自动拆分，如图 4-48 所示。

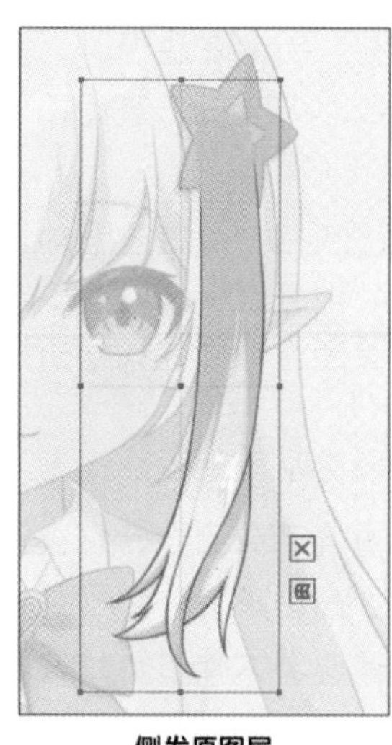

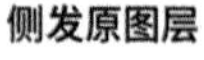

侧发原图层

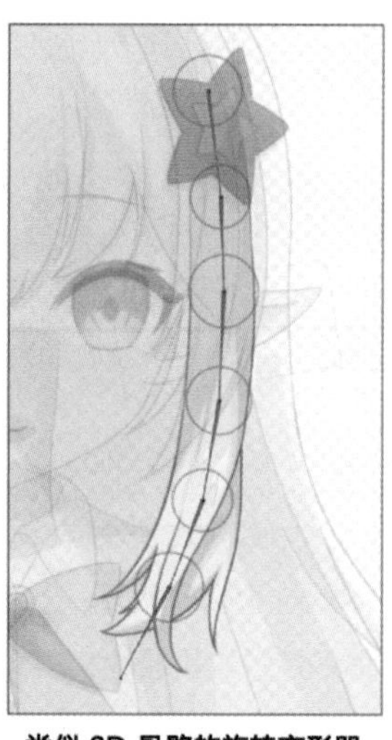

类似 3D 骨骼的旋转变形器

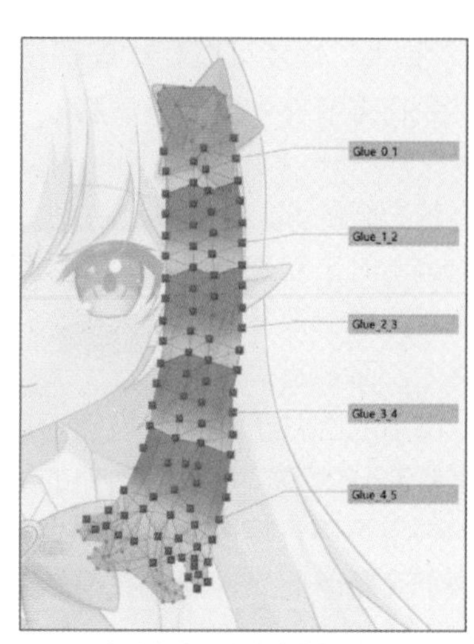

自动拆分和自动连接的位置

图 4-47　对图层使用“蒙皮”功能

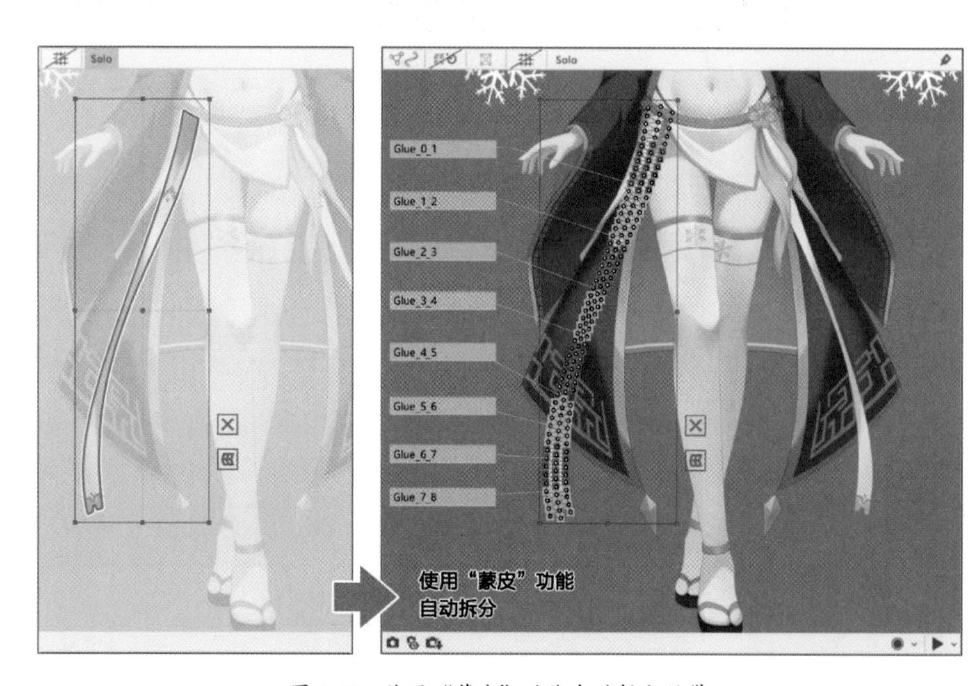

图 4-48　使用“蒙皮”功能自动拆分丝带

执行“蒙皮”功能后，实际上丝带已经被切分为许多份，切断的地方已经使用“胶水”功能自动连接起来，这样通过旋转变形器，丝带就可以实现波浪形摇摆了，如图 4-49 所示。

因为存在“蒙皮”功能，所以在绘制和拆分素材时，我们可以单独拆分出细长的部分，并且不用对细长的部分进行手动分段。比如，头发中的辫子或长发束、发饰或衣服上的长绳、金属饰品下垂的锁链等，都可以从整体上拆分出来，以便使用“蒙皮”功能。

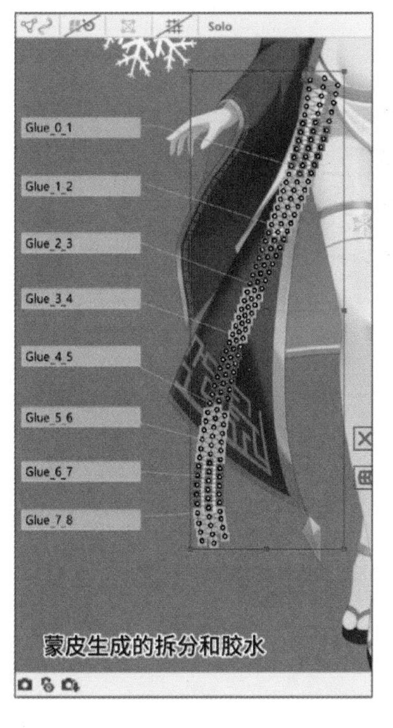

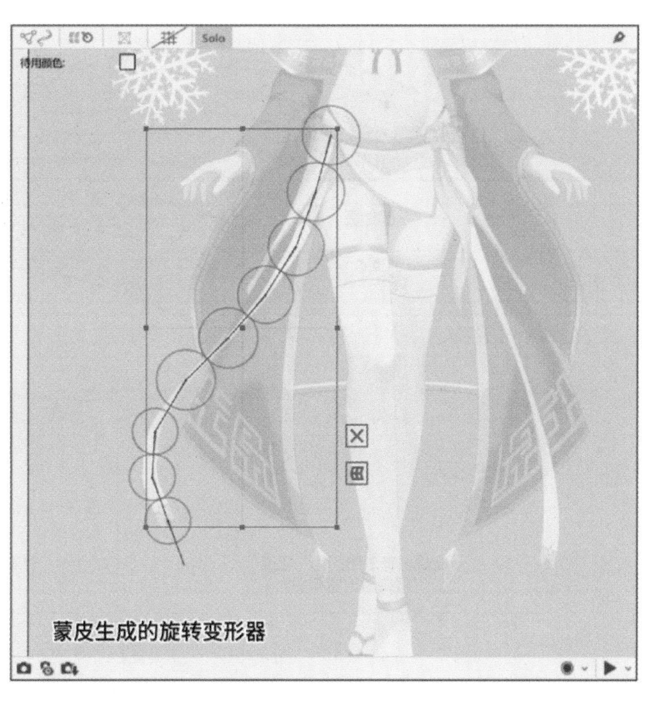

图 4-49　“蒙皮”功能的原理与作用

如果某个部位需要使用“蒙皮”功能制作，那么最好绘制成“自然下垂”的状态。比如，吊坠、缎带、尾巴等，最好绘制成几乎垂直于地面的状态，具体原因会在 10.3.3 节讲解尾巴时提到。

4.6 剔除图层的背面

在 3D 建模软件中，存在一个名为“法线”的概念，即垂直于面的一条射线，如图 4-50 所示。有法线的一面为“正面”，没有法线的一面为“背面”。在许多 3D 建模软件和 3D 引擎中，默认从“背面”观察时，面是不可见的。这也就是为什么当我们尝试把镜头放在 3D 物体内部时，是可以看到外面的。

在 Live2D Cubism 中也存在类似的概念。导入插画素材后，所有的图层都是面向我们的，都处于“正面”状态；当通过变形将图层上下翻转（或左右翻转）时，图层就变成了“背面”状态，其中虚线标示了图层的初始位置和大小，如图 4-51 所示。在默认情况下，无论处于“正面”还是“背面”状态，图层都是可见的。

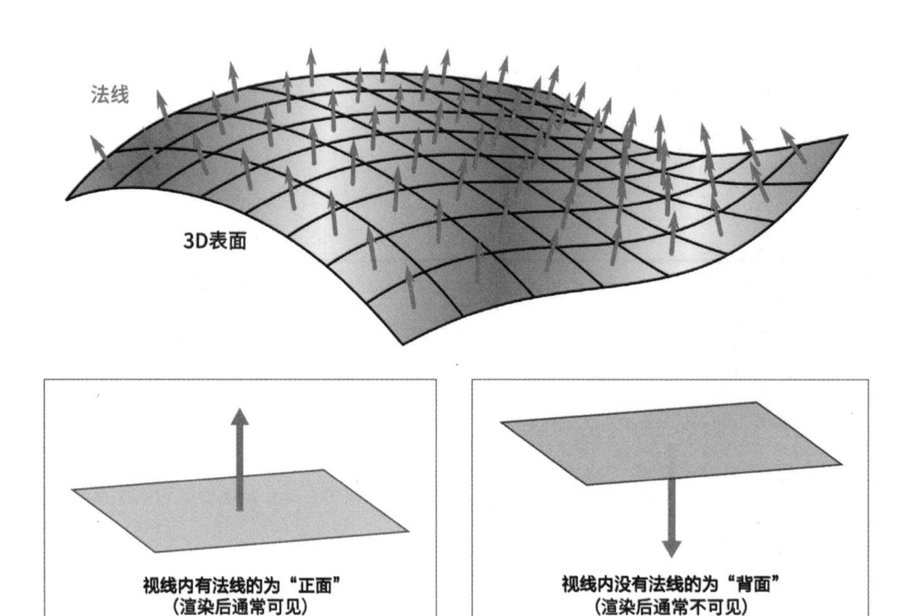

图 4-50　3D 建模软件中的法线

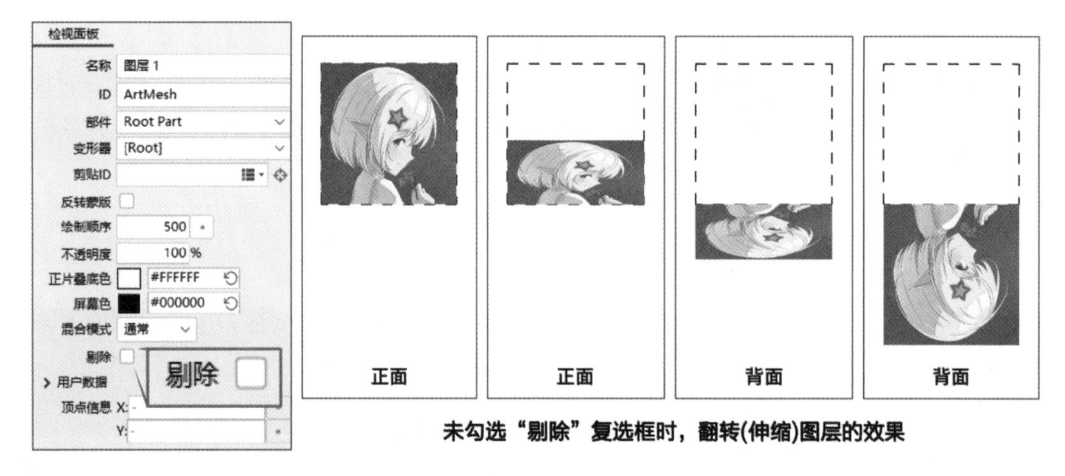

图 4-51　Live2D Cubism 中的“正面”和“背面”

一旦在“检视面板”面板中勾选“剔除”复选框后，就会产生像 3D 软件中那样的效果，即图层被翻转到“背面”时将变得不可见。如图 4-52 所示，绿色方框标示了图层不可见后的大小和位置。

“剔除”功能设置可以用来隐藏图层，在大多数情况下，我们会用它制作一些比较高级的效果。比如，“剔除”功能可以用于制作具有完整 3D 效果的立方体。如图 4-53 所示，这是一个在 Live2D Cubism 中使用“剔除”功能制作的正方体。在开启“剔除”功能后，就可以自动隐藏发生翻转的面，不需要手动隐藏，也不需要改变图层的绘制顺序。在制作类似图 4-53 中的立体效果时，这个设置很实用。

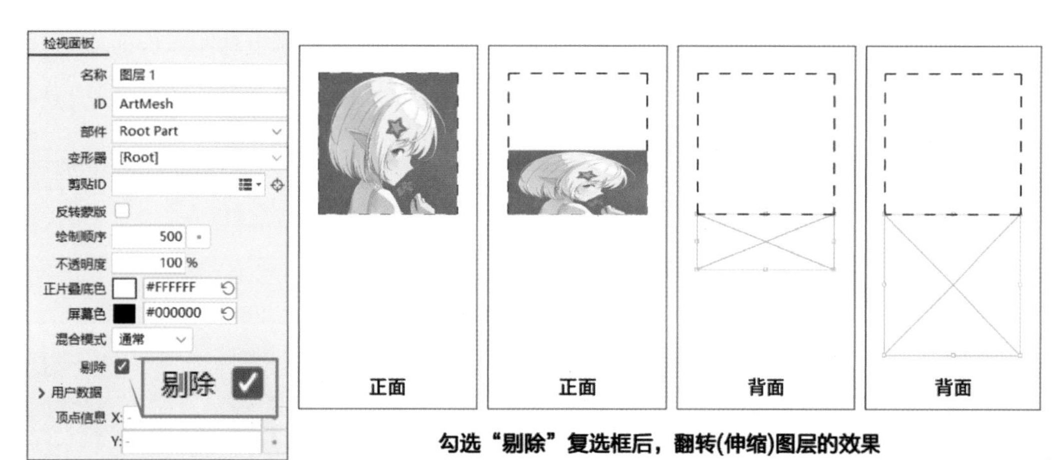

图 4-52　为图层开启“剔除”功能

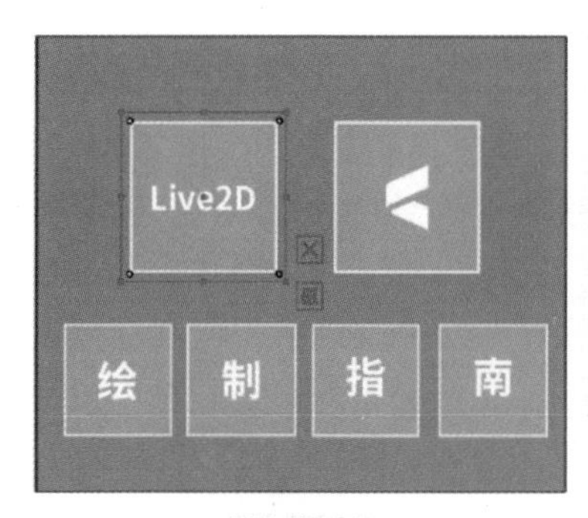

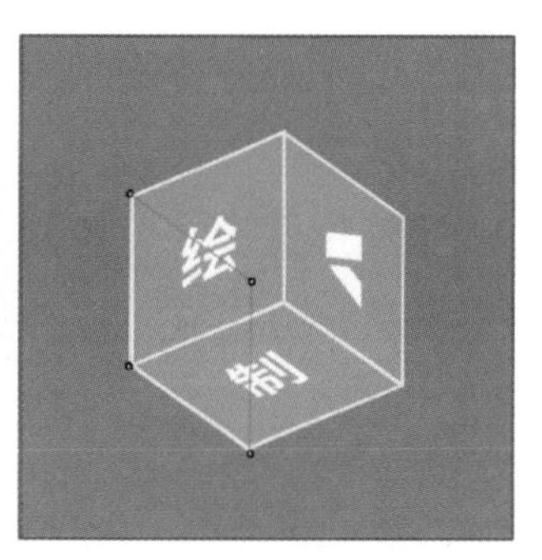

图 4-53　使用“剔除”功能制作的立方体

除此之外，我们也可以分别绘制两个图层作为物体的两面，将它们一正一反放在一起，并分别开启“剔除”功能。当物体旋转到其中一面时，另一面的图层会被直接剔除，这样我们就得到了一个正反两面不同的、处于三维空间中的平面，如图 4-54 所示。

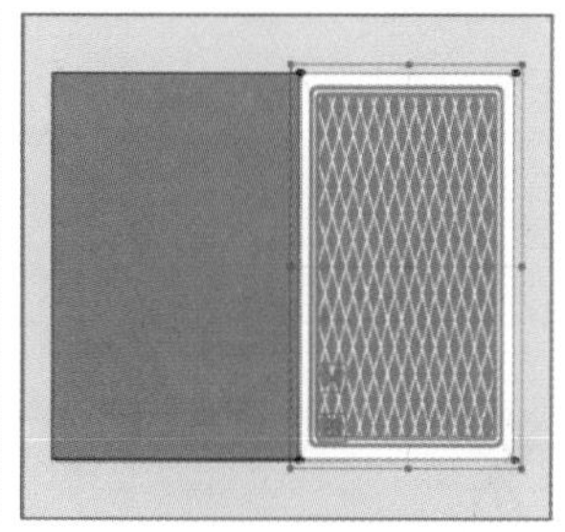

图 4-54　利用“剔除”功能制作正反两面

对许多模型师来说，“剔除”功能可能是一个比较少用的陌生功能。作为画师，也不需要了解在Live2D Cubism中具体要如何操作这一功能，只需知道该功能的存在，并且知道在考虑模型的效果时，使用该功能会有更大的选择空间即可。

想要在Live2D模型中加入3D感较强的物体时，可以和模型师讨论在建模上的可行性，并绘制所需的图层。

4.7 旋转的方向和*X*轴、*Y*轴、*Z*轴

严格来说，“朝向的旋转”并不算是Live2D Cubism处理图层的方式，如果想要精准地描述Live2D模型的运动，那么*X*轴、*Y*轴、*Z*轴的概念非常重要。

在Live2D Cubism中，我们可以用*X*轴、*Y*轴、*Z*轴来描述模型旋转的方向。图4-55所示为一个3D空间的坐标轴，其中的*X*轴、*Y*轴、*Z*轴分别指向3个相互垂直的方向。在默认情况下，*Z*轴是垂直朝向屏幕的，*X*轴是平行于屏幕的水平线，*Y*轴是平行于屏幕的铅垂线。Live2D Cubism中的旋转和这3个轴有一定的联系。

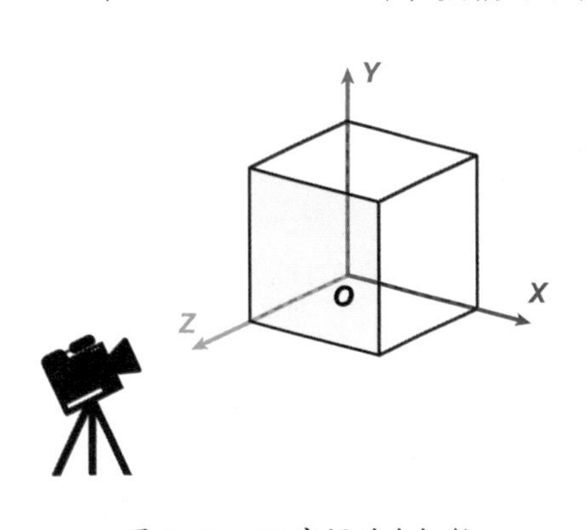

图4-55　3D空间的坐标轴

我们经常以“脸部*X*轴旋转”“身体*X*轴旋转”等来描述Live2D模型的运动。*X*轴旋转的意思并不是模型或某部分要沿*X*轴移动，也不是以*X*轴为轴心绕转，而是沿着*X*轴所在的水平方向旋转，如图4-56所示。

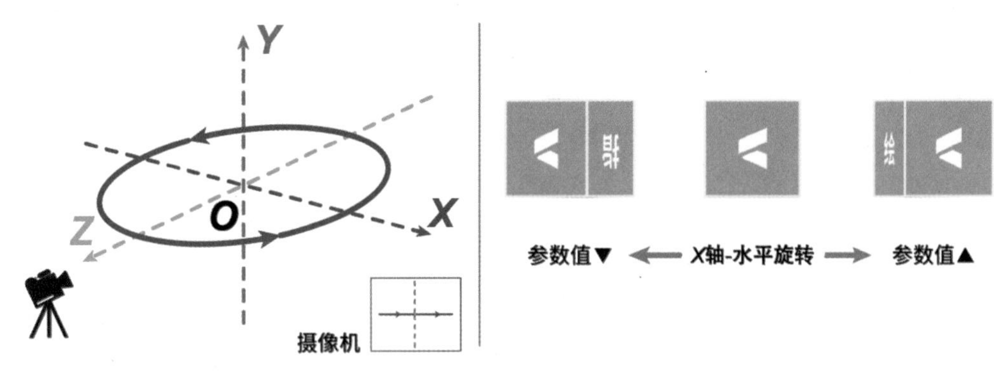

图4-56　*X*轴旋转

同理，Y轴旋转指的是模型或某部分沿着Y轴所在的垂直方向旋转，如图4-57所示。

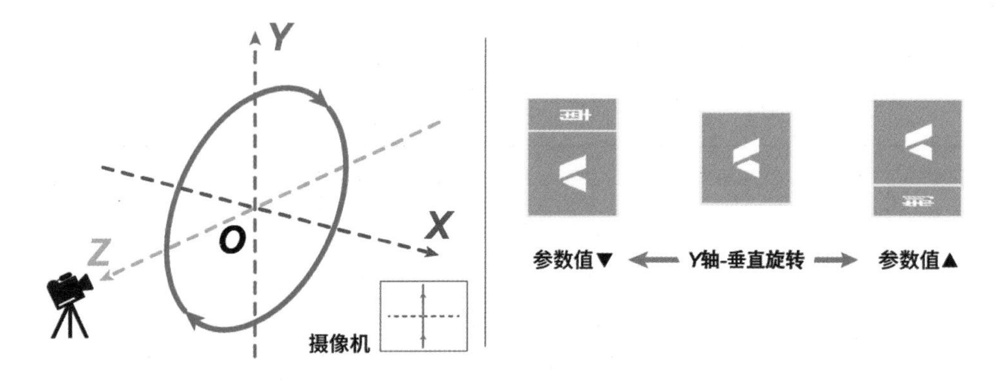

图 4-57　Y 轴旋转

而Z轴旋转指的则是模型或某部分绕着Z轴旋转，也就是在画布这个平面上旋转，如图4-58所示。

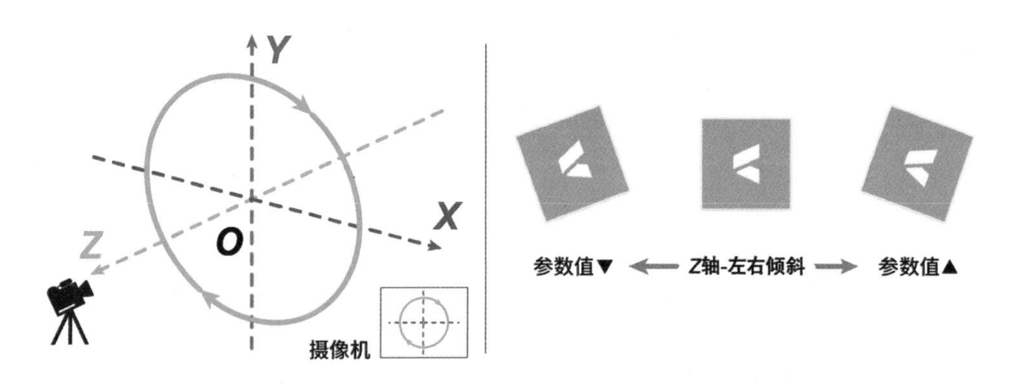

图 4-58　Z 轴旋转

也就是说，当我们描述模型或某部分沿着X轴、Y轴、Z轴旋转时，说的是沿着如图4-59所示的圆形轨迹旋转。虽然这不符合我们对3D空间中旋转的定义，但是记忆起来并不困难，只需记住“X轴是左右旋转，Y轴是上下旋转，Z轴是左右倾斜”即可。

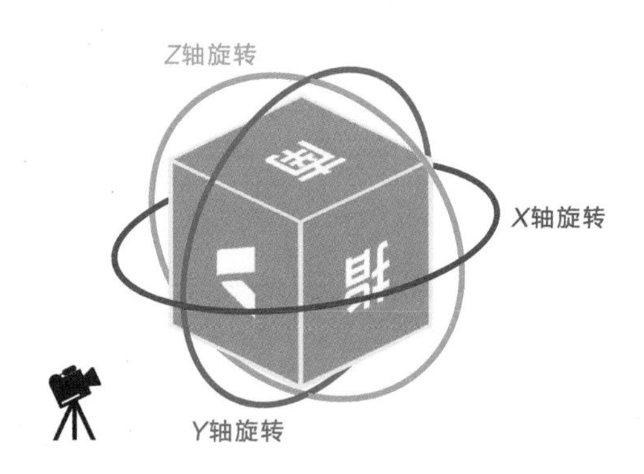

图 4-59　X 轴、Y 轴、Z 轴旋转

在 Live2D Cubism 中，几个旋转参数中的字母 X、Y、Z 对应的就是这 3 个轴向。弄懂 *X* 轴、*Y* 轴、*Z* 轴旋转是什么含义后，即可知道这 3 类参数分别该绑定什么方向的运动了。表 4-3 所示为带有字母 X、Y、Z 的参数。

表 4-3　带有字母 X、Y、Z 的参数

轴向	参数名	ID	描述
X 轴	角度 X	ParamAngleX	增加该参数值时，头转向屏幕右侧
	身体旋转 X	ParamBodyAngleX	增加该参数值时，身体转向屏幕右侧
	眼珠 X	ParamEyeBallX	增加该参数值时，眼珠转向屏幕右侧
Y 轴	角度 Y	ParamAngleY	增加该参数值时，头转向屏幕上方
	身体旋转 Y	ParamBodyAngleY	增加该参数值时，身体纵向屈伸
	眼珠 Y	ParamEyeBallY	增加该参数值时，眼珠转向屏幕上方
Z 轴	角度 Z	ParamAngleZ	增加该参数值时，头向屏幕右侧倾斜
	身体旋转 Z	ParamBodyAngleZ	增加该参数值时，身体向屏幕右侧倾斜

最后，我们再实际用 Live2D 模型表示一下 *X* 轴、*Y* 轴、*Z* 轴旋转，以帮助读者理解。

如图 4-60 所示，这里列出了“角度 X”（*X* 轴旋转）、“角度 Y”（*Y* 轴旋转）、“角度 Z”（*Z* 轴旋转）参数单独变化时模型的状态。

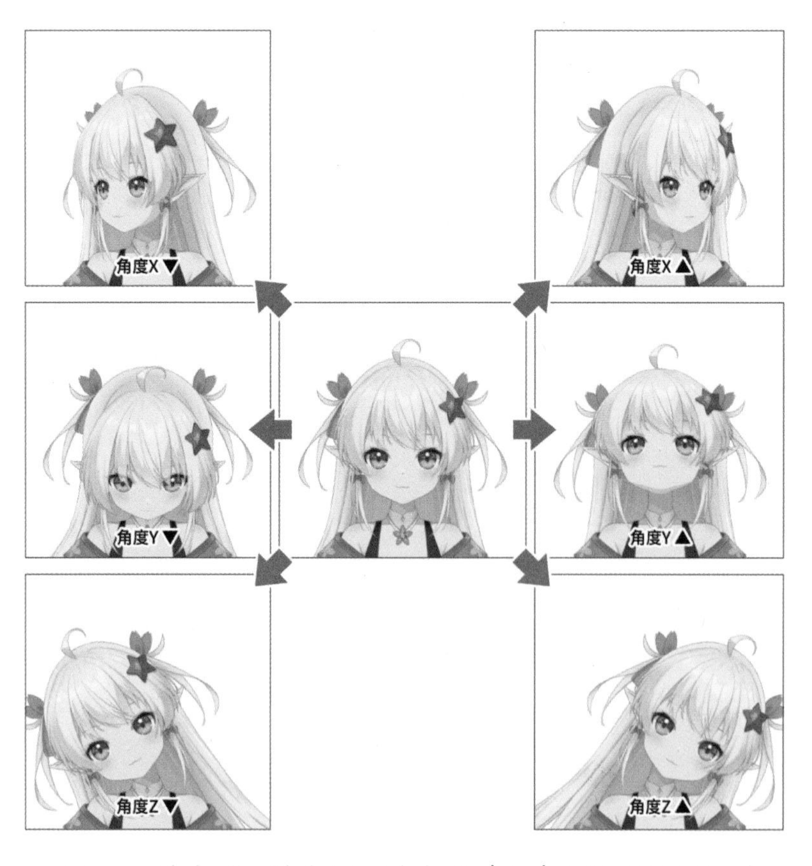

图 4-60　“角度 X”“角度 Y”“角度 Z”参数单独变化时模型的状态

如图 4-61 所示，这里列出了“身体旋转 X”（X轴旋转）、“身体旋转 Y”（Y轴旋转）、“身体旋转 Z”（Z 轴旋转）参数单独变化时，模型的状态。

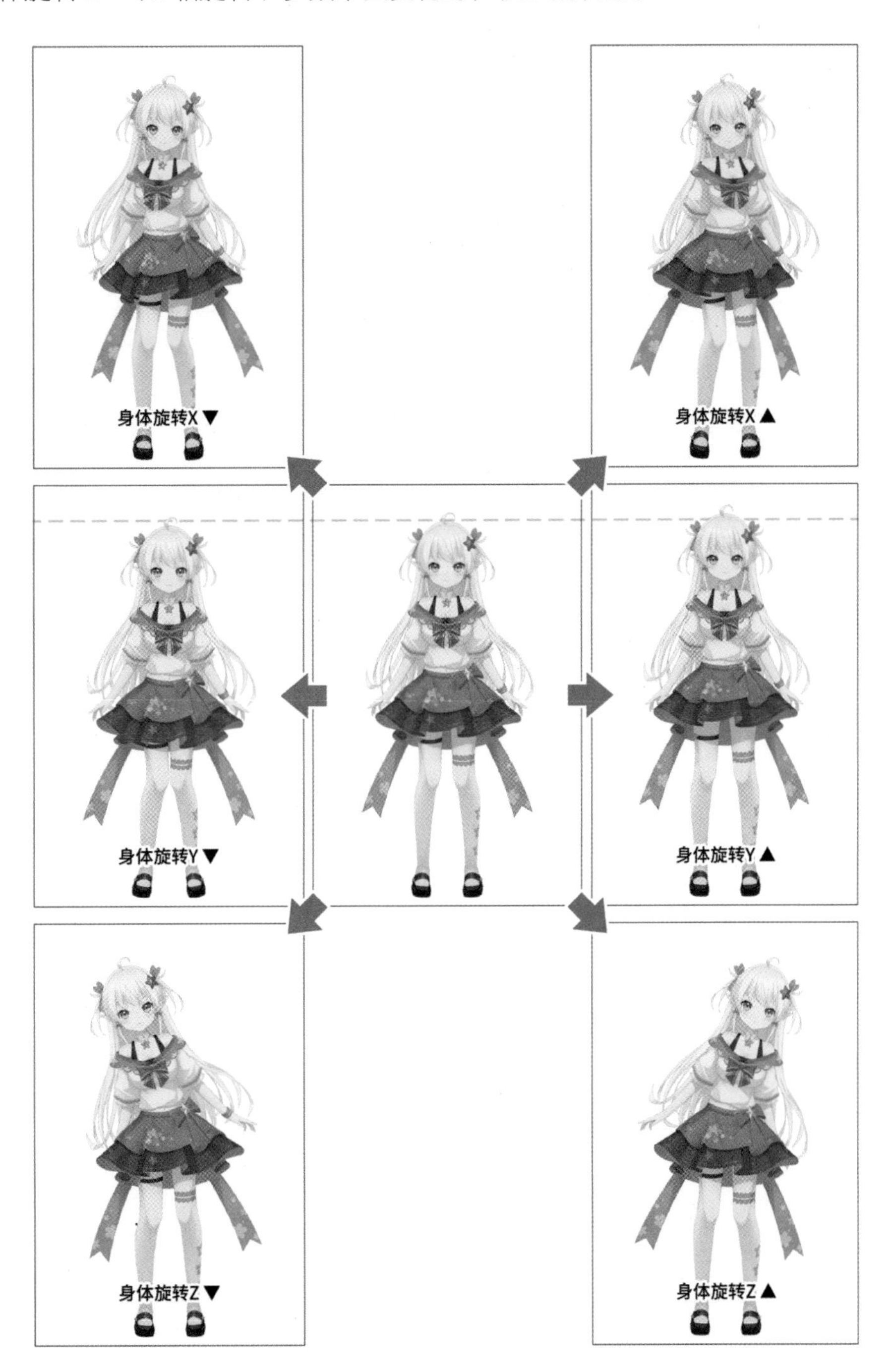

图 4-61 “身体旋转 X”“身体旋转 Y”“身体旋转 Z”参数变化时模型的状态

第 5 章 拆分的原理和方法

本书在第 2 ~ 4 章中讲解了如何制作并优化 PSD 文件，Photoshop 中的对应的操作方式，以及 Live2D Cubism 处理图层的机制。

这些知识也许有些烦琐，对一些接触过 Live2D 建模的读者来说，甚至可能认为这些知识是无用的。但是，随着越来越深入地参与 Live2D 的绘制和建模工作，读者将越来越能体会到它们的重要性。读者至少需要知道这些问题的存在，这样在真的遇到时，才有办法解决。

目前，对于其中的部分知识，读者可能仍然处于一知半解的状态，但没有关系。本章将开始讲解具体的拆分原则，而从第 6 章开始则会针对特定部分讲解具体的拆分案例。在讲解的过程中，我们会不断运用到之前讲过的知识和方法，相信能帮助读者进一步熟悉它们。

5.1 拆分的总原则

既然要学习拆分插画素材，就必须解决两个问题，即“在什么情况下需要拆分”和“如何拆分”。其实，这两个问题可以分别用两句简单的口诀来回答。

对于“在什么情况下需要拆分”，也就是如何判断某个部分是否需要单独拆分到一个图层上的问题，我们的口诀如下。

- 需独立运动，就单独拆分。

而对于“如何拆分”，也就是拆分的顺序和方法，我们的口诀如下。

- 从大到小，先拆后补。

这两句口诀正如其他领域的大多数口诀一样，只是为了方便记忆，并且只代表普遍情况。但它们依然是非常重要的拆分原则。即使对一个完全不懂得 Live2D 建模的人来说，掌握它们也能完成最起码的拆分，不至于给出一个没有达到基本拆分要求的 PSD 文件。

下面分别讲解这两句口诀的含义，并分析其中的要点。

5.1.1 需独立运动，就单独拆分

我们先扩写一下这句口诀，可以将其表述为：如果某个部分需要独立进行运动，就需要把它单独拆分到一个图层上。

结合一个常见的例子，我们会发现这似乎是一个非常简单、非常直观的拆分原则。

取角色身上的一缕头发，如果想要像图5-1中这样，让这缕头发整体以同样的变形幅度左右摇摆，那么因为这缕头发整体在独立于其他头发运动，所以需要将其单独放在一个图层上。也就是说，我们不需要继续拆分这缕头发了，只需使用一个图层即可。

将这缕头发整体进行变形，此时不必拆分

图 5-1　一缕头发不需要拆分的情况

但是，如果想要像图5-2中这样，让这缕头发上的小发束单独摇摆，或者让它和这缕头发整体的变形方式不同，那么因这缕头发上的小发束独立于这缕头发运动，而将其单独放在一个图层上。也就是说，我们此时需要两个图层，分别用来放置这缕头发和小发束。

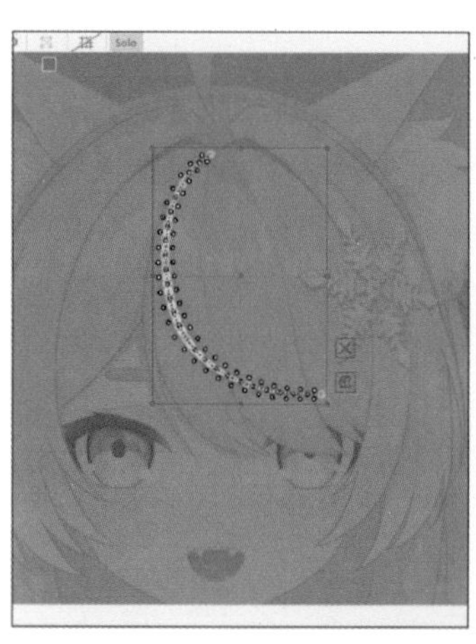
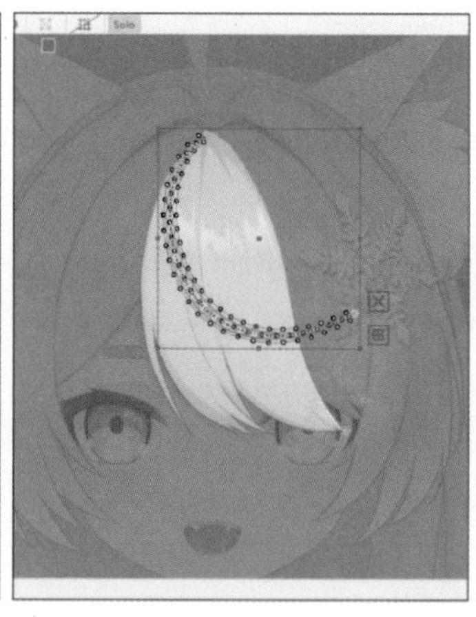
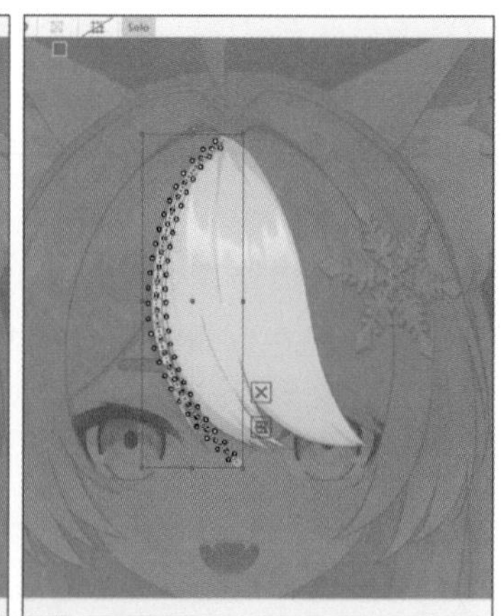

这缕头发整体中的一部分需要单独变形，此时需要拆分这个部分

图 5-2　一缕头发需要拆分的情况

通过这个例子，读者应该基本理解了“需独立运动，就单独拆分”这句口诀的含义。不过，只是这样是不够的。因为正如我们在第4章讲过的，在Live2D Cubism中“运动”的含义远远不止“变形”这一种。

1. 什么是“运动”

对于Live2D建模，我们会把参数上绑定的所有属性变化都称为运动。发生变化的可能包括以下这些属性。

- **变形**：所有通过变形能导致的变化，包括扭曲、旋转和翻转、位移、缩放、拉伸和挤压等。另外，变形也包括修改“胶水”功能的兼容性，即胶水效果的百分比，从而影响因胶水导致的变形强度。
- **改变绘制顺序**：改变图层的显示顺序，即改变图层之间相互覆盖的顺序。
- **改变不透明度**：可以通过这种方式使图层出现或消失。
- **改变叠加的颜色**：改变图层或变形器上叠加的“屏幕色”或“正片叠底色”。
- **剪贴蒙版图层发生变形**：这个图层的剪贴蒙版发生变形，或者以这个图层为剪贴蒙版的图层发生变形。

在绘画时，如果某个部分需要发生上述的任何一项变化，那么它就需要“运动”。不过，变形是否是“独立”的，还要结合“独立”的概念。

2. 什么是“独立”

“独立”是相对于“整体”来说的。当某个部分需要脱离整体，单独产生“运动”时，才能算作是独立的。

如图5-3所示，这是一棵有3片叶子的草，位于一面墙前。我们可以假设各种不同的运动需求，分别判断各部分是否是独立的。我们使用一个红色的长方形网格来表示整棵草摇摆的方式，这和Live2D Cubism中“弯曲变形器”的工作原理是一致的；同时，我们使用3条虚线表示3片叶子的走向。

墙和草

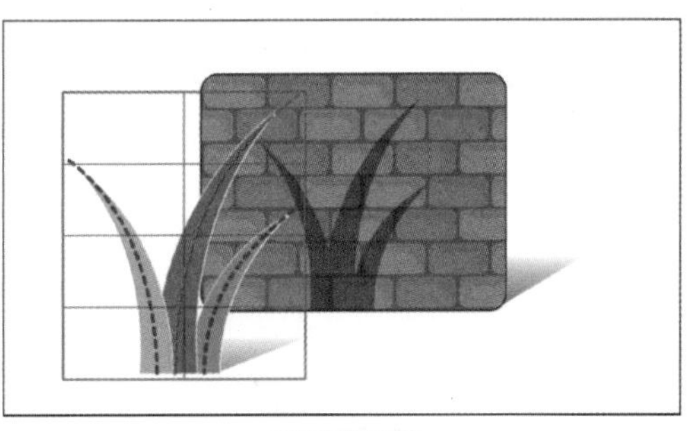
开启辅助线

图5-3 草和墙

首先，我们假设整棵草发生摇摆，此时3片叶子的变形逻辑是一致的。也就是说，此时3片叶子都是根据长方形网格变形的，如图5-4所示。图中的墙已被暂时隐藏。在这种情况下，3片叶子都不存在独立运动。

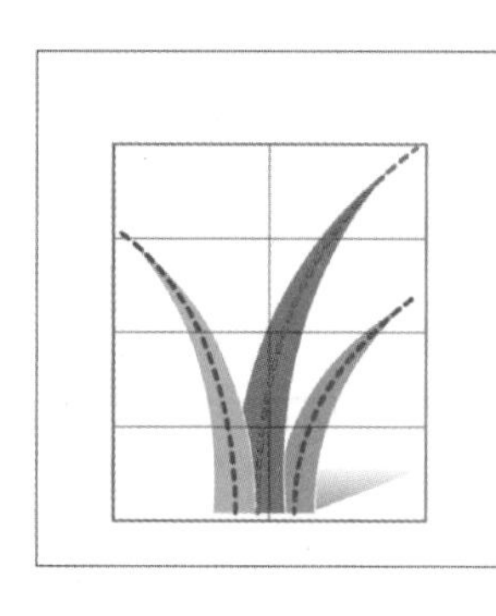
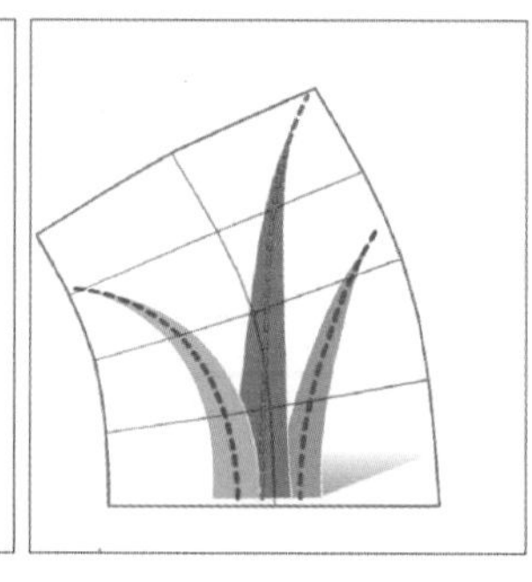
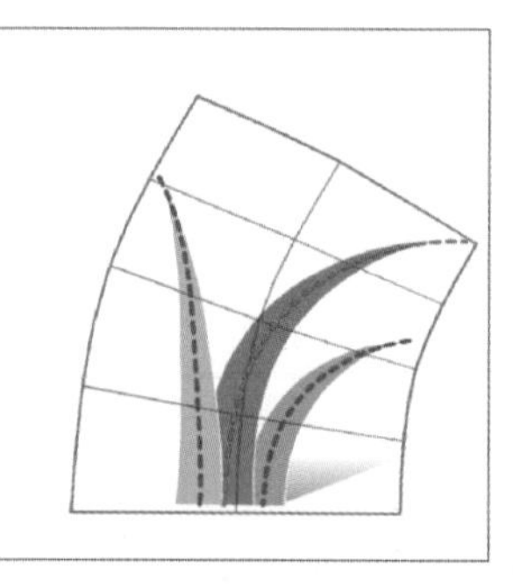

图 5-4 草的整体摇摆

如果整棵草是一起按照长方形的变形方式摇摆的，那么其中的任何一片叶子都不是独立的。但是，如果唯独中间一片叶子的摇摆方式和长方形的变形方式不一致，那么相对于整棵草来说这片叶子产生了独立运动，如图 5-5 所示，此时需要将其单独拆分出来。

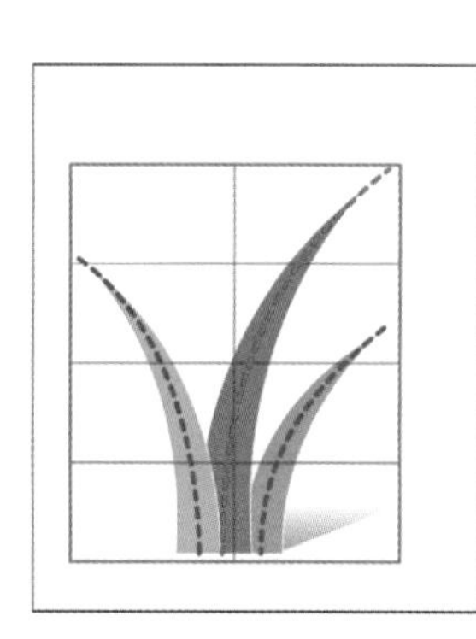
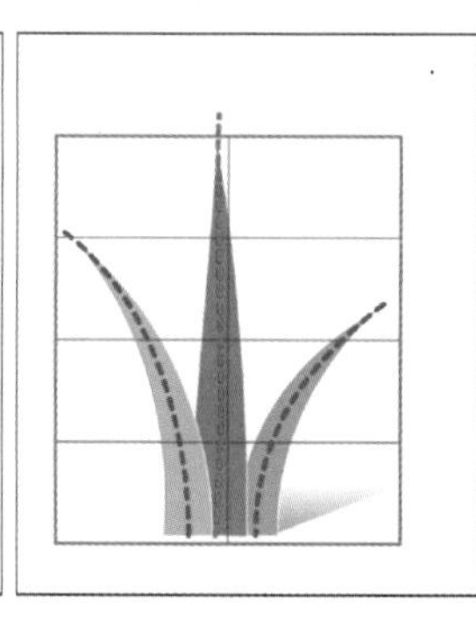
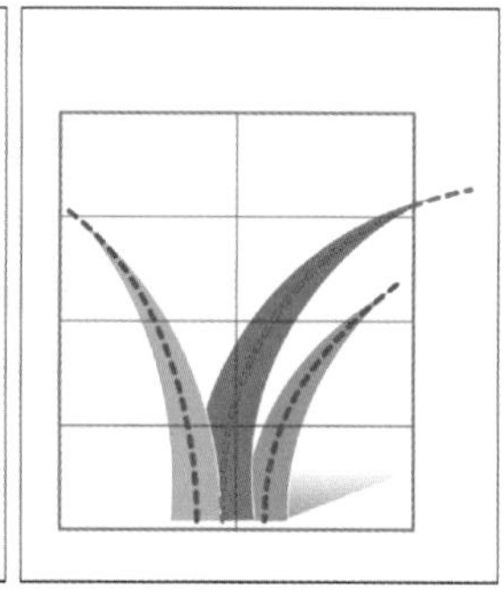

图 5-5 中间的叶子产生了独立运动

在拆分出这片叶子并补画完整后，我们会发现由于 3 片叶子有重合，无法将这片叶子夹在两侧的叶子中间。要想让中间的叶子仍然夹在中间，就必须拆分开两侧的叶子。也就是说，虽然两侧的叶子总是按照相同的方式变形，但是绘制顺序需要相互独立，此时必须对其进行拆分，如图 5-6 所示。

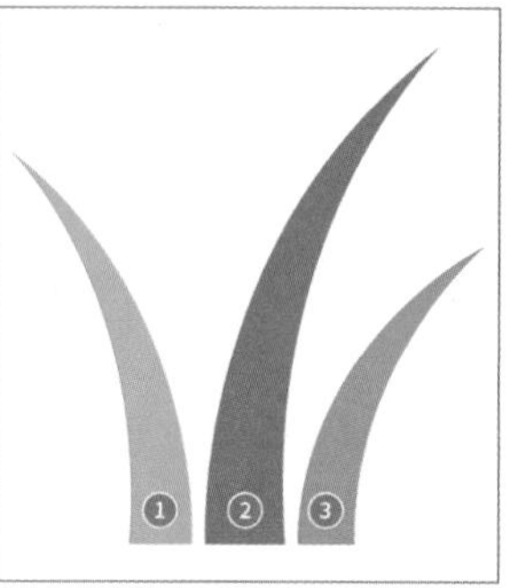

图 5-6 两侧的叶子是否独立改变顺序

另外，还有一个盲点，就是墙上的草的影子。影子是墙的一部分，如果想要影子单独运动，则需要将其单独拆分出来。不要忘记，由于中间的叶子是单独运动的，因此影子里的中间这片叶子也需要被单独拆分出来。草和墙的拆分结果如图 5-7 所示。

墙和草

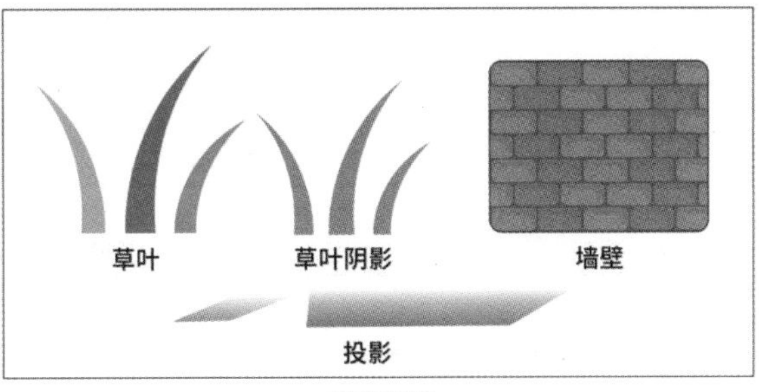

拆分结果

图 5-7　草和墙的拆分结果

通过这个简单的案例，我们可以看出“是否独立运动”是由需求决定的。在项目规格较低的情况下，我们可以既不让中间的叶子单独运动，又不让墙上的阴影运动，只拆分出“草”和“墙”两个图层就足够了。

因此，在遇到陌生的复杂设计时，你要考虑每个部分有没有必要单独运动，以此判断“是否需要拆分”的问题。

这就是所谓的“需独立运动，就单独拆分”。

5.1.2　从大到小，先拆后补

我们同样扩写一下这句口诀，可以将其表述为：先拆分出较大的部分，再将它们拆分成更小的部分，直到所有需要独立运动的部分都在单独的图层上；对于每个部分，操作顺序都是先拆分，再补画下方图层缺失的部分。

我们在讲嵌套结构时用到过一张表，如表 5-1 所示，各部分之间是有包含关系的。手臂包含大臂、小臂和手，而手又包含手指和手掌。

表 5-1　右臂的嵌套结构

<table>
<tr><td rowspan="4">🗀 右臂</td><td colspan="2">右大臂</td></tr>
<tr><td colspan="2">右小臂</td></tr>
<tr><td rowspan="2">🗀 右手</td><td>右手指</td></tr>
<tr><td>右手掌</td></tr>
</table>

在拆分时，如果最开始整个手臂在一个图层上，则需要像表 5-1 一样一级一级地拆分下去，每次完成拆分后都需要补画。如图 5-8 所示，首先将手臂拆分成“大臂”、“小臂”和“手”3 个图层，并补画这 3 个图层；然后将“手”拆分成“手指”和“手掌”2 个图层，并补画这 2 个新图层即可。

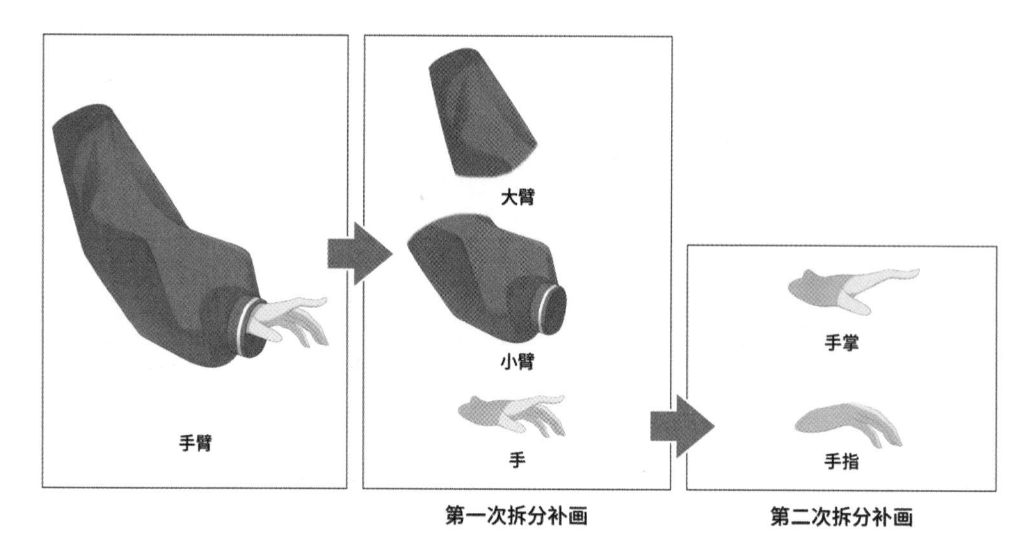

图 5-8　拆分手臂的顺序

这样一级一级地拆分有 3 个好处：第一是不容易遗漏，很少会出现某个部分没有拆分的情况；第二是可以顺便创建优秀的嵌套结构，减少后续整理图层的麻烦；第三是可以顺便逐级检查图层，不容易留下瑕疵，减轻清除污点和漏色的压力。

虽然口诀中说的是“先拆后补”，但是在实际操作时，未必需要每次拆分后都进行补画。比如，我们可以先连续拆分出几个部分，再统一补画，这样往往效率更高。

这就是所谓的“从大到小，先拆后补”。

5.2 拆分的流程和方法

了解过上述两个口诀后，热爱思考的读者可能会产生更多疑问。比如，拆分时各种细节该怎么处理？补画是要画什么，要画多少？害羞时的脸红等原本看不见的图层该怎么处理？对于不同的部分，这些问题都会有不同的答案，因此我们将从第 6 章开始解答它们。而本节我们将继续关注整体，并讲解从个例中抽象出来的通用方法。

5.2.1 拆分 PNG 立绘的流程

下面先带领读者实践一下两个拆分口诀。本节将使用角色名为“米粒”的 PNG 立绘进行讲解，如图 5-9 所示。如果有需要，那么读者可以在本书的附件中找到这幅立绘。

图 5-9 米粒的 PNG 立绘

★请在本书配套资源中查找源文件：5-1- 米粒立绘 .png。

这幅立绘除背景是透明的之外，没有经过任何拆分，所有内容都在同一个图层上。这是一种比较极端的情况，我们一般不会遇到像这样从零开始拆分的情况。但是，通过这个案例，读者能够了解到如何从头到尾完成拆分、检查并创建完整的嵌套结构。

另外，为了完整地展示拆分流程，我们不会使用任何自动脚本，并且每个步骤都会提供对应的 PSD 文件。熟悉了这个拆分过程后，相信读者之后无论遇到什么情况，都知道该如何推进工作。

1. 拆分较大的部分并创建图层组

首先，我们先将立绘拆分为几个较大的部分。

在拆分前，先观察一下立绘，我们会发现这幅立绘大体可以分为“头部”“上身”“手臂”“裙子（下身）”“腿”等部分。分割线大致的位置如图 5-10 所示。对于其中的“头部”，我们往往会再拆分出头前方的“头发前”和头后方的“头发后”。

决定好这些后，先创建好对应的图层组。从这里开始，我们就要考虑图层的覆盖顺序了。请注意观察立绘，显然“头部”图层组和“裙子”图层组应位于“上身”图层组的上面，而“手臂”图层组和“腿”图层组应位于“上身”图层组的下面。我们创建的图层组也应该按这个顺序排列，因此要按顺序创建以下图层组，如图 5-11 所示。

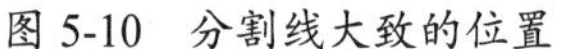

图 5-10　分割线大致的位置

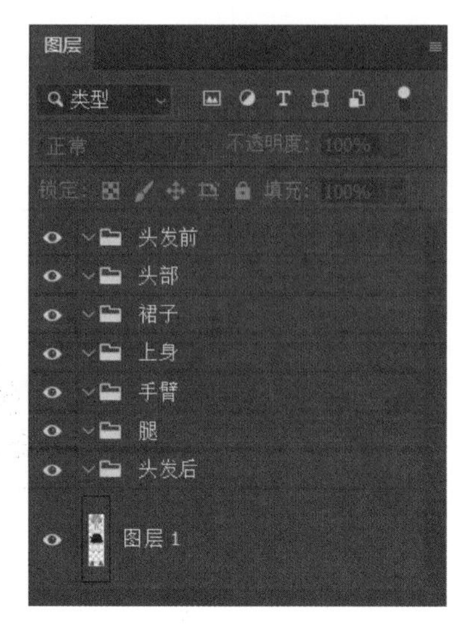

图 5-11　按顺序为较大的部分创建图层组

① **头发前**。本书建议总是把“头发前”图层组放在靠上的位置，因为如果角色有较长的前发或侧发，那么头发需要位于身体、四肢的前方。

② **头部**。“头部”图层组应该总是紧跟在“头发前”图层组的下面。

③ **裙子**。“裙子”图层组和“上身”图层组的上下关系取决于衣服的设计。这里衣服是塞在裙子里的，所以“裙子”图层组在上方。

④ **上身**。对于任何模型，“上身”图层组通常都放在靠近中间的位置。

⑤ **手臂**。“手臂”图层组是否要放在“上身”图层组的下面，需要根据手臂的姿势和衣服的设计进行判断。这里手臂是自然下垂的（和身体不存在穿插），所以将短袖藏在衣服后面会比较好，即将“手臂”图层组放在“上身”图层组的下面。

⑥ **腿**。有时腿后面也会出现一部分衣服，如裙子后摆。不过，这里我们看不到类似的衣服部分，暂时不需要考虑这个问题。

⑦ **头发后**。本书建议总是把“头发后”图层组放在靠下的位置，即使角色的后发较短，也建议让头发位于身体、四肢的后方。

创建好这些图层组后，我们从立绘上拆分出对应的内容放入图层组中。选中立绘图层，使用工具栏中的套索工具（或者按“L”键），框选出“头发前”对应的范围。框选的范围不必太精确，但应该包含所有“头发前”需要的像素，只能多不能少。在顶部的菜单栏中，依次执行“图层”→“新建”→“通过拷贝的图层”命令（或者按组合键“Ctrl+J”），即可将这个范围内的内容复制到一个新图层中，如图 5-12 所示。

之后，将这个新图层放在“头发前”图层组中，操作完成后的状态如图 5-13 所示。我们没有必要为新建的图层命名，因为还要对其进行进一步的拆分。

这样就完成了一个较大部分的拆分。接下来，按照同样的方法，从原始立绘上拆分出其他较大的部分并放入对应图层组中。其中，需要注意的是，脖子是属于“上身”

图层组的;袖子是属于“手臂”图层组的，通常在肩膀的顶点附近拆分开。完成这一步后，所有内容都已经被分配到了不同的图层组中，如图 5–14 所示。此时，将原始立绘隐藏。

图 5-12　用框选的内容新建图层

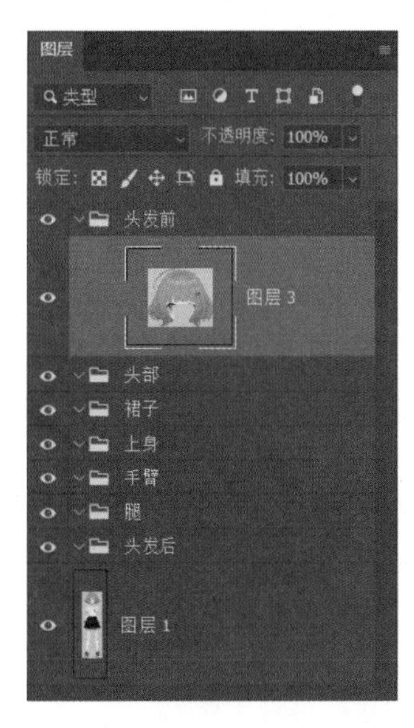

图 5-13　将拆分出的部分放入对应的图层组中（1）

图 5-14　将拆分出的部分放入对应的图层组中（2）

★请在本书配套资源中查找源文件：5-2- 米粒拆分过程 - 较大的部分粗拆 .psd。

接下来，对这些部分进行修剪，也就是将不属于这个图层的部分擦除。比如，对于“手臂”图层组中的图层，我们可能不小心框进了衣服和裙子部分，此时就需要仔细把它们修剪干净，如图 5-15 所示。

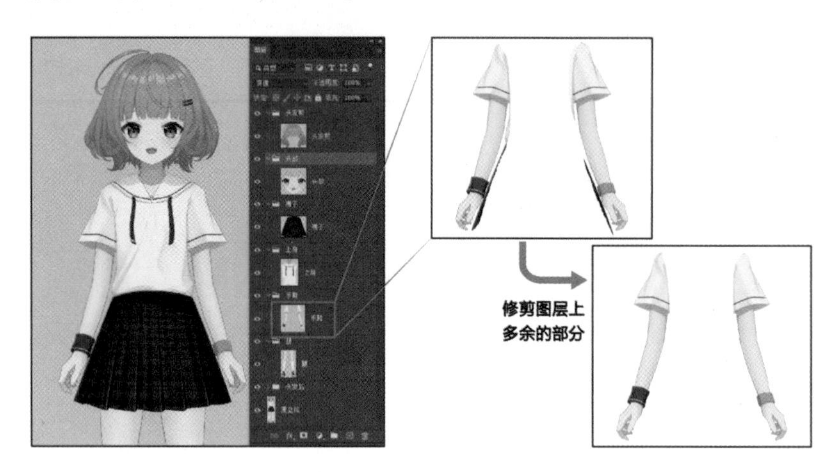

图 5-15 修剪多余的部分

按照同样的方法，对所有较大部分的图层进行修剪。在修剪过程中，有时可能很难判断某些像素属于哪个部分，此时可以将原始立绘取消隐藏并降低“不透明度”（建议 30% 以下），以便观察，如图 5-16 所示。

图 5-16 借助原始立绘修剪图层

★请在本书配套资源中查找源文件：5-3- 米粒拆分过程 - 较大的部分修剪 .psd。

其中，“头发后”作为位于最下方的图层，几乎完全被遮挡掉了，所以我们得到的有效像素很少，如图 5-17 所示。在进行修剪后，图层上剩余的有效像素就不多了。即使读者从来没有接触过 2D 动画，应该也不会认为这是一个合格的图层。

图 5-17　被严重遮挡的图层

尽管大部分图层被遮挡得没有这么严重，但是同样会缺失一些应有的部分。比如，现在拆分出的“腿”只包括裙子外的部分。虽然现在看上去没有什么问题，但是当裙子产生物理摇摆等运动时，模型会出现破绽。我们可以直接在 Photoshop 中使用变形工具模拟一下这个效果，如图 5-18 所示。

图 5-18　未补画导致的破绽

因此，除了“头发前”和“裙子”这两个图层组，其他图层组中的图层都需要被补画。

2. 补画较大的部分

所谓补画，就是要为图层添加一些被遮挡的、原本看不见的部分，以此避免各部分在运动时出现破绽。然而，补画的方式涉及一些技巧。下面针对这个模型，讲解一下补画各个部分时的注意事项。

1）头发前

由于“头发前”图层组对应的内容位于最上方，其内容几乎是完整的。然而，这幅立绘使用了绘制动漫角色时常用的手法，让眉毛和眼睑透过了头发。由于头发上残留了部分眉毛和眼睑，因此我们需要把它们擦除并用头发的颜色完成补画，如图 5-19 所示。

补画时，我们可以使用吸管工具吸取颜色。但需要注意的是，有些颜色可能是带有不透明度的，如果直接吸取，则无法得到正确的线条颜色。比如，线条就可能带有不透明边缘，如果直接吸取，则会同时吸到下方其他图层的颜色。因此建议将吸管工具的“取样大小”设置为“取样点”，“样本”设置为“当前图层”，此时只需在外边缘处吸取线条的颜色，即可精确地获取当前图层上对应位置的颜色，如图 5-20 所示。

图 5-19 “头发前”需要补画的地方

如果在补画的过程中创建了新的图层，则可以不合并，而是新建一个图层组将它们放在一起，如图 5-21 所示。为了避免图层结构变得复杂，我们可以在确认不用再修改时合并这个图层组。在本案例中，我们现在就合并它们。

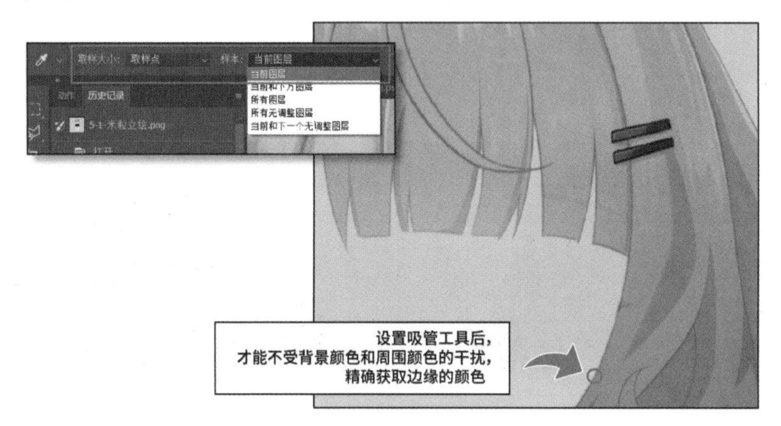

图 5-20 设置吸管工具以精确获取边缘的颜色

补画完成的头发前如图 5-22 所示。

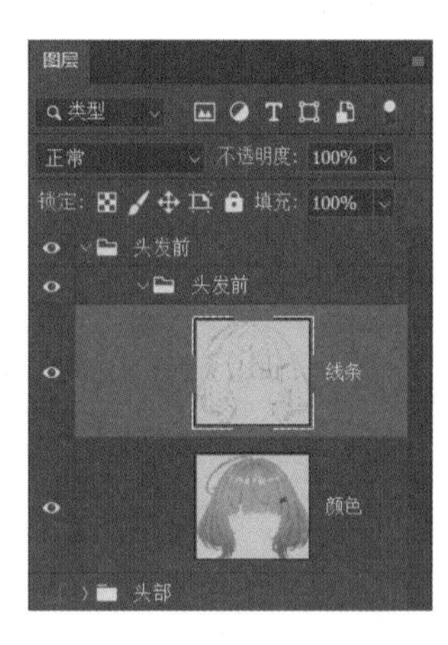

图 5-21 将补画的图层放在新建的图层组中（可选）

图 5-22 补画完成的头发前

★请在本书配套资源中查找源文件“5-4-米粒拆分过程-较大的部分补画.psd”中的“头发前”图层组。

2）头部

相对于“头发前”来说，“头部”图层组中的图层就没有那么完整了。我们可以明显看出，现在缺少被头发遮住的头顶部分，另外和头发有重合的眉毛和眼睑的颜色也不正常。

Live2D模型的头部有两种常见的拆分方式，区别在于是否画全头顶，如图5-23所示。

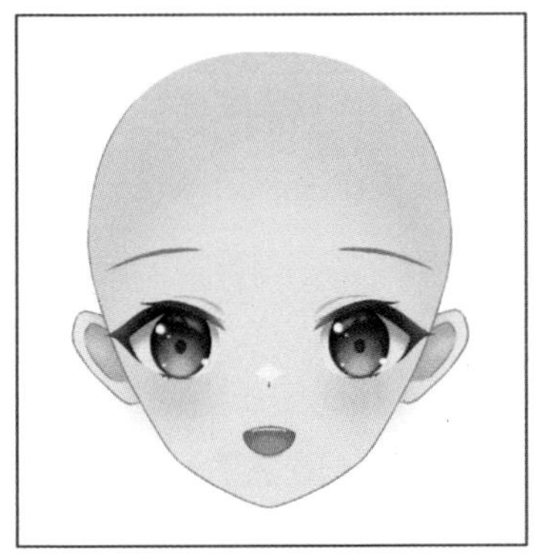

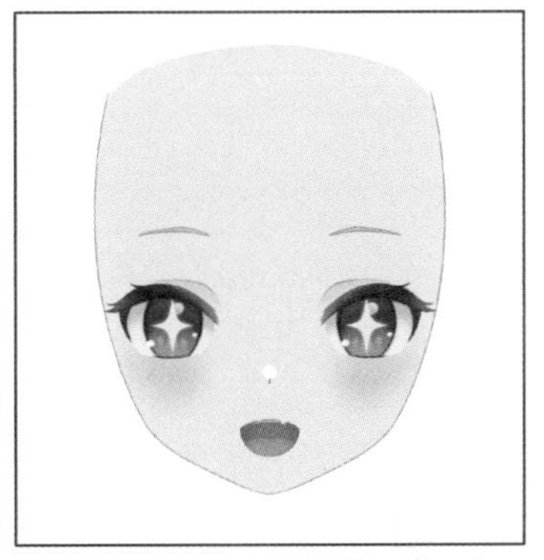

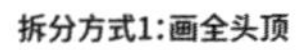

拆分方式1:画全头顶　　拆分方式2：不画全头顶（超过发际线即可）

图 5-23　头部的两种拆分方式

通常来说，如果“头发前”的面积足够大，能够完全覆盖并超出头部的范围，则需要画全头顶。对名为“米粒”的PNG立绘来说就是这种情况，所以我们需要画全头顶。

之所以要求“覆盖并超出头部的范围”，是因为我们要考虑到转头时头发前能否仍然遮盖住头顶。如果头发前的面积不够大，则需要将头顶裁掉，或者使用剪贴蒙版等隐藏头顶。

需要注意的是，虽然拆分出的头顶上有头发的阴影，但是建议不要用阴影色补全头部。现阶段将阴影直接擦掉，用肉色补全头顶即可，如图5-24所示。这一步不需要补画得太精细，因为之后还要再补画一次头部图层，现在只需大体补画出头部的形状即可。

至于被头发遮挡的表情，我们也需要简单补画一下。因为后续我们要单独拆分出每个表情部分对应的图层，届时还需要做一次补画。

补画完成的头部如图5-25所示。

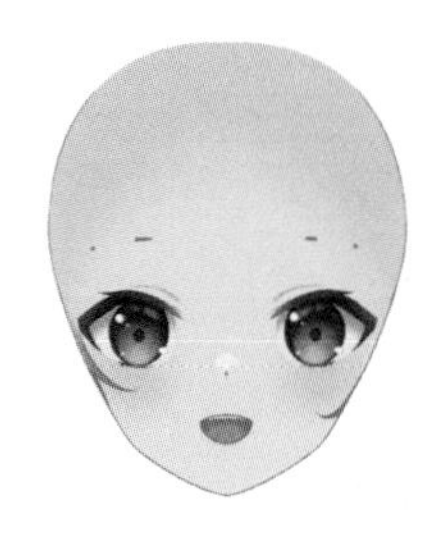

图 5-24　补全头顶

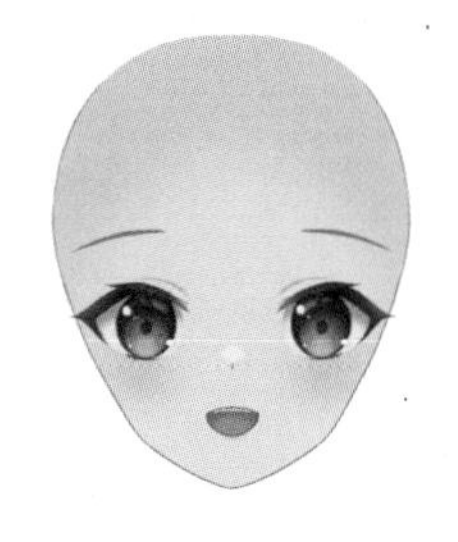

图 5-25　补画完成的头部

细心的读者可能发现了，头部现在缺少一个部分——耳朵。“米粒”的设定是正常人类，因此应该是有耳朵的，只不过耳朵被头发遮住了，在立绘中完全看不到。在拆分 Live2D 模型时，有些图层在默认角度下是完全看不到的，这是非常常见的情况，需要我们凭想象把它们补画出来。

既然我们注意到了，就先在“头部”图层组中新建名为“耳朵”的图层组，以免以后遗漏。不过，不必着急把耳朵补画出来，我们先继续补画其他较大的部分。

★请在本书配套资源中查找源文件“5-4- 米粒拆分过程 - 较大的部分补画 .psd”中的“头部”图层组。

3）裙子

裙子是本次唯一一个完全不需要补画的较大的部分。我们只需单独显示图层组的内容，检查一下之前有没有擦除干净即可。

如果想单独显示某个图层组，则可以通过单击其他图层组前面的眼睛图标来隐藏其他图层组。如果要隐藏的图层组太多，逐一隐藏会很麻烦，则可以按住“Alt”键并单击想单独显示的图层组前面的眼睛图标，这样就能隐藏其他图层组，如图 5-26 所示。

图 5-26　隐藏其他图层组

这样一来，我们就隐藏了除“裙子”之外的图层组。在单独检查并修改“裙子”图层组期间，如果没有新建或删除任何图层或图层组，那么再次按住“Alt”键并单击图层组前面的眼睛图标即可重新显示其他图层组。

★请在本书配套资源中查找源文件“5-4- 米粒拆分过程 - 较大的部分补画 .psd”中的“裙子”图层组。

4）上身

上身部分是角色的核心，需要衔接头部与四肢。所以在补画时，我们主要考虑的也是衔接问题。

首先，补画脖子部分。由于模型头部需要进行 Z 轴旋转，如图 5-27 所示，因此和脖子错开的面积可能会很大。

图 5-27　头部的 Z 轴旋转

所以在补画时，我们需要把脖子延长，补画出和头部重合的冗余部分。一般来说，让脖子延伸到嘴巴的高度即可。保险起见，这里我们直接让脖子延伸到鼻子高度，如图 5-28 所示。

然后，补画上衣和裙子衔接的地方。基于和脖子同样的理由，我们要补画一些冗余部分。同样，由于上衣下摆的衔接部分是直接被裙子盖住的，因此冗余多一些或少一些都没有关系，只要别太夸张，导致额外的穿模风险即可，如图 5-29 所示。

图 5-28 补画脖子

图 5-29 补画上衣下摆

补画完成的上身如图 5-30 所示。

★请在本书配套资源中查找源文件“5-4-米粒拆分过程-较大的部分补画.psd”中的“上身”图层组。

5）手臂

手臂也是比较完整的部分，我们只需补画一下被身体挡住的袖子即可。补画袖子一方面是为了让袖子更完整，另一方面是为了制造冗余，方便运动。建议腋窝处补画的面积多一点，肩膀处补画的面积少一点，让袖子大概形成一个四边形，如图 5-31 所示。我们在 4.5.1 节中讲过，这么做是为了让“胶水”功能更好地发挥作用。

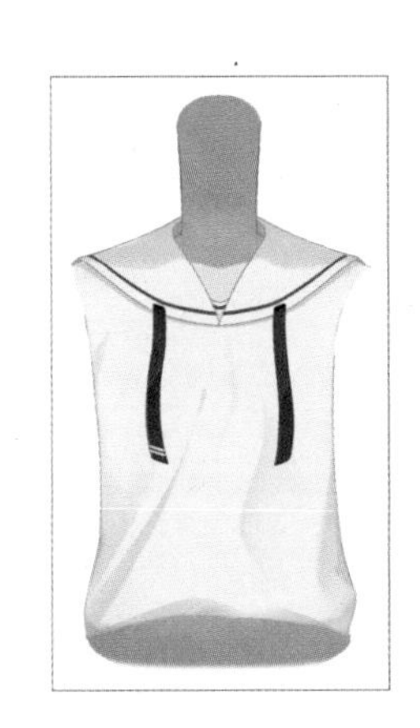

图 5-30 补画完成的上身

图 5-31 补画袖子

补画完成的手臂如图 5-32 所示。

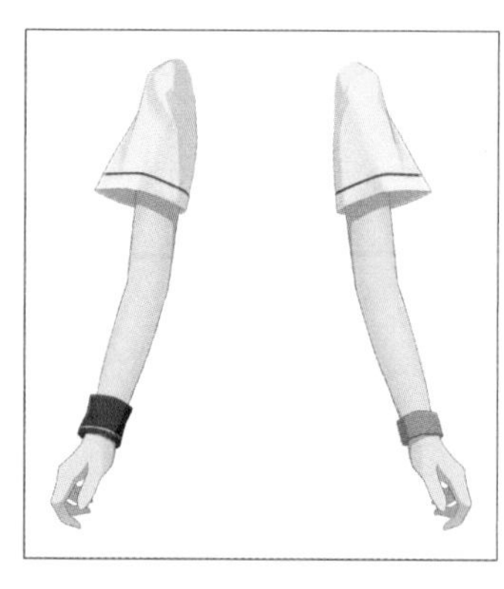

图 5-32　补画完成的手臂

最后，在“手臂”图层组中新建“左臂”和“右臂”图层组，并将左右两侧的手臂拆分为两个图层分别放入两个图层组中。需要注意的是，位于屏幕右侧的是左手，位于屏幕左侧的是右手。

★请在本书配套资源中查找源文件“5-4-米粒拆分过程-较大的部分补画.psd”中的“手臂”图层组。

6）腿

由于腿需要衔接裙子，因此我们需要让腿延伸到裙子内部。至于延伸多少，就要看裙子可能的运动范围了。如果预计只会为裙子制作比较简单的物理效果，则可以将大腿延伸到臀部下边缘附近，我们在本案例中就是这么做的。如果预计裙子的运动范围较大，则可以将腿延伸到髂骨（腰下方身体两侧突出的骨头）附近。

如果想要拆分出裙子阴影，则像拆分头部时一样，需要先将阴影擦掉，再使用正常的肉色完成补画；如果不打算拆分裙子的阴影，则直接使用阴影颜色补画即可，如图 5-33 所示。在本案例中，我们选择拆分裙子阴影的方式，以便演示更多细节，制作出精度更高的模型。

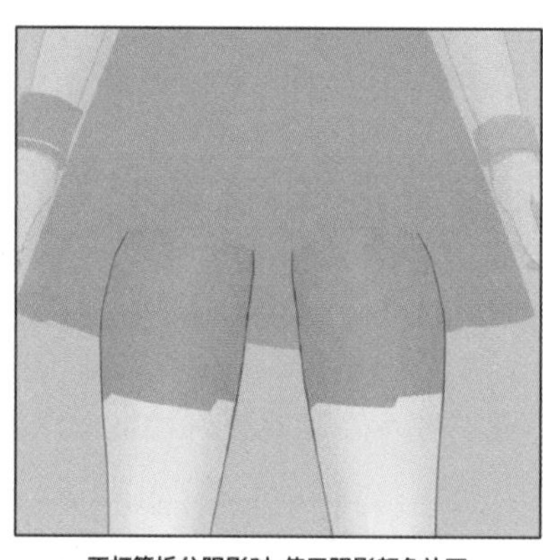

不打算拆分阴影时，使用阴影颜色补画

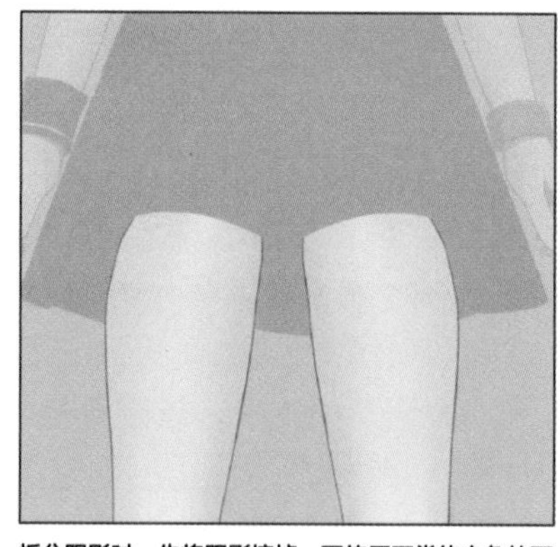

拆分阴影时，先将阴影擦掉，再使用正常的肉色补画

图 5-33　补画大腿的两种方式

拆分时我们会发现，这幅立绘的两条腿是完全对称的。当遇到这种情况时，我们可以开启 Photoshop 的“绘画对称”功能，一次性补画左右两侧的大腿。在选中画笔工具、铅笔工具或橡皮擦工具时，可以在工具栏中找到“设置绘画的对称选项”图标，单击该图标并执行“垂直”命令，如图 5-34 所示。这幅插画本身就是基于画布中轴线左右对称的，所以我们不需要移动对称轴，直接按“Enter”键，确认对称轴的位置即可。

之后需要关闭“绘画对称”功能时，单击“设置绘画的对称选项”图标并执行“关闭对称”命令即可。下次再需要开启“绘画对称”功能时，如果对称轴的位置不变，则可以在图标的下拉菜单中执行“上次使用的对称”命令。

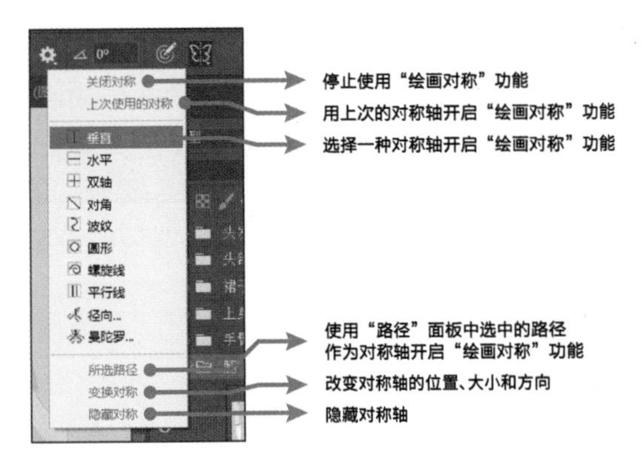

图 5-34　开启 / 关闭"绘画对称"功能

需要注意的是，使用"绘画对称"功能会生成路径，即使关闭"绘画对称"功能，路径也不会自动删除。要记得在最后整理图层时统一清理文件中的路径。

补画完成的腿如图 5-35 所示。

最后，我们可以在"腿"图层组中新建"左腿"和"右腿"图层组，并将左右两侧的腿拆分为两个图层分别放入两个图层组中。需要注意的是，位于屏幕右侧的是左腿，位于屏幕左侧的是右腿。

★请在本书配套资源中查找源文件"5-4- 米粒拆分过程 - 较大的部分补画 .psd"中的"腿"图层组。

图 5-35　补画完成的腿

7）头发后

头发后是最困难的部分，因为原本的"头发后"图层组中只有一点点可见面积，我们需要凭想象尽可能将它补充完整。

看过之前的补画结果，读者可能会问：和其他部分一样，只补画出一些冗余部分可以吗？如果这么做，则会获得如图 5-36 所示的图层，看上去似乎也不错。

图 5-36　部分补画的头发后（反例）

但是，这么做通常是不行的。如图 5-37 所示，这是一个头发后已补画完整的模型，当模型转头的角度足够大时，头发后的图层需要负责构成头部的外轮廓。因此，如果头发后的图层没有补画全，则会限制模型的转头角度，这是我们需要尽力避免的。

因此，我们要尽可能将头发后的图层补画全，甚至要补画出许多立绘中原本没有的细节。这不仅需要一定的绘画功底，还需要对模型角色的设定有足够的认知。这也就是为什么要尽可能让画师本人负责拆分补画。

补画完成的头发后如图 5-38 所示。

图 5-37　补画完整的头发后

图 5-38　补画完成的头发后

★请在本书配套资源中查找源文件“5-4- 米粒拆分过程 - 较大的部分补画 .psd”中的“头发后”图层组。

至此，我们就完成了第一次“从大到小，先拆后补”的拆分过程。此时，图层的嵌套结构已经初具雏形，我们对模型的运动能力也有了初步的预估。下面继续对每个图层组中较大的部分重复执行“从大到小，先拆后补”的拆分过程，以拆分出更多图层。

3. 拆分“头发前”和“头发后”

我们首先从头发开始继续拆分。角色的头发大致可以分为“前发”、“侧发”和“后发”3 个部分，如图 5-39 所示。目前，“头发前”图层组包含“前发”和“侧发”部分，而“头发后”图层组包含“后发”部分。

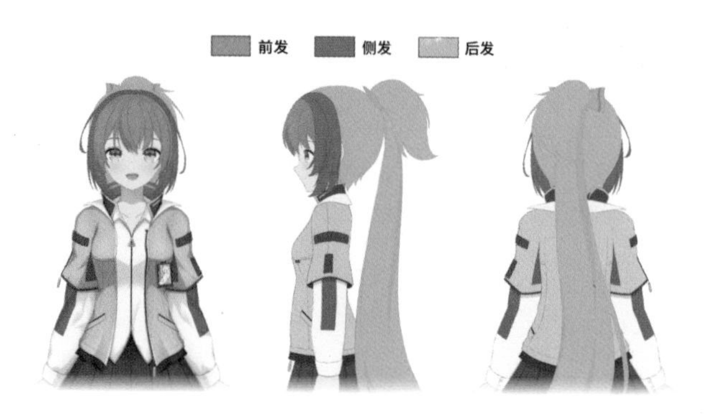

图 5-39　头发的 3 个部分

我们可以按照“从大到小，先拆后补”的顺序，将“前发”和“侧发”拆分开。对“米粒”来说，“前发”指的是刘海部分；而“侧发”则指的是压在刘海两侧的头发，我们可以再将其分为“前侧发”和“侧发”两个部分。

因此，我们首先创建“前发”“前侧发”“侧发”3个图层组，然后从分界线处将头发的3个部分分开，分别放在3个图层组中，最后将相对完整的呆毛也单独拆分出来作为一个图层，如图5-40所示。需要注意的是，3个图层组的排列顺序应该依次为“前侧发”“侧发”“前发”。

图 5-40　拆分“前发”和“侧发”部分

“前侧发”图层组在最上层，我们不需要进行补画，而“前发”图层组和“侧发”图层组因为在“前侧发”图层组的下方，所以需要补画一些被侧发遮住的冗余部分，以免头发运动时出现破绽。补画完成的前发和侧发如图5-41所示。

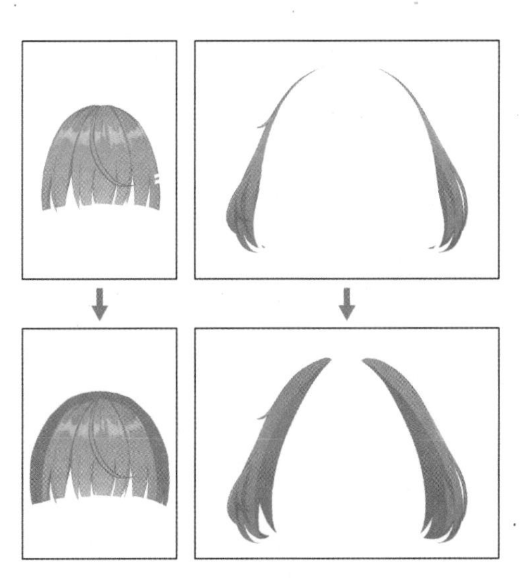

图 5-41　补画完成的前发和侧发

这样我们就得到了“呆毛”、“前发”、“前侧发”、“侧发”和“后发”5个部分的头发，从而满足最基本的建模要求。但是，为了让模型的效果更好，我们希望更细小的发束能独立运动，尤其是脸前方的这些头发。这是因为它们处于醒目的位置，对模型的观感非常重要，所以我们要尽量精细地进行拆分。

下面以“前侧发”部分为例进行拆分。虽然我们可以将发卡直接留在发束上，但是头发是类似布料的很软的物体，制作物理效果后变形可能比较严重。如果不拆分发卡，那么发卡会跟着头发一起变形，这显然是不对的。因此，我们先拆分出发卡，以防变形，如图 5-42 所示。

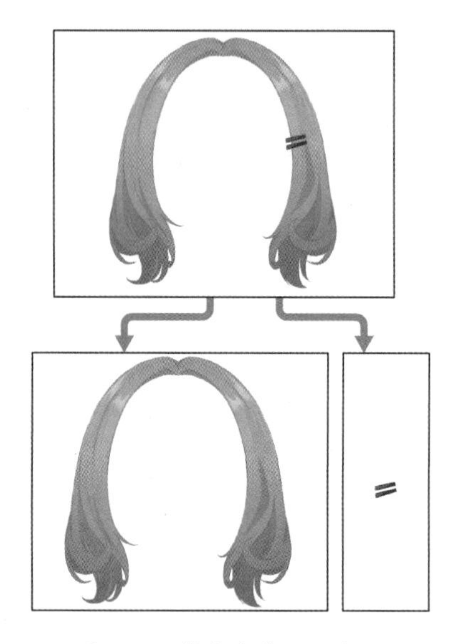

图 5-42 拆分发卡防止变形

对于剩下的“前侧发”部分，则要按发束拆分。首先，我们将前侧发分为左、右两部分，如图 5-43 所示，并在衔接的地方保留一点冗余。

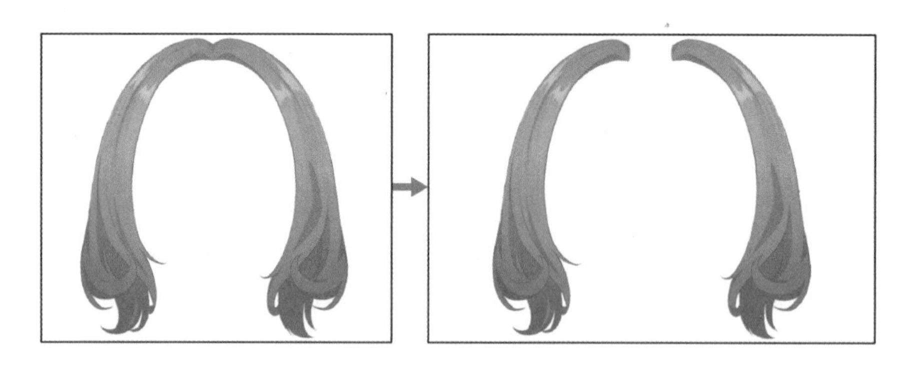

图 5-43 拆分前侧发（1）

观察屏幕右侧的前侧发会发现，它明显分为两个发束。我们先将这两个发束拆分开，如图 5-44 所示，再补画位于下方的发束即可。

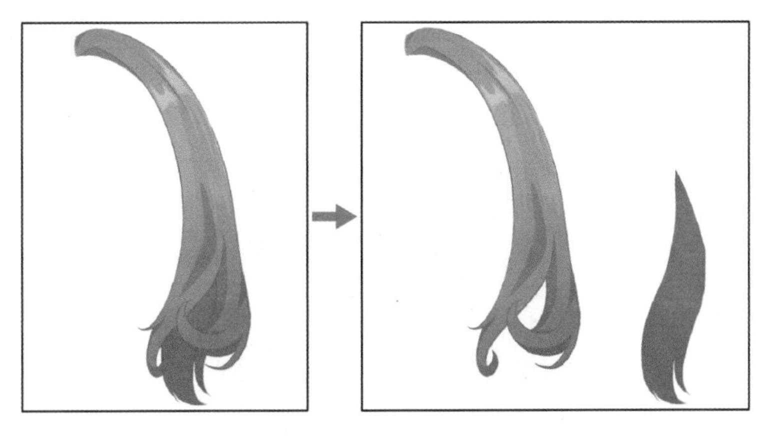

图 5-44　拆分前侧发（2）

使用同样的方法，再将这两个发束拆分为更小的发束，如图 5-45 所示。拆分得越细致，模型效果的理论上限就越高，但建模会越困难。本案例对头发的拆分比较细致，在此基础上再少拆分一些，或者再多拆分一些都是可行的。

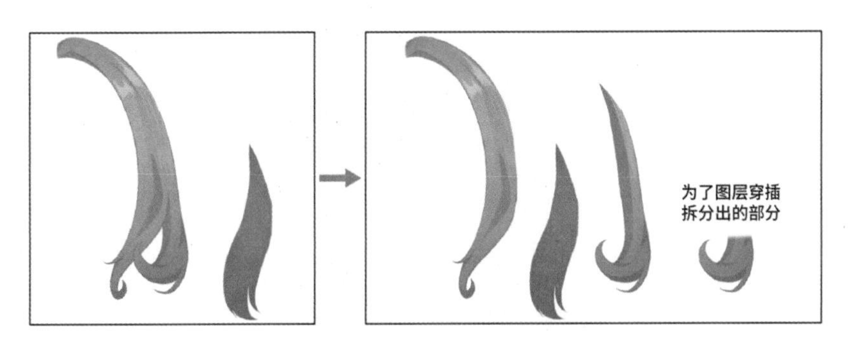

图 5-45　拆分前侧发（3）

下面使用同样的方法处理屏幕左侧的前侧发，注意拆分精细度应该和屏幕右侧的前侧发基本一致。最终，前侧发的拆分结果如图 5-46 所示。如果在这个过程中新建了补画用的图层或图层组，则可以将其合并（或转换为智能对象）。合并完成后，每个发束都应该在单独的图层上。

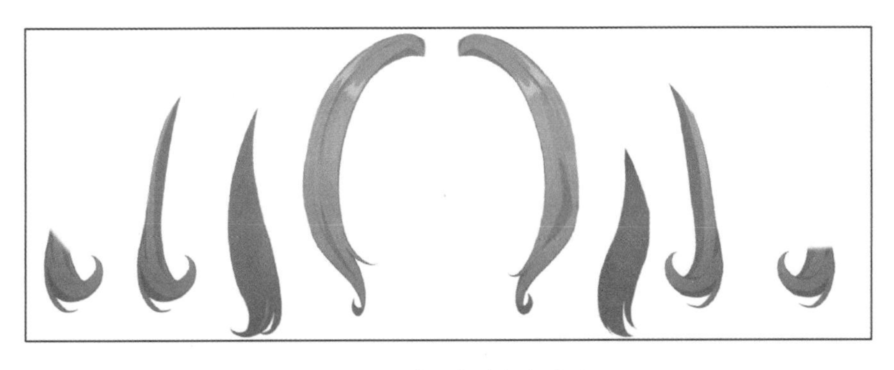

图 5-46　前侧发的拆分结果

由于这些图层是最终建模要使用的，因此我们需要为其妥善命名。如果项目对图层的命名没有要求，则可以将“前侧发”图层组中的所有图层都称作“前侧发”，并用序号（数字）和左右（字母“L”和“R”）作为后缀加以区分，如图 5-47 所示。

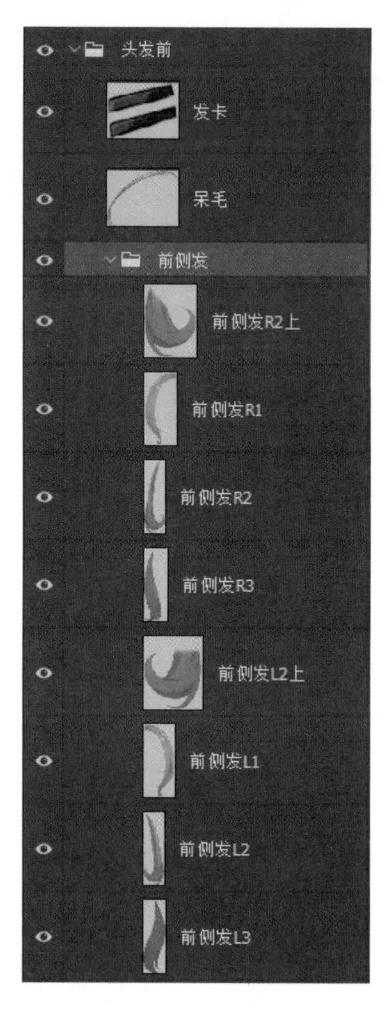

图 5-47　拆分完成后的“前侧发”图层组

下面使用同样的方法拆分“前发”、“侧发”和“后发”部分。针对“米粒”这个角色的特点，拆分时有几点建议可供参考。

① 拆分“前发”部分时，先像拆分发卡一样，把贴着头发的呆毛拆分出来并补画完整，再拆分发束。

② “侧发”部分的拆分精细度应该和“前侧发”部分的基本一致。“前发”部分则可以再拆分得精细一些，但精细度差异也不要太大。

③ 拆分“后发”部分时，不必像拆分“前发”部分那样精细。因为脸后的部分对模型表现力的影响不大。在本案例中，我们只将“后发”部分拆分为了两个图层，甚至没有分左、右两侧。

④ 拆分完每个部分后，都要记得妥善命名。所有图层的命名形式要尽量保持一致（关键是要容易辨识且不出现重名）。

将头发全部拆分完成后，我们将得到如表 5-2 所示的图层结构。

表 5-2 头发拆分后的图层结构

🗀 头发前	发卡	
	呆毛	
	🗀 侧发	侧发拆分出的图层
	🗀 前侧发	前侧发拆分出的图层
	🗀 前发	前发拆分出的图层
待拆分的图层组		
🗀 头发后	头发后侧	
	头发后	

从表 5-2 中可以发现，我们没有完全按照之前说的拆分方式组织图层结构，而是把“发卡”和“呆毛”两个图层单独放在了外面，如图 5-48 所示。这只是因为这两个图层比较特殊，单独放在外面可以引起模型师的注意，读者可以根据实际情况决定是否采纳这种做法。

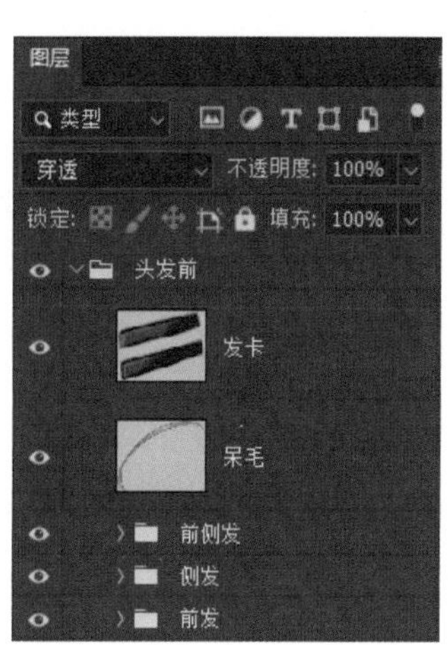

图 5-48 未包含在子级图层组中的图层

“发卡”图层和“呆毛”图层只是特殊的个例，我们仍然要保证大部分图层都有合理的嵌套结构。

在此过程中也许会有疑问：立绘上的眉毛等是透过头发的，在拆分“头发前”时，我们需要把靠近脸的“前发”部分改成半透明的吗？答案是可以，本案例就是这么操作的。但是，我们并没有针对这一点进行讲解，这是因为将“前发”图层组调整成半透明的并非唯一的选择。即使头发不是半透明的，在建模阶段，模型师也可以实现眉毛透出头发的效果。本书将在第 12.1.2 节中讨论这个问题。如果在拆分阶段担心这方面的问题，则可以和模型师沟通。

★请在本书配套资源中查找源文件“5-5-米粒拆分过程-拆分各部分.psd”中的“头发前”和“头发后”图层组。

4. 拆分“头部”

下面开始拆分“头部”。

首先我们将默认状态下看不见的耳朵图层补画上。由于耳朵是左右对称的，因此我们可以开启“绘画对称”功能同时绘制左右两侧。绘画时可以先把耳朵的线条和颜色图层放在“耳朵”图层组中，再合并线条和颜色图层，最后拆分为“耳朵 L”和“耳朵 R”两个图层，如图 5-49 所示。需要注意的是，“耳朵”图层组应该在“脸”图层的下面。

图 5-49 补画出看不到的耳朵

然后处理脸部。我们可以把所有和表情相关的部分都拆分出来，放在新建的“表情”图层组中，如图 5-50 所示。需要注意的是，这里表情相关的部分包含眉毛、眼睛、鼻子、嘴巴和脸颊红晕。其中，脸颊红晕比较难拆分，我们可以在拆分时先舍弃它，在补画时再重新添加上。

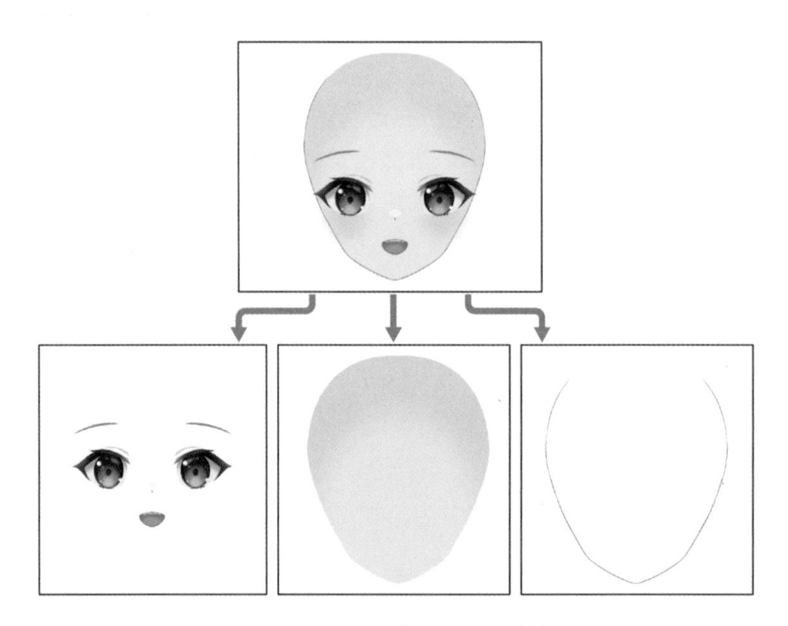

图 5-50 拆分出表情相关的部分

表情的进一步拆分比较精细，我们稍后再单独讲解。现在先隐藏“表情”图层组和“耳朵”图层组，继续拆分剩下的部分。

剩下的就是头部本身了，不过在 Live2D 中我们一般会称这个部分为“脸”。也就是说，我们通常将对应图层的名称设置为“脸”，而不是“头”。这只是约定俗成的习惯，并不是强制规定。

接下来，我们需要把“脸”擦除干净，残留的五官、头发阴影、脸颊红晕等一概不要，只保留最基本的肉色即可。另外，在重新绘制线稿时请单开一个图层。因为我们不打算合并脸的线条和颜色，这样可以方便模型师擦除下巴的线条。拆分完成后，我们将得到“脸线”和“脸色”两个图层。“脸”图层组的图层顺序如图 5-51 所示。

★请在本书配套资源中查找源文件“5-5- 米粒拆分过程 - 拆分各部分 .psd”中的“头部”图层组。

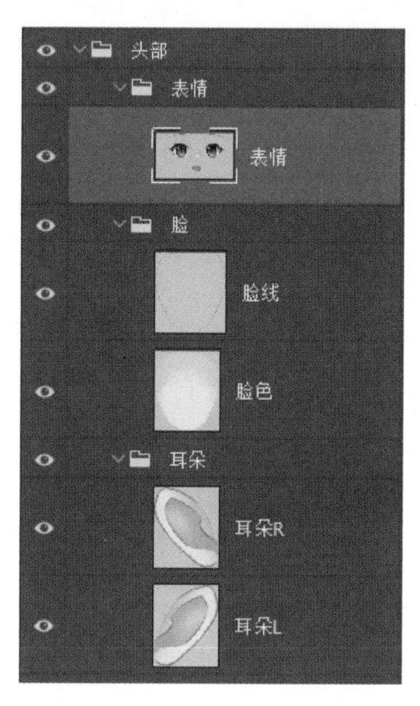

图 5-51 “脸”图层组的图层顺序

5. 拆分“表情”

下面继续拆分“表情”。拆分“表情”是一个比较复杂的工作，拆分要求也比较严格，需要保持耐心和专注。下面就从上到下逐一进行处理。

1）眉毛

在通常情况下，眉毛只是一根细长的线条，只需单独拆分出来即可。在“表情”图层组中新建“眉毛”图层组，使用套索工具框选出右侧的眉毛，用框选出的内容新建图层（按组合键“Ctrl+J”）并放在“眉毛”图层组中。

在拆分眉毛时，要注意尽量不留下任何肤色，只保留眉毛部分，如图 5-52 所示。尤其是在需要眉毛透过头发显示时，这一点是非常重要的。另外，由于“米粒”的眉毛和前发存在重合部分，因此需要把被头发挡住的眉毛部分补画全。

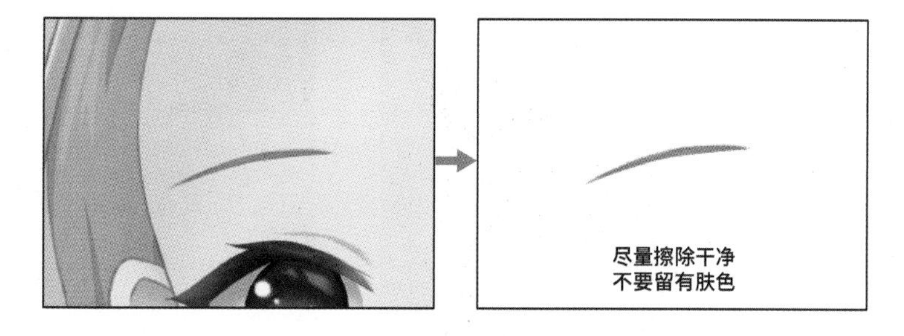

图 5-52 拆分的眉毛

完成拆分和补画后，将所有相关图层合并为“眉 R（右眉）”图层即可。我们可以使用同样的方法得到“眉 L（左眉）”图层，也可以直接通过对称得到左眉，因为“米粒”的左眉和右眉是完全对称的。为此，先选中“眉 R”图层，再将其拖到新建图层图标上（或者按组合键“Ctrl+J”），即可复制该图层，最后将新图层的名称改为“眉 L”，如图 5-53 所示。

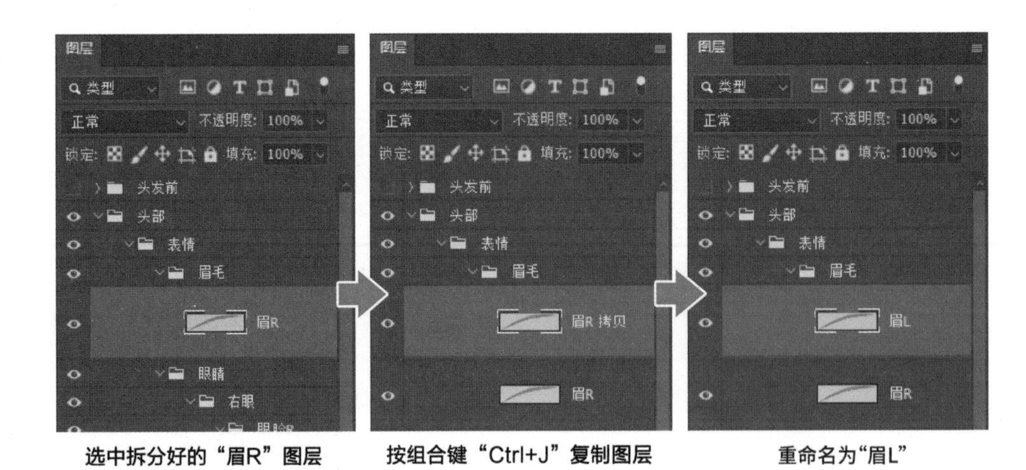

图 5-53 复制右眉图层并重命名为“眉 L”

在继续操作前，请按照 3.2.4 节讲的方法，确保角色是基于画布左右对称的，否则执行对称后的眉毛可能不在正确的位置上。确认对称轴后，在任意位置新建一个图层，将其填充为任意颜色（按组合键“Alt+Delete”）。之后，在按住“Ctrl”键的同时选中这个纯色图层和“眉 L”图层，如图 5-54 所示。

此时，由于纯色图层的边界完全超出了“眉 L”图层，在执行变换时会以纯色图层为准，并且纯色图层是基于画布中轴线左右对称的。因此，我们可以在顶部的菜单栏中依次执行“编辑”→“自由变换”命令（或者按组合键“Ctrl+T”），并在画布上右击，在弹出的右键菜单中执行“左右翻转”命令。这样就得到了与左眉对称的右眉，此时将纯色图层删除即可，如图 5-55 所示。

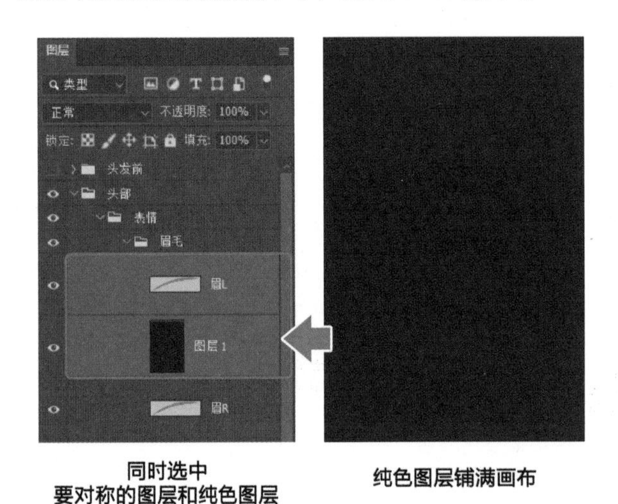

图 5-54 选中对称用的图层

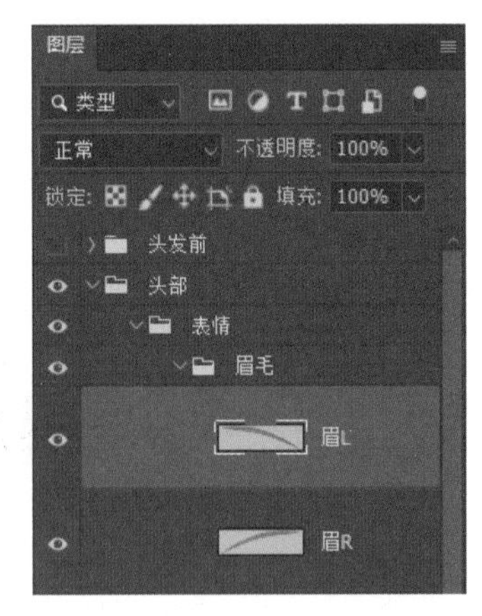

图 5-55 得到与左眉对称的右眉

在绘画或拆分过程中，我们可以经常使用这种方法让图层或图层组单独基于画布进行左右翻转。因此，为方便起见，我们可以将这个翻转的过程制作成 Photoshop 的“动作”，在需要时执行即可。本书将在 5.2.3 节中讲解这个技巧。

2）眼睛：眼睑

下面开始拆分眼睛。眼睛显然是非常精密复杂的部分，因为眼睛的眼睑、眼球等各个部分都是需要独立运动的，我们必须非常精细地进行拆分才能满足建模的需要。那么同样，在“表情”图层组中新建“右眼”图层组，并拆分出对应的图层放入图层组中。接下来，我们从上到下依次拆分出各个图层。

首先是眼睑。在“右眼”图层组中新建“眼睑 R”图层组，将眼睑部分拆分出单独的图层放入其中。

和拆分眉毛时一样，我们尽量将边缘擦除干净。另外，被头发遮住的眼睑末端也要补画上。在擦除时，使用灰色作为背景色会更容易看出肤色和眼白部分是否完全被擦除了。如果眼睑的笔触比较细腻，则很难完全将边缘擦除干净，因此主要将靠近眼睛的一侧擦除干净也是可以的，其效果如图 5-56 所示。

图 5-56　眼睑的拆分效果

下面需要按照 Live2D 模型的运动需求，将眼睑至少拆分为上、下两部分。根据“需独立运动，就单独拆分”的原则，如果像案例中这样，上眼睑处有突出的睫毛，或者下眼睑处有下睫毛，则需要将其单独进行变形，因此也需要将其单独拆分出来。最后，请把这 4 个部分放在单独的图层上并妥善命名。拆分结果如图 5-57 所示。

在拆分眼睑时，需要注意补画出相互重合的冗余部分。尤其是上眼睑和下眼睑，务必在眼角处保留足够的冗余，以免建模时出现破绽，如图 5-58 所示。

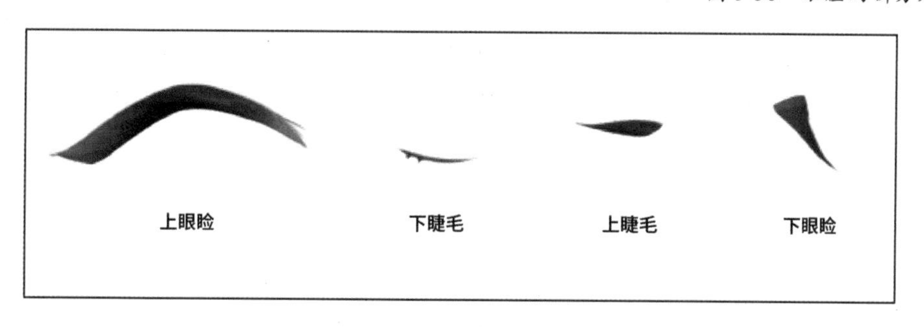

图 5-57　眼睑的拆分结果

图 5-58　眼睑处的冗余

如果想制作出更加细腻的效果，则可以尝试拆分出眼睑上的高光等。但在本案例中，我们就拆分到这种程度即可。需要注意的是，对眼睑的拆分同样是在重复执行“从大到小，先拆后补”的拆分过程。

3）眼睛：高光和眼黑

下面开始拆分高光和眼黑。为了避免遮挡，我们需要隐藏上方拆分好的“眼睑”图层组。

首先，拆分眼球上的高光。对于这种边缘模糊的高光，把眼球部分擦除干净非常困难。在这种情况下，我们通常建议新建一个图层，直接补画高光。拆分后的高光如图 5-59 所示。如有必要，我们可以将高光的几个光点拆分到不同图层上，不过这里就不那么做了。

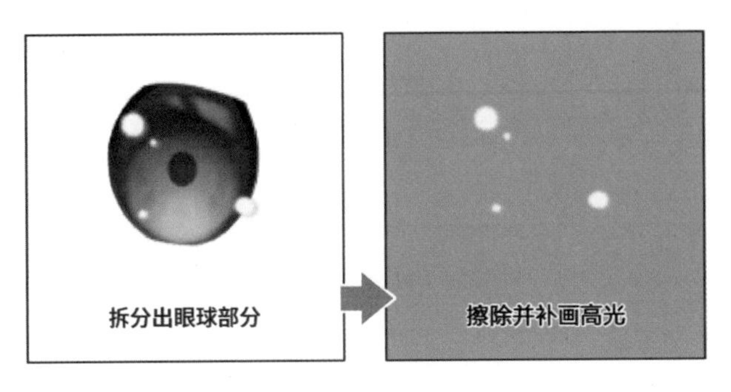

图 5-59 拆分后的高光

然后，拆分眼黑。通常来说，角色的眼球会像插画中这样被眼睑遮住一部分，我们需要把它补画全。首先拆分出眼黑部分作为新的图层并命名为“眼黑 R”，然后将高光擦除，最后补画上被眼睑遮住的部分，如图 5-60 所示。

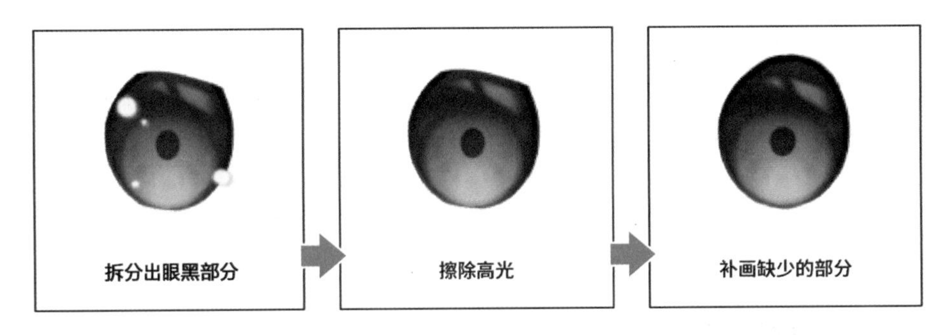

图 5-60 拆分眼黑

如果想制作出更加细腻的效果，则可以将眼黑上的反射光和瞳孔也拆分出来。

4）眼睛：眼白和眼皮

在拆分眼白和眼皮前，我们需要隐藏拆分好的“眼黑”图层组、“高光”图层组和“眼睑”图层组。下面开始拆分出眼皮，将拆分出的“眼皮 R”图层放在眼白下方。拆分眼皮的要求和眼睑的相同，尽可能将皮肤擦除干净。眼皮的拆分结果如图 5-61 所示。

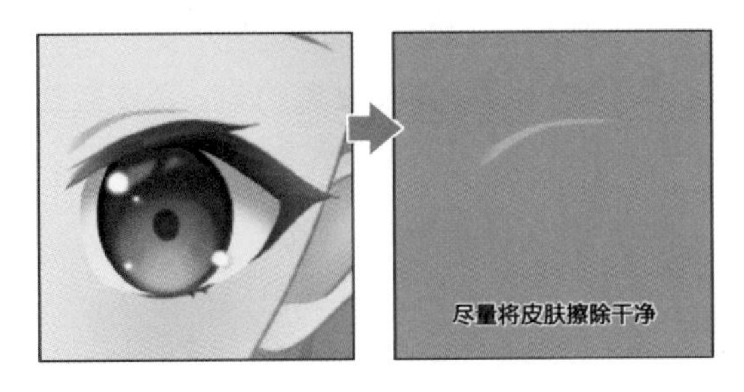

图 5-61 眼皮的拆分结果

下面开始拆分眼白，直接将剩下的这个图层命名为“眼白 R”。由于眼白是眼黑的蒙版，因此必须把颜色填充全，不能有漏色。另外，眼白要稍微超出上眼睑，以免模型出现破绽。眼白的拆分结果如图 5-62 所示。

这样就完成了整个右眼的拆分，拆分后各个图层的外观，如图 5-63 所示。拆分出的图层结构可以略有不同。比如，我们可以把高光和眼黑放在同一个图层组中。之后，我们可以使用同样的方法拆分出左眼，或者将右眼直接复制到左侧，具体操作此处不再赘述。

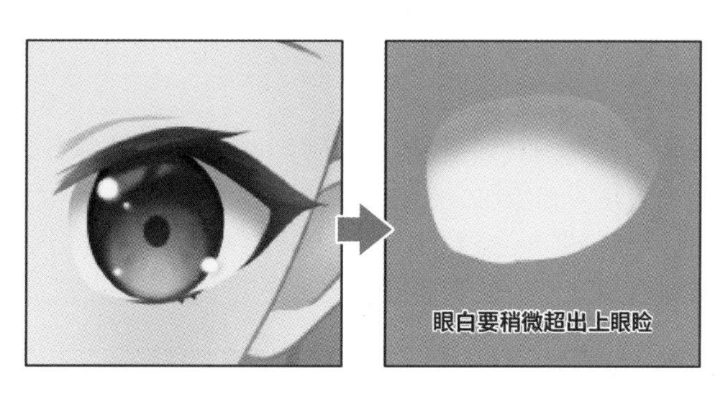

图 5-62 眼白的拆分结果

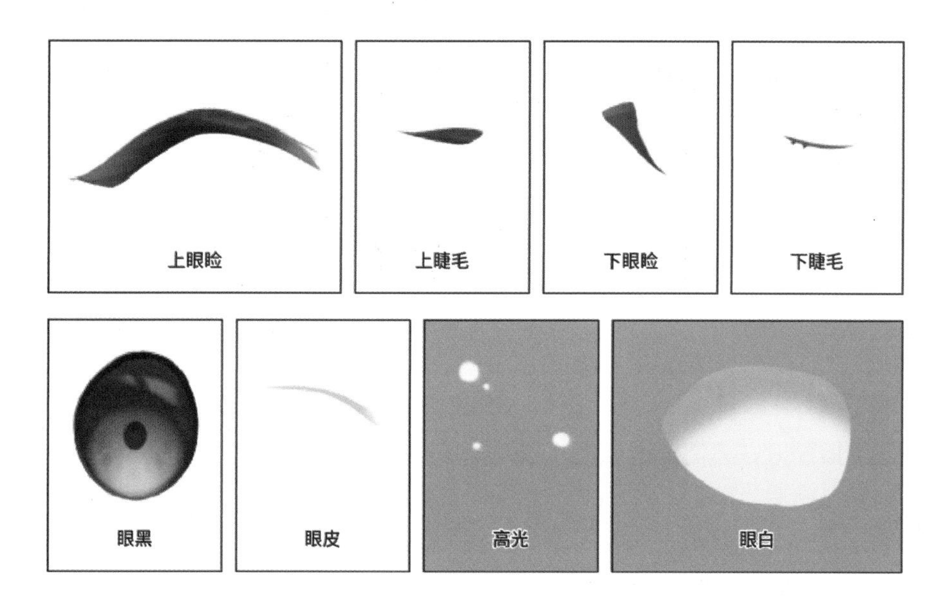

图 5-63 右眼拆分后的结果

5）鼻子

下面开始拆分鼻子。在类似案例中这样的动漫风格的角色，鼻子往往由一个点和一个高光或阴影组成。因此，我们只需将这两个部分拆分出来即可。在“表情”图层组中新建“鼻子”图层组，使用套索工具将鼻子拆分出来，并将其拆分成两份。鼻子的拆分结果如图 5-64 所示。

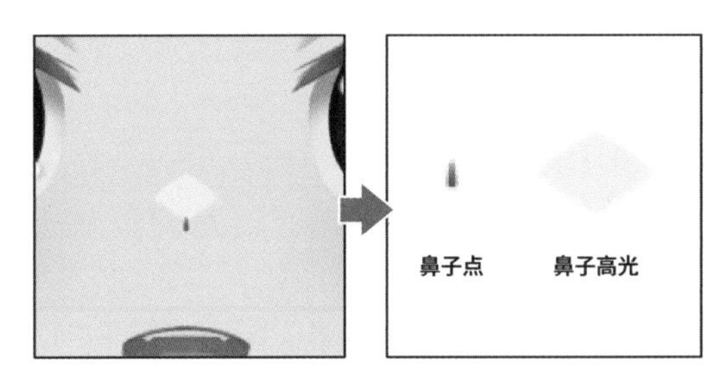

图 5-64　鼻子的拆分结果

之所以要将鼻子的点和高光（根据不同画风，此处也可以是阴影）拆分开，是因为以下两个原因。

第一，在角色转头时鼻子高光和鼻子点需要分别变形。比如，现在“米粒”的鼻子高光是菱形的，但脸转向一侧时会变成三角形，如图 5-65 所示。

第二，鼻子高光可能需要单独调整不透明度，或者使用不同的混合模式。也就是说，由于鼻子高光需要独立运动，因此需要拆分出鼻子高光。

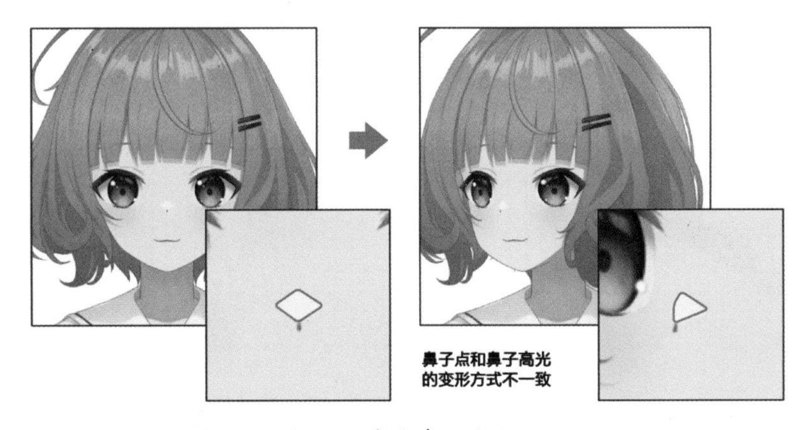

图 5-65　拆分鼻子的原因

6）脸颊红晕

在拆分脸部时，我们说过要将脸颊红晕擦除。当时读者可能并不理解，觉得脸颊红晕总归是贴在脸上的，不拆分似乎也可以。其实不然，我们单独拆分出它的理由和拆分出鼻子高光是一样的。再次观察图 5-65 会发现，当角色朝向正面时脸颊红晕是左右对称的，但是当角色转头时脸颊红晕实际会偏向一侧，和脸整体的变形并不一致。

也就是说，相对于脸，脸颊红晕是需要独立运动的，因此需要将其单独拆分出来。然而，像这样边缘严重模糊的图层是没有办法直接“拆”出来的，我们需要新建一个“红晕”图层并重新绘制它。

虽然我们可以使用吸管工具直接吸取脸颊的颜色，但是有一个问题：这类图层上的像素通常是半透明的。如果使用吸管工具吸取的颜色直接重新绘制脸颊红晕，则会让脸颊红晕的颜色偏浅。因此，我们可以在绘制完后，首先将图层的混合模式改为“正片叠底”，然后在顶部的菜单栏中依次执行“图像”→“调整”→“色相 / 饱和度”

命令（或者按组合键“Ctrl+U”），最后在弹出的“色相/饱和度”对话框中通过滑块调整颜色，直到得到满意的效果。

脸颊红晕拆分后的结果如图 5-66 所示。

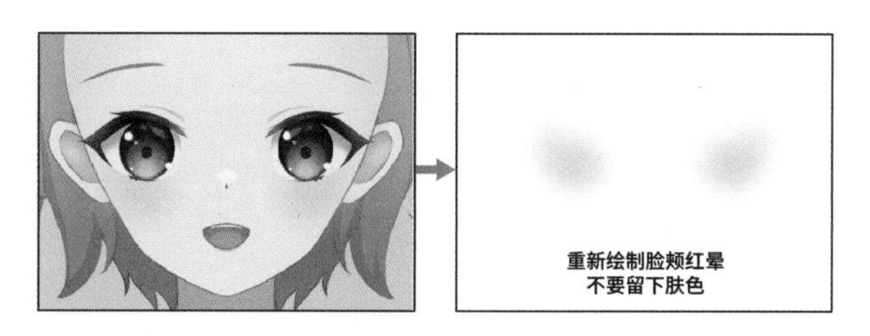

图 5-66 脸颊红晕拆分后的结果

7）嘴巴

下面开始拆分嘴巴部分。在“表情”图层组中新建“嘴”图层组，使用套索工具将嘴巴部分拆分出来。嘴巴需要开闭和变形，因此上嘴唇和下嘴唇必然都是需要独立运动的。下面介绍一种最典型的嘴巴的拆分方式。

首先我们拆分嘴的轮廓，得到“上嘴唇”和“下嘴唇”两个图层。需要注意的是，我们不仅要拆分上嘴唇和下嘴唇，还要根据脸的底色为嘴唇补画一圈肉色边缘，如图 5-67 所示。这两个图层之间不仅要有相互重合的冗余部分，还要保证嘴唇线能够接合。通常来说，我们将“上嘴唇”图层放在上方，这样我们才有可能将其他部分夹在上嘴唇和下嘴唇之间，制作伸舌头等效果（虽然本案例不涉及舌头）。

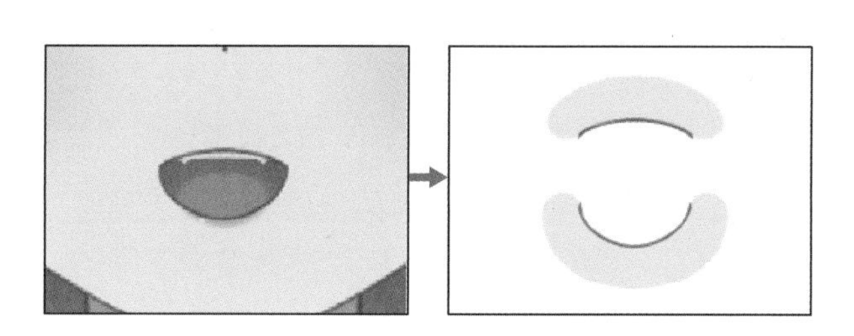

图 5-67 拆分上嘴唇和下嘴唇

上、下嘴唇的作用类似于眼睑，主要用来遮挡嘴的底色，即“嘴内”图层。拆分出“嘴内”图层后，先擦掉图层上的牙齿部分，再对嘴的底色进行补画，让它的边缘扩大一圈，如图 5-68 所示，只要保证“上嘴唇”图层和“下嘴唇”图层可以遮住“嘴内”图层即可。

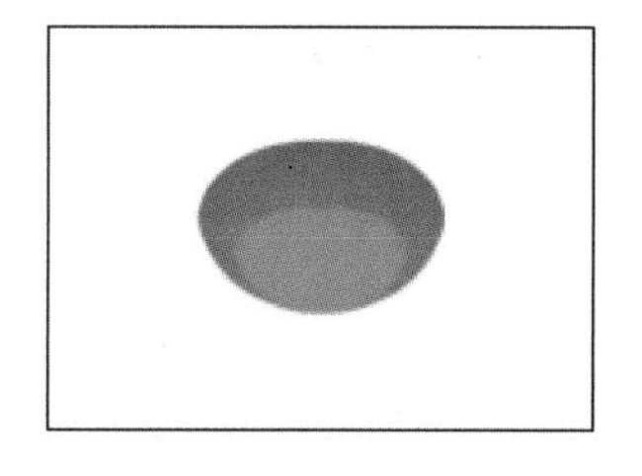

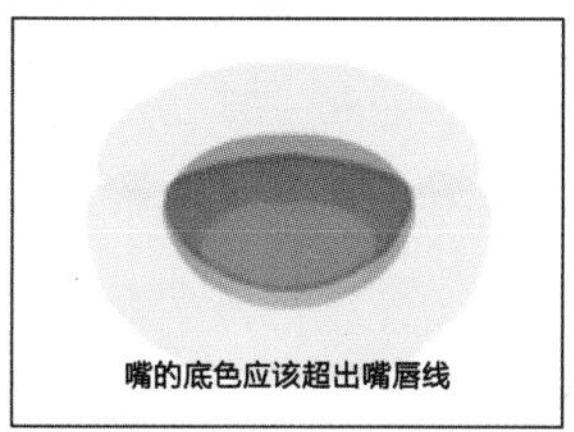

图 5-68 拆分嘴内

这样一来，我们就达成了最基本的拆分要求。对 Live2D 模型来说，有上述 3 个图层就足够了。但是，这里再将其拆分得精细一些，将刚才擦除的上牙拆分出来并补画全。另外，我们可以发挥想象力，创建“下牙”图层并在嘴巴靠下的位置补画出下牙，如图 5-69 所示。

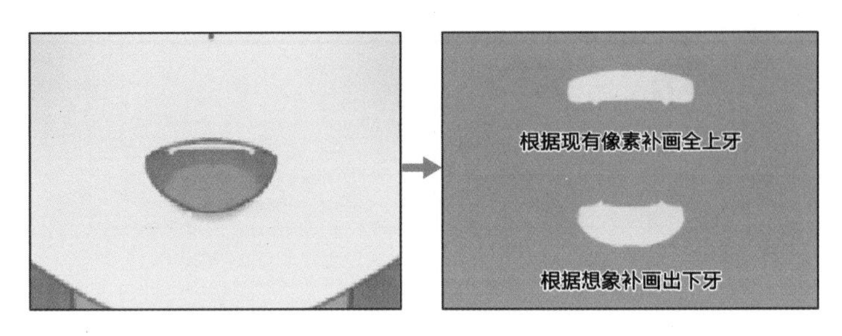

图 5-69 补画上牙和下牙

模型只有上牙也是可以的。如果能再添加下牙，则可以让角色在微微张嘴时做出龇牙的动作，如图 5-70 所示。

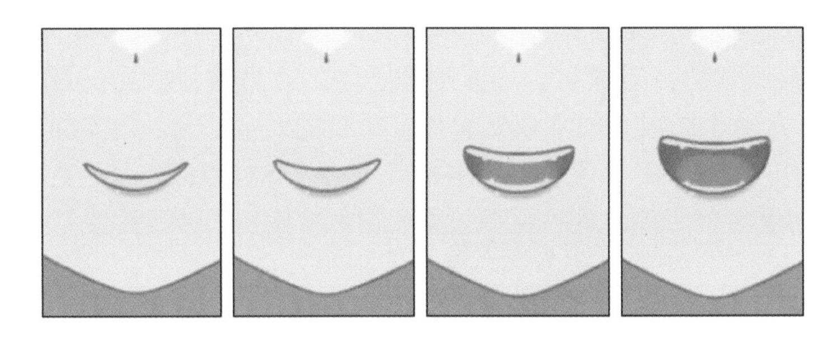

图 5-70 有了下牙可以制作额外的嘴型

为了制作出更加细腻的效果，我们可以考虑把唇彩从“下嘴唇”图层上拆分出来。观察一下自己的嘴唇会发现，在不同嘴型下，嘴唇的厚度是不同的。因此拆分出唇彩，可以更细腻地控制每个嘴型的下嘴唇厚度。拆分唇彩的结果如图 5-71 所示。

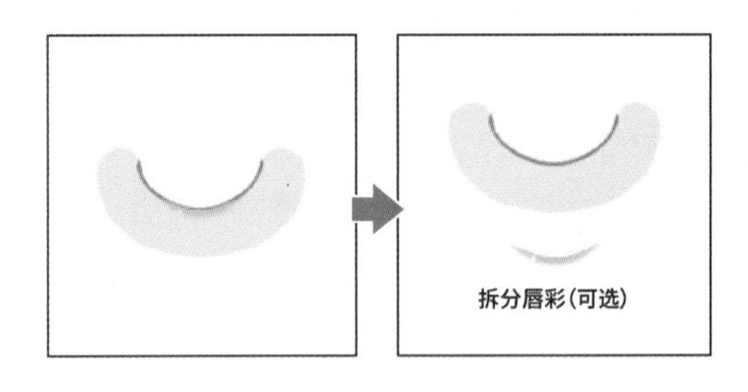

图 5-71 拆分唇彩的结果

这样就拆分完了嘴巴，拆分结果如图 5-72 所示。虽然我们做了许多超出必要限度的拆分，但是嘴巴的拆分其实还可以再精细一些。比如，我们可以拆分出舌头和虎牙，也可以把“上嘴唇”的线条和颜色拆分开。作为和眼睛同样精密的部分，拆分嘴巴时请务必保持耐心、勤奋思考。

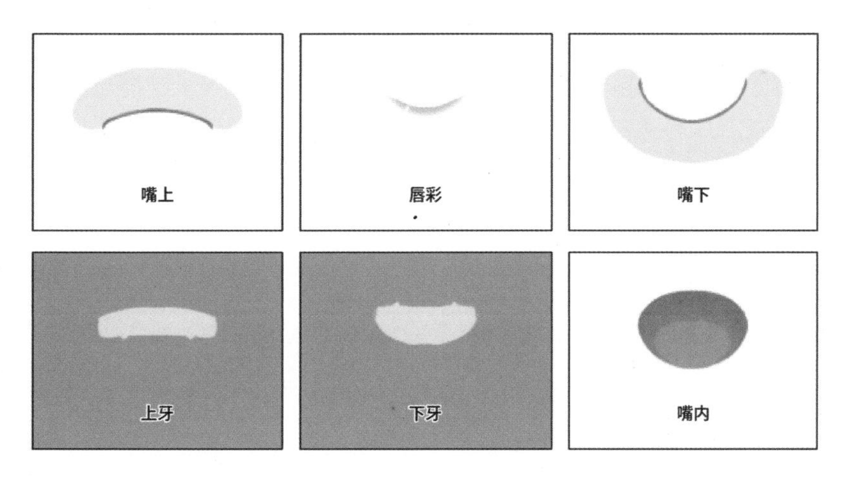

图 5-72　嘴巴的拆分结果

这样我们就拆分完了所有的表情图层。虽然表情在插画上占到的面积很小，但是从来都是最复杂的部分。在本案例中，尽管许多细节我们没有拆分，但是表情相关的图层仍大约占到了图层总量的 1/3，足见其重要性。

★请在本书配套资源中查找源文件“5-5- 米粒拆分过程 - 拆分各部分 .psd”中的“表情”图层组。

6. 拆分“上身”

下面开始拆分上半身。从这里开始，如何拆分就比较看服装特点了。由于“米粒”穿的是低衣领的服装，因此锁骨部分是可见的。这意味着在身体旋转时，衣领和身体会产生错位。也就是说，它们都需要独立运动。因此，我们要考虑拆分出内层的身体部分和外层的衣服部分，如图 5–73 所示。下面先来处理身体部分。

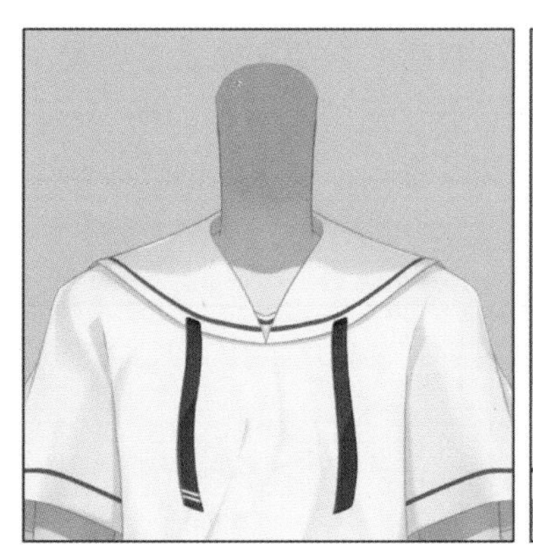

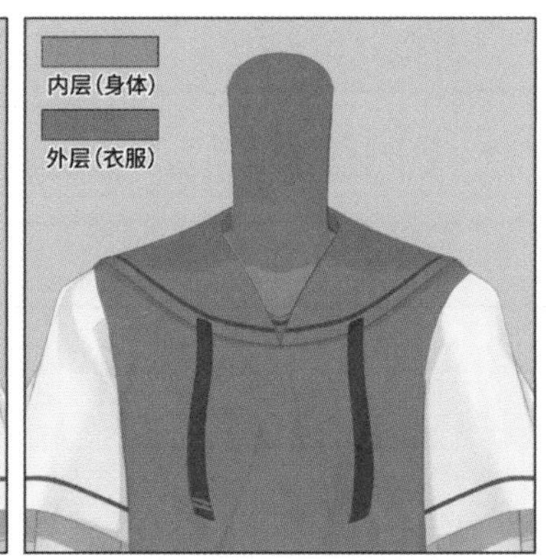

图 5-73　拆分内层和外层

首先，需要拆分出脖子，以便角色在左右摇头时能单独变形。脖子的上半部分我们之前已经补画好了，只需从肩膀上拆分下来即可。拆分时，要注意将脖子拆分成近似长方形的感觉，长度要延伸到锁骨附近，如图 5–74 所示。通常来说，脖子的下半部分不会和肩膀发生错位，因此不用特别注意处理衔接的地方。

其次，拆分肩膀。使用套索工具框选出肩膀部分后，补画上被脖子挡住的区域，并补画出肩膀被衣服覆盖的地方，如图5-75所示。由于“米粒”的领口很窄，我们只需补画很小一块，如果不放心，则可以多补画一些面积，甚至可以将整个上半身补画出来。

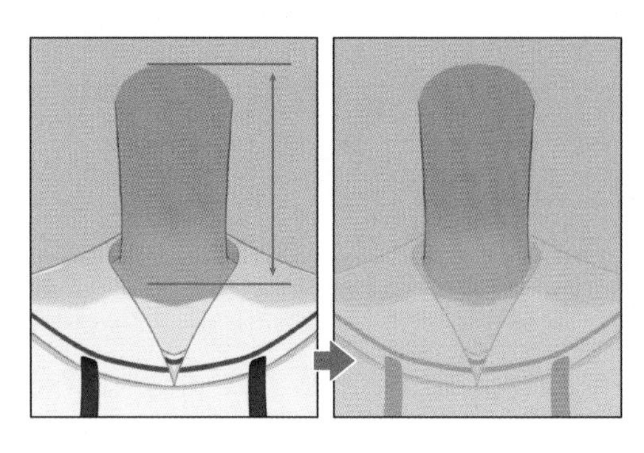

图5-74　拆分脖子

图5-75　拆分肩膀

再次，拆分衣服部分。当遇到带有衣领的衣服时，需要拆分出衣领以保证立体感。而在拆分衣领之前，我们需要先将两根黑色的松紧绳拆分出来，并将衣服部分擦除干净，如图5-76所示。拆分出松紧绳后，我们将松紧绳遮挡的衣服和衣领补画全。

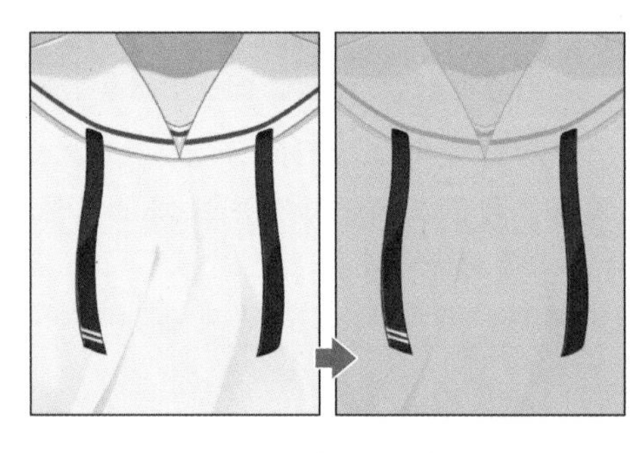

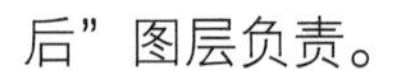

图5-76　拆分松紧绳

在拆分衣领时，由于衣领不仅位于身体前，还围绕到了脖子和肩膀的后方，因此我们不能简单将衣领作为一个图层，而要至少拆分出前后两部分。

使用套索工具框选出身体前方的衣领，先新建一个“衣领前”图层并将其他部分擦除干净；再新建一个“衣领后”图层，补画上衣领围绕到身体后的部分，如图5-77所示。从领口处可以看到，衣服内侧的颜色完全由“衣领后”图层负责。

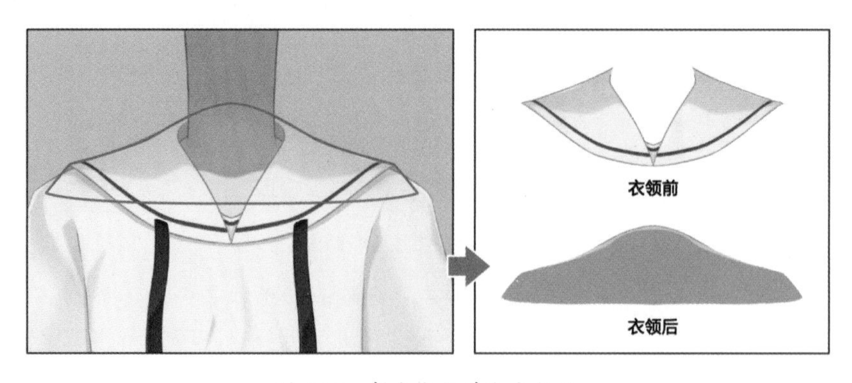

图5-77　拆分衣领前和衣领后

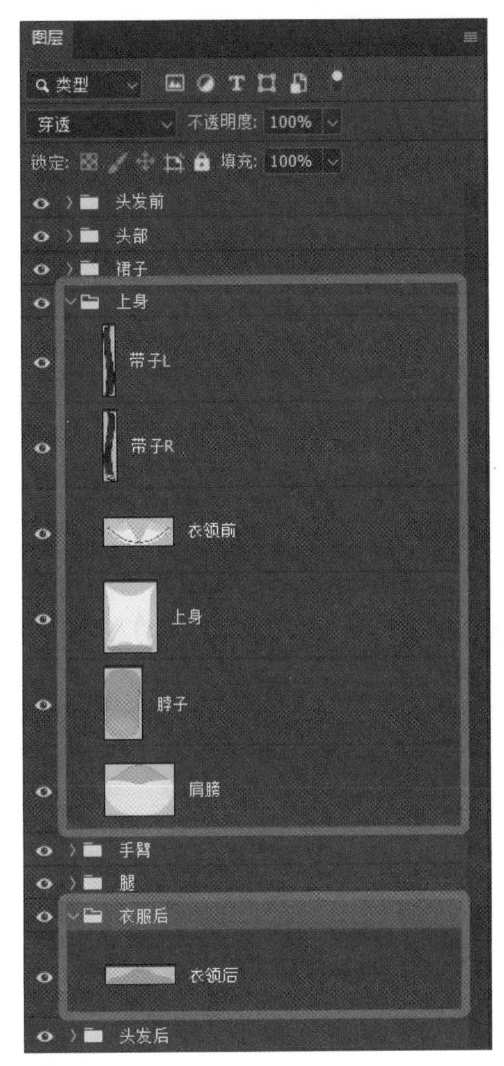

图 5-78 添加“衣服后”图层组

由于身体后方的衣领面积较大，即使放在“上身”图层组的最下方，也可能和手臂等图层发生穿模问题。因此，我们再新建一个和“上身”同级别的图层组，将其命名为“衣服后”，并将这个图层组放在“头发后”图层组的上面，如图 5-78 所示。

在拆分角色的衣服、裙子、饰品等时，如果想要把一部分放在身体的后方，则需要将对应的图层放在“衣服后”图层组中。在进行操作时，请使用容易辨识的名字表明图层间的前后关系。比如，这里的“衣领前”图层和“衣领后”图层就清晰地表明了这种关系。

最后，拆分剩下的“上身”部分。之前我们已经补画过衣服和裙子的交错部分，这里只需擦掉衣领，再补画一些被衣领遮盖的部分即可，如图 5-79 所示。

图 5-79 拆分剩下的“上身”部分

★请在本书配套资源中查找源文件“5-5-米粒拆分过程-拆分各部分.psd”中的“上身”图层组。

7. 拆分“手臂”

下面开始拆分手臂。我们之前说过，手臂要先拆分为“大臂”、“小臂”和“手”3个部分，此处同样要按照这个顺序操作，只是有衣服和饰品时要注意更多细节。

首先，拆分大臂和小臂。对于这样直接连接在一起的关节，拆分后最好有至少一侧是近似椭圆形的，如图 5-80 所示。在手臂旋转时，这样拆分开的关节会更容易衔接在一起。所谓的“球形关节人偶”就是用球体作为关节的轴，让关节可以旋转。

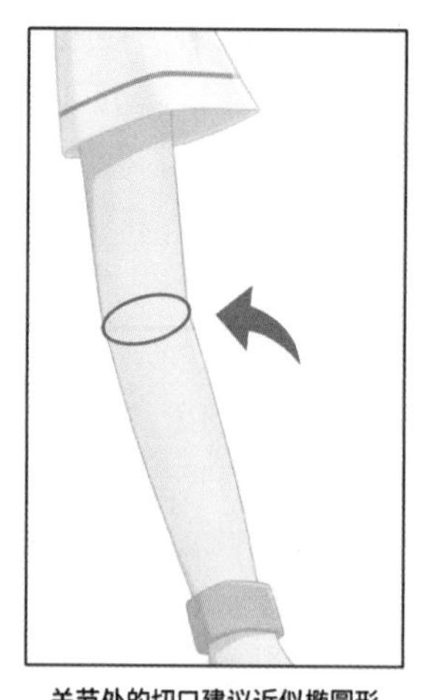

关节处的切口建议近似椭圆形

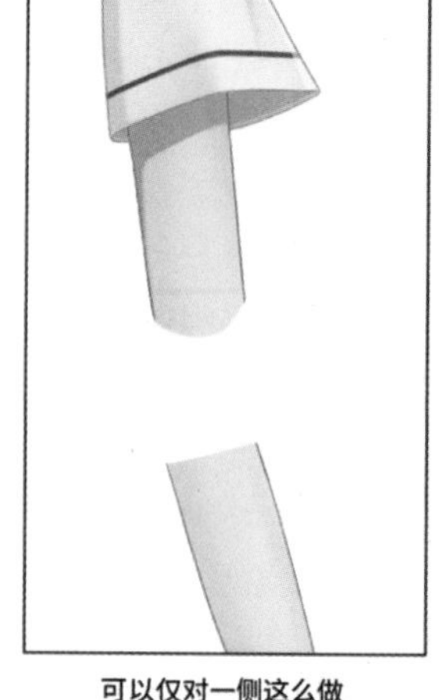

可以仅对一侧这么做

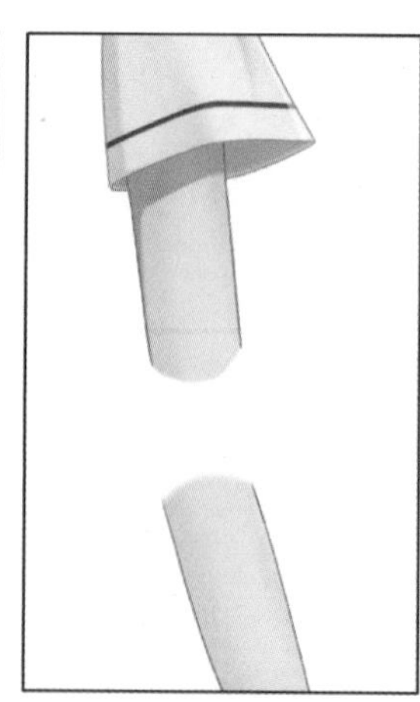

也可以对两侧都这么做

图 5-80　拆分大臂和小臂

下面先处理大臂部分。大臂部分有袖子，而袖子围绕着大臂，因此我们需要像拆分衣领时那样，将袖子拆分为袖子前和袖子后。由于袖子的运动范围不会太大，因此袖子的后半部分不用补画太多；大臂补画到袖子内即可，没必要延伸到肩膀，如图 5-81 所示。

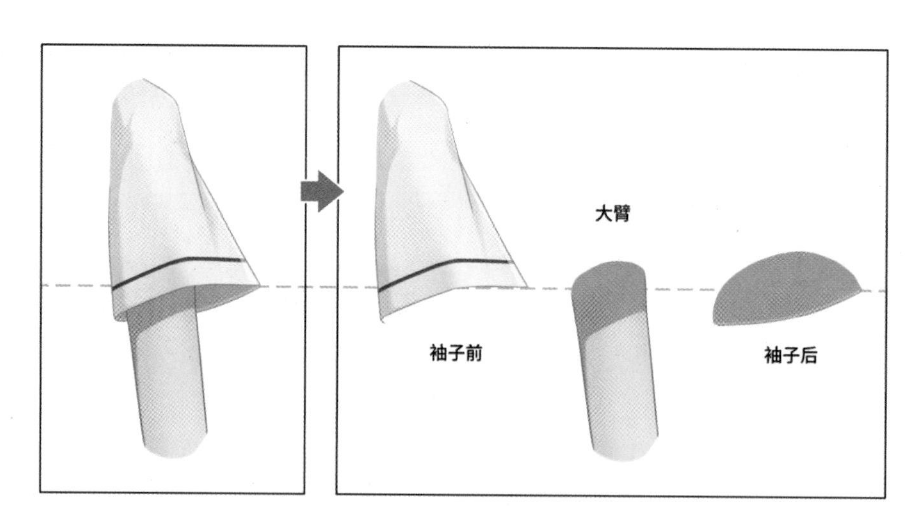

图 5-81　拆分大臂和袖子

至于袖子的阴影，由于它的形状比较简单，即使拆分出来制作摇摆效果也很难提升观感。因此我们判断阴影不需要独立运动，也就不需要拆分了。

再处理小臂部分。小臂部分有腕带，而且腕带完全遮住了手腕。在这种情况下，如果不打算让角色脱掉这件饰品，则可以不把手臂补画全。我们可以先拆分出腕带前和腕带后，再让手和小臂延伸到腕带内，如图 5-82 所示。

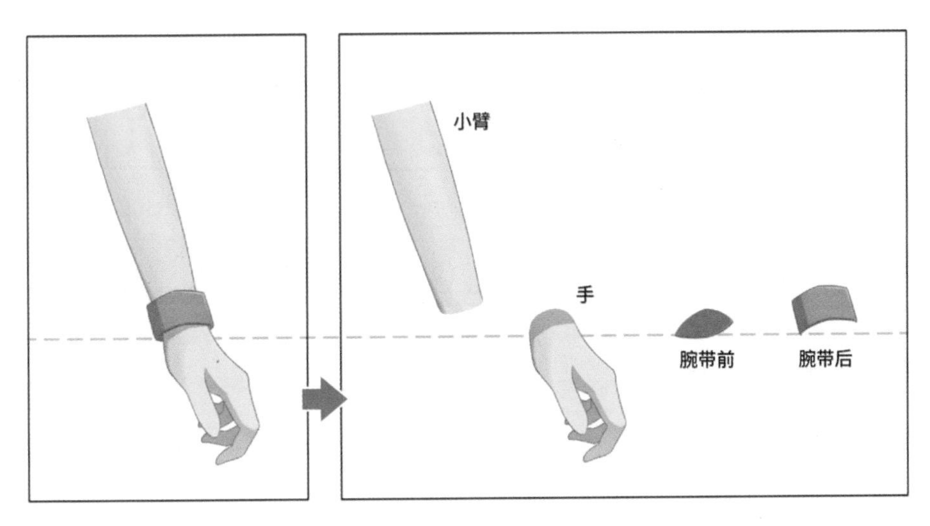

图 5-82 拆分小臂和腕带

拆分完成后，我们开始整理手臂相关的图层。此处请思考一下图层顺序的问题。这里以另一个模型为例，左侧是按照大臂、小臂、手的顺序排列图层的，而右侧是按照小臂、手、大臂的顺序排列图层的，如图 5-83 所示。

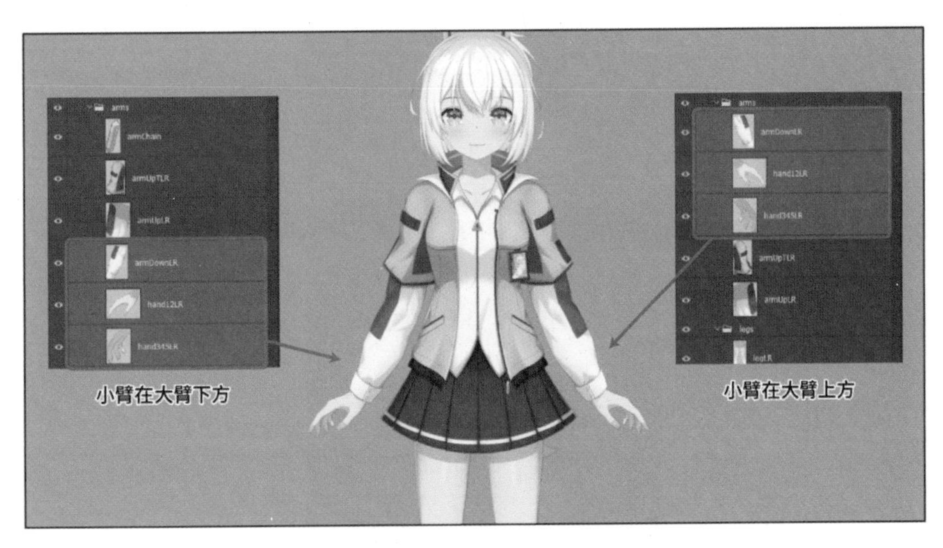

图 5-83 不同的手臂排列顺序

虽然两种排列顺序下插画的外观是相同的，但是我们需要根据模型的运动能力选择其中一种。如果预计模型的手臂要运动到身体前方，则需要将小臂放在大臂上方，如图 5-84 所示。如果将小臂放在大臂下方，则需要在小臂运动到身体前方时，改变图层的排列顺序，这很容易导致模型出现破绽。

因此，通常建议将小臂放在大臂上方。不过在本案例中，我们只打算让模型做比较简单的运动，将大臂放在小臂上方也是可以的。

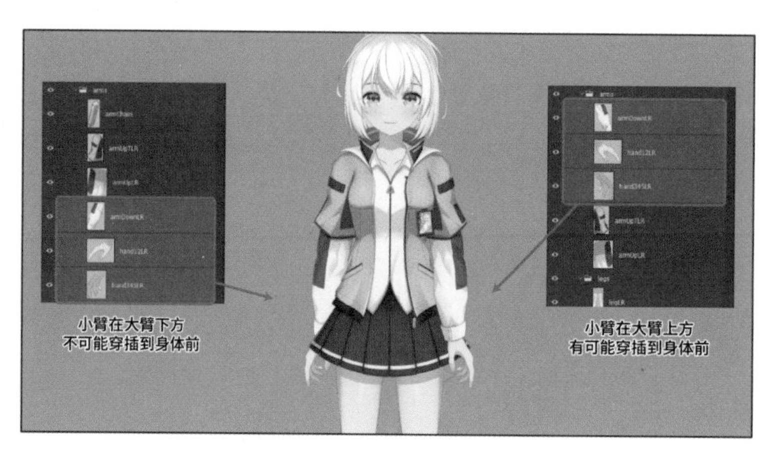

图 5-84　不同顺序的运动情况

然后，处理袖子和腕带的后半部分。之前在拆分衣领时，我们将“衣领后”图层放入了新建的“衣服后”图层组中。当然，我们也可以将“袖子后”图层和“腕带后”图层放入“衣服后”图层组中，但是这种做法终究是将前、后两个图层放入不同的图层组中，不方便查找。因此，如果有可能，还是建议将前、后两个图层放入同一个图层组中，如图 5-85 所示。

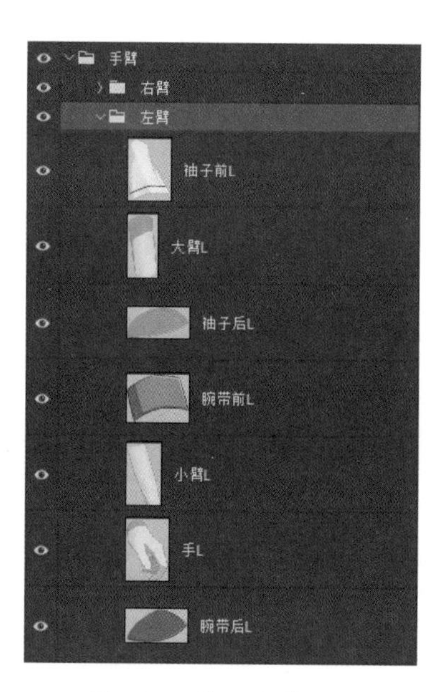

图 5-85　整理手臂图层

最后，为了巩固练习，我们把手也拆分一下。在“手臂”图层组下方，新建一个“手”图层组，开始拆分手。为了让手能做出灵活的动作，最好将五根手指都拆分出来，而剩下的部分可作为手掌。请发挥想象力，试着完成手的拆分和补画吧！手拆分后的结果如图 5-86 所示。

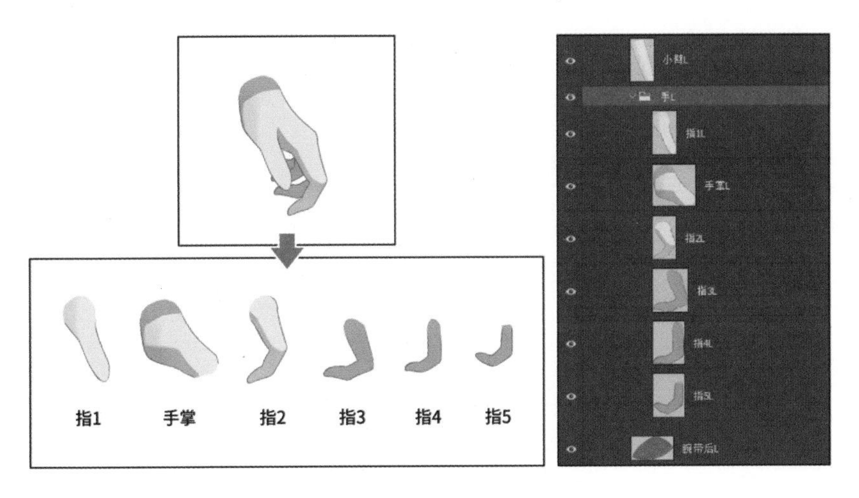

图 5-86　手拆分后的结果

至此，我们演示完了左臂的拆分过程。右臂的拆分方式也完全相同，部分图层也可以通过对称得到，具体操作此处不再赘述。

★请在本书配套资源中查找源文件“5-5-米粒拆分过程-拆分各部分.psd”中的“手臂”图层组。

8. 拆分“腿”

腿的拆分方式和手臂一样，需要在关节处保留近似椭圆形的重合部分。在拆分大腿和小腿时，我们可以将膝盖放在大腿图层上，并在小腿图层上补一些肉色的冗余部分。不过对“米粒”来说，我们刚好可以使用袜子的边缘作为分割线，如图 5-87 所示。

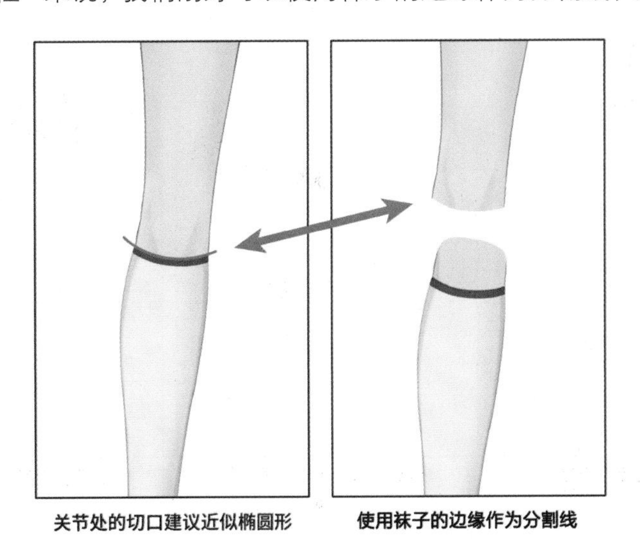

图 5-87　拆分大腿和小腿

由于鞋子的鞋口较宽，因此我们可以使用类似袖子的方式将鞋子分为脚前和脚后，将小腿夹在中间，如图 5-88 所示。

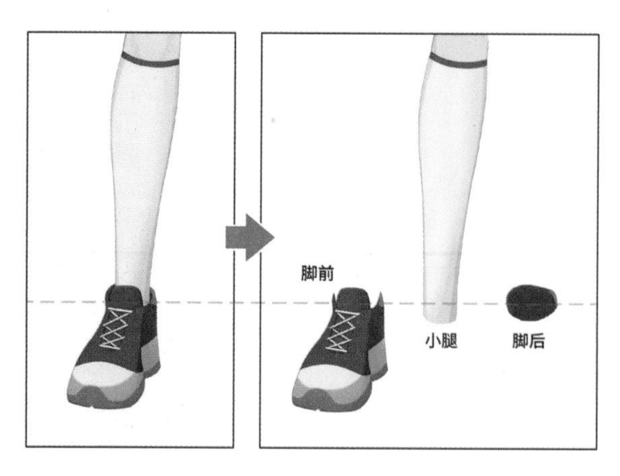

图 5-88　拆分小腿和鞋子

虽然像这样拆分就足够了，但是鞋子的拆分还可以再精细一些。对于鞋子这种立体感比较强的部分，除了可以将鞋子拆分为脚前和脚后，还可以拆分出脚侧，以便制作旋转角度的效果，如图 5-89 所示。

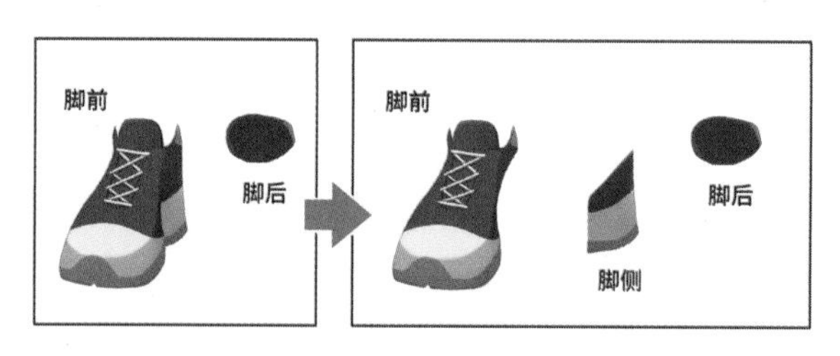

图 5-89　拆分鞋子

这样一来，当角色的腿发生角度变化时，我们就可以改变侧面露出的范围，以呈现更好的立体效果，如图 5-90 所示。

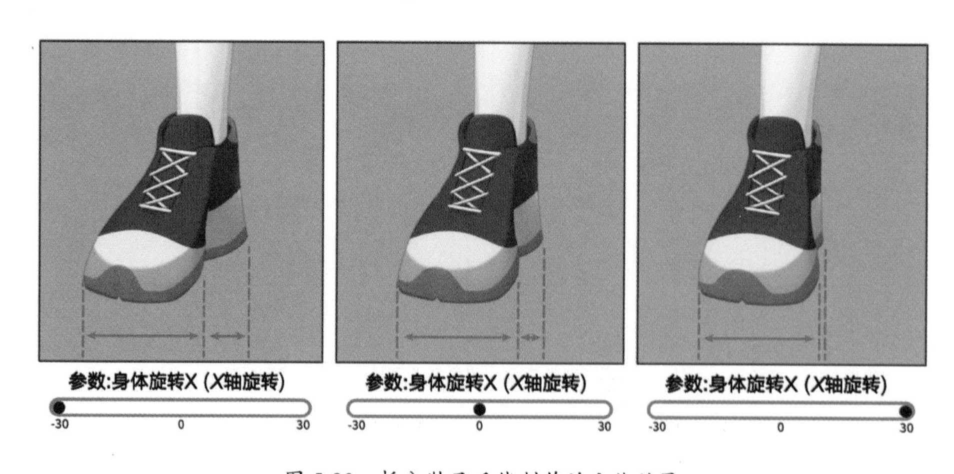

图 5-90　拆分鞋子后能制作的立体效果

★请在本书配套资源中查找源文件“5-5-米粒拆分过程-拆分各部分.psd”中的“腿”图层组。

9. 添加阴影和蒙版图层

在之前的步骤中，我们已经完成了对所有部分的拆分，甚至补画出了看不见的耳朵等部分。然而，在拆分过程中，我们忽略了添加阴影和蒙版图层的问题，下面就来处理。

首先是阴影。在拆分过程中，我们擦除了裙子和头发产生的阴影，现在需要将它们添加上。在 3.2.2 节中，我们曾讲过处理裙子阴影的方法，这里一边拆分一边复习一下。

1）裙子阴影

由于阴影需要晃动，因此我们不能仅拆分出大腿上的这两块阴影，而是要将裙子的阴影补画完整。由于裙子的阴影和裙子的形状是相同的，因此我们可以直接复制裙子图层并填充上阴影颜色，而且为了避免穿模，需要擦除阴影上方的一部分，如图 5-91 所示。

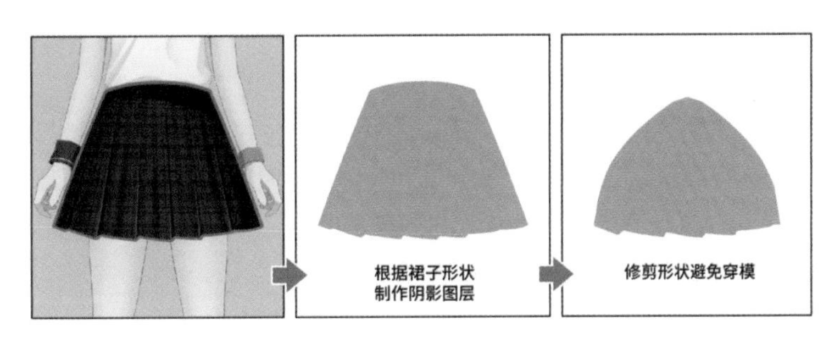

图 5-91 添加裙子阴影

制作完阴影图层后，将阴影放到“裙子”图层组下方的新图层组中。首先选中“腿”图层组，按组合键“Ctrl+Alt+E”进行盖印，得到合并后的“腿（合并）”图层；然后按住“Ctrl”键并单击这个新图层的缩览图，即可得到对应的选区；最后选中阴影所在的图层组，单击“图层”面板底部的“添加图层蒙版”图标，如图 5-92 所示。这样阴影就只会在双腿的范围内显示了，此时可以将刚才盖印得到的“腿（合并）”图层删除。

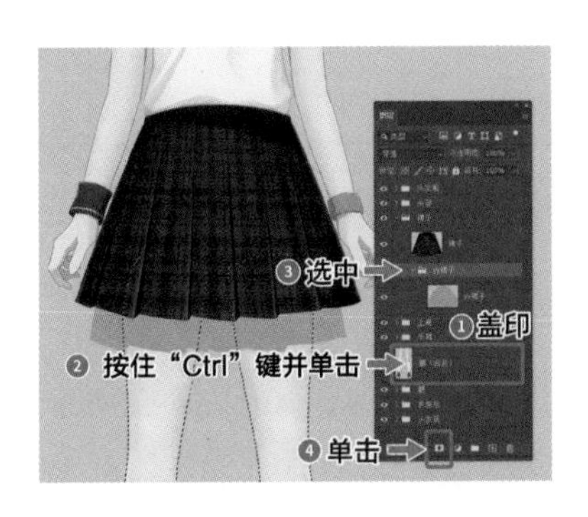

图 5-92 添加腿部对应的图层蒙版

此时，阴影会覆盖腿部的线条，导致观感很奇怪。我们可以将阴影图层的混合模式改为“正片叠底”，并降低不透明度，调整阴影的颜色，从而得到比较合适的阴影，如图 5-93 所示。这样阴影就不会覆盖线条了。

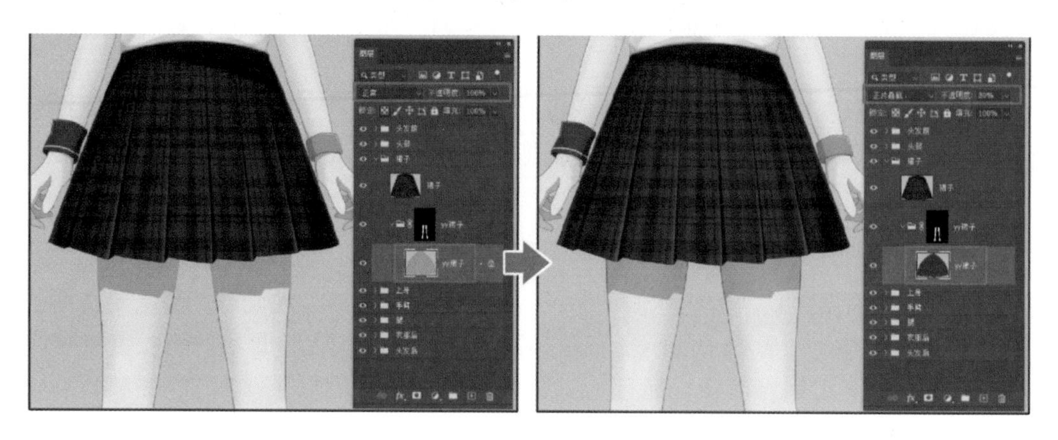

图 5-93 调整阴影

2）头发阴影

头发阴影的制作方式和裙子阴影的制作方式是类似的，只不过头发阴影要更复杂一些。因为拆分出的每一束头发都要单独晃动，所以我们必须为每束头发都制作阴影。通常来说，将额头前的头发全部复制一份，填充上阴影颜色，并通过变形、补画，就可以得到对应的阴影图层，如图 5-94 所示。

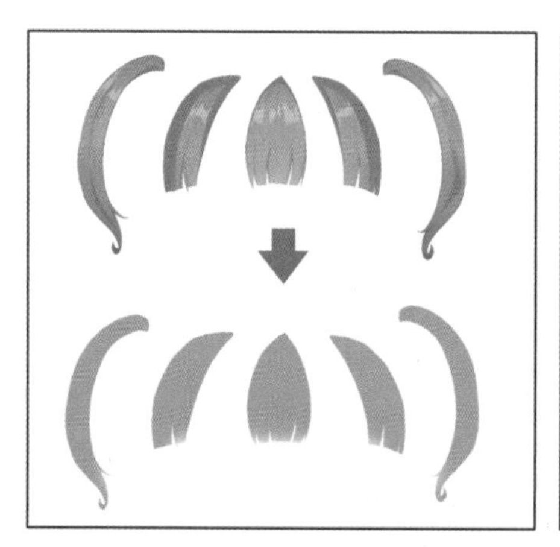

图 5-94 利用头发图层得到对应的阴影图层

因为头发之间会相互交错，所以头发阴影之间也会相互交错，产生重合的部分。因此，通常不建议通过降低不透明度、改为“正片叠底”混合模式等方式来制作头发的阴影，否则相互重叠的部分会很明显，如图 5-95 所示。虽然模型师可以通过剪贴蒙版来解决这个问题，但是我们在 4.2.2 节中提过，剪贴蒙版是一种有限的资源，在没有必要的情况下要避免使用。

因此，本书建议直接使用不透明度为 100%、混合模式为“正常”的图层作为头发阴影。我们可以使用橡皮擦工具在阴影末端添加一点不透明度渐变，或者稍微更改阴影末端的颜色，如图 5-96 所示。

图 5-95　头发阴影相互重叠的问题

图 5-96　头发阴影的调整

接下来，将所有的头发阴影图层放入新建的“发影”图层组中，并将“发影”图层组放在“脸线”图层和“脸色”图层之间，这样头发阴影就不会覆盖脸部线条了。首先按住“Ctrl”键并单击“脸色”图层的缩览图，即可得到对应的选区；然后选中“发影”图层组；最后单击“图层”面板底部的“添加图层蒙版”图标，如图 5-97 所示，即可将头发阴影控制在脸的范围内了。

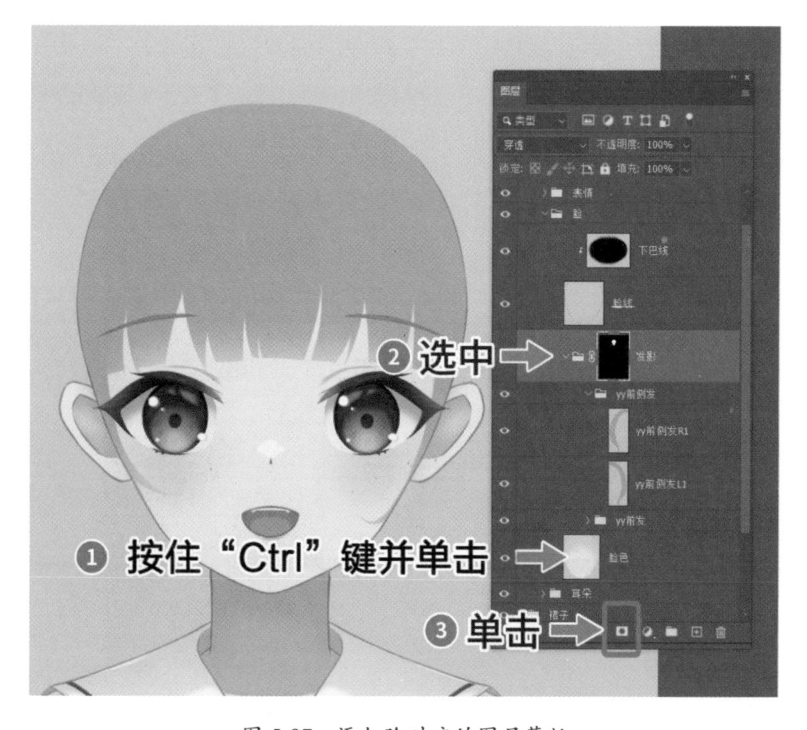

图 5-97　添加脸对应的图层蒙版

3）蒙版图层

最后，添加蒙版图层。前文提到过拆分开脸的线条和颜色的目的是擦除下巴线，并使用蒙版实现，因此我们要准备一个蒙版图层。在这个案例中，我们使用最简单的一种蒙版。

在“脸线”图层的上方新建一个“下巴线”图层，并使用任意颜色在嘴巴附近绘制一个边缘柔和的实心圆，如图 5-98 所示。当头部转动时，一旦脸的线条接触到这个实心圆，对应的部分就会被擦除。

图 5-98　创建擦除下巴线用的蒙版

之后，在“图层”面板中右击蒙版图层，在弹出的右键菜单中执行“创建剪贴蒙版”命令（或者按组合键“Ctrl+Alt+G”），如图 5-99 所示。由于“脸线”图层现在对应的位置没有有效像素，因此我们可以将这个图层隐藏起来。

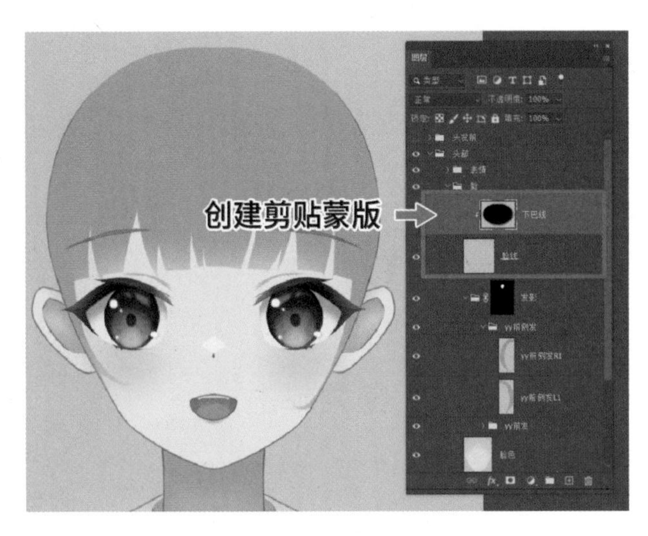

图 5-99　为蒙版图层创建剪贴蒙版

10. 检查文件

完成这些操作后，我们就完成了对整幅立绘的拆分，从而得到了拆分好的PSD文件。如图5-100所示，从米粒的拆分结果上可以看出，虽然“米粒”的服装设计非常简单，但是拆分后图层数量并不少。

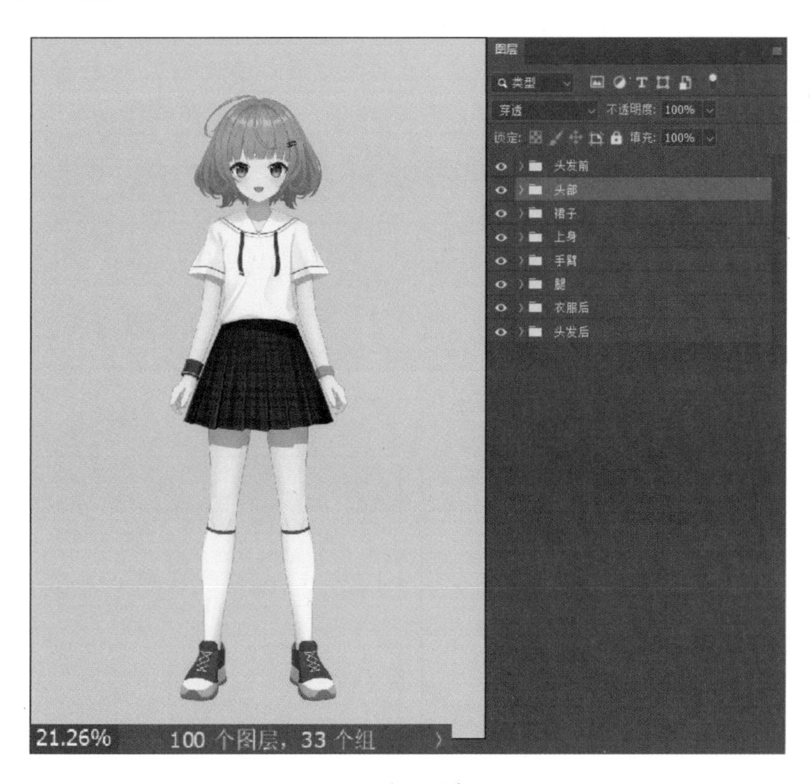

图 5-100 米粒的拆分结果

经过整理，拆分后的PSD文件看起来应该和原立绘基本相同。如果某些地方观感上有明显差异，则可能是因为拆分的方式或图层的顺序有问题，需要单独检查、整理一下。此外，在上述过程中，如果有没合并完的图层，则需要在这一步完成合并。

最后按照2.1.2节和3.2节讲的方法，对PSD文件进行检查。

★请在本书配套资源中查找源文件：5-6-米粒拆分过程-整理结果.psd。

以上，我们只是讲了一个比较标准、比较通用的拆分流程。在拆分过程中，我们反复用“需独立运动，就单独拆分”的原则判断拆分的需求，并多次实践“从大到小，先拆后补”的拆分过程。至此，相信读者对拆分已经有了一定的认知，面对任何一幅插画都能知道该怎么入手拆分。

在实际操作中，我们可以将几个步骤对调或使用不同的方法，只要最终能得到相似的结果即可。我们甚至可以根据需求，添加下巴阴影、裙子后等在默认角度下不可见的图层。本书在第3章的附件中额外添加了这些图层，读者可以下载并查看。

★请在本书配套资源中查找源文件：3-3-米粒拆分结果.psd。

另外，本节的附件中还有一个用这个 PSD 文件完成的 Live2D 模型，读者可以使用任何一款 Live2D 面部捕捉软件运行它，并查看这些图层在模型里的具体作用。

★请在本书配套资源中查找源文件：5-7- 米粒 Live2D 模型。

如果想要更多可供参考和实践的案例，则可以在本书的附件中寻找角色名为“七诺”的 PSD 文件和对应的 Live2D 模型，也可以在 Live2D 官方网站上获取更多示例模型，获取方式参见 1.2.6 节。

★请在本书配套资源中查找源文件：10-1- 七诺拆分结果和 Live2D 模型。

5.2.2 画完再拆还是边画边拆

拆分 PNG 格式的立绘是一种比较极端的情况，通常来说在处理正式项目时，从画师那里获取到的 PSD 文件在某种程度上是经过分层的。即便从画师那里获取到的 PSD 文件中只有线稿和颜色两个图层，也会比 PNG 格式的立绘更容易拆分，因为擦除各部分的边缘会变得更加容易，如图 5-101 所示。

图 5-101　拆分开了线稿和颜色的立绘

如果立绘是我们亲自绘制的，则可以在绘画的过程中提前完成拆分。话虽如此，在绘画时直接拆分完所有图层是很影响效率的，因此我们要逐渐学会判断哪些部分应该边画边拆，哪些部分可以画完再拆。

然而，对于这个问题并没有统一的判断标准。因此，这里通过几个例子引导读者思考，相信再结合本书的其他内容，读者会逐渐搞明白这个问题。

1. 避免合并最后需要拆分的图层

在绘画时，如果两个部分显然最后需要拆分开，则需要尽量分图层绘制，并避免合并它们。如图 5-102 所示，这些图层就是没有必要合并的图层。

比如，在拆分眉毛时需要把肉色擦除干净，这其实是比较麻烦的。而在绘画时，画师往往是先填充好肉色底色，再在上面画出眉毛的。因此，理论上完全没有必要将眉毛和底色图层合并在一起。

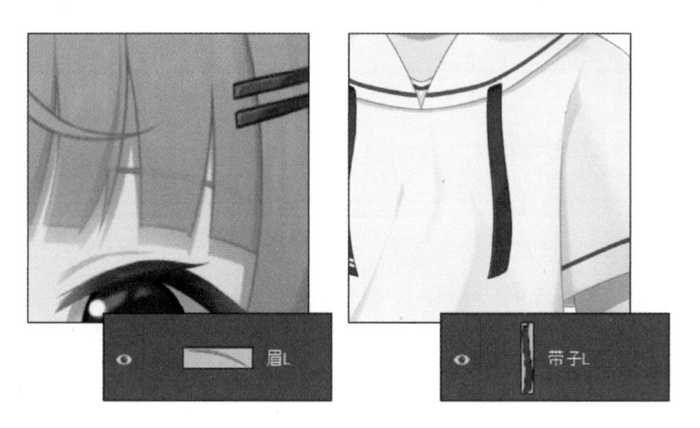

图 5-102　没有必要合并的图层

再比如，在拆分衣服上的松紧绳时，需要把周围的衣服擦除干净。但是在绘画时，画师往往会在衣服图层的上方单独创建一个图层，用来绘制松紧绳，以便边画边调整。在绘画完成后，请不要将这两个部分的图层合并。

因此，对于这类内容，建议直接在单独的图层上绘制，画完后也不要合并，这样之后就不必再拆分了。

2. 将上色方式相同的内容放在一起绘制

有些部分的上色方式相同，因此将它们放在一起绘制会比较方便，此时就可以先画再拆分。

比如，“头发前”图层组中全都是头发图层，其中固有色、阴影色、高光色几乎是相同的，如果将它们放在同一个图层上绘制，则会大大提高绘画效率，并保证整个图稿外观的一致性，因此可以先合并起来完成上色，再拆分发束，如图 5-103 所示。如果我们将每一个发束都拆分出来并单独上色，则需要反复执行添加阴影、添加高光这些步骤；当需要整体调整颜色时，也必须在每个图层上都操作一次，非常麻烦。

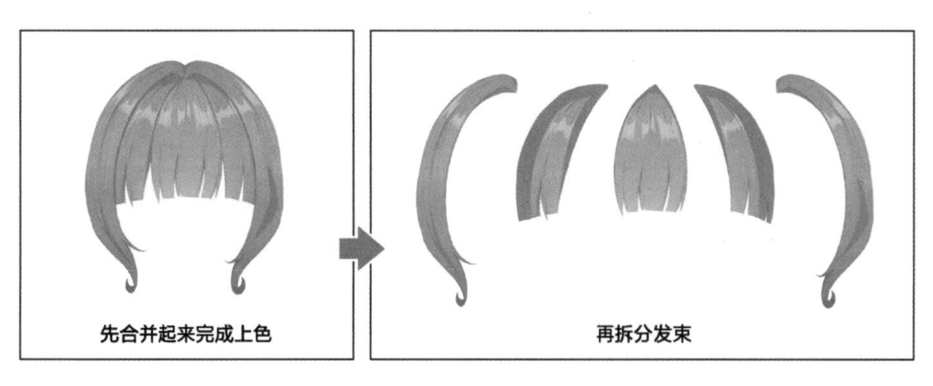

图 5-103　先画再拆分的图层

对于眼睑也是一样，由于围绕眼睛一周的眼睑，其颜色几乎是相同的，因此把它们放在同一个图层上上色，会大大提高绘画效率。如果直接拆分开再上色，不仅画起来麻烦，还难以保证它们可以完美衔接。

因此，对于这类部分，建议先整体绘制出来，再按照建模的需要进行拆分。

3. 里外两侧直接分开绘制

对于袖口、领口这种会同时显示出里外两侧的部分，建议画师在绘画时就直接将两侧分开，并补画出被外侧遮挡的部分。

以图 5-104 左侧这样的袖口为例，在绘画时画师可以直接将手臂后的部分单独放在一个图层上，哪怕潦草一些也没有关系。这样拆分时就不需要沿着手臂的边缘仔细地擦除袖子了。

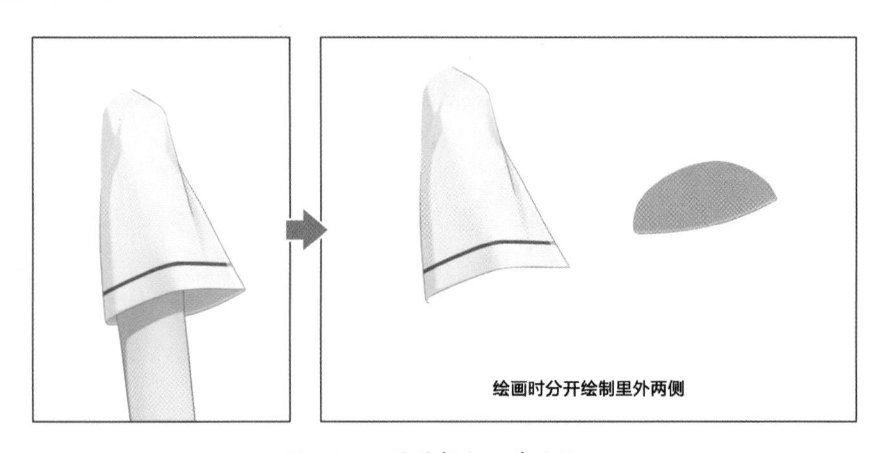

图 5-104　需要拆分里外的袖口

再比如，对于如图 5-105 所示的披肩，身体挡住了披肩里侧的大部分面积。但在绘画时，如果画师想好了里侧是什么样子，则可以直接将其完整地画出来，这样即使这幅插画要交由其他人拆分，对方也可以更好地按照画师的设计完成工作。

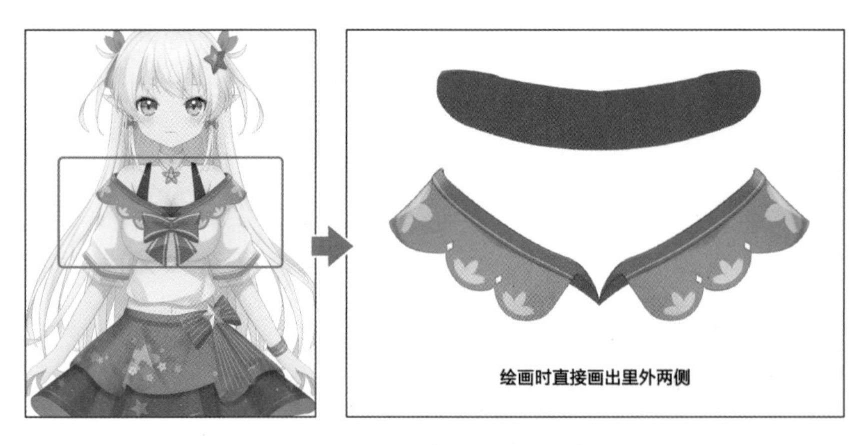

图 5-105　需要拆分里外的披肩

4. 在新图层上绘制透明部分

如果模型包含透明部分，则需要先画出被透明部分遮挡的部分，再在新图层上画出透明的部分。这里说的“透明”，包括玻璃那样的透明材料，也包括类似渔网袜的网格状物体。如果这类物体没有分开图层，则在补画时会非常困难。

如图 5-106 所示，这是一个玻璃杯。从后往前看，玻璃杯包含后杯壁、水、前杯壁 3 部分，且这 3 部分都是半透明的。由于这 3 部分的相关像素是相互重叠的，如果把它们绘制在一起，则在拆分时需要重新绘制这 3 部分，这将会非常麻烦。

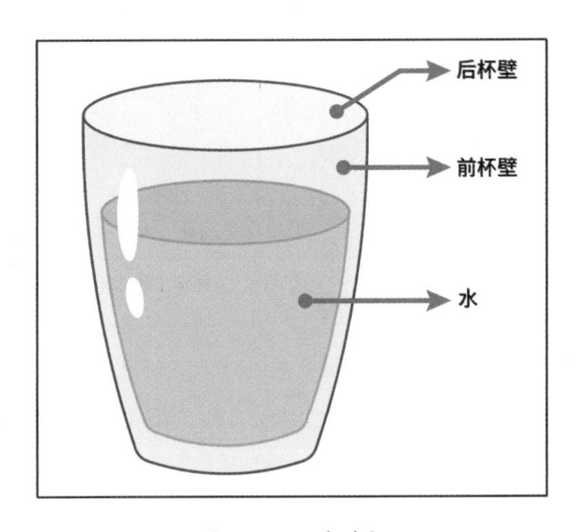

图 5-106 玻璃杯

因此，建议画师从下到上一层一层地绘制，使每层都在单独的图层上。如图 5-107 所示，在心里将玻璃杯进行拆分，并按照“后杯壁”“水”“前杯壁”的顺序进行绘制，从而得到 3 个图层。像这样拆分后，模型师就可以制作杯子里面的水摇晃的效果。

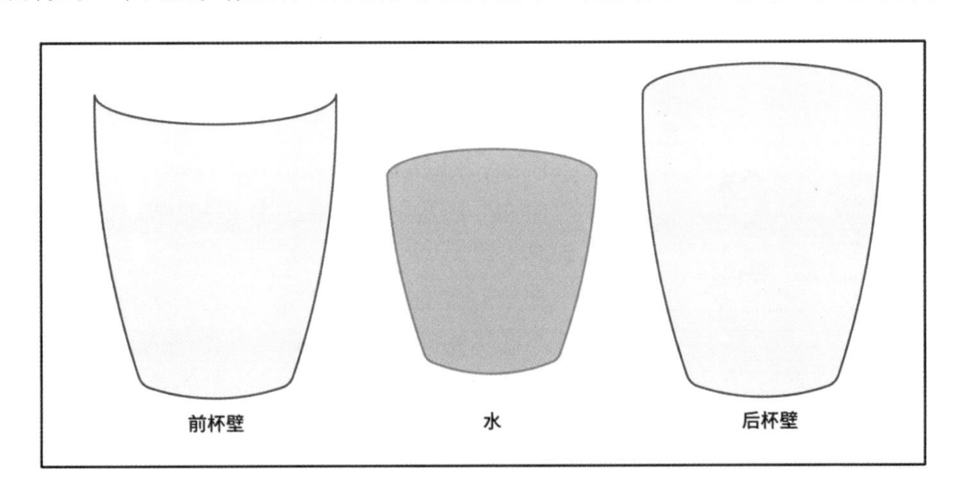

图 5-107 玻璃杯的拆分

5. 补画出剪贴蒙版外的部分

我们在 5.2.1 节中讲过，对于建模时需要使用剪贴蒙版的图层，在绘画时需要画师将被剪贴图层补画全。比如，之前讲过的，裙子阴影必须超出大腿的范围；眼球必须补画成完整的椭圆，如图 5-108 所示。

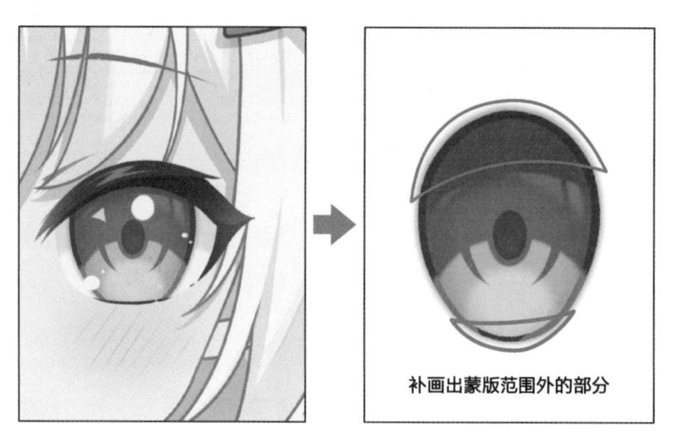

图 5-108 补画出完整的被剪贴图层

在绘画过程中，直接补画全这些部分并不困难。比如，将眼黑（眼球）被上、下眼睑遮住的部分直接画完整并不会花费太多额外的时间。眼球使用的颜色往往比较丰富，如果要在绘制完成后再将眼球补画完整，则会比较麻烦。

如果超出蒙版范围的部分是可见的，则补画完后立绘的观感会比较差，如图 5-109 所示。虽然我们正确地拆分了立绘，但是在 Photoshop 中的观感不佳。

图 5-109 超出蒙版范围的部分可见

不必担心，此时我们可以使用图层蒙版和剪贴蒙版处理 PSD 文件，让立绘在 Photoshop 中也有较好的观感。本书已经在 3.2.2 节中讲过如何使用这两种方式处理裙子阴影，而对于眼睛、嘴巴、头发阴影等，可以采用相同的操作方式。

比如，对于眼睛，我们只需按住“Ctrl”键并单击“眼白”图层的缩览图，即可选中选区。之后，选中包含“高光”“眼黑”等图层的图层组，单击“图层”面板底部的“添加蒙版”图标，即可创建图层蒙版并将图层组的内容限制在选区范围内。同理，我们也可以选中“嘴内”图层对应的图层组，并为“嘴巴”图层组创建剪贴蒙版，将相关的图层限制在图层蒙版范围内，如图 5-110 所示。

在将 PSD 文件导入 Live2D Cubism 时，图层组上的图层蒙版会被直接丢弃，因此这一操作只影响立绘在 Photoshop 中的观感，不会影响建模。

本书将在 13.1 节中详细探讨更多立绘在 Photoshop 中的观感问题。此处读者只需记住，应在绘画时将剪贴蒙版外的部分补画完整，不必担心立绘的外观会因此受到影响。

图 5-110　将相关的图层限制在图层蒙版范围内

6. 保留画师的草稿

如果画师实在无法适应边画边拆的作画流程，则可以通过保留草稿的方式来简化拆分过程。

许多画师在绘制 Live2D 模型的草稿时都会先画出角色的素体，再在上面添加衣服，如图 5-111 所示。

图 5-111　Live2D 模型的草稿

由于草稿上往往会有身体或衣服被遮挡住的部分（比如，额头的轮廓、大腿的延伸等），因此在草稿阶段它们的形状就已经被确定了，如图 5-112 所示。如果能将草稿保留下来，则可以在拆分时再次调出草稿，届时只需将这些轮廓描画出来即可，不需要重复构思它们的形状。

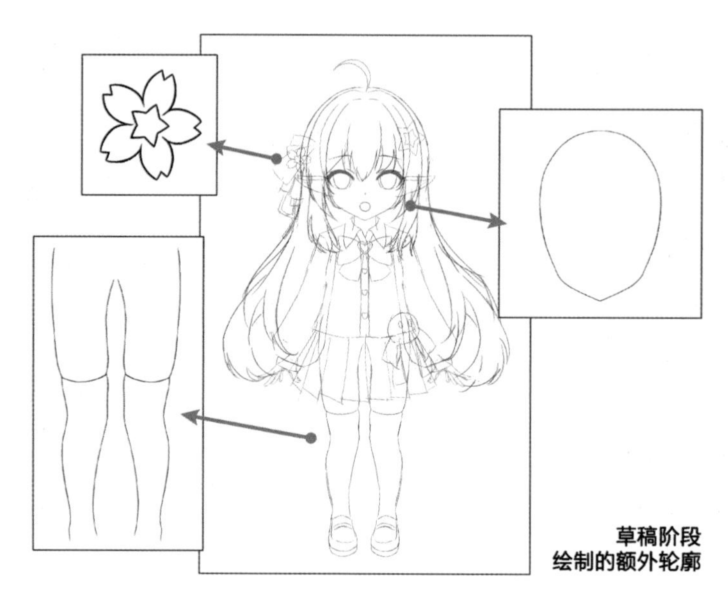

图 5-112　在草稿中保留轮廓

5.2.3　实用的 Photoshop 动作

至此，我们详细讲解了拆分的总原则，以及拆分的流程和方法。在此过程中，有许多操作都可以利用 Photoshop 动作来简化。

比如，我们需要大量翻转图层、合并图层、提取选区等操作。这些操作都无法一步完成，其中的许多步骤没有默认快捷键，而且需要区分操作对象是图层还是图层组等，比较麻烦。但是，有时只需使用适当的方法新建一些动作，即可高效快速地解决这些问题。

下面我们就带大家从零开始创建几个 Photoshop 动作。

本书附赠了对应的动作文件，读者可以直接导入 Photoshop 中并使用。但无论是为了弄清楚动作的工作原理，还是为了熟悉创建和运行动作的方式，抑或是为了保证动作能够适配读者使用的 Photoshop 版本，我们都更建议读者亲自创建这几个动作。

扩展：　什么是 Photoshop 动作

“动作”是 Photoshop 中的一项便利功能，可以记录画师的一系列操作，并允许画师随时重新播放这些操作。画师甚至可以插入“条件”，让 Photoshop 根据当前状态判断应该执行哪些操作，以此制作出更复杂的动作。

虽然动作能记录的操作比较有限，但是活用这个功能仍然可以帮画师减少一部分重复操作，提高工作效率。

1. 图层或图层组基于画布左右翻转

我们可以新建一个Photoshop动作，用于实现以下功能：以画布的中轴线为对称轴，让当前所选的图层或图层组左右翻转。

★请在本书配套资源中查找源文件“5-8-Photoshop动作.atn”中的“左右对称”动作。

如果直接使用自由变换工具（按组合键“Ctrl+T”），在视图内的图层上右击，在弹出的右键菜单中执行“水平翻转”命令，则图层只会基于当前图层或图层组的中轴线对称，而不会基于画布的中轴线对称。然而，只要我们能让当前图层或图层组的中轴线在画布中央，就可以实现基于画布的中轴线对称了。想好原理后，我们开始操作。

首先在顶部的菜单栏中依次执行“窗口”→“动作”命令，打开“动作”面板；然后单击“动作”面板底部的“创建新动作”图标，如图5-113所示；最后在弹出的“新建动作”对话框中，设置动作的名称和功能键（快捷键）等。这里将“名称”设置为“左右对称”，单击“记录”按钮，即可创建“左右对称”动作并开始录制动作。

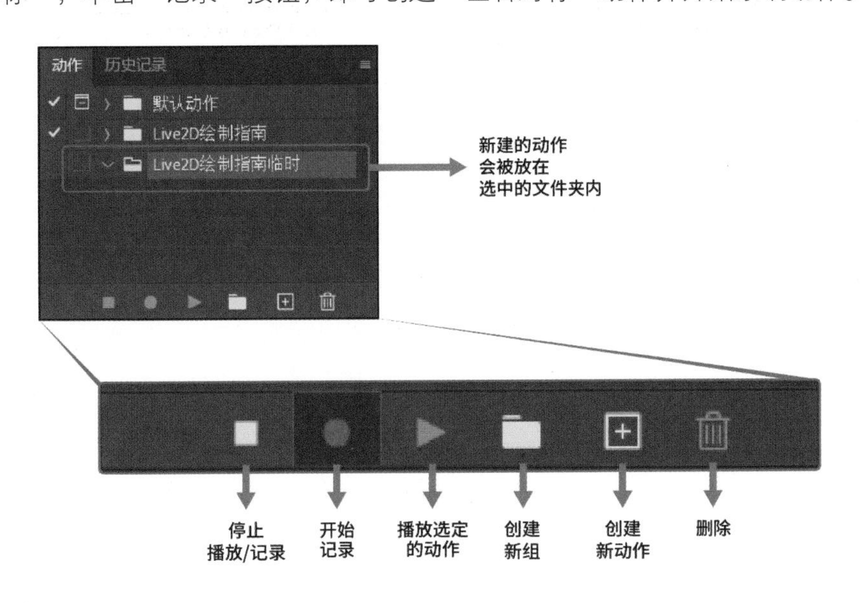

图5-113 “动作”面板的操作方式

此时录制已经开始了，我们接下来的每一步操作都会被记录成动作。如果还没准备好，或者录制途中需要停下来进行额外的操作，则可以随时单击“动作”面板底部的“停止播放/记录”图标。想要继续录制时，在“动作”面板的列表中选择想要继续插入动作的位置，单击“开始记录”图标。

录制时我们将图层组作为操作对象，这样可以提高动作的兼容性。在实际使用动作时，即使操作对象是图层或智能对象，动作也可以正常运行。下面我们开始操作。

1）录制前的预处理

首先单击“停止播放/记录”图标，停止录制动作。因为在录制之前，我们需要进行一些预处理，以此保证动作能兼容更多情况。具体来说，我们要锁定图层组并创建一个选区。

首先，在顶部的菜单栏中依次执行“图层”→“锁定图层组内的所有图层”命令（根据操作对象，此处也可能显示为“锁定图层”命令），在弹出的对话框中勾选“全部”复选框，单击“确定”按钮，如图5-114所示。然后，在画布上的任意位置单击并按住鼠标左键进行拖动，形成一块选区。这样准备工作就完成了。

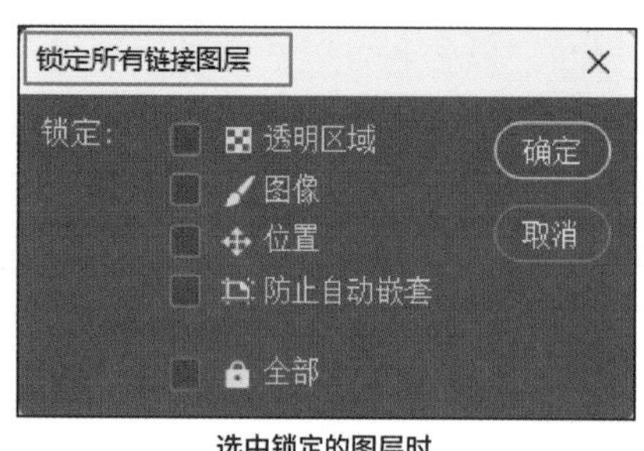

选中锁定的图层时

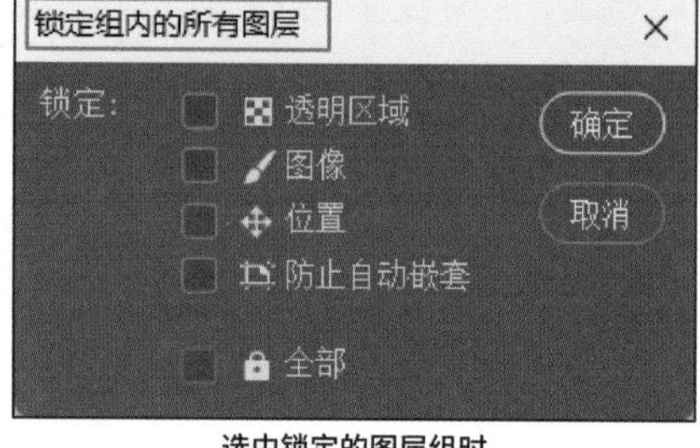

选中锁定的图层组时

图5-114 锁定图层窗口

最后，单击“开始记录”图标，开始正式录制动作。

2）取消选区并解锁

首先在顶部的菜单栏中依次执行“选择”→“取消选择”命令；然后在顶部的菜单栏中依次执行“图层”→“解锁图层组内的所有图层”命令（根据操作对象，此处也可能显示为“锁定图层”），在弹出的对话框中取消勾选“全部”复选框，单击“确定”按钮。

这样可以排除特殊情况，防止动作出现运行错误。在使用脚本时，无论是否建立了选区，还是所选的图层或图层组是否已被锁定，脚本都可以正常运行。

顺便一提，解除锁定等操作是可以通过“条件”来触发的。但是，“条件”设置起来比较复杂，还是推荐使用本节介绍的操作方式。

3）新建辅助图层

首先在“图层”面板中单击“创建新图层”图标，然后按组合键“Alt+Delete”填充前景色。这里的前景色是什么颜色都没有关系，图层名称也不需要更改，因为这个图层只是用来辅助对称的。

用图层辅助对称的原理很简单，如果没有辅助图层，那么对称轴是根据选中的图层内容决定的，所以对称轴的位置通常不在画布中间；如果有辅助对称的图层，那么选中的图层内容会变成整个画布，此时对称轴就会和画布的中轴线重合，如图5-115所示。

但是还存在一种极端情况：图层的内容是有可能超出画布范围的。因此，我们还要把辅助图层再放大一些。通常来说，图层超出画布的内容不会多于一个画布的宽度，我们将辅助图层放大到300%就足够了。

图 5-115 辅助图层的作用

首先在顶部的菜单栏中依次执行“编辑”→“自由变换”命令（或者按组合键“Ctrl+T”），然后在菜单栏下方的选项栏中，将“W”的数值从100%改为300%，并按“Enter”键。

4）执行对称并删除辅助图层

按组合键“Alt+Shift+[”，选中新建的辅助图层和需要对称的图层。在顶部的菜单栏中依次执行“编辑”→“变换”→“水平翻转”命令，即可完成翻转。

接下来依次按组合键“Alt+]”和“Alt+[”，选中辅助图层，在顶部的菜单栏中依次执行“图层”→“删除”→“图层”命令，在弹出的对话框中单击“是”按钮。

这样我们就录制好了所有操作。单击“动作”面板底部的“停止播放/记录”图标即可完成录制。录制好的“左右对称”动作的操作列表如图5-116所示。

5）播放动作并检查

下面测试一下我们录制好的动作。选中一个要对称的图层或图层组，在“动作”面板中，找到录制好的“左右对称”动作，单击“播放选定的动作”图标，此时会发现Photoshop自动重复了以上的所有操作。

在使用这个动作时，要先在“动作”面板中选择“左右

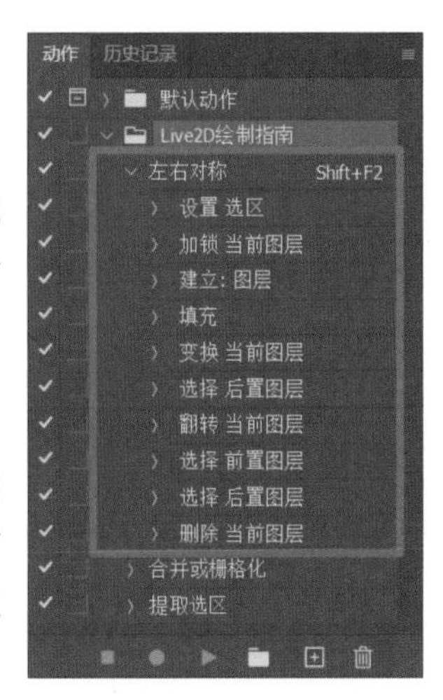

图 5-116 “左右对称”动作的操作列表

对称”动作，再单击“播放选定的动作”图标播放动作。如果选择“左右对称”动作下方的“填充”动作，则在单击“播放选定的动作”图标时，动作会从填充这一步开始播放，此时将无法得到想要的结果，甚至可能会破坏当前图层。

另外，我们可以双击“左右对称”动作，在弹出的“动作选项”对话框中将“功能键”设置为“左右对称”动作的快捷键，即设置为“Shift+F2”，如图5-117所示。设置完成后，只要按组合键“Shift+F2”，就能快速执行“左右对称”动作了。

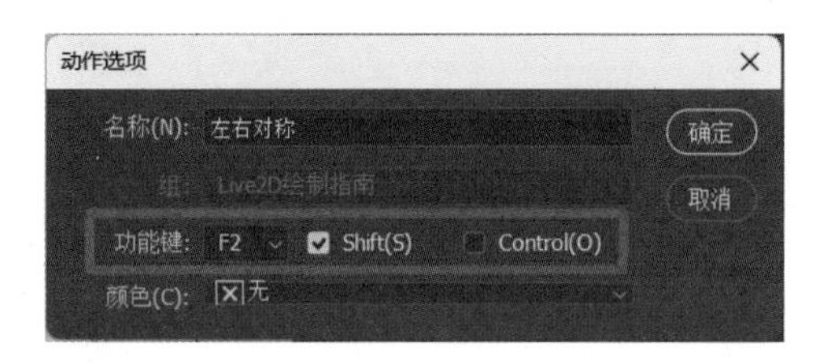

图5-117　设置快捷键

2. 合并图层组或栅格化智能对象

这个动作的功能是：在对图层组执行该动作时，合并图层组；在对智能对象（或文字图层等）执行该动作时，栅格化智能对象；在对选中的多个图层执行该动作时，合并这些图层。执行上述操作后，自动锁定透明像素，防止误编辑。

★请在本书配套资源中查找源文件“5-8-Photoshop动作.atn”中的“合并或栅格化”动作。

有了这个动作，在最后整理图层时不管我们遇到哪种情况，都可以按这个快捷键完成合并图层的工作。不过，在执行该动作前，需要备份合并图层前的文件。

动作的原理非常简单，无论当前选中的是图层还是图层组，我们都直接将其转换为智能对象，并对其进行栅格化处理。

下面我们开始录制。单击“动作”面板底部的“创建新动作”图标。在弹出的“新建动作”对话框中，将“名称”设置为“合并或栅格化”，单击“记录”按钮，即可创建“合并或栅格化”动作并开始录制动作。

1）录制前的预处理

单击“停止播放/记录”图标，停止录制动作。在顶部的菜单栏中依次执行“图层”→“锁定图层”命令，在弹出的对话框中勾选“全部”复选框，单击“确定”按钮。在画布上的任意位置单击并按住鼠标左键进行拖动，形成一块选区。单击“开始记录”图标，开始正式录制动作。

2）取消选区并解锁

首先在顶部的菜单栏中依次执行“选择”→“取消选择”命令；然后在顶部的菜单栏中依次执行“图层”→“解锁图层组内的所有图层”命令（根据操作对象，此处也可能显示为“锁定图层”），在弹出的对话框中取消勾选“全部”复选框，单击“确定”按钮。

3）转换为智能对象并栅格化

首先在顶部的菜单栏中依次执行“图层”→“智能对象”→“转换为智能对象”命令；然后在“图层”面板中右击这个智能对象，在弹出的右键菜单中执行“栅格化图层”命令。

需要注意的是，栅格化智能对象的操作只能这么实现，在顶部的菜单栏中依次执行“图层”→“栅格化”命令的操作是无法被记录到动作中的。

4）锁定透明像素

在顶部的菜单栏中依次执行“图层”→“锁定图层组内的所有图层”命令，单独勾选“透明区域”复选框并单击“确定”按钮（或者在顶部的菜单中依次执行“图层”→“锁定透明像素”命令）。

这样我们就录制好了所有操作。单击“动作”面板底部的“停止播放/记录”图标，即可完成录制。录制好的“合并或栅格化”动作的操作列表如图5-118所示。如果有需要，我们可以为这个动作设置快捷键。

5）根据需求调整动作

有时，我们可能不需要最后一步锁定。此时，只要在展开的“合并或栅格化”动作的操作列表中找到最后一步“加锁当前图层”，单击前面的对号图标，就可以让它失效，如图5-119所示。这样再次播放“合并或栅格化”动作时，就不会执行这一步操作了。

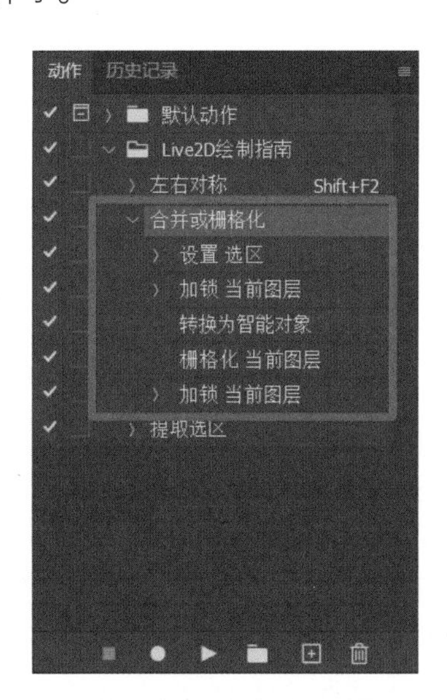

图 5-118 “合并或栅格化”动作的操作列表

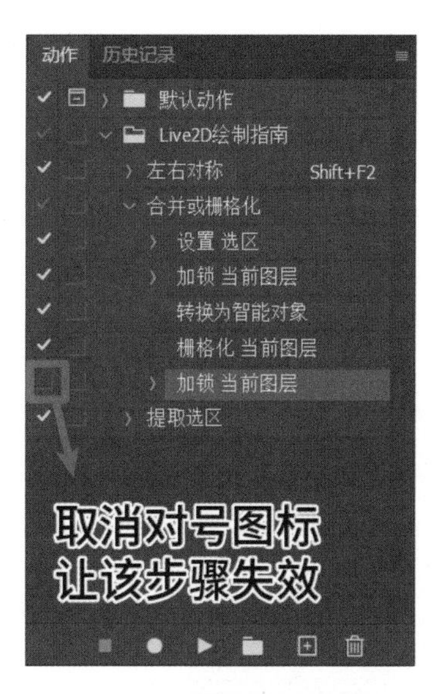

图 5-119 调整动作步骤

3. 提取图层或图层组对应的选区

这个动作的功能是：提取当前选中的图层、多个图层或图层组所对应的选区。

★请在本书配套资源中查找源文件“5-8-Photoshop动作.atn”中的“提取选区”动作。

提取选区是一个非常常用的操作，尤其是在创建图层蒙版或剪贴蒙版时，我们会频繁重复这个操作。另外，Photoshop是不能直接提取图层组或多个图层对应的选区的，有了这个动作后会很方便。

制作这个动作的难点在于，在选中上述3类内容时，动作必须都处于正常工作状态。我们可以利用智能对象让这3类内容的转换结果保持一致。这次我们不会修改原图层，因此不需要解锁，但仍然需要取消选区。

首先单击“动作”面板底部的“创建新动作”图标；然后在弹出的“新建动作”对话框中，将“名称”设置为“提取选区”，单击“记录”按钮，即可创建“提取选区”动作并开始录制动作。

1）录制前的预处理

单击“停止播放/记录”图标，停止录制动作。在画布上的任意位置单击并按住鼠标左键进行拖动，形成一块选区。单击“开始记录”图标，开始正式录制动作。

2）取消选区

在顶部的菜单栏中依次执行“选择”→“取消选择”命令。

3）复制并转换为智能对象

在顶部的菜单栏中依次执行“图层”→“新建”→“通过拷贝的图层”命令（或者按组合键“Ctrl+J”）。在顶部的菜单栏中依次执行“图层”→“智能对象”→“转换为智能对象”命令。

这样一来，无论我们选中的是什么内容，都会被合并为一个新的智能对象。

4）提取选区并删除智能对象

首先按住“Ctrl”键并单击智能对象的缩览图，即可得到对应的选区；然后在顶部的菜单栏中依次执行“图层”→“删除”→“图层”命令，在弹出的对话框中单击“是”按钮。

这样我们就录制好了所有操作。单击“动作”面板底部的“停止播放/记录”图标，即可完成录制。录制好的“提取选区”动作的操作列表如图5-120所示。如果有需要，我们可以为这个动作设置快捷键。

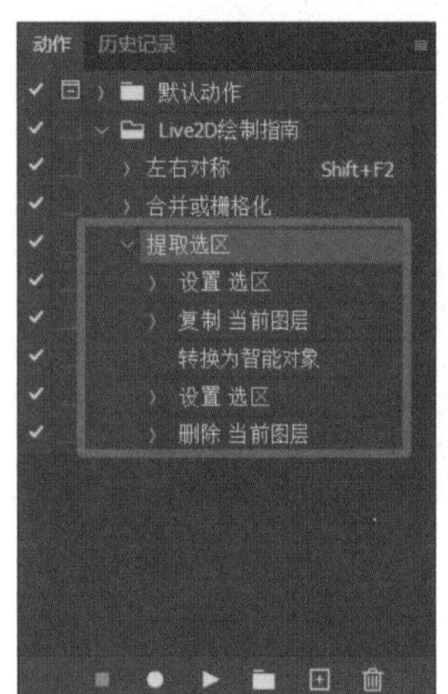

图5-120 “提取选区”动作的操作列表

4. 如何导入和导出Photoshop动作

本书的附件中包含了上面的这些Photoshop动作，读者可以下载附件后导入Photoshop中使用，也可以将创建好的动作导出，以此转移到其他设备上或分享给别人使用。

下面介绍如何导入和导出Photoshop动作。

在需要导入Photoshop动作时，首先单击“动作”面板右上角的折叠菜单图标，在弹出的菜单中执行“载入动作”命令，如图5-121所示。在弹出的对话框中，选中下载好的后缀为“atn”的动作文件，单击“载入”按钮，即可完成导入。

如果我们正确地安装了Photoshop且只安装了一个版本，那么直接双击下载好的后缀为“atn”的动作文件也可以完成导入。

在导出Photoshop动作时，我们需要以组为单位导出动作。因此，首先新建一个组，将想要导出的动作（一个或多个）放入其中，并选中这个组；然后单击“动作”面板右上角的折叠菜单图标，在弹出的菜单中执行“存储动作”命令，如图5-122所示。在弹出的对话框中，设置想要保存的路径并输入名称，即可得到对应的后缀为“atn”的动作文件。

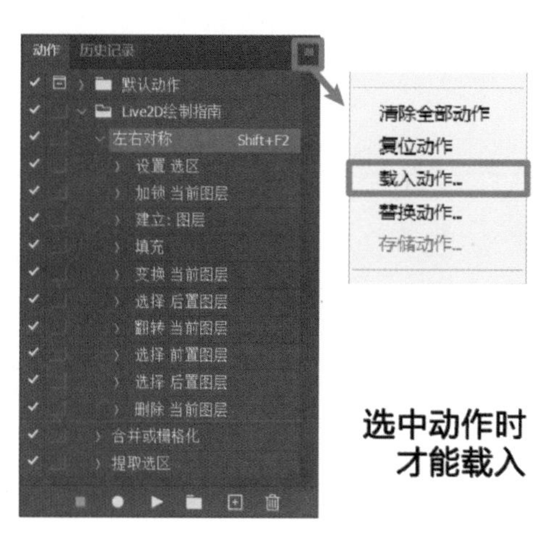

图5-121　导入Photoshop动作

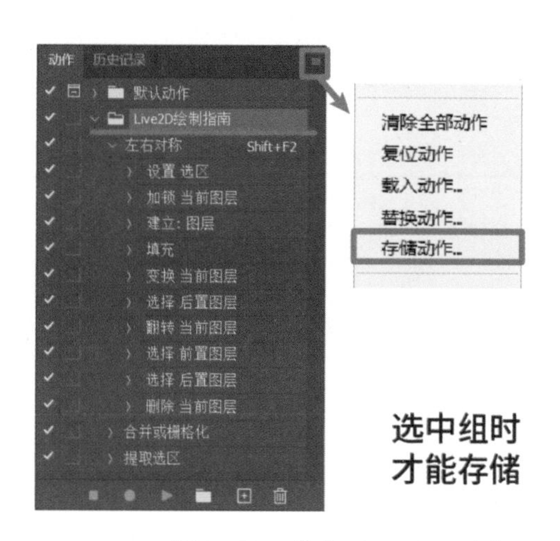

图5-122　导出Photoshop动作

5.3 需要拆分的典型情况

了解过拆分的总原则和流程后，读者应该对拆分有了比较清晰的认知。由于不同的模型有不同的设计方法，因此在实际工作中，我们可能会遇到各种不同的情况。虽然这些情况全部可以被“需独立运动，就单独拆分”涵盖，但是其中有一些情况比较抽象，如果我们没有见过类似的案例，则很难快速判断出是否需要拆分。

下面介绍一些需要拆分的典型情况，帮助读者进一步提升关于拆分的认知。其中，许多情况我们在之前的拆分流程中已经碰到过，另一些情况会在后续讲解具体部分的章节中遇到。因此，本节主要起到承上启下的作用，是本书中最重要的一节。

5.3.1 用于表现立体感的拆分

Live2D模型是2D模型，只有做出较好的立体感，模型才会具有生命力。我们拆分出的许多图层就是专门用来表现立体感的。

1. 位置关系发生变化的部分

图5-123所示为由三个圆形的图层组成的模型，可以将其称为“三圆形模型”。我们先以此基础图形为例进行介绍。

下面单纯移动图层的位置，不做任何变形。当这些图层的位置从由左到右变为由右到左时，会让人觉得整个三圆形模型似乎正在转动，仿佛有了立体感，如图5-124所示。

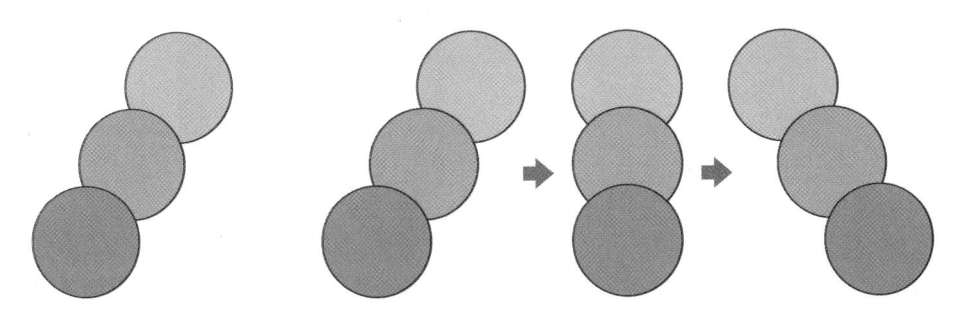

图5-123　三圆形模型

图5-124　移动三圆形模型

这是因为，当看到这样的动作时，我们的大脑会认为其中的每一个圆形都有属于不同的“深度”，并以“深度”为联系将它们视为了一个整体。因此，我们看到的不再是3个二维图形在平移，而是一个整体的三维的图形在转动。

利用各部分之间位置关系的变化产生纵深感是Live2D模型呈现立体感最重要的方式之一。

在拆分PNG立绘的过程中，我们对头部的第一步拆分就是基于这一点考虑的。Live2D模型的头部是否有立体感自然是重中之重。其实，我们可以将头部视为一个更复杂的三圆形模型。在拆分头部时，我们先拆分出了“头发前”“脸”“头发后”3个图层，其作用和三个圆是一样的，代表了3个不同的“深度”，如图5-125所示。

在模型转头时，这3个较大的部分首先需要错开位置关系，保证立体感；然后各自变形，让头部有比较自然的形状。事实上，模型师也是按照这个顺序建模的，如图5-126所示。

类似地，在想表现左右（X轴）方向的转动时，我们也经常会将不同深度的部分拆分开，并用位移体现立体效果。有时，甚至可以只位移不变形。

图 5-125　头部较大的部分对应的深度

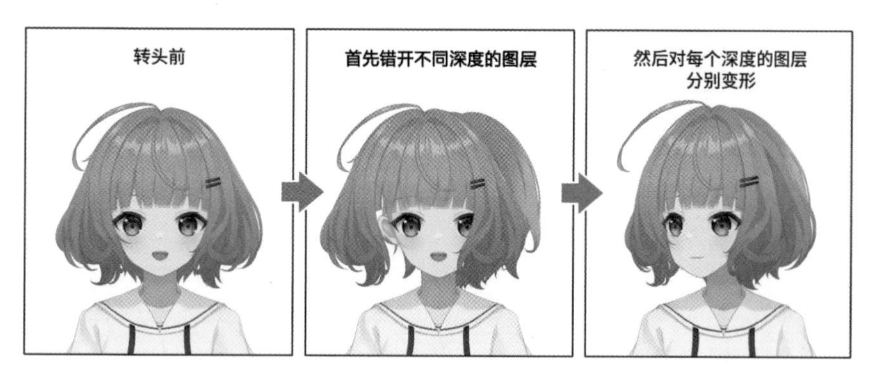

图 5-126　头部较大的部分的建模顺序

如果角色有尾巴，可以在角色左右转动时，让尾巴的根部相对于身体左右移动，从而表现出“尾巴的位置跟着臀部变化”的感觉，如图 5-127 所示。

图 5-127　尾巴和转身效果

2. 围绕其他内容的部分

我们仍然先以基础图形为例。该基础图形分别有圆柱体、圆锥体和球体，并且圆柱体和圆锥体只有侧面。请将这 3 个图形视为三维物体，并让它们沿左右（X 轴）、上下（Y 轴）方向转动一下，如图 5-128 所示。

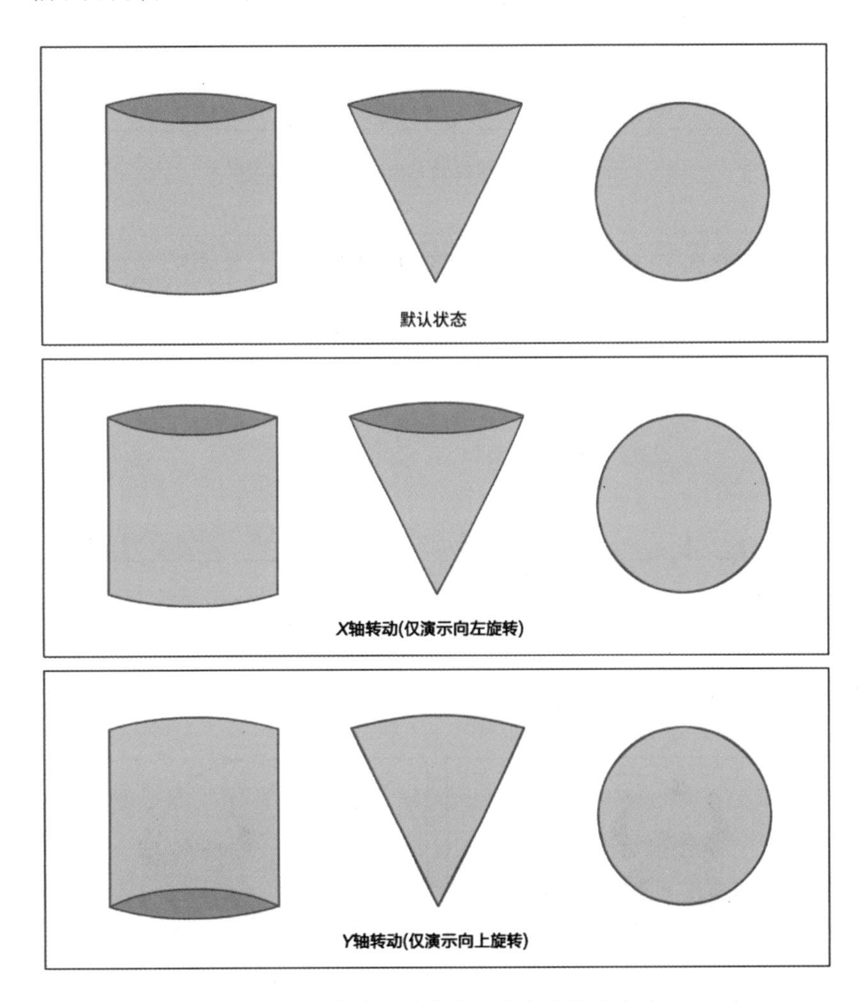

图 5-128　圆柱体、圆锥体和球体的转动（1）

当模型转动时，各个面的形状均会发生一些改变。为了让读者更清晰地看出这些变化，我们将它们的前后两面变成半透明的，并添加不同颜色的十字线。此时，我们再次让模型进行同样的转动，但得到的效果会有所不同，如图 5-129 所示。

从图 5-129 中可以看出，无论 3 个图形向哪个方向转动，前后两面的变化方式总是不同的。对 Live2D 模型来说，这种前后面的差异能很好地体现出立体感。因此，将前后两面拆分开往往可以提升模型的效果。比如，将雨伞这样的物体的前后两面拆分开，花纹的交错能很好地体现旋转的感觉，如图 5-130 所示。

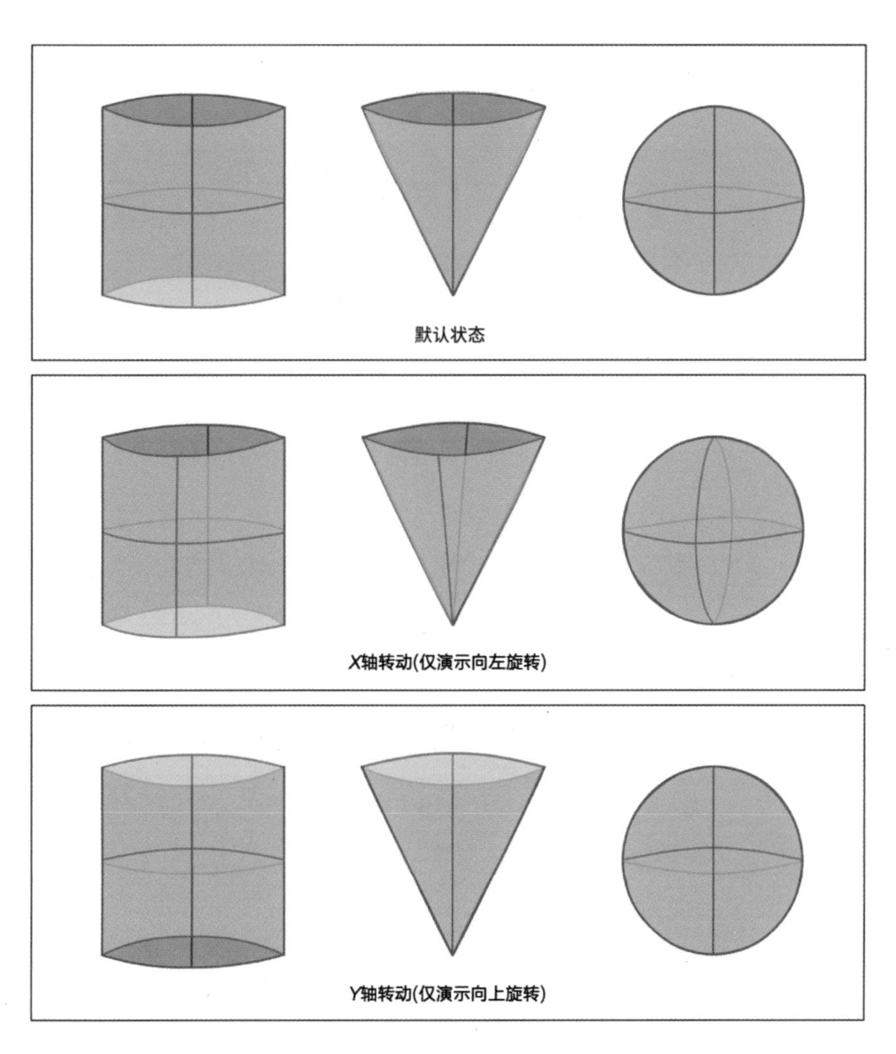

图 5-129　圆柱体、圆锥体和球体的转动（2）

图 5-130　雨伞的旋转

不仅如此，拆分前后两面还可以在中间插入物体。比如，我们可以在圆柱体和圆锥体中放入其他内容，以体现出穿插的感觉，如图 5-131 所示。

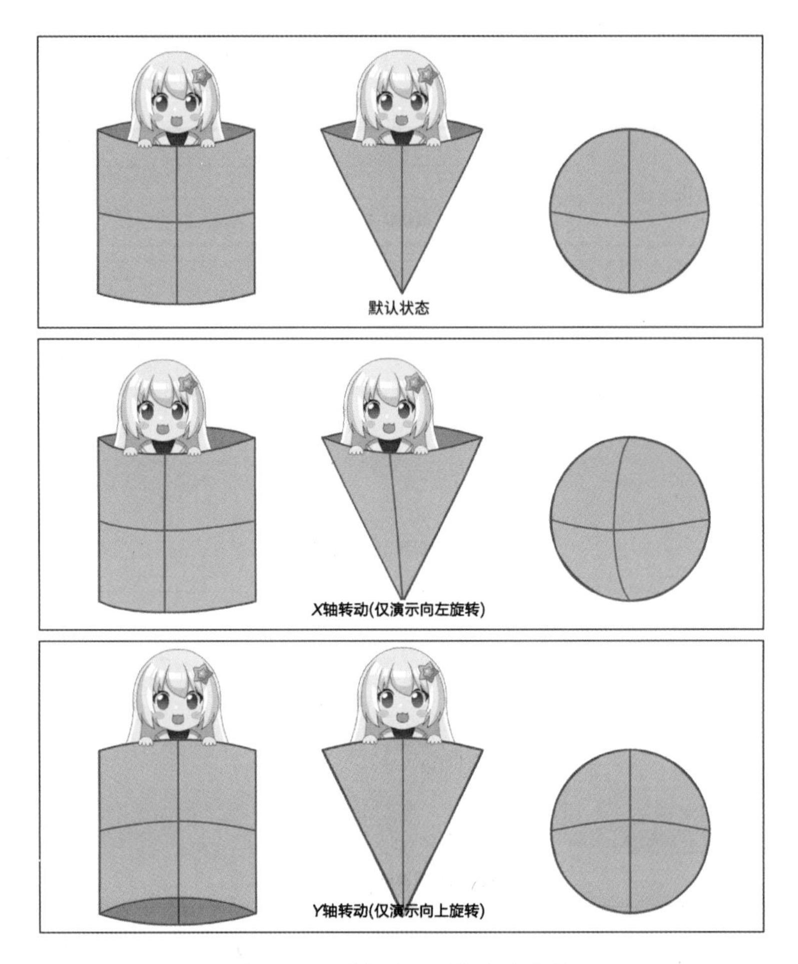

图 5-131　圆柱体、圆锥体的穿插

类似的需要拆分的典型情况，就是角色的衣服。在一定的透视角度下，角色的衣领、袖口、裙子等都可以拆分成前后两面，将人体夹在中间，如图 5-132 所示。像这样拆分并让图层穿插后，不仅可以表现立体感，还可以轻松制作物理摇摆等效果。

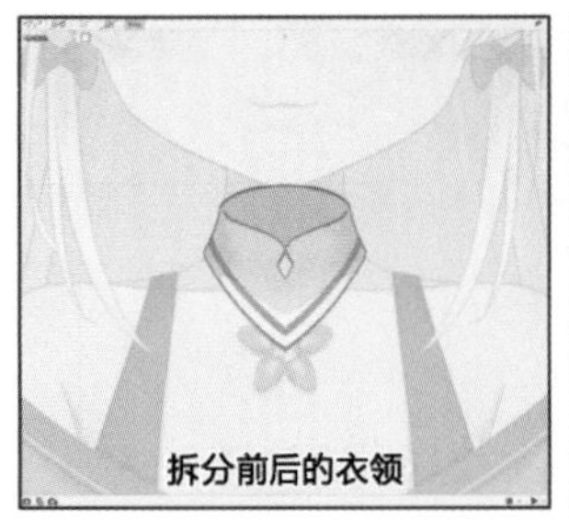

图 5-132　衣服和人体的穿插

3. 默认角度下不可见的侧面

在 Live2D 中，还有一种特殊的用于表现立体感的图层，即“侧面”。如图 5-133 所示，这是一个正对着我们的正方体，在当前的默认角度下，侧面是不可见的，而当正方体发生旋转时，侧面会变成可见状态。

图 5-133　正方体的侧面

在制作 Live2D 模型时，我们经常会加入这样的侧面，以此实现近似 3D 模型的效果。下面以在第 1 章中展示过的蜜柑箱的 Live2D 模型为例，无论蜜柑箱向哪个方向旋转，都会有至少一个额外面显示出来，就像 3D 模型一样，如图 5-134 所示。

图 5-134　蜜柑箱的旋转

在准备素材时，我们要提前绘制好这些额外的面，可以直接按照展开图准备完整的侧面，如图 5-135 所示。尽管模型不会旋转到 90°，但将侧面完整地补画出来更符合 Live2D 模型的制作要求，也能让模型师更好地理解素材内容。

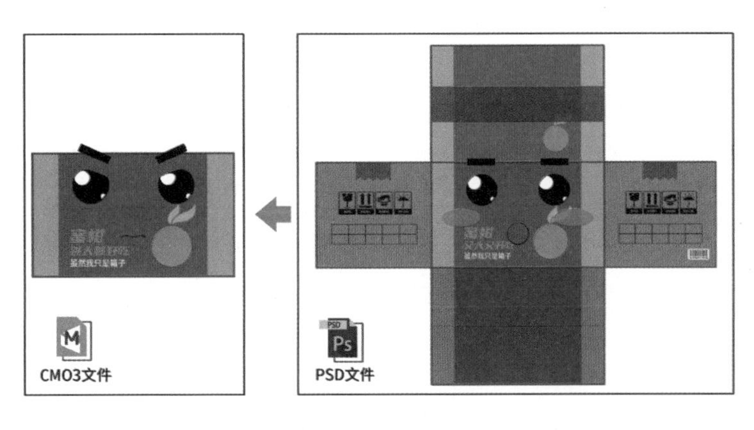

图 5-135　蜜柑箱的分层

本书的附件中附带了上述 Live2D 模型，读者可以在 Live2D Cubism Viewer 或任意面部捕捉软件中运行该模型，体会一下实际的旋转效果。

★请在本书配套资源中查找源文件：5-9- 蜜柑箱 Live2D 模型。

5.3.2　按物理摇摆的形式拆分

对 Live2D 模型来说，除了表情，物理摇摆是最能增加生动感的要素。为了制作物理摇摆效果，我们需要额外进行一些拆分。

1. 拆分需要单独摇摆的部分

对于头发等部分，我们会希望各个发束的物理摇摆状态互有差异，这样才有头发蓬松的感觉。我们通常会给 Live2D 模型准备许多用于头发摇摆的物理参数，在模型的头部产生运动时，这些参数会以不同的速度发生变化，以此使各个发束的摇摆状态出现差异，如图 5-136 所示。

图 5-136　Live2D 模型的头发摇摆参数

由于不同发束要使用不同的参数，因此我们必须把它们拆分开，而不是仅仅将头发分为前发、侧发、后发 3 个部分。如图 5-137 所示，我们实际将这个角色的头发拆分为了许多发束，其中两侧的两个细小的发束完全是为了制作物理摇摆拆分的，若只是单纯考虑透视问题，则没有必要拆分它们。

图 5-137　专门为了制作物理摇摆拆分的发束

对于物理摇摆方式和整体不同的部分，最好都能拆分出来。比如，裙子的内层和外层。当裙子的内层和外层的摇摆方式有差异时，可以体现出自然摇摆且裙子蓬松的感觉，因此需要把二者拆分开，如图 5-138 所示。

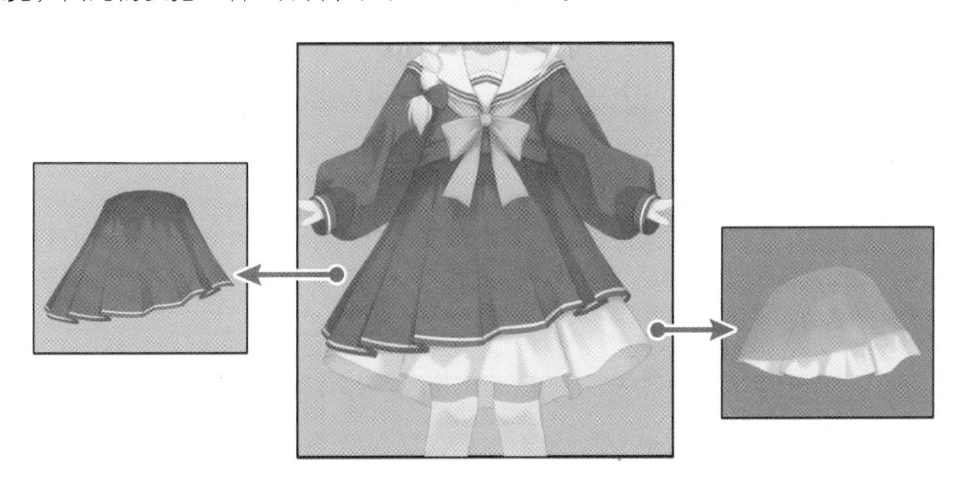

图 5-138　拆分裙子

2. 拆分需要蒙皮的部分

我们在 4.5.2 节中讲过 Live2D Cubism 中的"蒙皮"功能。如果某些部分需要蒙皮，则需要对其进行单独拆分。通常来说，需要使用"蒙皮"功能的图层是比较细长的，一般为衣服上的饰品或头发，如图 5-139 所示。

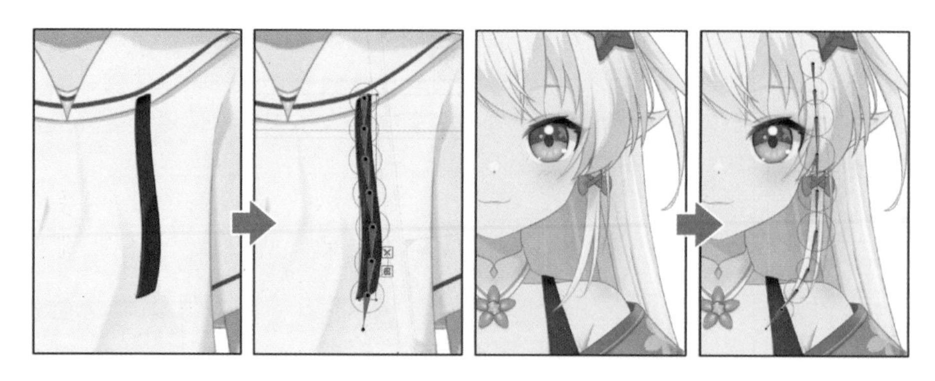

图 5-139　需要蒙皮的部分

除此之外，需要蒙皮的部分还有一种特殊情况，即只有其中一部分内容需要使用“蒙皮”功能。比如，有的饰品锁链部分是需要使用“蒙皮”功能的，而吊坠部分则不需要。此时，我们需要将锁链和吊坠拆分开，这样建模时才能单独对锁链部分使用“蒙皮”功能，如图 5-140 所示。

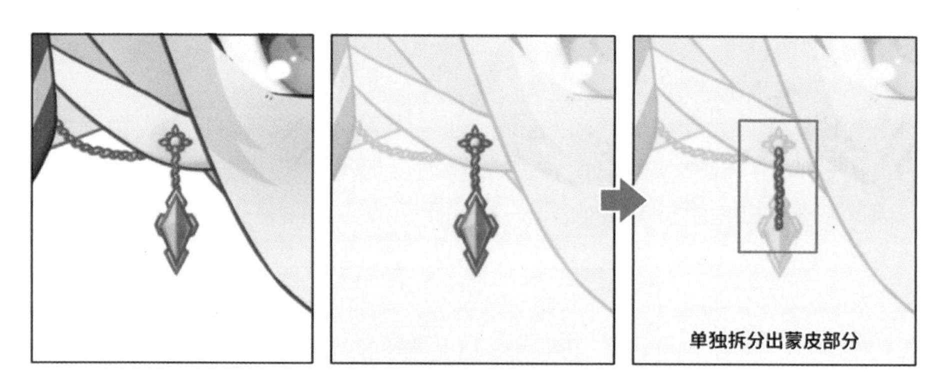

图 5-140　拆分需要蒙皮的部分（1）

比如，如图 5-141 所示的角色的屏幕左侧的辫子只有三股辫的部分使用了“蒙皮”功能，上方衔接的头发和辫子上的蝴蝶结均未使用“蒙皮”功能，所以我们需要将三股辫的部分单独拆分开。

图 5-141　拆分需要蒙皮的部分（2）

3. 拆分需要在运动时保持形状的部分

发生物理摇摆的部分也有软硬之分。当一个较硬的部分附着在柔软的物体上，或者一个柔软的部分附着在较硬的物体上时，就需要拆分两者。

比如，我们在 5.2 节中拆分过的“米粒”的发卡，拆分的原因是硬质的发卡不宜跟着柔软的头发一起变形。只有将发卡拆分开，才能保护它的形状。对于其他类型的硬质发卡，同样需要单独拆分，如图 5-142 所示。

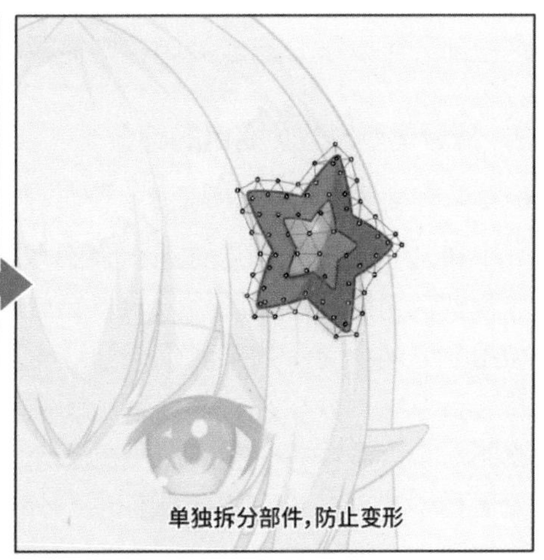

图 5-142　单独拆分发卡

有时，即使两个部分完全不需要发生错位，我们也要基于软硬拆分它们。比如，平板电脑不会和手发生错位，理论上可以和手使用同一个图层，但是在使用弯曲变形器制作手部的物理晃动时，平板电脑可能会发生微妙的变形，这是我们需要避免的。因此，我们仍然需要将平板电脑单独拆分开，以此保护它的形状，如图 5-143 所示。

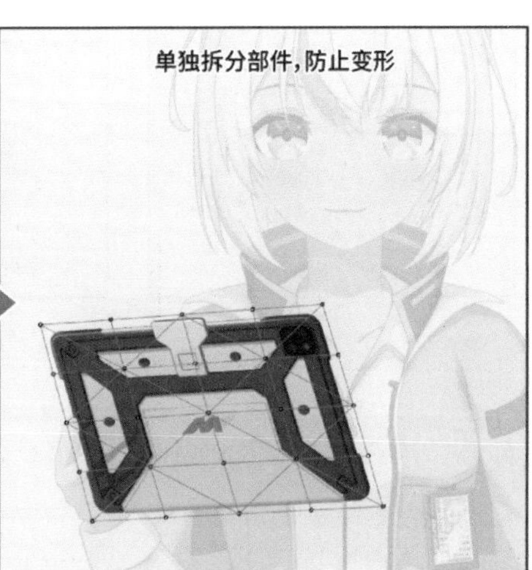

图 5-143　单独拆分平板电脑

5.3.3 按功能需要拆分

Live2D 模型的有些部分可能会有特殊功能，此时我们需要根据功能完成拆分。

1. 拆分需要开启 / 关闭的部分

如果一个部分可以被开启或关闭，则单独拆分该部分。

比如，头发上的兽耳、独立的麦克风、眼睛里的星星、脸上的红晕之类的部分，如果这些部分可以被开启或关闭，则需要单独将其拆分开。

2. 拆分需要发光 / 变色的部分

如果一个部分需要发光或变色，使用的一般是 4.3.1 节中讲的方法，也就是借助至少一个叠加在上方的图层进行调色，我们称这个图层为调色用图层。此时，我们不仅要准备调色用图层，还要拆分出发光或变色的部分，作为调色用图层的蒙版图层。

如图 5-144 所示，如果我们想让这支魔杖的宝石部分发光，则需要进行以下操作。

① 将宝石单独拆分出来，作为蒙版图层。

② 绘制一个大于或等于宝石范围的调色用图层，同时作为被剪贴图层。

③ 如果剩下的部分没有需要制作的额外效果，就不必继续拆分，只需将剩下的内容留在同一个图层中。

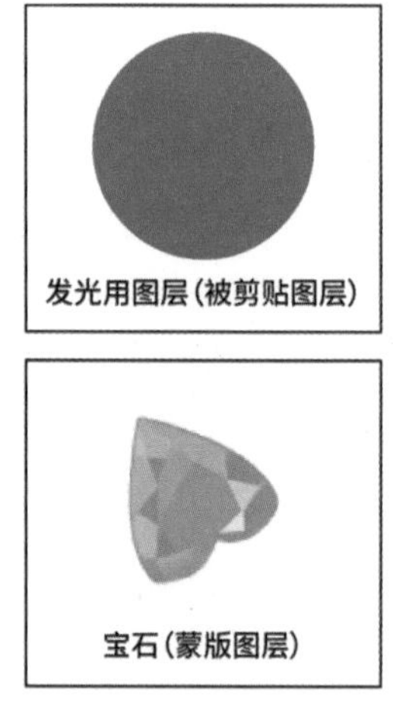

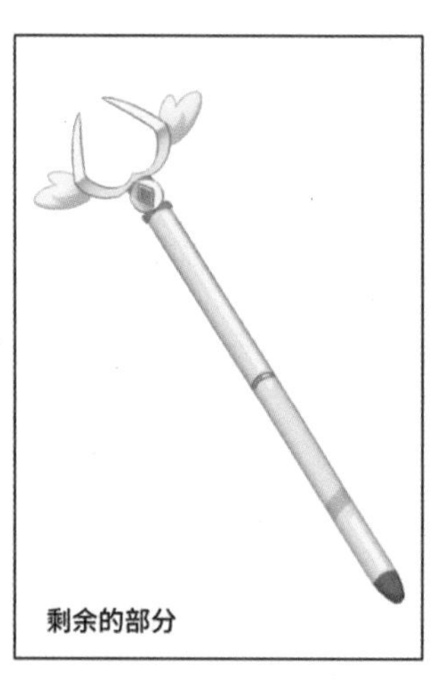

图 5-144 拆分发光部分

3. 拆分需要控制显示范围的部分

有些部分需要用剪贴蒙版控制显示范围。

比如，我们拆分过的眼睛和嘴巴都需要用剪贴蒙版将内部的图层限制在一定的范围内。眼睛的“高光”图层、“虹彩”图层和“眼黑”图层均使用“眼白 1”蒙版图层做剪贴蒙版，嘴巴的“上牙”图层、“下牙”图层和“舌头”图层均使用“嘴内”蒙版图层做剪贴蒙版，如图 5-145 所示。我们在 5.2.2 节中讲过这类问题。

图 5-145　眼睛和嘴巴的剪贴蒙版

上述的两个蒙版图层本身是可见的，但有时蒙版图层不可见。比如，如果要制作角色流汗的效果，我们可以在相应的位置准备一个蒙版图层，用来规定汗水能出现的范围，如图 5-146 所示。创建剪贴蒙版后，当汗水从上向下运动时，会仅在蒙版图层的范围内显示。

图 5-146　使用剪贴蒙版制作角色流汗的效果（1）

确认好剪贴蒙版的效果后，我们可以直接将蒙版图层的“不透明度”改为“0%”。我们在 4.2.2 节中讲过，蒙版图层的不透明度不会影响剪贴蒙版的效果，如图 5-147 所示。

图 5-147　使用剪贴蒙版制作角色流汗的效果（2）

4. 拆分在默认状态下不可见的部分

有些部分在默认状态下是不可见的，这往往是因为各部分之间的相互遮挡。比如，在 5.2.1 节中，我们拆分“米粒”的 PNG 立绘时发现耳朵完全被头发遮挡住了，因此在拆分时需要补画耳朵图层，如图 5-148 所示。

图 5-148　补画耳朵图层

除此之外，很多时候角色的头发也会挡住耳环或发饰。尽管在角色朝向正面时，这些部分是不可见的，但画师仍然应该根据角色的设定和设计补充这些图层，如图 5-149 所示。补画之后，在头部转动或产生物理摇摆时，模型师就能让它们显现出来。

图 5-149　补画正面不可见的图层

5.4　拆分的精细度问题

在前文的讲解中，我们可能会发现一个问题：对 Live2D 模型来说，有些拆分是必要的；有些拆分是非必要的，只是为了提升观感。

举例来说，我们只有将角色的头部和身体拆分开，这样头部才能转动，因此这个拆分是必要的。然而，将头发从头上拆分下来则不是必要的，因为只要角色不沿 *X* 轴或 *Y* 轴转动，头发就不需要做物理摇摆，所以头发和头部没必要拆分开，如图 5-150 所示。

当角色需要沿 *X* 轴或 *Y* 轴转动，或者头发需要做物理摇摆时，我们才有必要拆分头发和头部。在此基础上，当需要更精细的透视效果或物理摇摆效果时，我们才需要将头发进一步拆分成更小的发束。

如果只需这样的运动，则可以不拆分头发和头部

图 5-150　同步运动的头发和头部

比如，我们在 5.2.1 节中说过要拆分脸的线条和颜色，这样拆分的主要目的是在头部沿 *X* 轴旋转时擦除下巴线。从图 5-151 中可以看出，擦除下巴线是一个比较进阶的需求，对比较基础的模型来说是没有必要的，许多 Live2D 官方的示例模型都没有擦除下巴线。

图 5-151　擦除下巴线的前后对比

虽然拆分有很多要求、很多方式，但是要不要拆分，终归还是要看项目的需求。读者需要了解的是各种拆分方式及其各自的作用，具体怎么做需要根据项目和经验决定，并不存在“某个地方必须用某种方式拆分”这样的说法。

尽管拆分出的图层越多，模型理论上就能越精细，但是这样会带来更多的工作量，对应着更高的时间或金钱成本。增加拆分精度的优势和劣势如表 5-3 所示。

表 5-3 增加拆分精度的优势和劣势

	优势	劣势
增加拆分精度	• 在满足基本运动需求的基础上，模型的可动性上限会提高，细节可能会更丰富，可以添加更多功能 • 如果用于出售，则理论上会提高模型的售价	• 需要进行更多的拆分和补画工作，管理图层会更困难，画师或拆分师的工作量会相应增加 • 需要创建更多参数并绑定更多图层的运动，模型师的工作量会相应增加 • 模型造成的负载会增加，画师、模型师和模型使用者都需要更好的设备来制作和使用模型 • 模型的参数会更多，完成模型后模型使用者调试模型会更困难，模型师修改和更新模型的周期也会更长

也就是说，当模型达到了一定的水准，进一步细化带来的边际收益会降低。如果项目规格足够高，时间和预算足够充足，我们当然可以选择尽可能精细的拆分方式。但通常来说，时间和预算都是有限的，我们在拆分过程中必然会做一些取舍。

那么，具体该如何取舍呢？最理想的情况是，画师能够提前和模型师及客户沟通，确定好建模方案后，再执行对应的拆分。如果建模方案只要求手部可以旋转，则可以将手部整体作为一个图层；如果建模方案只要求手型可以略微改变，则只需将手掌和手指拆分出来；如果建模方案要求手指的所有指节都可以灵活活动，则需要将所有指节都拆分出来，如图 5-152 所示。

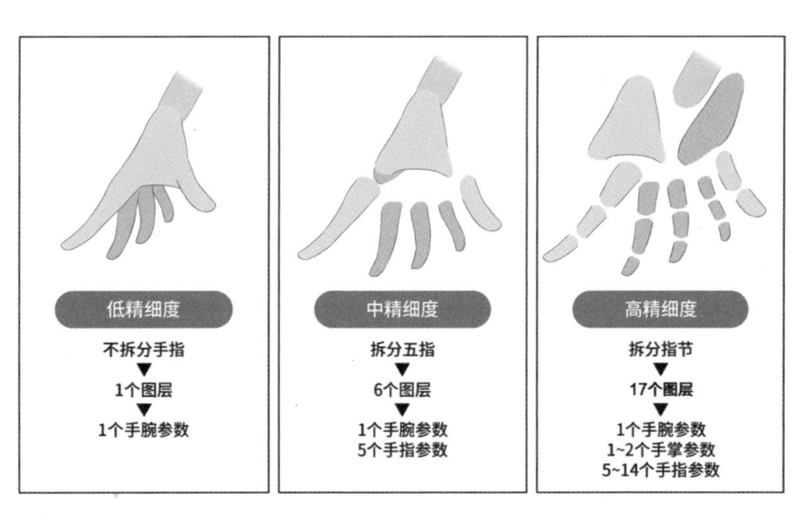

图 5-152 不同的建模方案对应的拆分方式

如果拆分的精细度远大于建模方案的要求，则拆分出的内容可能会被浪费掉。比如，即使画师拆分出了所有指节，模型师也可能会按照建模方案将整个手部作为一个图层处理。再比如，如果模型师需要让指节运动，但画师连手指都没有拆分出来，则很可能会面临返工。为了避免这些情况，请画师和模型师提前沟通好。

第 6 章

拆分案例：五官和脸部

我们在 5.1.1 节中讲过，某个部分是否要单独拆分为一个图层，取决于它是否需要独立运动。

而在Live2D Cubism中，如果想要让图层运动(包括移动、变形、改变不透明度等)，就必须先把它绑定在某个参数上。比如，眼球的运动就需要用到“眼珠 X”“眼珠 Y”两个参数，分别控制眼球在水平方向和垂直方向上的运动。

由于Live2D支持面部捕捉，而面部捕捉软件使用的参数是固定的，因此眉毛、眼睛、嘴巴这些和表情相关的部分都有预设好的参数。另外，物理摇摆、图层开关等也都需要单独的参数。了解 Live2D 中会使用哪些参数，可以帮助我们思考“某个部分是否需要独立运动”的问题。

在 Live2D Cubism 中，以下参数是预设好的，如表 6-1 所示。在创建模型时，这些参数也会被自动创建。

表 6-1　Live2D Cubism 的预设参数

参数 ID	参数名称	描述
ParamAngleX	角度 X	＋向屏幕右侧转动
ParamAngleY	角度 Y	＋向屏幕上方转动
ParamAngleZ	角度 Z	＋向屏幕右侧倾斜
ParamEyeLOpen	左眼 开闭	＋睁眼
ParamEyeLSmile	左眼 微笑	＋微笑眼
ParamEyeROpen	右眼 开闭	＋睁眼
ParamEyeRSmile	右眼 微笑	＋微笑眼
ParamEyeBallX	眼珠 X	＋向右看
ParamEyeBallY	眼珠 Y	＋向上看
ParamBrowLY	左眉 上下	＋抬起眉毛
ParamBrowRY	右眉 上下	＋抬起眉毛
ParamBrowLX	左眉 左右	－眉毛靠近
ParamBrowRX	右眉 左右	－眉毛靠近
ParamBrowLAngle	左眉 角度	－眉毛转成怒
ParamBrowRAngle	右眉 角度	－眉毛转成怒
ParamBrowLForm	左眉 变形	－眉毛转成怒
ParamBrowRForm	右眉 变形	－眉毛转成怒
ParamMouthForm	嘴 变形	＋嘴型转成笑 －嘴型转成怒
ParamMouthOpenY	嘴 张开与闭合	＋张嘴
ParamCheek	脸颊泛红	＋脸颊泛红
ParamBodyAngleX	身体旋转 X	＋向屏幕右侧转动
ParamBodyAngleY	身体旋转 Y	＋向屏幕上方转动
ParamBodyAngleZ	身体旋转 Z	＋向屏幕右侧倾斜
ParamBreath	呼吸	＋吸气
ParamHairFront	摇动 前发	＋向屏幕右侧移动

续表

参数 ID	参数名称	描述
ParamHairSide	摇动 侧发	+ 向屏幕右侧移动
ParamHairBack	摇动 后发	+ 向屏幕右侧移动

我们高亮标记了其中和表情相关的部分。在基于本书学习的过程中，读者需要逐渐培养一种感觉，即了解到相关参数后，就能想出大概该怎么拆分。

在实际建模过程中，我们还会新建大量自定义参数，以此让模型有更丰富的表情和动作。在讲解特定部分时，我们也会介绍常用的自定义参数，帮助读者理解某个部分为什么要单独拆分。另外，在本书的附件中有 Live2D 常用参数表，读者可以查看或直接使用这些参数。

★请在本书配套资源中查找源文件：6-1-Live2D 常用参数表 .doc。

下面介绍和表情相关的部分应该如何拆分。

6.1 眼睛

眼睛通常是角色脸上最重要，也最复杂的器官。为了让眼睛能够做出预期的动作，我们需要精细、正确地拆分图层。

根据画风、眼型、种族等的不同，眼睛的外观千差万别。但是，按照一定的规律，我们可以拆分任何样式的眼睛。

提示：本节将省略“左右”

角色通常有基本对称的两只眼睛，并且两只眼睛的拆分方式通常相同。本节仅以右眼为例进行讲解。为了方便阅读，本节中涉及的图层名称均省略了“左右”，如“右眼黑”图层在本节中将写成“眼黑”。

6.1.1 眼睛的常用参数

在介绍拆分方式之前，我们先来看一下常用参数对眼睛的实际影响。在默认状态下，我们用作案例的眼睛，如图 6-1 所示。在不同参数的影响下，眼睛会发生各种变化。

图 6-1　眼睛的默认状态

我们仅以屏幕左侧的眼睛（右眼）为例。影响眼睛动作的默认参数有“右眼开闭”“右眼微笑”“眼珠X”“眼珠Y”，另外影响眼睛形状的默认参数有“角度X”和“角度Y”。眼睛受默认参数影响后的状态如图6-2所示。

右眼开闭：从1变为0

右眼开闭：从1变为0
右眼微笑：从0变为1

眼珠X：从0变为-1
（从0变为1则为眼珠转向对侧，此处省略）

眼珠Y：从0变为-1
（从0变为1则为眼珠向上转，此处省略）

角度X：从0变为-20
（从0变为20则为脸转向对侧，此处省略）

角度Y：从0变为-20
（从0变为20则为脸向上转，此处省略）

图 6-2　眼睛受默认参数影响后的状态

为了丰富模型的表情，我们通常还会附加一些自定义参数（比如，“瞳孔大小”“高光开关”“眼睛变形”等）。眼睛受自定义参数影响后的状态如图 6-3 所示。

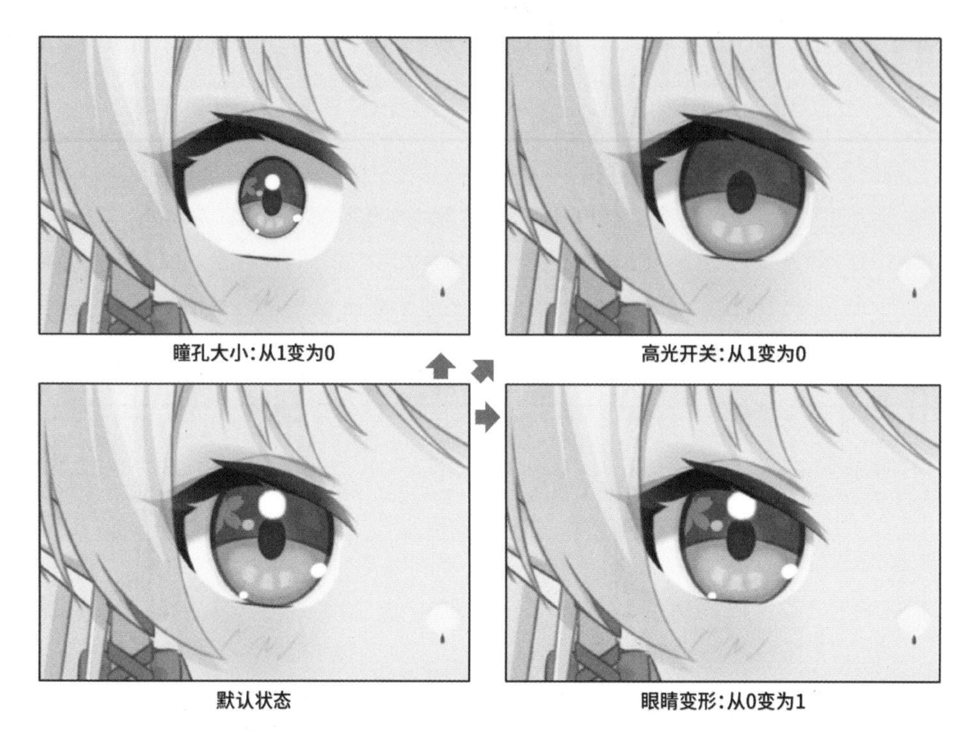

图 6-3　眼睛受自定义参数影响后的状态

在上述参数中，有些参数（比如，“眼睛变形”“角度 X”“角度 Y”）只是对眼睛整体做了统一变形。即使我们不拆分眼睛，这种整体变形也能够实现，因此我们不需要考虑这些参数，后续在讨论其他部分时也不会再提及它们。

有些参数（比如，“右眼开闭”和“右眼微笑”）虽然也能让整个眼睛发生变形，但是这种变形不是统一的。我们以“右眼开闭”参数为例，可以看到眼睛的上眼睑和下眼睑在闭眼时的弧度变化明显不同，如图 6-4 所示。也就是说，在设置“右眼开闭”参数时，上眼睑和下眼睑的运动是相互独立的，我们必须把它们拆分开。

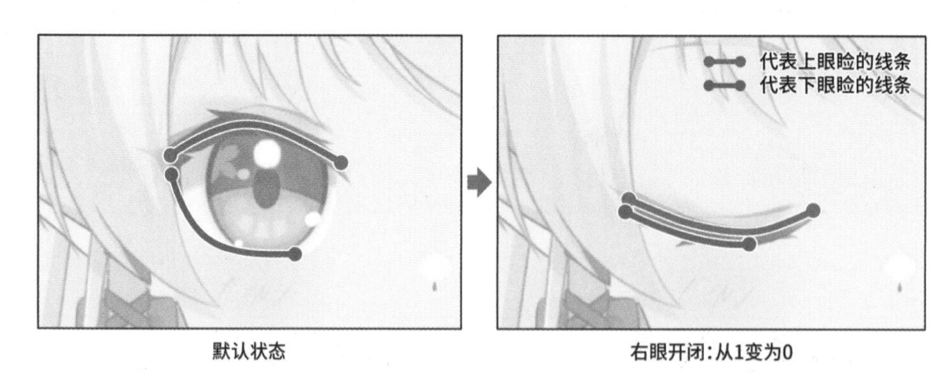

图 6-4　闭眼时眼睑的弧度变化

有些参数直截了当地指出了需要独立运动的部分。比如，“眼珠 X” 参数和 “眼珠 Y” 参数会控制眼珠单独在眼眶里运动，因此眼黑（眼珠）是一定要拆分出来的。同时，为了让眼珠不超出眼眶的范围，眼白部分也需要单独拆分出来，以作为眼珠的蒙版，如图 6–5 所示。

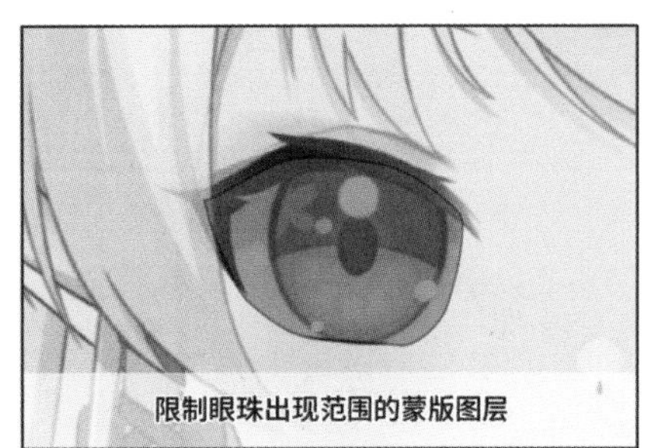

图 6-5　眼珠和蒙版

有些参数虽然看似影响不大，却能直接决定额外的拆分内容。比如，“高光开关” 参数不仅可以关闭高光本身，还可以关闭眼睛里的花朵花纹。这就意味着，我们必须将其拆分出来。如果没有 “高光开关” 参数，也许我们仍然需要拆分高光，但是花朵花纹通常是不必拆分的。

我们根据眼睛的参数和对应的运动方式，可以大致判断需要拆分出哪些图层。

6.1.2　眼睛图层的拆分和分类

为了实现上述参数对应的效果，我们需要将眼睛拆分为数个图层。通常来说，我们可以将和眼睛相关的图层分为以下 3 种类型。

① **轮廓图层**：构成眼睛外轮廓的图层，也包括眼睛外轮廓上的装饰。在通常情况下，轮廓图层包括 “上眼睑” “下眼睑” “上睫毛” “下睫毛” “眼皮” 等。在角色闭眼时，通常只有轮廓图层是可见的。

② **眼内图层**：眼睛内的眼珠，也包括眼珠上的高光和装饰。在通常情况下，眼内图层包括 “眼黑（眼珠）” “高光” 等。

③ **蒙版图层**：限制 “眼内图层” 可见范围的图层。在通常情况下，蒙版图层只包括 “眼白” 。

我们将眼睛按照上述 3 种类型拆分后，结果如图 6–6 所示。

需要注意的是，图 6–6 中的拆分结果不仅表明了各个图层的内容，还列出了图层的排列顺序。在拆分时，我们可以使用图层组进一步整理这些图层。比如，我们可以将 “上眼睑” “下眼睑” “上睫毛” “下睫毛” 这 4 个上色风格几乎相同的图层打包成组；再比如，我们可以将 “眼黑” 、 “花朵” 和 “高光” 这 3 个会跟随参数 “眼珠 X” “眼珠 Y” 运动的图层打包成组。整理后的眼睛的图层结构如表 6–2 所示。

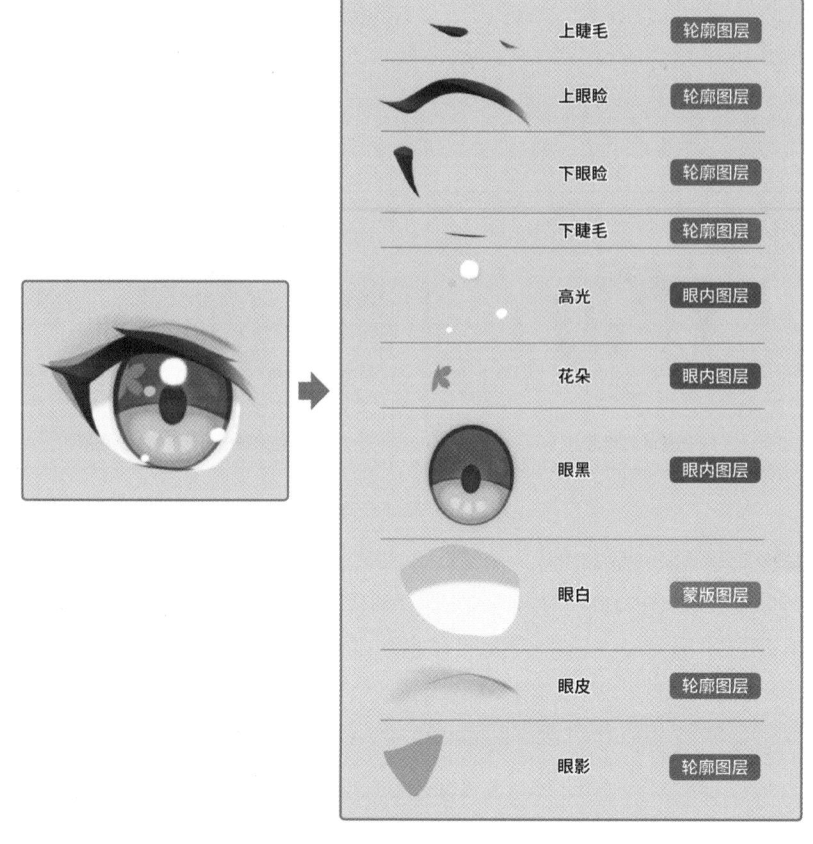

图 6-6　眼睛的拆分结果

表 6-2　整理后的眼睛的图层结构

图层结构			图层类型
眼睛	眼睑	上眼睑 *	轮廓图层
		下眼睑 *	轮廓图层
		上睫毛	轮廓图层
		下睫毛	轮廓图层
	眼珠	高光	眼内图层
		花朵	眼内图层
		眼黑 *	眼内图层
	眼白 *		蒙版图层
	眼皮		轮廓图层
	眼影		轮廓图层

像这样拆分后，模型师可以使用这些图层完成 6.1.1 节中列出的参数对应的动作。其中，带星号（*）的图层通常是必不可少的，如果不拆分它们，则可能连默认参数都无法设置。

在拆分时，还有一些细节问题需要注意。

1. 眼睑和睫毛

理论上可以将眼睑拆分为“上眼睑”图层和“下眼睑”图层。只要有上、下两片眼睑，就可以让它们向中间聚拢，实现眼睛闭合的效果。

在拆分上、下眼睑时，最好在眼角处保留一些相互重合的冗余部分，如图 6-7 所示。我们通常会将上眼睑拆分成一个相对平滑的线条，在下眼睑上方额外增加一小块重合部分。这样在眼睛闭合时，眼角处的颜色就不容易断开。

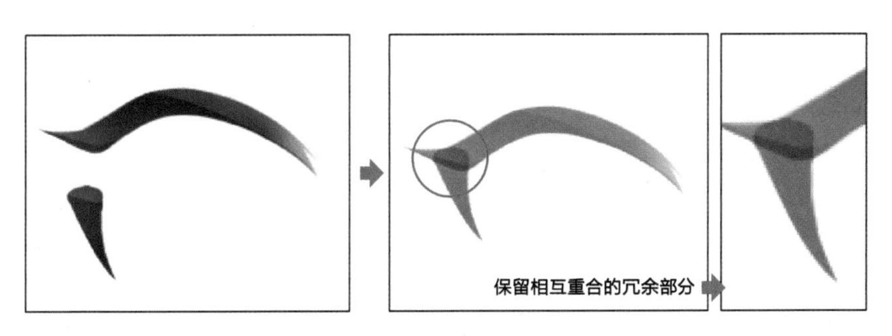

图 6-7　拆分上、下眼睑

当眼睑上有突出的睫毛时，通常建议单独拆分。在制作闭眼等动作时，如果不拆分睫毛，则会优先照顾眼睑的形状。如果拆分睫毛，则在眼睑运动时可以单独控制睫毛的形状，如图 6-8 所示。

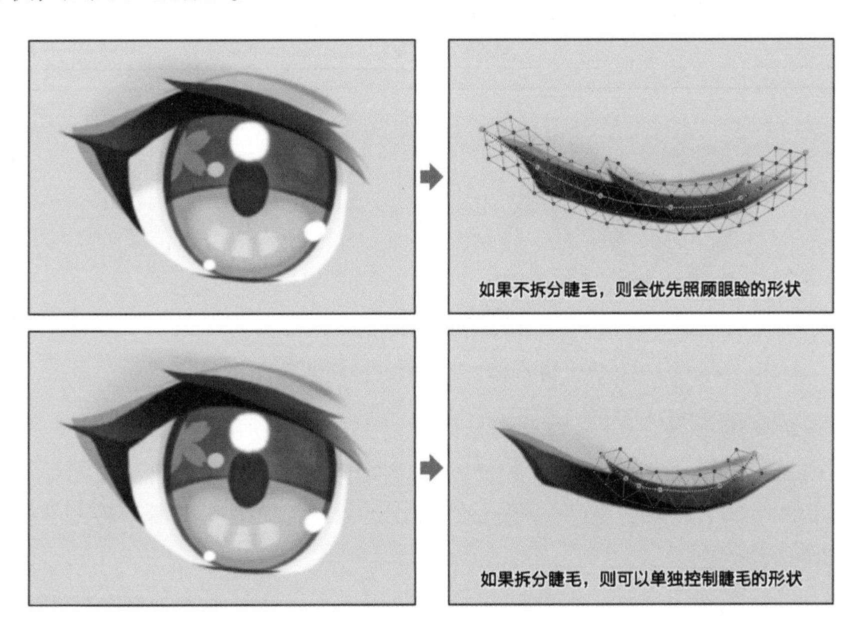

图 6-8　拆分睫毛与否时闭眼的效果

因此，为了让睫毛的形状更加可控，建议单独拆分它们。在睫毛变化幅度较大的情况下，画师可能希望睁眼时睫毛在上方，而闭眼时睫毛在下方，如图 6-9 所示。此时，单独拆分睫毛是必要的。

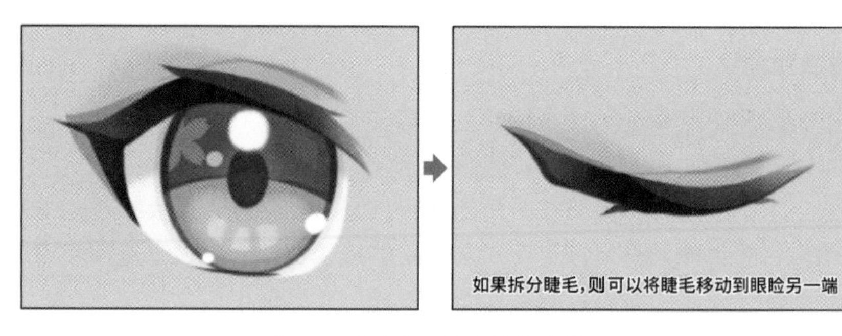

图 6-9　睫毛变化幅度较大的情况

2. 眼黑和高光

包括“眼黑”和“高光”在内的所有眼内图层都应补画完整。也就是说，我们需要补画出眼眶外的部分。有时，在补画全眼黑后会发现眼黑未必是椭圆形的，而是上宽下窄的鸡蛋形状，如图 6-10 所示。

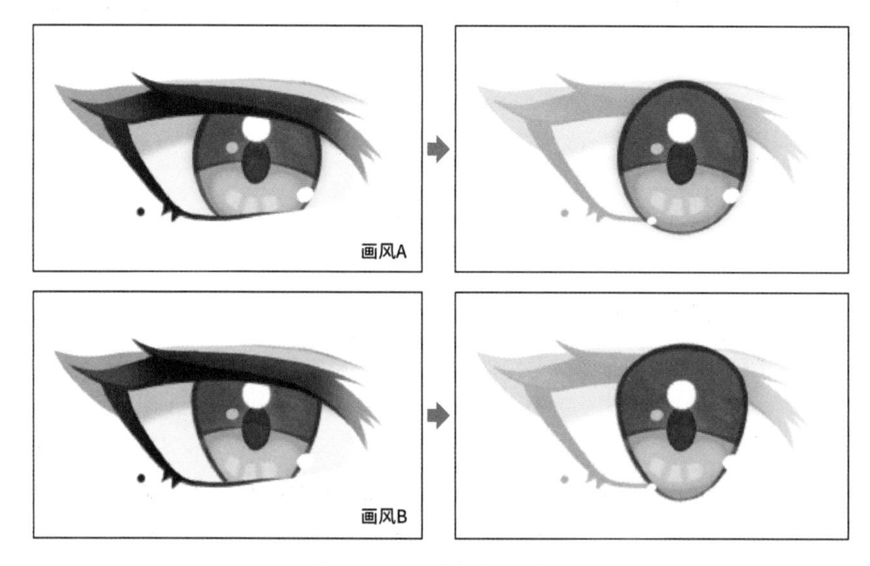

图 6-10　不同形状的眼黑

这是由画师的画风决定的，没有办法改变。但是，模型师在制作眼睛转动的效果时，可能会需要变形眼睛的外轮廓，以实现比较自然的效果。除此之外，还可以拆分瞳孔和高光，如图 6-11 所示。额外将瞳孔拆分出来可以避免瞳孔跟着外轮廓变形，以便单独控制瞳孔的形状。

另外，如果高光中有一个面积明显较大的点，则可以将其单独拆分出来。比如，在这个案例中，瞳孔正上方的高光显然比较大，可以将其拆分出来，以便在建模时单独控制它的运动。我们在 4.1.3 节中讲过，类似这样内容相互分离的图层可以在 Live2D Cubism 中进行拆分，没有必要在 Photoshop 中进行拆分，因此此处是否进行拆分是可选的。

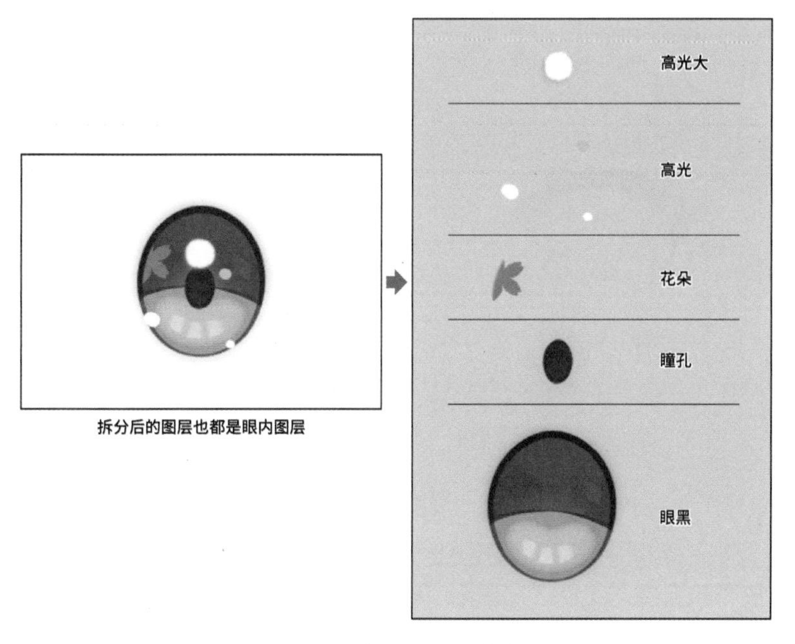

图 6-11　拆分瞳孔和高光

至于眼睛里的花朵和反光效果等是否拆分，完全取决于是否需要为它们单独制作效果。在本案例中，我们需要让花朵消失，于是将“花朵”图层拆分出来。

3. 眼白

眼白是所有眼内图层的蒙版图层，同时负责构成眼睛的底色。因此，在拆分眼白时，我们需要注意以下两点。

第一，眼白图层应该是实心的。其内部不能是半透明的，也不能有缝隙，否则眼内图层无法被完整显示。

第二，眼白图层需要和眼睑图层有相互重合的冗余部分。尤其是上眼睑一般比较粗，可以将眼白图层的上边缘一直补画到“上眼睑”图层的中线附近，如图 6-12 所示。这样在眼睛闭合时，眼白和上眼睑之间就不容易出现缝隙。

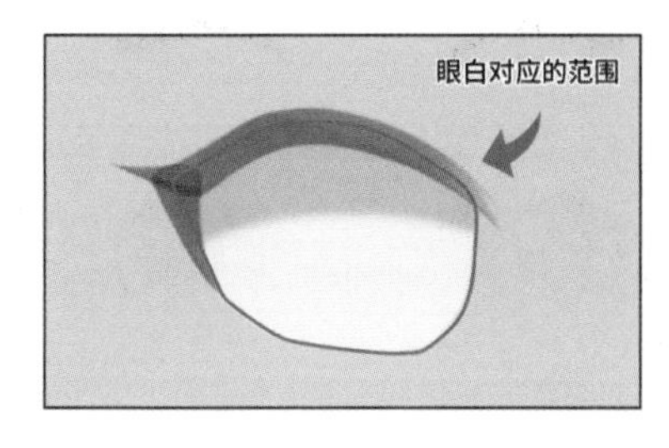

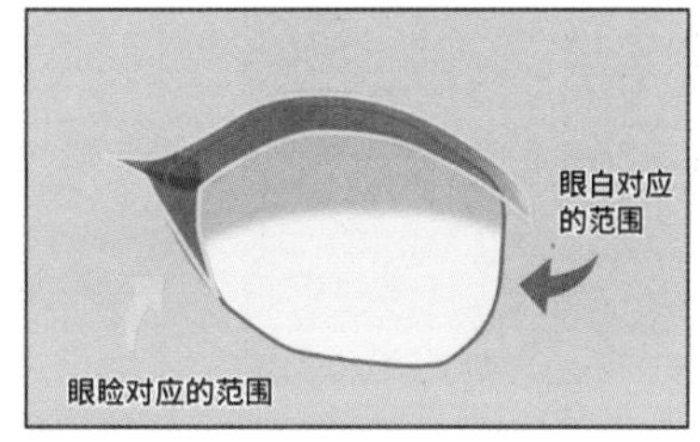

图 6-12　眼白和眼睑的重合部分

4. 眼皮和眼影

由于眼皮和眼影位于眼睛最下方，不会对其他部分产生影响，因此拆分时可以多补画一些和眼睑、眼白重合的冗余部分。眼影的范围可以跨越上下眼睑，如图 6-13 所示。

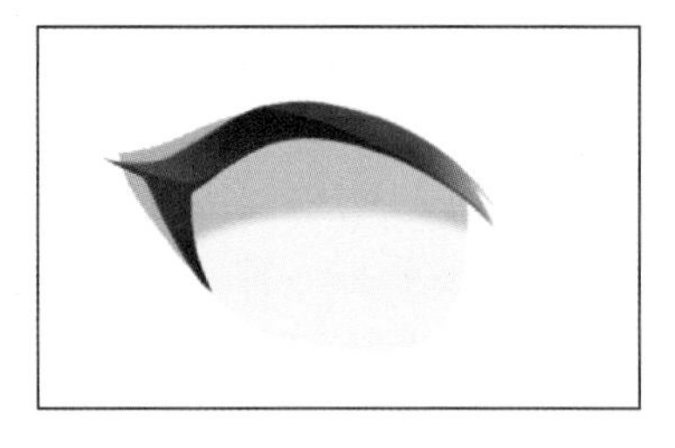

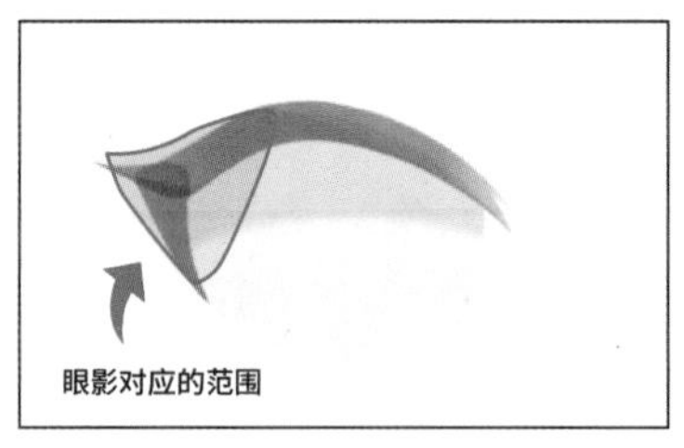

图 6-13　眼影的范围

6.1.3　眼睛的参考图

画师一般不亲自参与 Live2D 建模，因此有必要绘制眼睛的参考图。

在本章的 6.1.1 节中，我们展示了“右眼开闭”参数和“右眼微笑”参数变化时眼睛的各种状态，这些状态都需要由模型师制作。由于每个人对表情呈现方式的理解不同，喜爱的画风和绘画能力也不同，因此模型师未必能够制作出符合画师想法的效果。

因此，我们建议画师至少准备“闭眼”和“闭眼微笑”两种状态的参考图，如图 6-14 所示。这两种状态的参考图绘制起来也比较简单，需要绘制出上眼睑的最终位置。如果有必要，则可以额外绘制出“睁眼微笑”等其他状态的参考图。

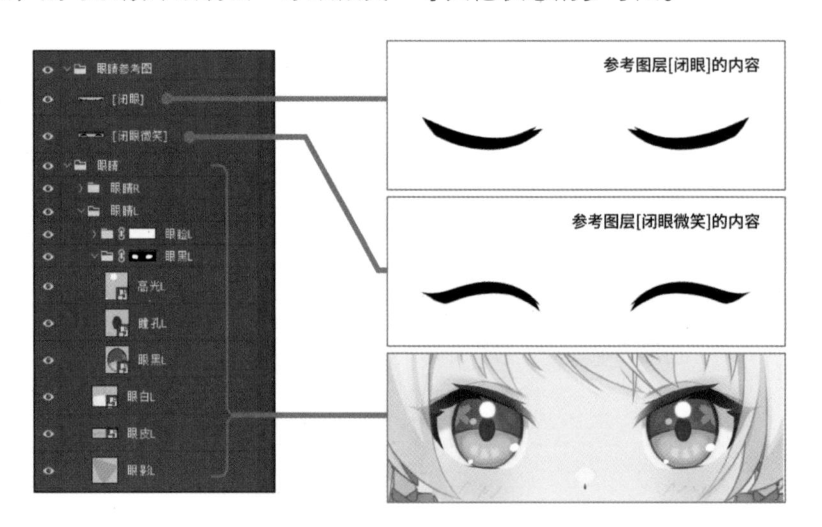

图 6-14　眼睛的参考图

在命名时，建议标注清楚这是参考用的图层。我们可以按照 Live2D Cubism 的习惯，在图层名称的两侧添加中括号，代表这是参考图层，如 [闭眼][闭眼微笑]。我们也可以直接在图层名称的后面添加后缀，如“闭眼 _ 参考”或“闭眼微笑 _Ref”等。

绘制好这些参考用图层后，将它们放在“眼睛”图层组内并隐藏即可。本书建议将图层的“不透明度”调整为 0，而不是通过图层前面的眼睛图标隐藏。

6.1.4 额外的眼睛图层

根据角色的设定或设计，我们还可以给眼睛增加一些额外图层。这里的额外图层指的是在默认状态下眼睛也会带有的部分，如“内睫毛”图层和“泪痣”图层。至于可以开启或关闭的“星星眼”等贴图，我们会在第 11 章中统一讲解。

1. 内睫毛

如果读者看得足够仔细，则会发现在 6.1.1 节和 6.1.2 节中展示的眼睛并不完全相同。6.1.1 节展示的眼睛在睁眼时，上眼睑是有一些缺口的。这也是如今比较流行的一种绘画风格，我们将这些缺口称为“内睫毛”。

虽然在睁眼时我们能看到内睫毛，但是在闭眼时却要让内睫毛消失，使上眼睑保持完整状态，如图 6-15 所示。

图 6-15 内睫毛的效果

为此，我们需要两个图层：完整的“上眼睑”和用作蒙版的“内睫毛”。我们按照缺口的形状绘制出一个“内睫毛”图层，颜色任意，而“上眼睑”图层则和之前相同，如图 6-16 所示。

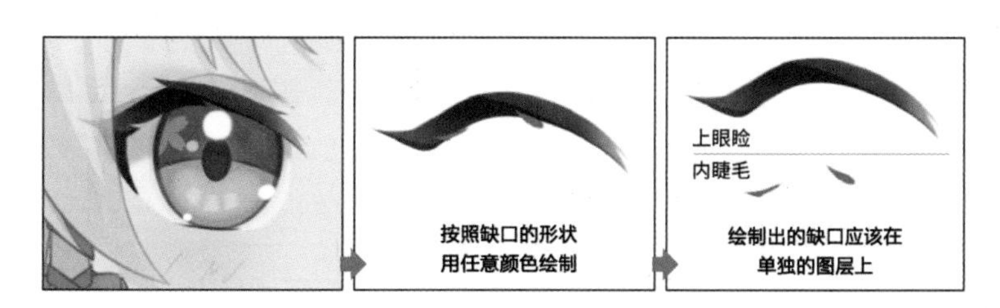

图 6-16 “内睫毛”图层的拆分

之后在 Live2D Cubism 中建模时，可以将“上眼睑”图层作为被剪贴图层，将“内睫毛”图层作为蒙版图层，并在“检视面板”面板中勾选“反转”复选框，即可用“内睫毛”图层擦除“上眼睑”图层对应的部分。在闭眼时，只要让“内睫毛”图层离开“上眼睑”图层，即可完整地显示出“上眼睑”图层，如图 6-17 所示。

内睫毛在上眼睑的范围内　　内睫毛离开了上眼睑，此时上眼睑恢复完整状态

图 6-17　“内睫毛”图层的作用

顺便一提，“内睫毛”图层应该和“上眼睑”图层一样，属于轮廓图层。

2. 泪痣等装饰图层

除此之外，我们还可以增加“泪痣”“刀疤”等装饰元素。它们都属于轮廓图层，需将其拆分出来，并注意图层的顺序。

如果不希望泪痣被眼影等影响，则可以将泪痣图层放在眼影图层的上方，如图 6-18 所示。

图 6-18　泪痣的图层顺序

6.1.5　不同类型的眼睛对拆分的影响

即使眼睛类型不同，拆分思路通常也不会发生太大变化。只要我们抓住图层分类的核心思想，就能拆分任何类型的眼睛。这里额外介绍 3 种典型的眼睛，我们可以先根据图片猜测一下这些眼睛应该如何拆分，再对照正文验证自己的思路。

1. 普通人眼

对于普通人眼，即使眼睛形状(眼型)发生变化，拆分方式通常也不会变。举例来说，我们之前拆分的普通眼型根据角色风格可能被绘制成圆眼或吊眼，如图 6-19 所示。

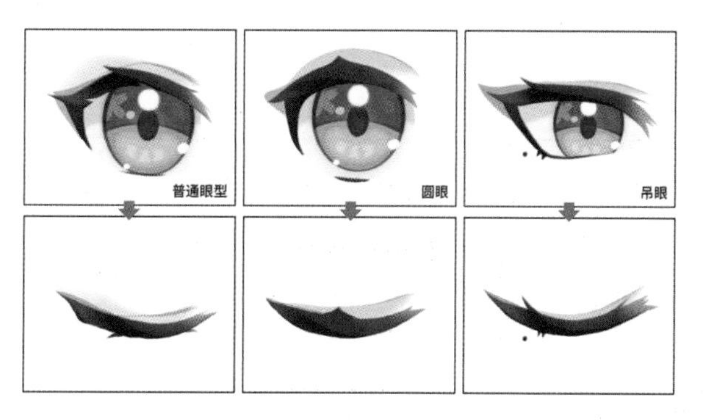

图 6-19 不同类型的人眼

即使眼型发生了变化，眼睛的结构也不会变，因此拆分方式都是相似的。如图 6-20 所示，这 3 种类型的人眼的拆分结果几乎相同。唯一的区别是，吊眼的下睫毛比较长，和下眼睑连接到了一起，所以我们可以选择不拆分它们。

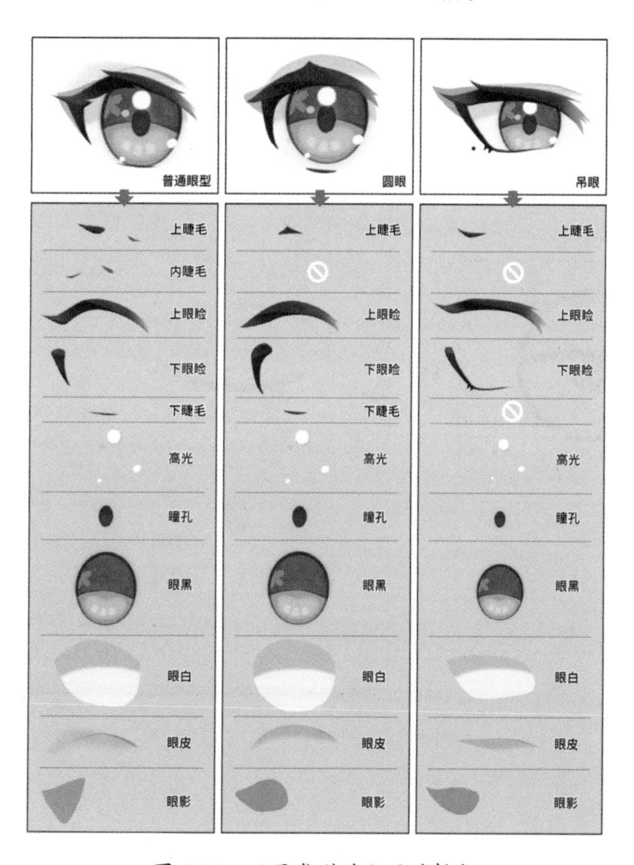

图 6-20 不同类型的人眼的拆分

其实，上述所讲的拆分方式几乎适用于所有眼睛。只要掌握 6.1.2 节所讲的 3 种图层类型，即使不是普通人眼，也能按照上述拆分方式进行拆分。

2. 简笔画人眼

有时，我们会遇到简笔画风格的人眼，如图 6-21 所示。在角色闭眼时，眼眶是不会变化的，而附带皮肤的眼睑会从眼眶下出现并挡住眼睛。

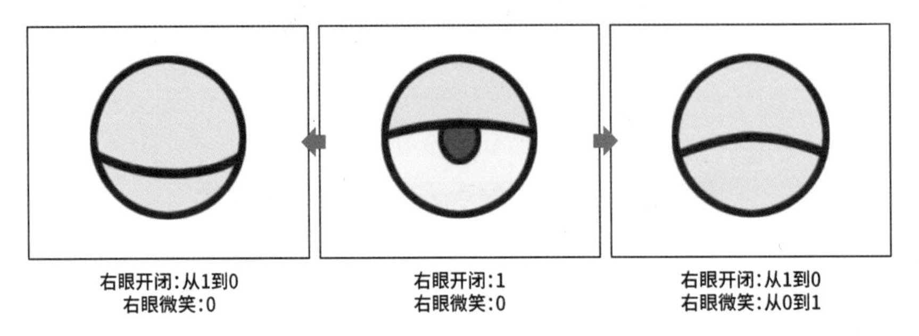

图 6-21　简笔画人眼

此时，我们可以单独将眼眶作为一个图层，并将附带皮肤的“上眼睑”和“下眼睑”图层绘制完整，放在“眼眶”图层的下方，如图 6-22 所示。

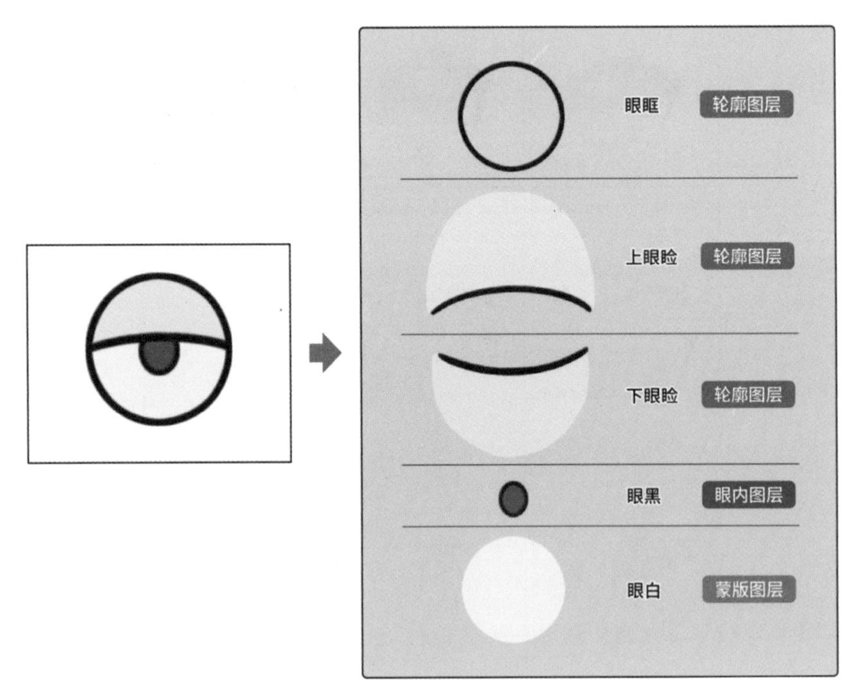

图 6-22　简笔画人眼的拆分

之后在 Live2D Cubism 中，模型师只需将“眼白”图层作为蒙版图层，将“上眼睑”图层、“下眼睑”图层和“眼黑”图层作为被剪贴图层即可。这样上下眼睑就会保持在眼白的范围内，即使移动眼睑，也不会影响到眼眶，如图 6-23 所示。

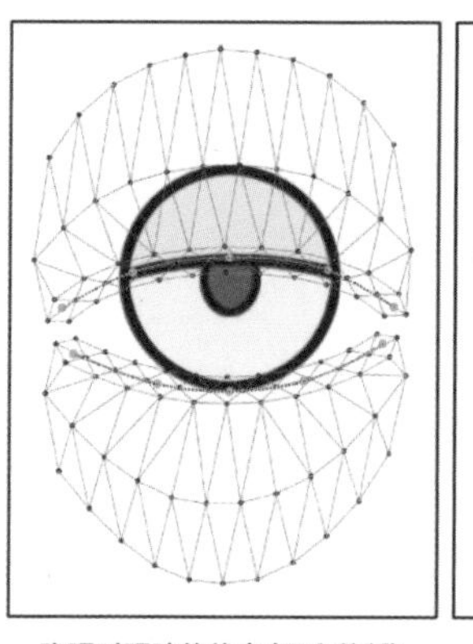

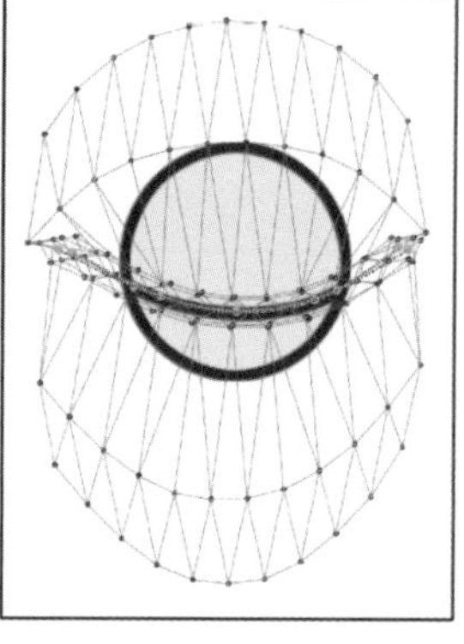

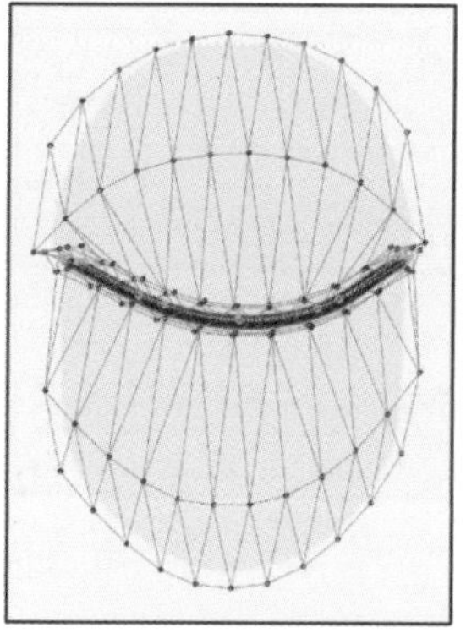

图 6-23　简笔画人眼的建模（眼睑部分）

需要注意的是，尽管上下眼睑需要应用剪贴蒙版，但是“上眼睑”图层和“下眼睑”图层仍然属于轮廓图层，如表 6-3 所示。在角色闭眼时，通常只有轮廓图层是可见的。

表 6-3　简笔画人眼的结构

图层结构			图层类型
眼睛	眼睑	眼眶	轮廓图层
		上眼睑	轮廓图层
		下眼睑	轮廓图层
	眼黑		眼内图层
	眼白		蒙版图层

3. 豆豆眼

除此之外，还有一种常见的特殊眼型为豆豆眼。豆豆眼可以非常简单，甚至可能只有一个椭圆，不过这里我们选择最复杂的版本作为案例，如图 6-24 所示。

图 6-24　各种豆豆眼

对于豆豆眼，我们可以将其拆分为“睫毛”、“高光”和“眼黑”3 个图层，并将“眼黑”图层作为“高光”图层的蒙版图层，如图 6-25 所示。

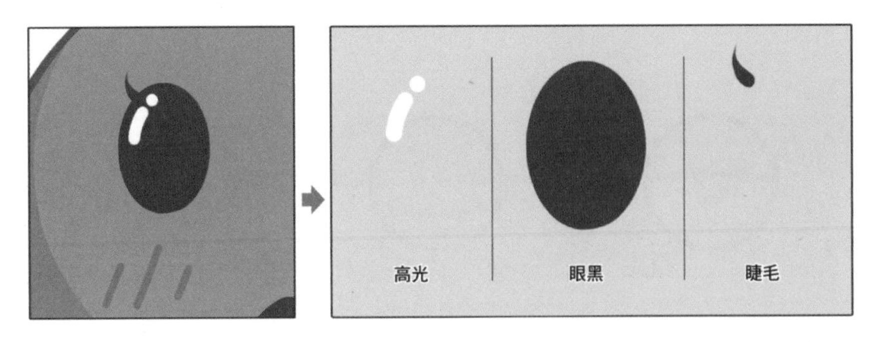

图 6-25 只有 3 个图层的豆豆眼（拆分）

虽然这种拆分方式是可行的，但是效果并不理想。因为决定眼睛外轮廓的只有“眼黑”图层，在角色闭眼时，我们只能将“眼黑”图层纵向压扁，很难控制其形状，如图 6-26 所示。显然，这样做的效果是比较差的，会让人感觉角色没有眼皮，只是眼睛在伸缩。如果没有睫毛，那么效果会更差。

图 6-26 只有 3 个图层的豆豆眼（建模）

因此，本书建议不要让“眼黑”图层同时兼任蒙版图层，而要单独准备一个蒙版图层，如图 6-27 所示。我们可以直接准备一个长方形图层并命名为“眼白”（因为它的实际作用相当于眼白），将其不透明度调整为 0。

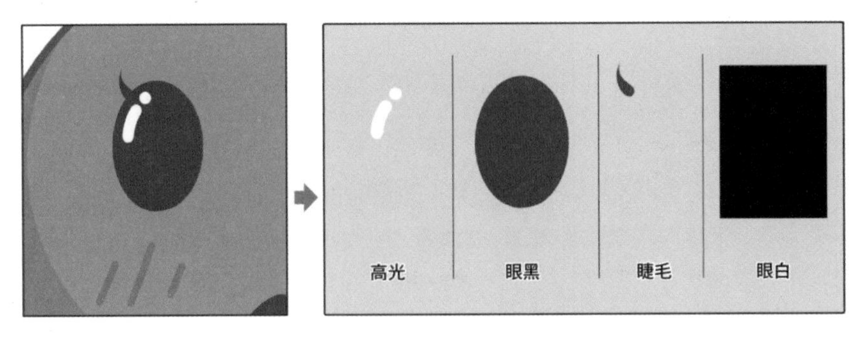

图 6-27 有蒙版图层的豆豆眼（拆分）

在 Live2D Cubism 中，我们将“眼白”图层作为“眼黑”图层和“高光”图层的蒙版图层。在角色闭眼时，将“眼白”图层纵向伸缩，使“眼黑”图层的上下边缘被逐渐擦除，最终形成 条线，如图 6-28 所示。对比一下图 6-26，我们就能看出其中的差异。

图 6-28　有蒙版图层的豆豆眼（建模）

更妙的是，在有了单独的蒙版图层后，我们可以很方便地控制眼睛的形状。如图 6-29 所示，只要改变蒙版图层的形状，我们就可以得到“睁眼生气”“闭眼微笑”“闭眼生气”等状态的豆豆眼。由于我们没有改变“眼黑”图层的形状，因此眼睛在这几个状态间变化时也不会变成很奇怪的形状。

图 6-29　有蒙版图层的豆豆眼（表情）

豆豆眼的图层结构如表 6-4 所示。从表 6-4 中可以看出，6.1.2 节讲的 3 种图层类型并不是必须都存在的，因为豆豆眼如果没有睫毛，则可以没有轮廓图层。区分图层类型只是为了提供拆分思路，在实际操作中我们可以根据需要进行取舍，不必拘泥于理论。

表 6-4　豆豆眼的图层结构

图层结构		图层类型
眼睛	睫毛	轮廓图层
	高光	眼内图层
	眼黑	眼内图层
	眼白	蒙版图层

6.2 嘴巴

除眼睛之外，嘴巴也是比较复杂的器官。嘴巴和眼睛的图层结构有诸多相似之处，如果我们弄懂了眼睛的拆分方式，则很容易学会嘴巴的拆分方式。

6.2.1 嘴巴的常用参数

和讲解眼睛时一样，在进行拆分之前，我们先来看一下常用参数对嘴巴的实际影响。这里用作案例的嘴巴，其默认状态如图 6-30 所示。在不同参数的影响下，嘴巴会发生各种变化。需要注意的是，图 6-30 是绘画完成后嘴巴的初始状态，而不是模型的默认状态。

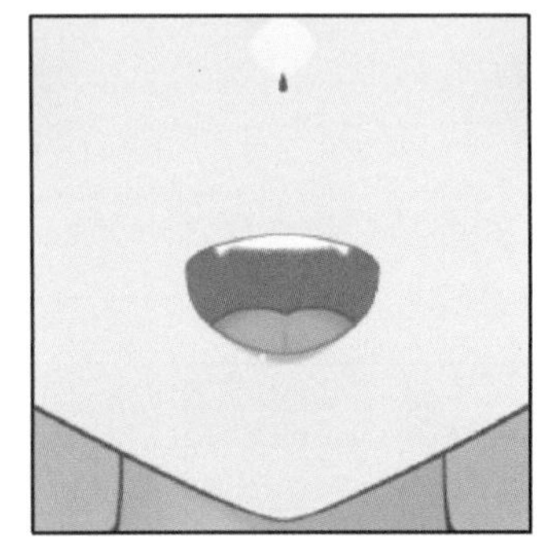

图 6-30 嘴巴的默认状态

影响嘴巴动作的默认参数有“嘴变形”和“嘴张开与闭合”。虽然和眼睛一样，嘴巴也有“变形”和“开闭”两个参数，但嘴巴的“变形”参数比眼睛要复杂一些。比如，在嘴巴闭合（“嘴张开与闭合”参数为 0）时，嘴巴可以变为更加悲伤的状态或更加喜悦的状态。嘴巴受默认参数影响后的状态如图 6-31 所示。

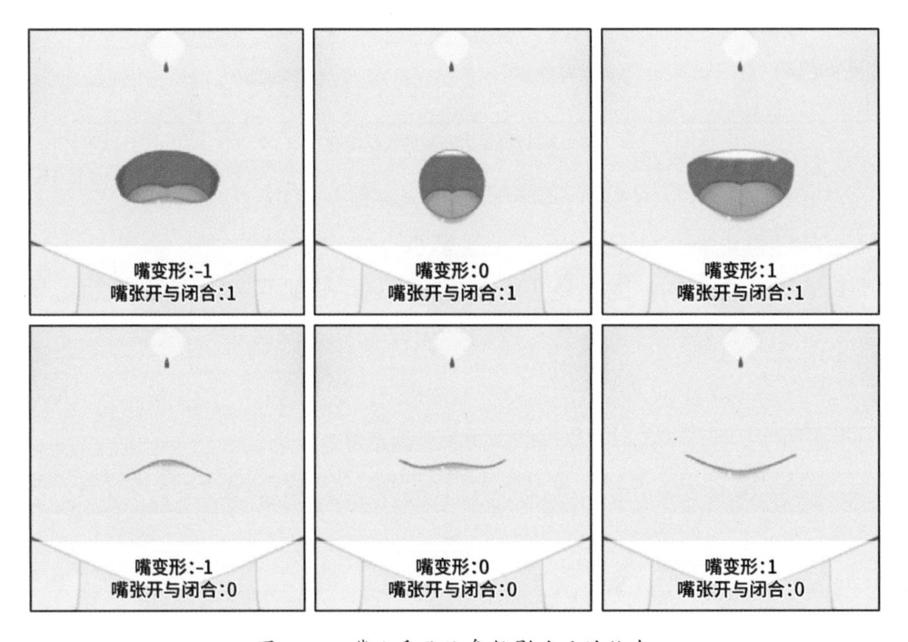

图 6-31 嘴巴受默认参数影响后的状态

除了默认参数，我们通常还会增加一些自定义参数，如“吐舌”“左右歪嘴”“唇彩关闭”等。嘴巴受自定义参数影响后的状态如图 6-32 所示。

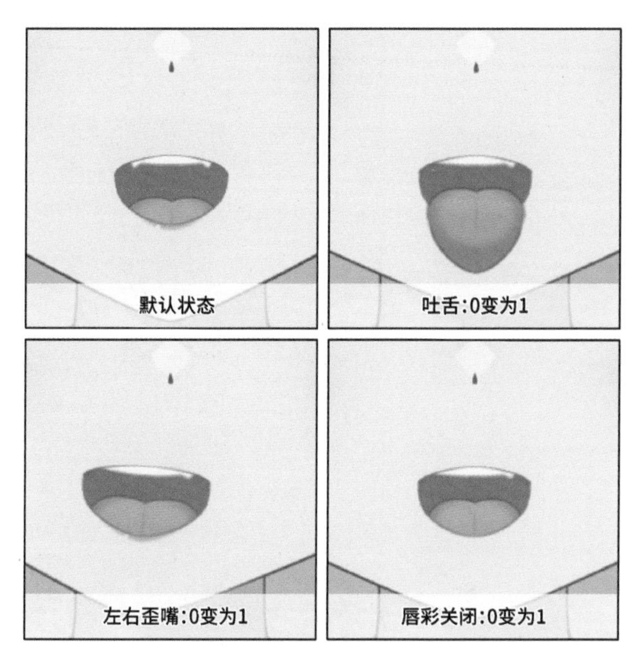

图 6-32 嘴巴受自定义参数影响后的状态

和眼睛一样，模型是否存在这些自定义参数也会影响我们的拆分策略。比如，如果没有“吐舌”这个参数，则没有必要拆分舌头（甚至可以不绘制舌头）；如果没有“唇彩关闭”这个参数，则可以将唇彩直接绘制在下嘴唇上，没必要单独拆分。

有些参数不会影响拆分策略。比如，“左右歪嘴”参数在控制嘴巴整体发生变形和移动时，不会产生新的独立运动需求，因此不需要任何额外的拆分。

希望案例里这些额外的参数能给读者更多拆分上的提示。

6.2.2 嘴巴图层的拆分和分类

为了实现上述参数对应的效果，我们需要将嘴巴拆分为数个图层。通常来说，我们可以将嘴巴相关的图层也分为以下 3 种类型。

① **轮廓图层**：构成嘴巴外轮廓的图层，也包括嘴巴外轮廓上的装饰。在通常情况下，轮廓图层包括“上嘴唇”（或称“嘴上”）、“下嘴唇”（或称“嘴下”）、“唇彩下”等。在角色闭嘴时，通常只有轮廓图层是可见的。

② **嘴内图层**：嘴巴内的部分。在通常情况下，嘴内图层包括“上牙”“下牙”“舌头”等。

③ **蒙版图层**：限制嘴内图层可见范围的图层。在通常情况下，蒙版图层只包括“嘴内”。

我们将嘴巴按照上述 3 种类型的图层进行拆分后，结果如图 6-33 所示。

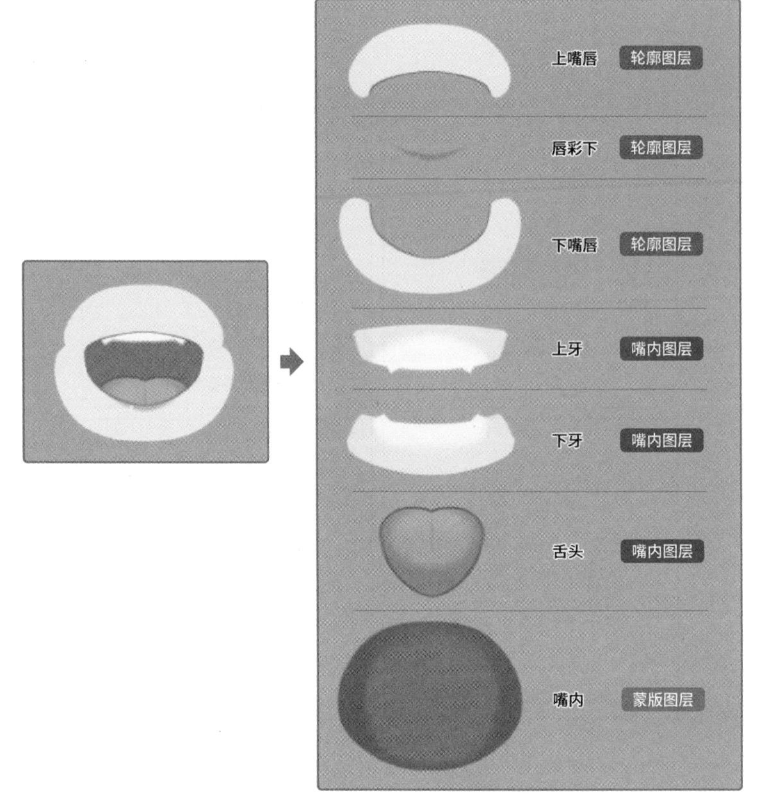

图 6-33 嘴巴的拆分结果

和眼睛一样，图 6-33 中嘴巴的拆分结果不仅表明了各个图层的内容，还列出了图层的排列顺序。这里的图层顺序只适用于绘画完成后的状态，在 Live2D 模型中图层顺序可能会有变化。比如，为了让舌头能伸出来，模型师需要改变"舌头"图层的显示顺序，让它位于"下嘴唇"图层和"下牙"图层的上方，同时位于"上嘴唇"图层和"上牙"图层的下方。因为图层顺序需要改变，所以在"嘴巴"图层组中，我们通常不会再建立其他图层组，以免图层结构复杂化。整理后的嘴巴的图层结构如表 6-5 所示。

表 6-5 整理后的嘴巴的图层结构

图层结构		图层类型
嘴巴	上嘴唇 *	轮廓图层
	唇彩下	轮廓图层
	下嘴唇 *	轮廓图层
	上牙	嘴内图层
	下牙	嘴内图层
	舌头	嘴内图层
	嘴内 *	蒙版图层

像这样拆分后，模型师就可以使用这些图层完成 6.2.1 节中列出的参数对应的动作。其中，带星号（*）的图层通常是必不可少的，如果不拆分它们，则可能连默认参数都无法设置。在拆分时，还有一些细节问题需要注意。

1. 上嘴唇和下嘴唇

“上嘴唇”图层和“下嘴唇”图层都由嘴唇线条和肤色构成，其中嘴唇线条负责构成嘴巴的轮廓，肤色负责遮住“嘴内”图层部分。

在拆分时，首先要让上下两个嘴唇线条连接在一起。需要注意的是，嘴角的衔接处建议绘制成圆角，如图 6-34 所示。对于大多数嘴型，嘴角的角度都比较平滑，如果此处使用圆角，则更有利于嘴巴的变形。

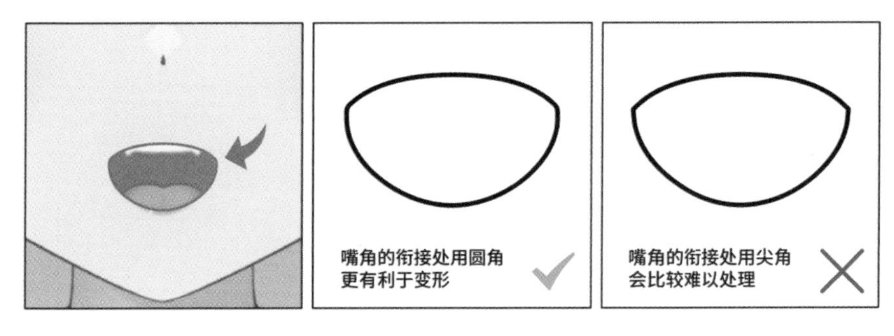

图 6-34　嘴唇线条的衔接处

而对于肤色，则需要补画一些相互重合的冗余部分，如图 6-35 所示。这样在嘴巴做出各种动作时，嘴角就不会出现漏色的情况。

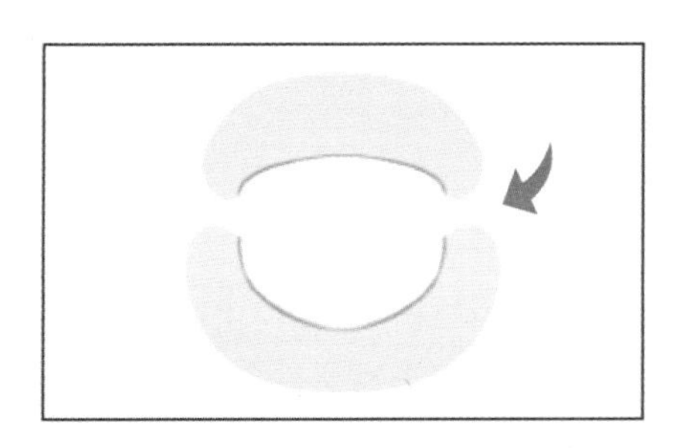
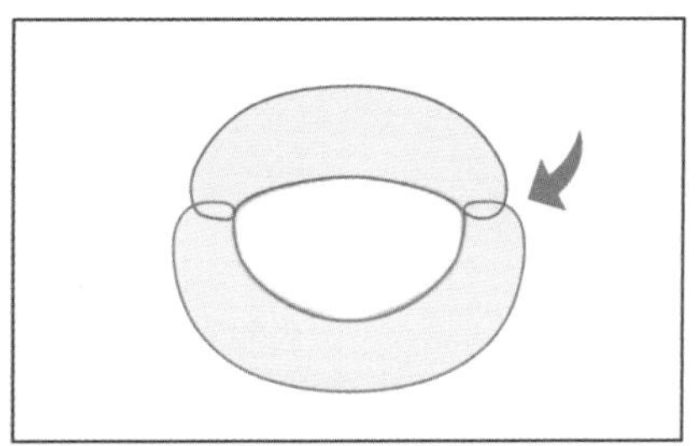

图 6-35　补画嘴巴肤色的冗余部分

至于肤色的范围怎么确定，以及要补画多大面积，则取决于角色的上色方式。如果在角色的嘴巴附近只使用了一种肤色，那么嘴巴肤色的范围可以补画得大一些，甚至可以补画到鼻子附近。如果角色的嘴巴附近用色比较复杂（比如，带有明显的渐变色等），则需要将嘴巴肤色的范围绘制得小一些，刚好能遮盖住嘴内部分即可。我们也可以在肤色周围加上模糊的边缘，以便和周围的肤色更好地过渡。嘴巴肤色的不同处理方式如图 6-36 所示。

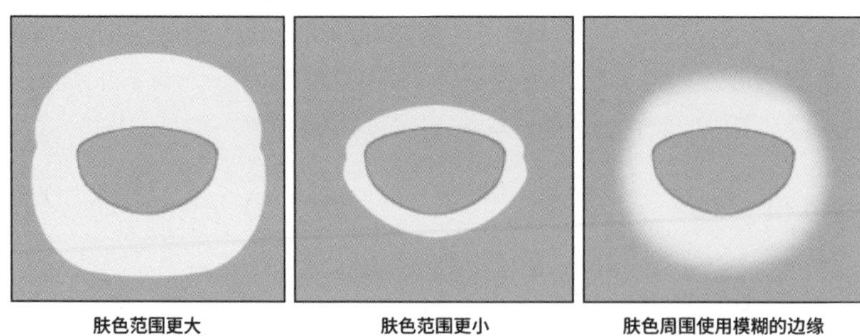

图 6-36　嘴巴肤色的不同处理方式

另外，在这个案例中，我们单独拆分出了下嘴唇上的“唇彩下”图层。如果发现这个图层会影响下嘴唇的线条，则可以将下嘴唇的线条和颜色拆分开，将唇彩夹在中间，形成如图 6-37 所示的图层结构。

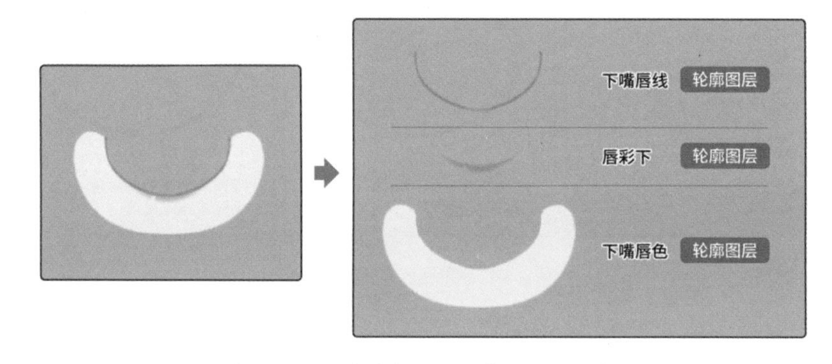

图 6-37　下嘴唇拆分后形成的图层结构

在本案例中，唇彩并不会影响下嘴唇的线条，因此我们不必做这一步的拆分。此外，我们会在 6.2.5 节中讲解一种不需要显示肤色部分的拆分方式。

2. 上牙和下牙

对 Live2D 模型来说，牙齿通常不是必要存在的。但是，如果没有牙齿，那么嘴型的变化会比较枯燥，许多有趣的嘴型在没有牙齿时会失去意义。如图 6-38 所示，这种龇牙的嘴型只有在有“上牙”和“下牙”图层时才能成立。

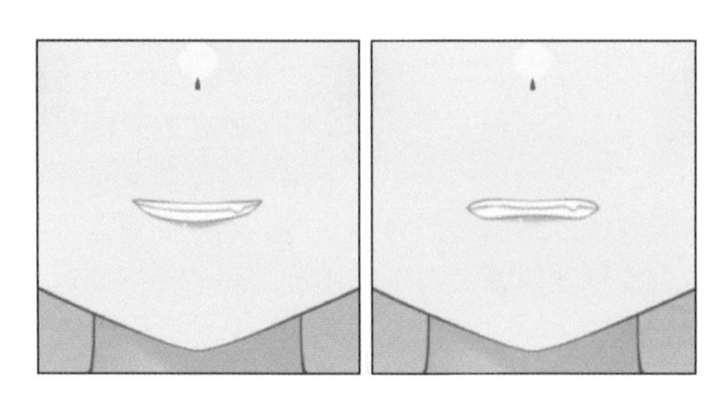

图 6-38　牙齿带来的嘴型变化

在绘制角色立绘时，由于初始表情下未必能看到牙齿，因此我们可能需要凭想象绘制。通常来说，我们可以将上牙和下牙都绘制成树叶形或带弧度的梯形，如图 6-39 所示。如果有不太突出的虎牙，则可以直接绘制在牙齿图层上；如果像是吸血鬼牙那样比较夸张的牙齿，则需要对其进行单独拆分，这一点我们稍后会在 6.2.4 节中讲到。

图 6-39 上牙和下牙的可选形状

3. 舌头

舌头会被嘴部的其他图层遮挡住，如果需要制作吐舌头的动作，则必须将舌头绘制完整。拆分舌头有两种方法。

第一种：案例中使用的方法，即舌头使用单个图层。如图 6-40 所示，无论角色是否伸出舌头，使用的始终是同一个图层。这种拆分方法比较简单，但需要模型师精细地处理各个状态下的舌头形状和图层顺序（需要将“舌头”图层从“下嘴唇”图层下方改变到“下嘴唇”图层上方），以免嘴巴的外观出现破绽。

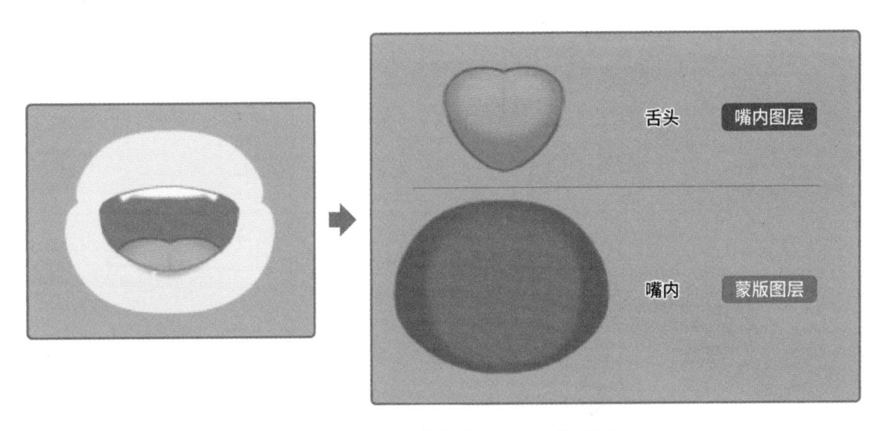

图 6-40 舌头的拆分方法：单图层

第二种：将舌头拆成双图层的方法。如图 6-41 所示，我们将舌头拆分成了“舌头嘴内”和“舌头伸出”两个图层。在舌头没有伸出时，需要使用“舌头嘴内”图层控制嘴巴的外观；当舌头伸出时，开启“舌头伸出”图层，即可制作出伸舌头的效果。由于需要伸到嘴巴外面的这部分舌头是单独的图层，因此模型师可以不改变图层顺序（“舌头伸出”图层始终在“下嘴唇”图层上方）。

如果角色嘴里叼着棒棒糖、吸管、卡祖笛等物品，则可以将它们完整地补画出来并放在“舌头”图层附近。模型师在制作模型时，“嘴里叼着物品”和“伸舌头”的原理是类似的，可以统一处理。

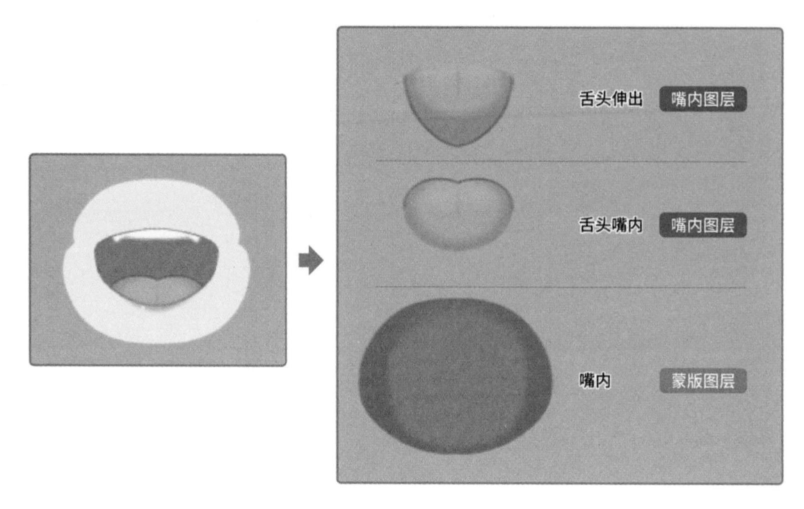

图 6-41 舌头的拆分方法：双图层

4. 嘴内

“嘴内”图层的注意事项和“眼白”图层的一样。“嘴内”图层是所有嘴内图层的蒙版图层，主要负责构成口腔的底色。在拆分时，需要注意以下两点。

第一，“嘴内”图层应该是实心的。其内部不能是半透明的，也不能有缝隙，否则嘴内图层就无法被完整显示。

第二，“嘴内”图层需要和上嘴唇、下嘴唇有相互重合的冗余部分。“嘴内”图层的边缘应该超出嘴唇线条，到达肤色部分，如图 6-42 所示。这样在嘴巴运动时，嘴唇和嘴内之间就不容易出现缝隙。

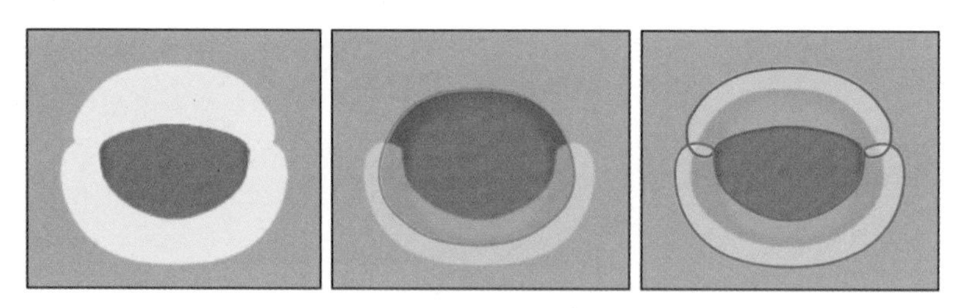

图 6-42 “嘴内”图层的范围

6.2.3 嘴巴的参考图

和眼睛一样，画师需要为嘴巴绘制参考图，以便模型师照着制作。

嘴巴的参考图绘制同样比较简单，只要绘制出嘴唇线的最终位置即可，如图 6-43

所示。如果角色有舌头，则建议同时绘制出舌根的位置。

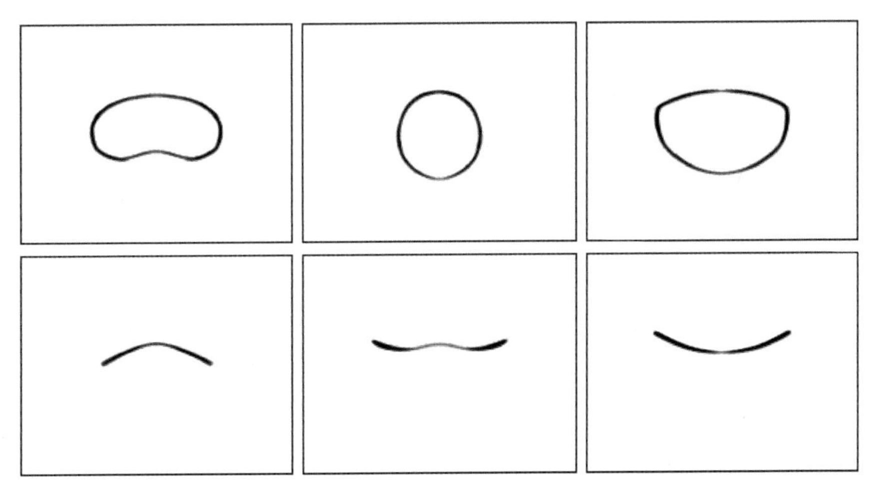

图 6-43 嘴巴的参考图

相对于眼睛来说，嘴巴的变形比较复杂，因此需要的参考图也会多一些。通常来说，“嘴张开与闭合”参数至少会有“张开”和“闭合”2 个关键点，而“嘴变形”参数至少会有“不悦”“正常”“开心”3 个关键点，因此将它们相乘会得到 6 种状态，如图 6–44 所示。图 6–43 中的 6 张参考图就是这么来的。

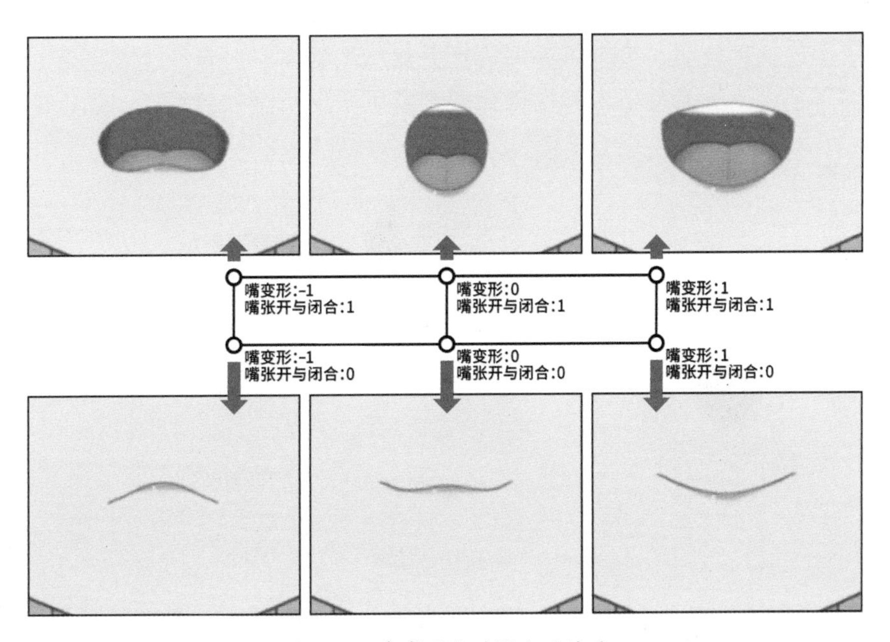

图 6-44 参考图和关键点的关系

如果希望嘴巴能变化出更多状态，则需要画师绘制不同的参考图。具体需要多少参考图，应根据项目的实际需要进行调整。

6.2.4 额外的嘴巴图层

为了制作更加丰富的嘴型，我们还可以添加一些额外的图层。常见的额外的嘴巴图层包括“擦除嘴唇线的蒙版”“脸颊膨胀”“后槽牙”“吸血鬼牙”等。下面详细讲解一下这些图层的作用和拆分方式。

1. 擦除嘴唇线的蒙版

有时我们需要在角色闭嘴时擦除嘴唇线，如图6-45所示。这样不仅可以让嘴唇显得更轻盈，还可以还原某些画师的画风。

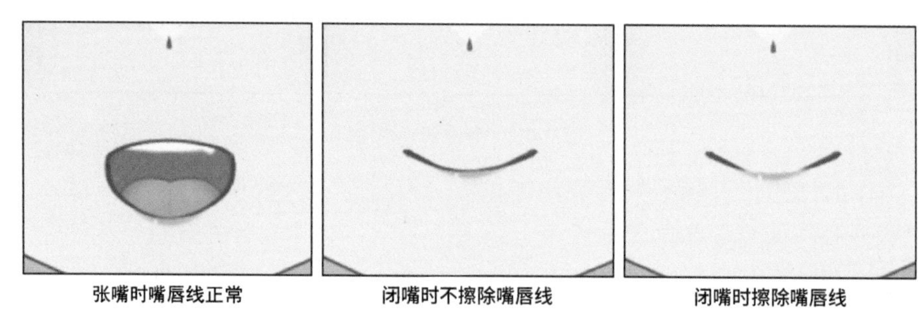

图6-45 擦除嘴唇线

为了实现这种效果，我们首先需要拆分嘴唇的线条和肤色（上嘴唇线、下嘴唇线、上嘴唇色、下嘴唇色），其次需要一个蒙版图层负责擦除线条。嘴巴的拆分如图6-46所示。

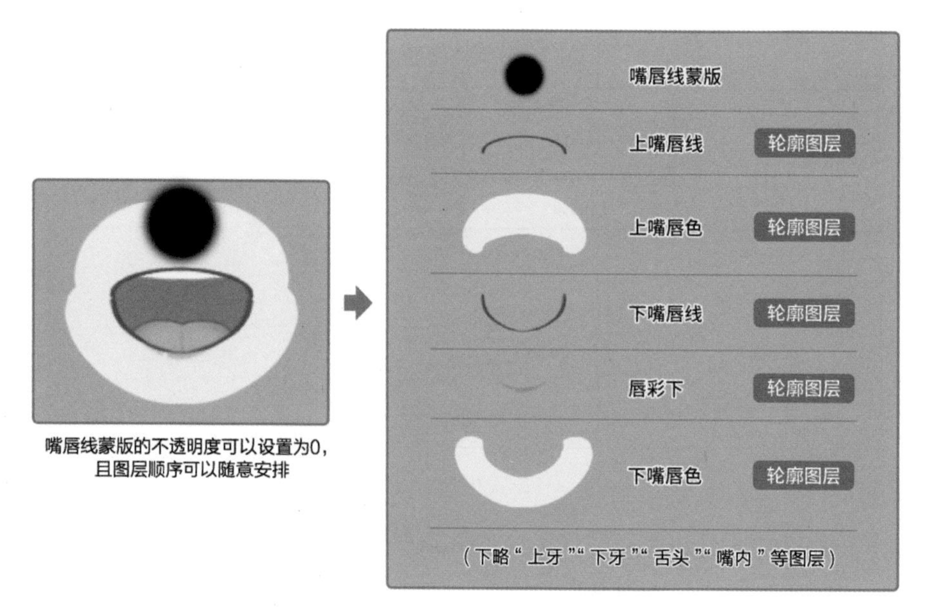

图6-46 嘴巴的拆分（擦除嘴唇线）

有了“嘴唇线蒙版”图层后，模型师可以在 Live2D Cubism 中将“上嘴唇线”图层和“下嘴唇线”图层作为被剪贴图层（开启“反转”），通过移动蒙版的方式，在特定嘴型下擦除掉它们。如图 6-47 所示，在闭嘴时，将蒙版向下移到嘴唇线上，即可擦除后者；在张嘴时，让蒙版离开嘴唇线，即可让后者恢复完整的状态。

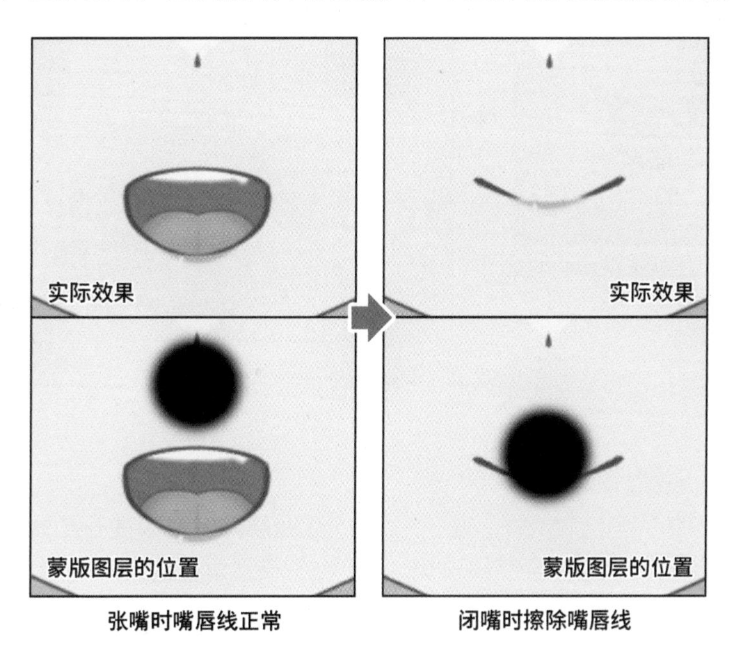

图 6-47　蒙版图层的作用

2. 脸颊膨胀

这里的脸颊膨胀指的是带有动漫风格的“气鼓鼓”效果，如图 6-48 所示。这种效果需要通过增加图层实现。

图 6-48　脸颊膨胀

我们需要准备脸颊膨胀对应的线条，以及遮挡嘴部用的肤色，如图 6-49 所示。其中，肤色可以直接覆盖在嘴巴的上方遮挡住嘴巴，也可以用作剪贴蒙版（“上嘴唇线”

图层和“下嘴唇线”图层作为被剪贴图层并开启“反转”）。

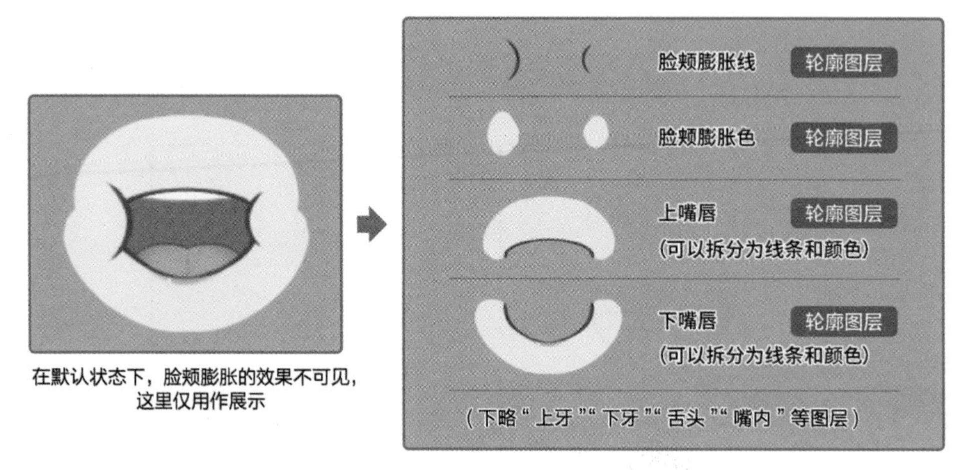

图 6-49　脸颊膨胀所需的图层

3. 后槽牙

在预计模型转头角度较大时，增加“后槽牙”图层可以有效提升立体感。如图 6-50 所示，当角色低头时，后槽牙会变得可见，从而让人感到角色的牙床是朝向镜头方向的，而不是一个平面。

图 6-50　增加后槽牙的效果

增加后槽牙的方法有很多，最简单的方法就是绘制一个倒 U 形的图层，如图 6-51 所示。

需要注意的是，即使有了“后槽牙”图层，也要保留“下牙”图层。因为“后槽牙”图层需要根据“角度 X”和“角度 Y”这两个控制头部旋转的参数进行变形，如果要再根据“嘴张开与闭合”参数和“嘴变形”参数进行变形，则参数的变化会太复杂，建模起来会很困难。因此，在制作嘴型时，我们依然使用“下牙”图层，而“后槽牙”图层是专门用来表现立体感的。

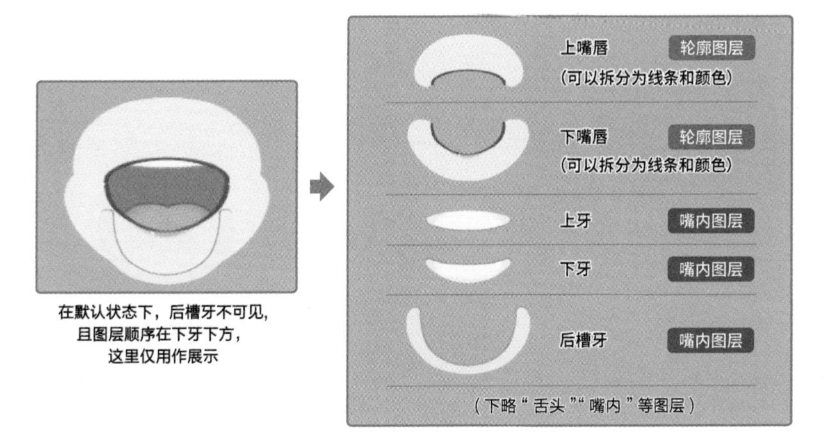

图 6-51 增加后槽牙的方法和嘴巴的拆分

4. 吸血鬼牙

有时，嘴巴也会表现出种族特征，吸血鬼牙就是很典型的情况。由于吸血鬼牙比普通的虎牙稍大一些，如果和"上牙"图层一起变形，则其形状容易遭到破坏。

因此，就像拆分上睫毛和上眼睑那样，最好将吸血鬼牙这样突出的牙齿单独拆分出来，如图 6-52 所示。拆分后，我们既可以在嘴巴变形时控制吸血鬼牙的形状，又可以使用单独的参数控制吸血鬼牙的出现和消失。

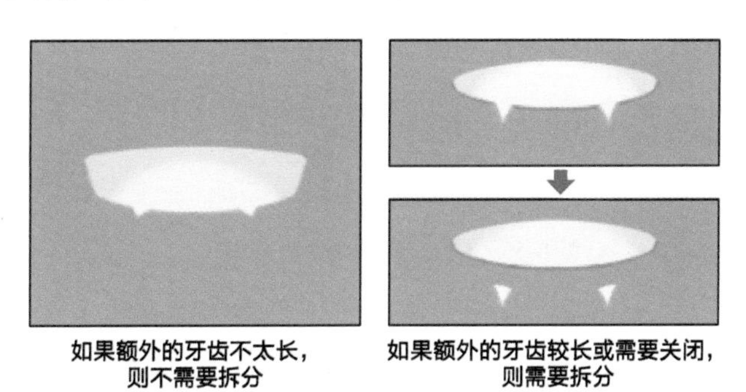

图 6-52 拆分吸血鬼牙

6.2.5 嘴巴的其他拆分方法

我们在 6.2.2 节中讲的是一种拆分嘴巴的经典方法。除此之外，还有其他常见的拆分方法，拆分后对应的建模方法也不同。

1. 以闭嘴为初始状态的拆分方法

尽管我们说过，在绘制立绘时建议选择睁眼、张嘴等表情，以便让更多图层可见，但也存在特殊情况。比如，在有些游戏开发项目中，可能会要求立绘的初始状态和模型的默认状态保持一致。因为模型的默认状态往往是闭嘴的，所以画师必须绘制闭嘴的立绘。

在拆分闭嘴的立绘时，我们的思路和之前完全相同，拆分结果也很相似，如图 6-53 所示。

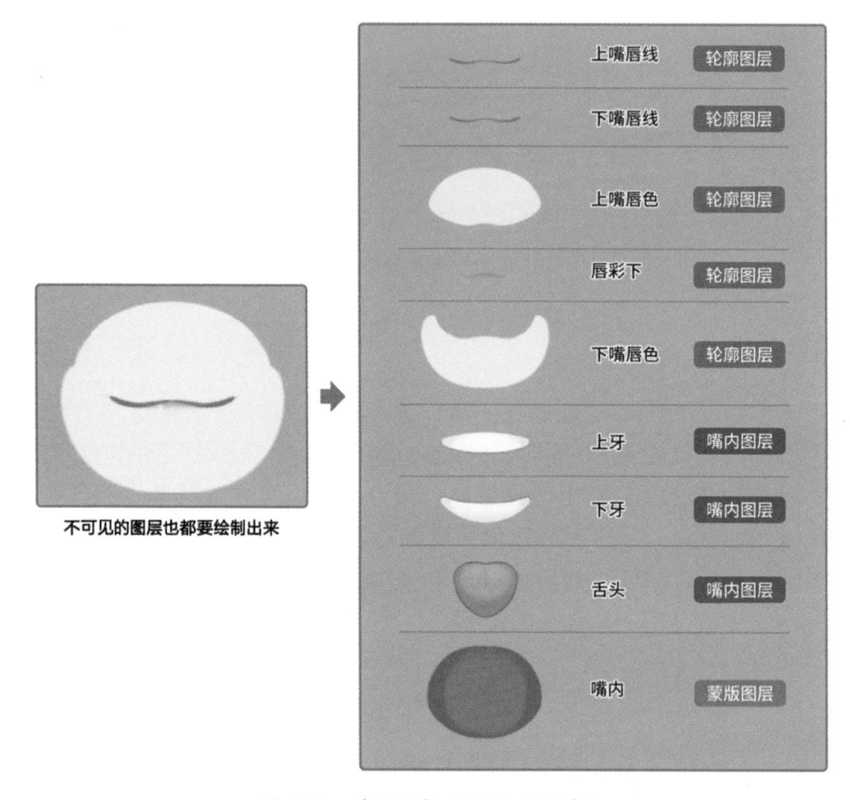

图 6-53　嘴巴的拆分结果（闭嘴）

拆分时要注意，由于闭嘴状态下上嘴唇和下嘴唇的嘴唇线是重合的，因此我们需要重新把它拆分为两条线。另外，为了保证张嘴时，下嘴唇的嘴唇线不会被上嘴唇的肤色遮盖，建议将嘴唇的线条和颜色拆分开，这样才能保证两条嘴唇线能很好地衔接在一起，如图 6-54 所示。

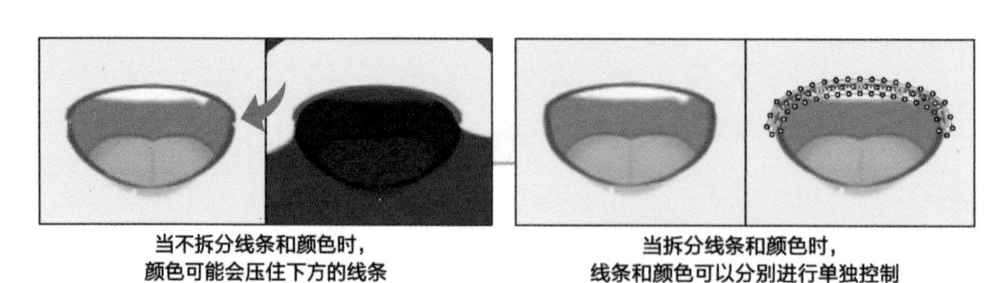

图 6-54　拆分嘴唇线与否的区别

拆分后嘴巴的图层结构如表 6-6 所示。

表 6-6　拆分后嘴巴的图层结构

图层结构		图层类型
嘴巴	上嘴唇线	轮廓图层
	下嘴唇线	轮廓图层
	上嘴唇色	轮廓图层
	唇彩下	轮廓图层
	下嘴唇色	轮廓图层
	上牙	嘴内图层
	下牙	嘴内图层
	舌头	嘴内图层
	嘴内	蒙版图层

除了上嘴唇和下嘴唇中包含的图层，剩下的图层都需要凭想象力从头绘制。

2. 蒙版图层的另一种用法

除了将“嘴内”图层作为蒙版图层，还有另一种制作嘴型的思路，那就是使用“上嘴唇色”图层和“下嘴唇色”图层作为蒙版图层。

我们多次讲过，在 Live2D Cubism 的“检视面板”面板中开启“反转”后，蒙版图层就能擦除对应范围内被剪贴图层的内容。当拆分出“上嘴唇色”图层和“下嘴唇色”图层后，我们可以将它们作为蒙版图层，并将“嘴内”图层上的内容擦除。蒙版图层和被剪贴图层的对应关系，如图 6-55 所示（在这种拆分方法下 6.2.2 节讲的图层类型是不适用的，因此图 6-55 中的“蒙版图层”指的不是图层类型，仅仅是图层的作用）。

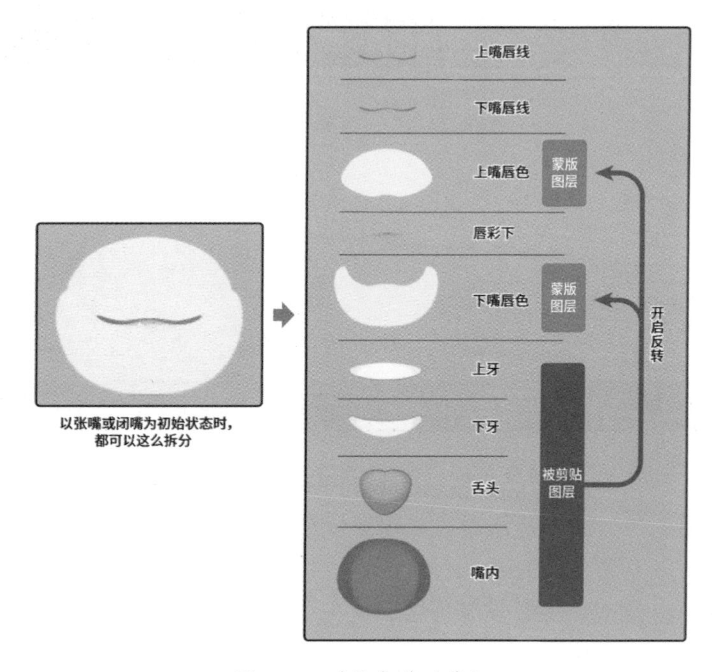

图 6-55　嘴唇色剪贴蒙版

显然，在这种思路下，我们分类图层的思路就失效了。但这么做的好处是，我们可以在 Live2D Cubism 中直接将“上嘴唇色”图层和“下嘴唇色”图层的不透明度设置为 0，这样嘴唇颜色就不会出现在模型上，但模型的外观却不受影响，如图 6-56 所示。当角色的脸部上色比较复杂时，选择这种做法能有效避免嘴巴周围的肤色和脸部无法协调一致的问题。

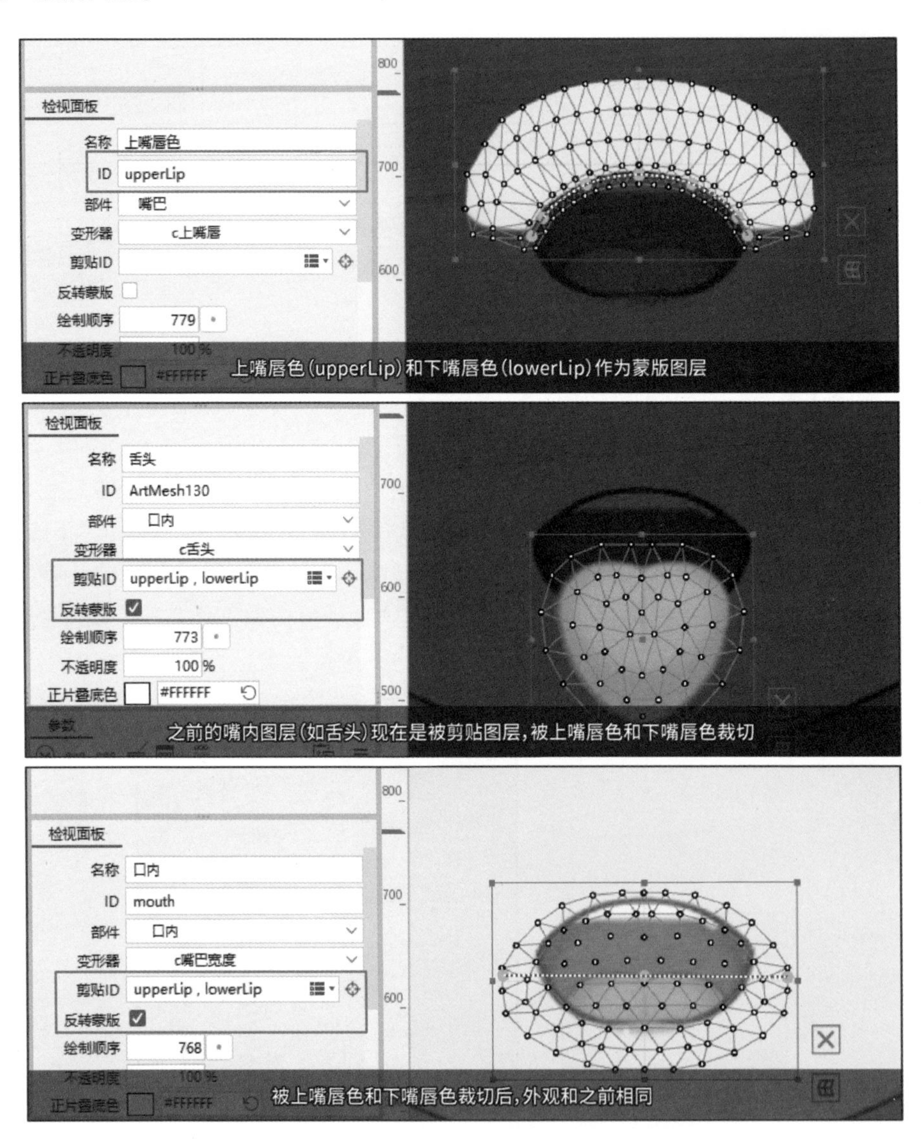

图 6-56 将嘴唇色作为剪贴蒙版

使用这种方式拆分时，并没有更多需要注意的问题，只需像之前表 6-6 所示的那样，将嘴唇的线条和颜色拆分开即可。无论立绘的初始状态是张嘴还是闭嘴，我们都可以使用这种拆分方式，届时模型师可以自由选择用“嘴内”图层作为蒙版图层（不开启“反转”），或者用“上（下）嘴唇色”图层作为蒙版图层（开启“反转”）。

6.3 眉毛

相比眼睛和嘴巴，眉毛就非常简单了。

6.3.1 眉毛的常用参数

本节主要介绍常用参数对眉毛的实际影响。为了方便观察，我们的例图除了展示眉毛的默认状态，还展示了眼睛的状态，如图 6-57 所示。

图 6-57 眉毛的默认状态

我们仅以屏幕左侧的眉毛(右眉)为例。影响眉毛动作的默认参数有“右眉角度”“右眉变形” “右眉上下” “右眉左右”，各自的效果如图 6-58 所示。

图 6-58 影响眉毛动作的默认参数的效果

右眉上下：从0到-1

右眉上下：从0到1

右眉左右：从0到-1

右眉左右：从0到1

图 6-58 影响眉毛动作的默认参数的效果（续）

需要注意的是，这里的“左右”和“角度”有特别规定。在调低“右眉左右”和“左眉左右”参数值时，眉毛会相互靠近；在调高“右眉左右”和“左眉左右”参数值时，眉毛会相互离远。在调低“右眉角度”和“左眉角度”的参数值时，眉毛会从平行转向倒八字形；在调高“右眉角度”和“左眉角度”的参数值时，眉毛会从平行转向八字形。作为画师，我们只需记住有这样的规定，在看到案例时不至于感到困惑即可。

我们通常不会给眉毛增加自定义参数，但有些模型师会将眉毛的位置绑定在“右（左）眼开闭”参数上，让眉毛跟随眼睛的开闭移动，如图 6-59 所示。

眼睛未闭合时，左右两侧眉毛同高

一侧眼睛闭合时，可以让眉毛高度跟着下降

图 6-59 眉毛跟随眼睛的开闭移动

综上所述，上面提到的所有参数都没有对眉毛产生局部影响。

6.3.2 眉毛图层的拆分

通常来说，我们需要将眉毛单独拆分开，并划分左右，如图 6-60 所示。由于模型师经常需要制作眉毛透过刘海的效果，因此在拆分眉毛时要尽量将肤色擦除干净。

图 6-60 眉毛的拆分

除了常规的线状眉毛，断开的眉毛和豆豆眉等特殊的眉毛也是一样的，在拆分时左右两侧的眉毛各使用一个图层即可，如图 6-61 所示。

图 6-61 特殊眉形的拆分

根据画风，我们还可以为特定角色在额头处添加眉毛阴影的图层，即“眉毛阴影右”图层和“眉毛阴影左”图层，如图 6-62 所示。眉毛阴影图层一般只在角色皱眉时开启，用于强化情感表现。

图 6-62 添加眉毛阴影图层

6.4 其他五官和脸部部位

除了眼睛、嘴巴和眉毛，其他五官和脸部本身都没有专用的默认参数。也就是说，这些部位本身通常不会发生变化，只会受到“角度X”和“角度Y”两个参数的影响，在头部旋转时跟着变形。

正因如此，剩下的这些部位要更多地考虑立体感问题，在拆分时需要为呈现立体感保留余地。

6.4.1 鼻子的拆分

我们先从看似简单的部位“鼻子”开始讲起。常见的鼻子大致可以分为点状鼻子、侧脸带鼻梁的鼻子和一直带鼻梁的鼻子3种类型，其拆分方式各不相同。

1. 点状鼻子

点状鼻子是非常常见的类型，动漫风格的女性的鼻子一般都选用这种类型，如图6-63所示。这样的鼻子由一个点和周围的高光（或阴影）组成。

图6-63　点状鼻子

对于点状鼻子，我们需要拆分出“鼻子点”图层和“鼻子高光（或阴影）”图层，如图6-64所示。无论高光（或阴影）在什么位置，都应该单独拆分出来。

在角色的脸转动时，“鼻子点”图层本身应该只会被移动和旋转，而“鼻子高光（或阴影）”图层的某一侧应该被压扁或消失。如图6-65所示，当角色的脸转向屏幕左侧时，屏幕左侧的鼻子高光会被对应地压扁，这样能表现出光线对不同角度下的鼻子产生的影响。如果不进行拆分，则很难在不影响“鼻子点”图层的情况下改变“鼻子高光（或阴影）”图层的形状。

图 6-64 点状鼻子的拆分

图 6-65 点状鼻子的转动

2. 侧脸带鼻梁的鼻子

在有些画风下，虽然角色的正脸仍然是点状鼻子，但是角色的侧脸应该有较长的鼻梁，因此需要改为侧脸带鼻梁的鼻子，如图 6-66 所示。

图 6-66 侧脸带鼻梁的鼻子

此时，我们需要先绘制一条鼻梁线，再准备一个边缘稍带半透明渐变的蒙版图层，用于在角色转向正脸时擦除鼻梁线。因此，侧脸带鼻梁的鼻子可以拆分为“鼻梁蒙版”“鼻梁线”“鼻子高光（或阴影）”3 个图层，如图 6-67 所示。侧脸带鼻梁的鼻子也可能带有高光或阴影，其绘制方式和上面的点状鼻子相同，此处不再赘述。

图 6-67　侧脸带鼻梁的鼻子的拆分

这样拆分后，模型师就可以制作鼻梁线在转脸时出现的效果。如图 6-68 所示，当角色的脸朝向正面时，因为蒙版图层很小，所以鼻梁线看起来只是一个点；当角色的脸转向侧面时，蒙版图层被扩大，鼻梁线的可见范围也会逐渐变大。

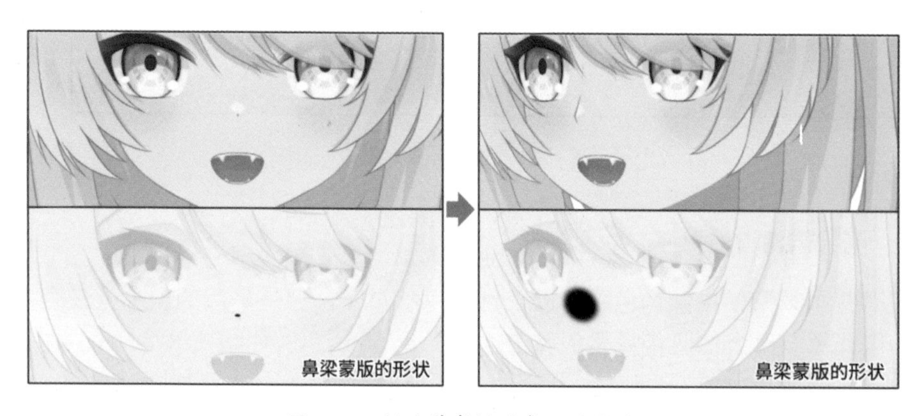

图 6-68　侧脸带鼻梁的鼻子的转动

对于动漫风格的角色，这种拆分方式适合相对成熟的女性和比较秀气的男性。我们可以在保持角色温柔可爱的感觉的同时，稍微加入一些棱角分明的感觉。

3. 一直带鼻梁的鼻子

另外，还有一些角色的鼻梁是始终可见的，这种类型的鼻子可以被称为一直带鼻梁的鼻子，如图 6-69 所示。根据画风，我们甚至需要为一直带鼻梁的鼻子绘制出鼻孔。为了方便对比，我们没有改用其他模型，但显然这种类型的鼻子并不适合女性角色。如果是男性立绘，这种类型的鼻子就很常见了。

对于一直带鼻梁的鼻子，我们不仅需要将鼻梁线单独拆分出来，还需要准备转向侧脸时要用的“鼻子底色”图层。如果鼻梁线连接到眼眶，那么我们还需要增加眼眶内容的图层。因此，一直带鼻梁的鼻子可以拆分为“眼眶右”“眼眶左”“鼻梁线”“鼻子底色”4个图层，如图6-70所示。

图6-69 一直带鼻梁的鼻子

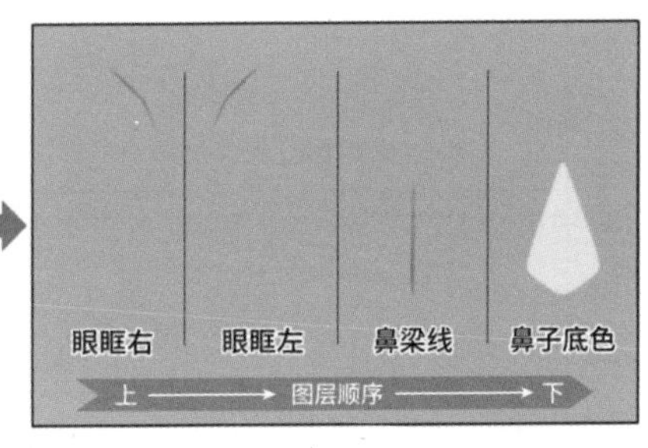

图6-70 一直带鼻梁的鼻子的拆分

在Live2D Cubism中，当角色的脸转向某一侧时，同侧的“鼻子底色”图层应该被压扁，鼻梁线和眼眶连接的线条也应该弯向同侧，如图6-71所示。这样在角色的脸转向侧面时，通过鼻子的调整可以挡住一侧的眼睛、脸颊红晕等，也可以强调眼眶的深度。

图6-71 一直带鼻梁的鼻子的转动

6.4.2 耳朵的拆分

就像在5.2.1节中看到的那样，耳朵经常会被头发等遮挡。在拆分耳朵前，我们需要先将被遮挡的部分补画完整。

在拆分时，我们通常让左、右两只耳朵各占一个图层，如图6-72所示。无论是人耳还是精灵耳朵，处理方式都是一样的。另外，耳朵根部应该略微超出脸的范围，这样在角色转头时才能避免耳朵和脸断开。

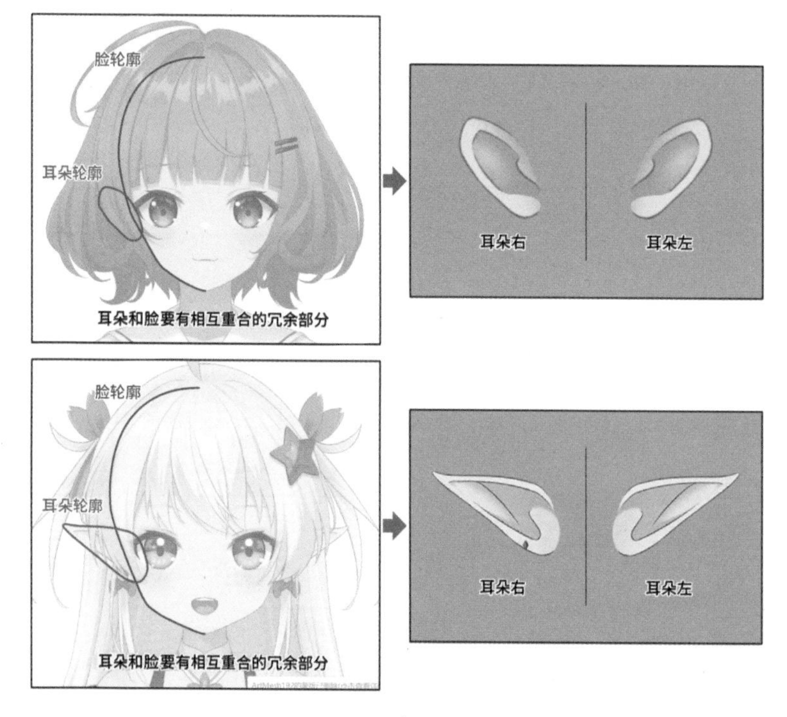

图6-72 拆分耳朵

我们以屏幕右侧的耳朵（左耳）为例，如果角色转头的角度较大，则可以考虑将耳朵进一步拆分为“耳廓”“耳舟”“耳内”3个图层，如图6-73所示。

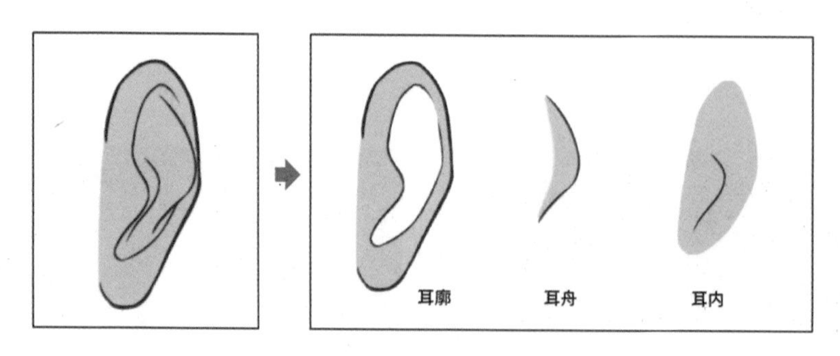

图6-73 进一步拆分耳朵

这样拆分后，我们就可以制作很精细的耳朵旋转效果。在角色朝向正面时，让“耳舟”图层遮挡住“耳廓”图层；在角色转向侧面时，让“耳舟”图层不再遮挡“耳廓”图层，这样耳朵就会有很好的立体感，如图 6-74 所示。

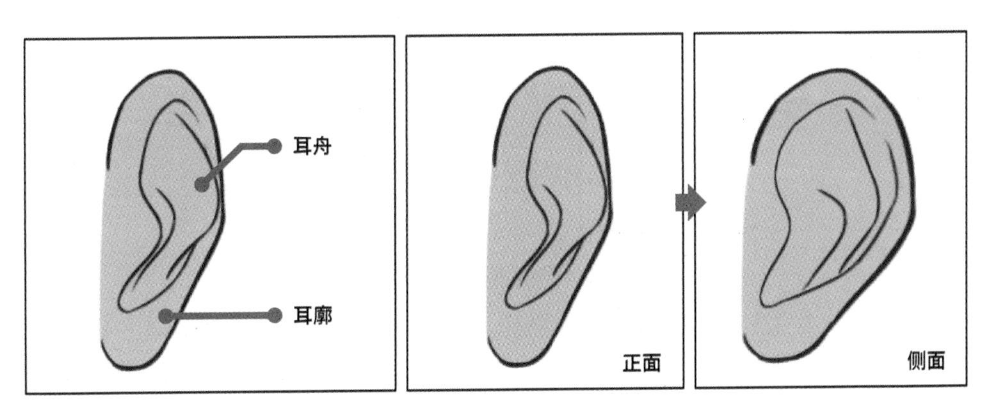

图 6-74　提升耳朵的立体感

正如我们在这一节开头所说，耳朵经常会被头发等遮挡，尤其是“耳舟”图层所在的位置，通常都有侧发。因此，即使做了这种细节，可能也无法实质性地提高模型的表现力。读者可以根据项目规格自行取舍。

无论耳朵是大是小，甚至是精灵耳朵，拆分方式都是类似的。但还有一种特殊的耳朵——兽耳。理论上兽耳应该是头发相关的部分（因为通常需要从头发上延伸出来），作为“提升耳朵立体感”的延伸，下面对其进行讲解。兽耳往往是比较有立体感的耳朵，而且通常不会被遮挡。如图 6-75 所示，有的角色会像这样带有猫耳，而猫耳是最典型、最常见的一种兽耳。

图 6-75　猫耳

为了制作出立体感，我们同样需要将猫耳拆分为“耳廓”“耳毛”“耳内”3 个图层，如图 6-76 所示。

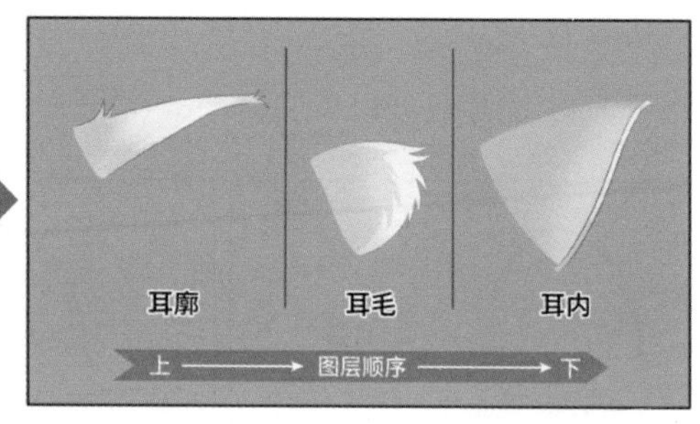

图 6-76 猫耳的拆分

下面以角色的左猫耳(屏幕右侧的猫耳)为例进行讲解。当角色向屏幕左侧转头时，“耳廓”图层和“耳内”图层错开更多，“耳毛”图层会因此露出更多面积；当角色向屏幕右侧转头时，“耳毛”图层露出的面积会减少。通过这 3 个图层的变形和错位，我们可以塑造出猫耳的立体感。通过如图 6-77 所示的示意图，我们会更容易看出转头前后的区别。

图 6-77 猫耳旋转前后的示意图

6.4.3 脸部的拆分

本节主要介绍脸部本身的拆分。

我们在 5.2.1 节中提过，脸部和脸颊红晕的变形方式是不同的。当角色朝向正面时，脸颊红晕是左右对称的，绿色的变形器两侧都超出了脸部轮廓；当角色向屏幕左侧转头时，脸颊红晕会向屏幕左侧移动，绿色的变形器此时只有一侧超出脸部轮廓，如图 6-78 所示。也就是说，如果没有将两个图层拆分开，则无法实现这样的变形。

因此，拆分脸部的最低要求是拆分出“脸部”图层和“脸颊红晕”图层，并将“脸部”图层补画完整，如图 6-79 所示。

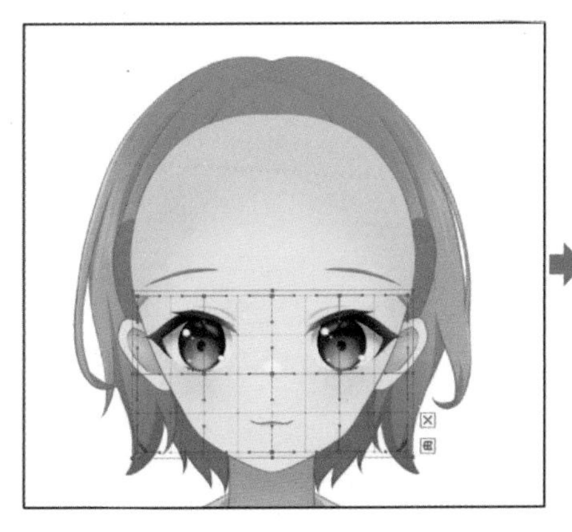

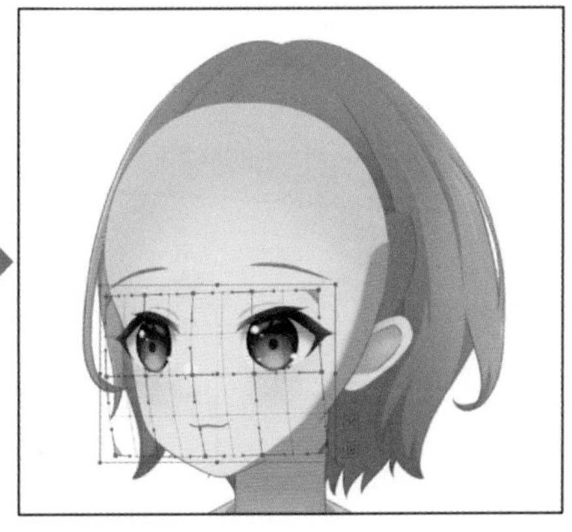

图 6-78 脸颊红晕的变形方式

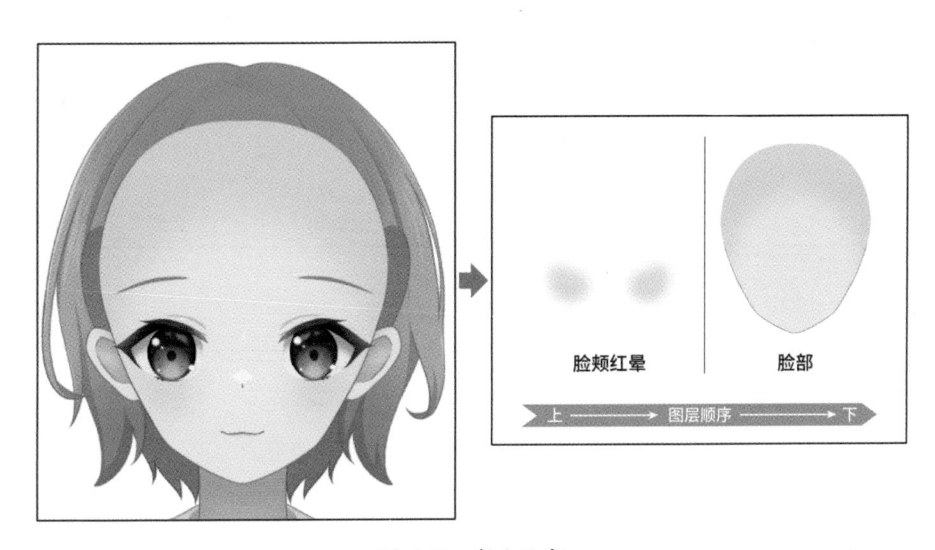

图 6-79 拆分脸部

我们既可以完整地补画出整个脸部，又可以仅补画到发际线的位置，具体选择哪种做法，要根据画风和角色的发型决定，如图 6-80 所示。在有些画风下，角色的发际线可能偏低，如果把头顶补画完整，则可能超出头发的高度。有时角色额前的头发较少，可能不足以完全遮盖脸部，如果把头顶补画完整，则需要再添加其他图层来遮盖脸部，反而会造成麻烦。

如果不存在上述问题，则优先考虑将头顶补画完整。

在达成最低拆分要求的基础上，我们还可以进一步拆分或增加细节。但是，在此之前，我们需要先将脸部拆分成“脸线”和“脸色”两个图层，如图 6-81 所示。需要注意的是，画师在绘画时最好不要合并脸部的线条和颜色。

在绘画时，如果绘制的是侧脸，则不需要用线条将脸、脖子、耳朵分隔开。而在模型的头部从正脸转向侧脸时，需要擦除下巴和耳朵处的线条来实现类似的效果，为此我们需要准备好对应的图层。

图 6-80　不同的脸部补画方式

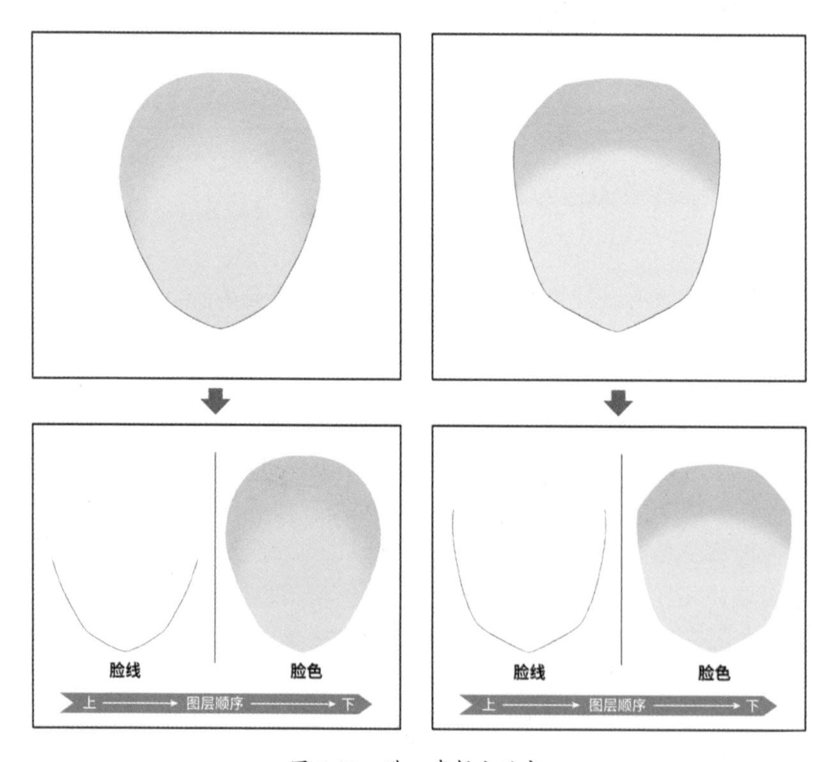

图 6-81　进一步拆分脸部

1. 擦除下巴线和耳朵线

在拆分出“脸线”图层后，我们可以使用剪贴蒙版擦除特定区域的脸部线条。在角色转头时，我们可以擦除下巴线和耳朵线，让模型获得更好的观感。

1）擦除下巴线

下巴线指的是脸和脖子衔接处的线条。常见的做法是，在角色的头转向左右两侧时，让脖子范围内的下巴线条逐渐消失，如图 6-82 所示。脖子处的线条消失，可以表现出此处的高度差降低的感觉。我们可以用自己的身体想象一下，当头转向侧面时，从正面看上去脸和脖子之间会变平缓。

图 6-82　擦除下巴线

我们可以用从外向内擦、从内向外擦两种方法擦除下巴线。这两种方法对应的蒙版图层的绘制方法不同，从而导致效果也不太一样。

如果要从外向内擦，则需要将 U 形的蒙版图层绘制在脸的外面，如图 6-83 所示。

图 6-83　擦除下巴线的蒙版（从外向内擦）

在角色的脸向侧面转动时，我们可以让蒙版图层的另一侧靠近脸线并擦除对应的部分，效果如图 6-84 所示。从图 6-84 中可以看出，这种方法（从外向内擦）的优势是，可以先擦除线条的外侧再擦除线条的内侧，擦除方向比较合理，线条本身会比较美观。这种方法（从外向内擦）的缺点在于，擦除后“脸色”图层的一小部分会出现在“脸线”图层外面，这可能会导致观感不佳。

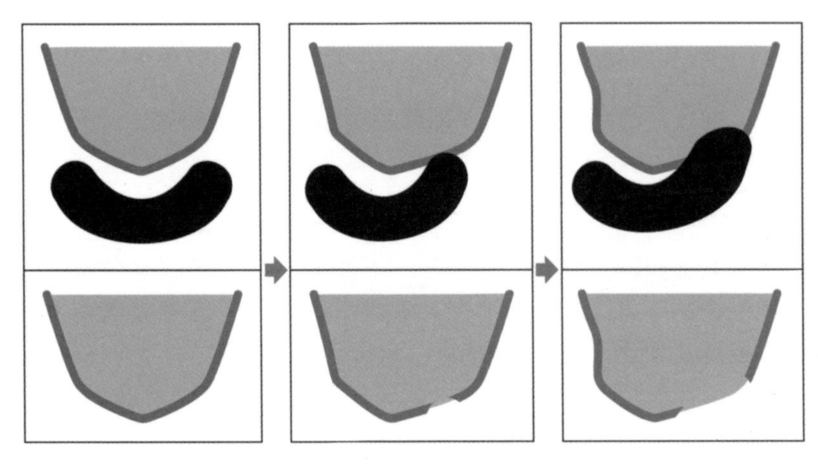

图 6-84　擦除下巴线的效果（从外向内擦）

如果要从内向外擦，则需要将圆形的蒙版图层绘制在脸的里面，如图 6-85 所示。

图 6-85　擦除下巴线的蒙版（从内向外擦）

在角色的脸向侧面转动时，我们可以让蒙版图层靠近另一侧的脸线并擦除对应的部分，效果如图 6-86 所示。从内向外擦的优势和劣势与从外向内擦刚好相反，虽然不会导致“脸色”图层的一部分出现在“脸线”图层外面，但是在擦除线条时会先擦除内侧再擦除外侧，使线条的美观度下降。

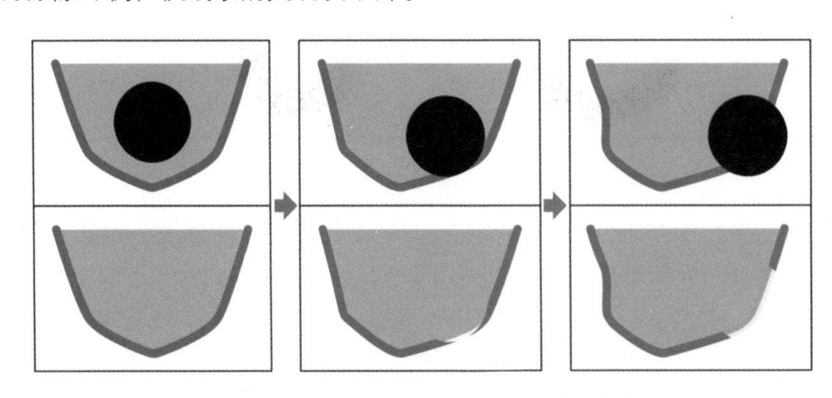

图 6-86　擦除下巴线的效果（从内向外擦）

另外，从内向外擦除还有一个好处，即蒙版图层可以在转头时几乎不移动位置。也就是说，在建模时这种擦除方式制作起来会比较简单。

为了让读者直观地看出两种方法的优缺点，这里使用了比较夸张的案例来做演示。在实际情况下，脸线通常会比较细，上述问题并不会那么明显。如果没有特别的要求，则建议优先选择从内向外擦的方法。

目前，大多数用于面部捕捉的Live2D模型都会处理下巴线。即使项目的规格较低，也建议增加擦除下巴线用的蒙版图层。

除了下巴线，还可以用类似的方法擦除耳朵线。

2）擦除耳朵线

所谓耳朵线，指的是脸和耳朵衔接处的线条。在角色的头转向一侧时，靠近镜头的耳朵和脸之间应该没有线条，而远离镜头的耳朵和脸之间应该有线条，如图6-87所示。此处的线条同样代表了耳朵和脸之间的高度差。

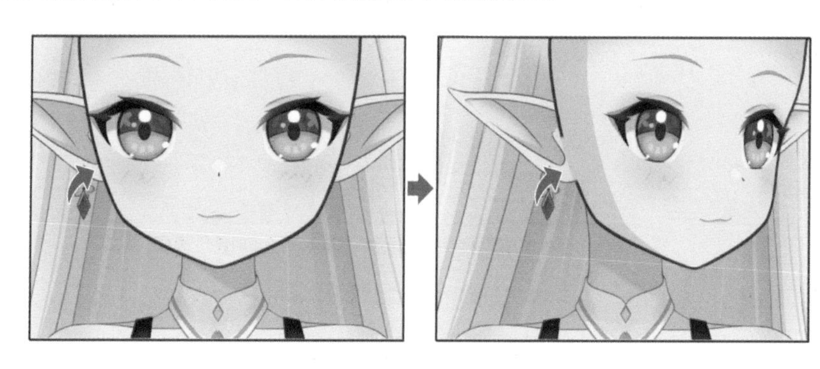

图6-87　擦除耳朵线

为此，我们可以准备一个蒙版图层，在两侧的耳朵线附近各绘制一个长条形的图层。和擦除下巴线时一样，擦除耳朵线的蒙版图层可以在脸内部，也可以在脸外部。做好剪贴蒙版后，届时只要移动蒙版的位置，就可以擦除其范围内的“脸线”图层。

当角色的脸转向屏幕右侧时，我们可以让剪贴蒙版移动，擦除右耳（屏幕左侧的耳朵）附近的“脸线”图层上的对应部分，效果如图6-88所示。如果模型师能很好地控制剪贴蒙版的位置，则可以制作出耳朵和脸的线条相连的感觉。

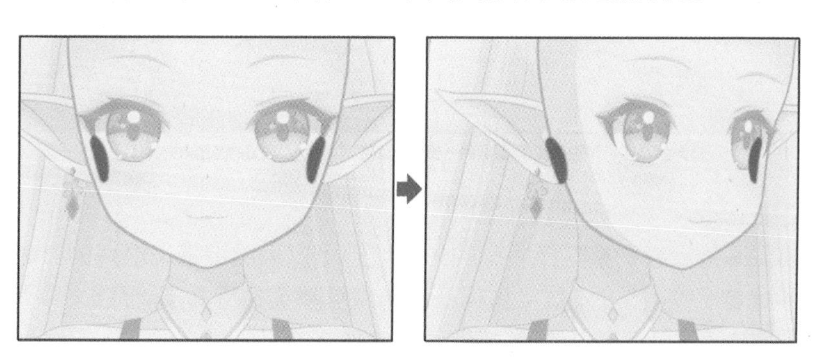

图6-88　擦除耳朵线的效果

目前，处理耳朵线的 Live2D 模型并不多，而且耳朵线所在的位置通常会被头发遮挡，即使处理了也未必能看出效果。因此，我们可以在项目规格相对较高时，增加擦除耳朵线用的蒙版图层。

2. 增加额外的下巴阴影和发际线

除了擦除线条用的蒙版图层，还可以在脸部增加一些额外的可见图层，以进一步提升显示效果。

1）下巴阴影

我们可以增加“下巴阴影”图层，并将它放在“脸线”图层和“脸色”图层中间，如图 6-89 所示。

将“脸色”图层作为蒙版图层后，在默认状态下“下巴阴影”图层不可见

图 6-89 增加“下巴阴影”图层

在 Live2D Cubism 中，我们可以将“脸色”图层作为蒙版图层，将“下巴阴影”图层作为被剪贴图层。这样在默认状态下，“下巴阴影”图层是不可见的。当角色的脸转向一侧时，我们可以让“下巴阴影”图层适当移动和变形，从而在另一侧的下巴处制造出阴影，如图 6-90 所示。

转向侧面时“下巴阴影”图层的一部分运动到“脸色”图层的范围内变得可见

图 6-90 下巴阴影

如果模型师能妥善调整下巴阴影的形状，则可以为脸部带来很好的立体感。但调整阴影的形状是比较困难的，效果做得不够精细可能会适得其反。因此，虽然准备“下巴阴影”图层本身并不困难，但是如果项目的规格不高，那么添加下巴阴影未必能带来更好的结果。

2）发际线图层

由于我们补全了头部，在去除头发后，角色会处于类似“光头”的状态。通常来说，这不会带来什么问题，但是在模型师建模时可能会有疏漏，导致露出头皮，影响观感。比如，角色需要切换不同的头发图层，在切换过程中头顶可能会瞬间露出肉色；再比如，在角色头发的物理摇摆效果达到极限时，可能会露出头皮，如图 6-91 所示。

图 6-91　可能导致露出头皮的情况

虽然理论上模型师可以避免这些问题，但是类似的疏漏往往出现的时间很短，或者只出现在很极端的情况，因此很难被发现。许多用于面部捕捉的 Live2D 模型都是这样的，虽然经过多次测试也没能发现问题，但是用于直播后这种极端情况总有一天会被触发，导致出现尴尬的局面。

防范措施之一，就是增加“发际线”图层，即在“脸线”图层和“脸色”图层上方增加一个使用头发阴影色的“发际线”图层，如图 6-92 所示。

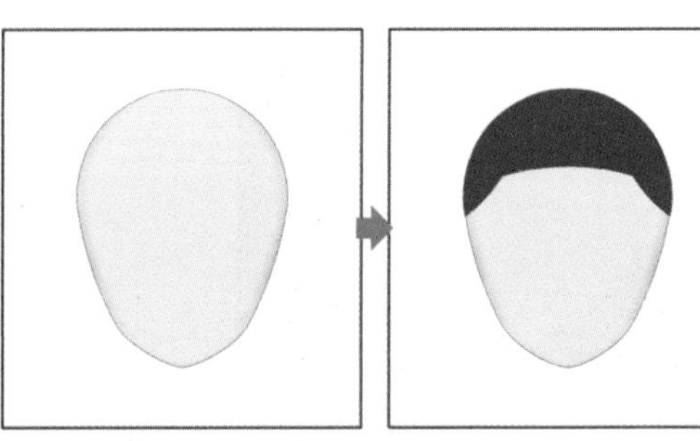

图 6-92　增加“发际线”图层

增加“发际线”图层后，即使角色处于“光头”状态，头顶也不会是肤色的。也就是说，在刚才的极端情况下，增加“发际线”图层会使模型的显示效果好很多，如图 6-93 所示。

图 6-93 增加“发际线”图层后的效果

3. 基于耳朵将脸拆分成上下两部分

除了擦除耳朵线，还有一种处理耳朵衔接处的方法：基于耳朵将脸拆分成上下两部分。

当角色朝向正面时，如果想让耳屏和下巴的线条连接在一起，则可以在耳屏的位置将脸拆分成上下两部分。这样拆分后请注意图层顺序，“脸下”图层应该在最上方，然后是“耳朵左（右）”图层，“脸上”图层在最下方，如图 6-94 所示。

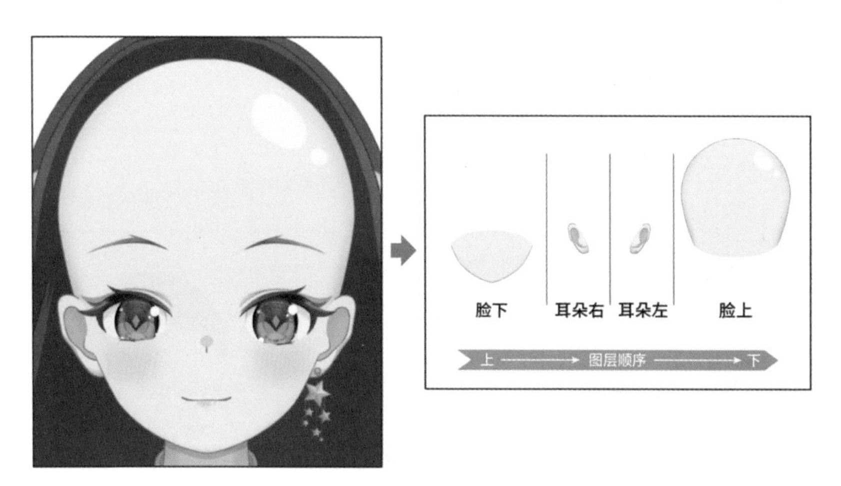

图 6-94 基于耳朵将脸拆分成上下两部分

在 Live2D Cubism 中，当角色的脸转到一定角度时，模型师可以改变图层顺序，将离镜头较远的耳朵图层移到“脸下”图层的下方。这样一来，本来被耳朵挡住的脸线就会出现，效果如图 6-95 所示。

将脸拆分成上下两部分更有利于模型师制作较大的头部旋转角度，同时增加了建模难度。如果预计模型头部的旋转角度不大，则没有必要这么做。

转头后图层顺序变化（“耳朵左”图层变更到“脸下”图层下方），完整的侧脸线就会出现

图 6-95　基于耳朵将脸拆分成上下两部分的转头效果

第 7 章

拆分案例：头发

对于动漫风格的角色，头发可以说是其中最多变的部分。在拆分用于 Live2D 建模的素材时，对拆分方式影响最大的是头发的类型和长度。

本章会针对一些典型的发型讲解头发的拆分。在讲解过程中，我们会针对不同类型和不同长度的头发给出针对性的拆分建议，并告诉读者为什么要这么做。之后，在面对大部分头发时，我们应该都会有一个基本的拆分思路。

7.1 头发相关的参数

按照惯例，我们先来了解一下头发在 Live2D 中使用的参数。和鼻子、耳朵、脸部等一样，头发并没有专用的默认参数。但头发需要随着头部旋转产生运动，即头发会随着“角度 X”“角度 Y”两个参数变化，以此表现头部的角度与厚度。

如图 7-1 所示，在头部的角度发生变化时，头发的各个部分会产生不同程度的移动和变形。虽然在制作 Live2D 模型时，我们通常不会要求头发有精确的透视，但是需要让头发配合头部各个角度的转动而产生变化，让头部看起来更自然。

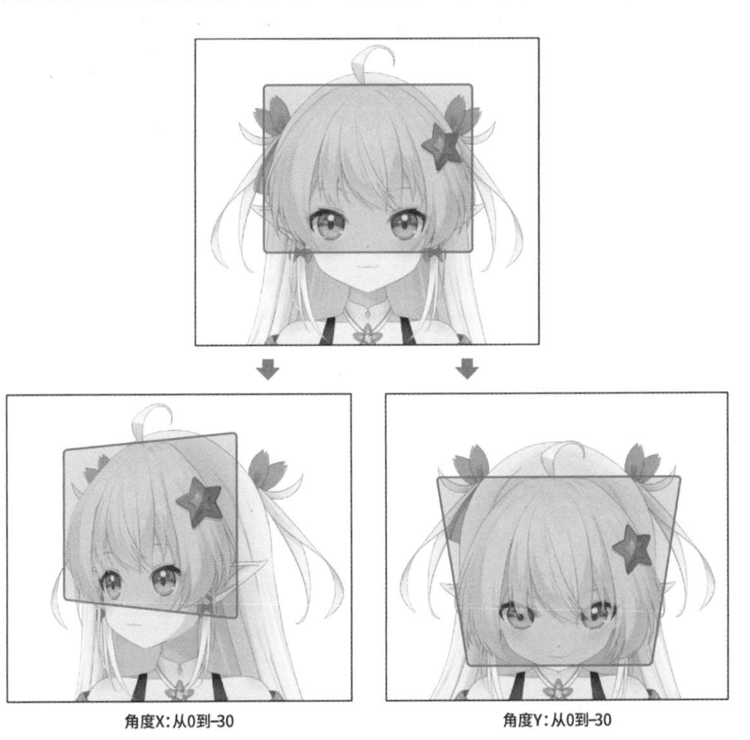

图 7-1　角度变化对头发形状的影响

除了默认参数“角度 X”“角度 Y”，头发通常还会受到物理参数的影响。在头部或身体的运动状态发生变化时，头发通常会发生物理摇摆，从而让模型显得更生动，如图 7-2 所示。

图 7-2 头发的物理摇摆效果

这两种类型的参数可以指引我们思考拆分头发的方式。这里重点讲解控制头部旋转的“角度 X”参数和“角度 Y”参数。为了表现好头部的旋转效果，我们需要对头发图层进行拆分和分类。

7.2 头发图层的拆分和分类

在 5.2.1 节中，我们讲过可以将头发图层分为“前发”“侧发”“后发”3 种类型。但是，如果要根据建模时各个部分的实际作用分类，则可以将头发图层分为“前发”“侧发”“后发”“装饰发”4 种类型。当然，还可以额外加一类“发饰”。

当我们使用这个分类方式时，角色的单马尾不再属于“后发”类型，而是属于“装饰发”类型，如图 7-3 所示。

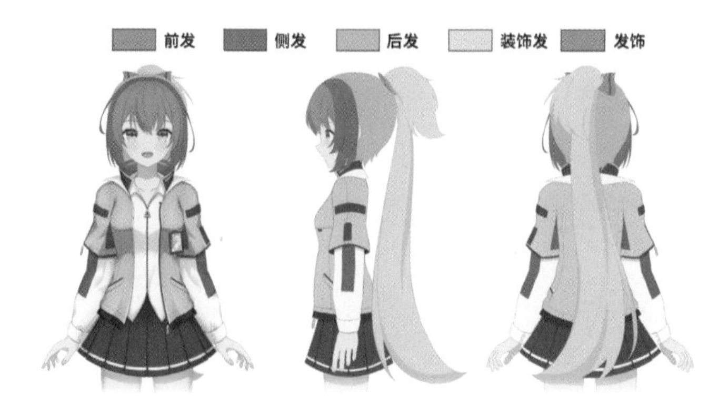

图 7-3 头发图层的分类

下面结合案例讲解为什么要这样分类，以及在拆分各部分时应该注意什么。在此之前，请回忆一下我们在 5.2.2 节讲过的内容，对于头发这种上色方式一致的部分，建议整体补画完整后再拆分为发束。因此，我们会以“头发已经绘制完整”为前提，讲解拆分头发的方法。

7.2.1 前发的拆分

前发通常指位于脸部前方的刘海部分，这一部分起到遮挡发际线和额头的作用。如图 7-4 所示，这些高亮的部分都是角色的前发。

图 7-4 角色的前发

由于脸部通常是模型最受关注的部分，因此脸部附近的前发也需要拥有较高的精度，以便让脸部拥有更好的观感。

在拆分前发时，我们通常会按照发束进行拆分，如图 7-5 所示。在理想情况下，每一个比较明显的发束都可以单独拆分出来。如果每一个发束都有独立的物理效果，则会使前发更具蓬松、灵动的感觉。但是不要心急，我们应按照“从大到小，先拆后补”的顺序，逐步完成拆分，不必追求一步到位。

图 7-5 前发的发束

如图 7-6 所示，对于只有刘海的前发，我们可以先整体拆分出来，再补画完整。这里将前发刘海拆分为“前发左”“前发中”“前发右”3 个部分。如果建模要求不高，则不需要进一步拆分。

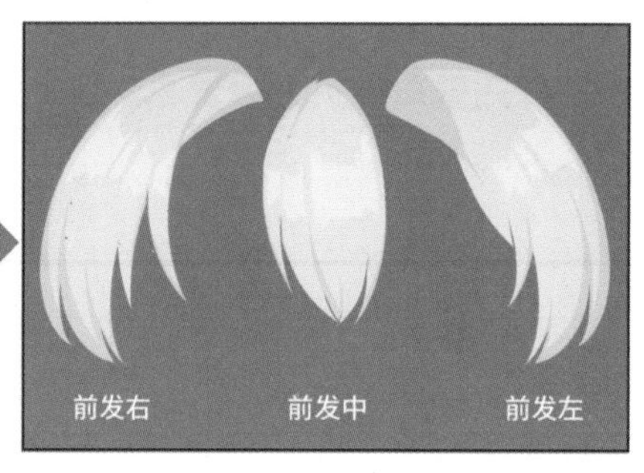

图 7-6　前发刘海的拆分（1）

如果还想继续提升精度，则需要进一步拆分。我们刚才说过，前发在脸部附近，要拆分得尽可能精细一些，如图 7-7 所示。但也不要忘记我们在 5.4 节中说过的，提升拆分精度会增加额外的时间、金钱和设备成本，并不总是最好的选择。

图 7-7　前发刘海的拆分（2）

除了这种只有刘海的前发，还有一种两侧有较长的头发压住刘海的前发，如图 7-8 所示。我们将两侧的头发称为“前侧发”。也有些说法认为“前侧发”应该被算作“侧发”，但在本书中，我们将“前侧发”视为“前发”的一部分。

图 7-8　有前侧发的前发

在拆分时，我们同样按照“从大到小，先拆后补”的顺序，先将“前侧发”和“刘海”两个部分拆分开，再将“前侧发”拆分为“前侧发左”和“前侧发右”两个部分，将“刘海”拆分为“前发左”“前发中”“前发右”3个部分，如图7-9所示。如果建模要求不高，则不需要进一步拆分。

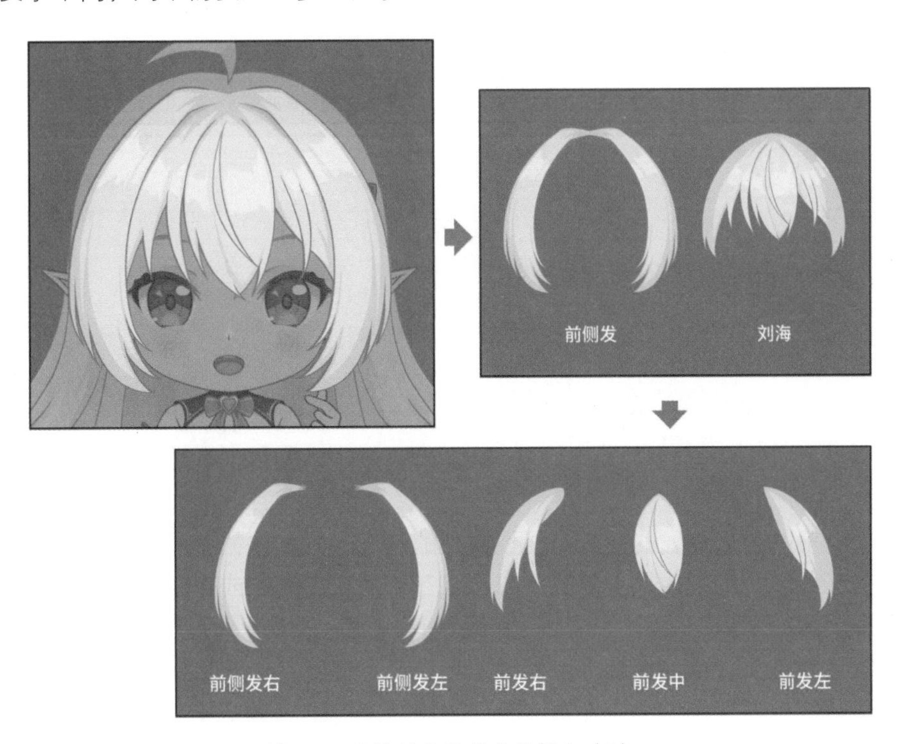

图7-9　有前侧发的前发的拆分（1）

需要注意的是，在将前侧发拆分为左右两个部分时，分割处最好使用不透明度渐变，如图7-10所示。这样即使发根处在运动时略微变形，前侧发也不至于断开。

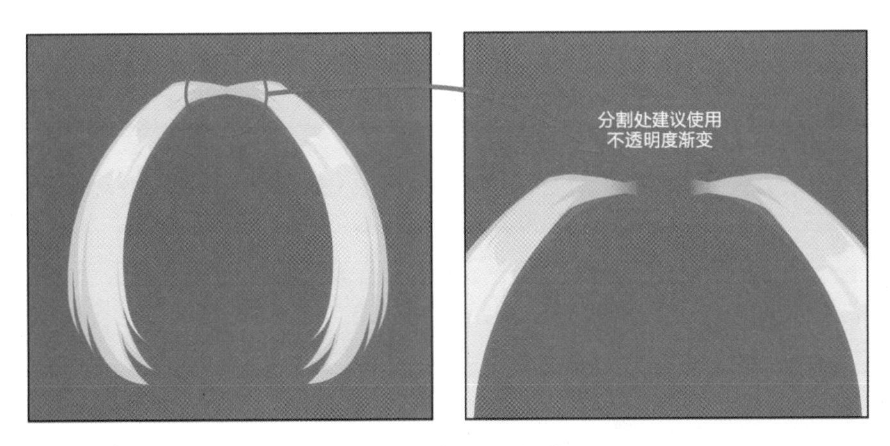

图7-10　前侧发的衔接

如果还想提升精度，则可以按照发束进一步拆分，如图7-11所示。

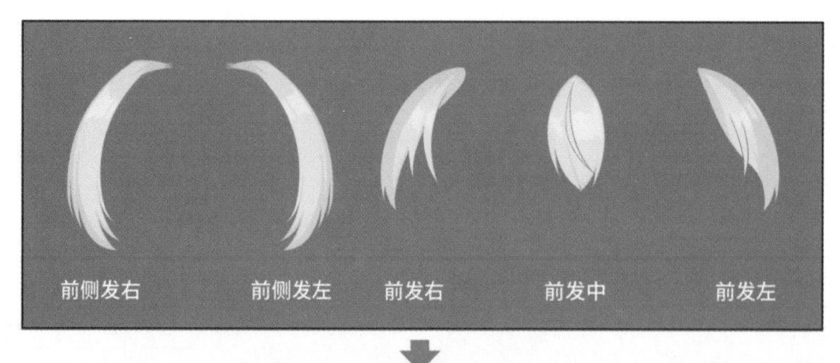

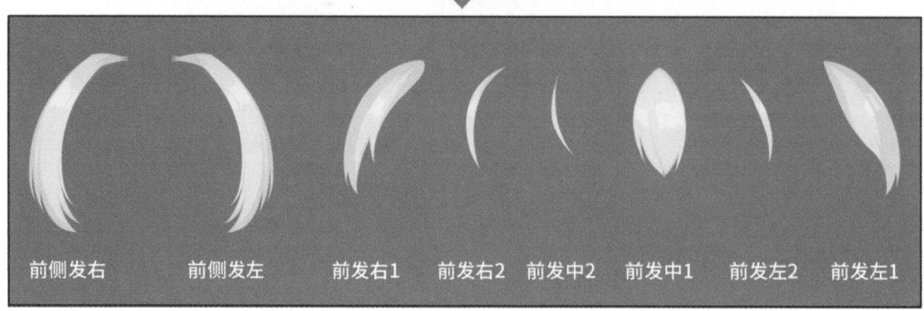

图 7-11　有前侧发的前发的拆分（2）

前发刘海和有前侧发的前发是两种典型的前发。虽然根据不同的发型设计，角色的前发是多种多样的，但是大致的拆分思路都相同。在绘制或拆分前发时，需要注意以下两点。

① 前发应该覆盖住额头部分（发际线）。在理想情况下，即使是将前发按照发束拆分后，在单独显示每个前发图层时，图层内部也不能有缝隙。如果前发图层内部有缝隙，则可能在默认状态下看不出瑕疵，一旦模型动起来问题就会很明显。

② 发束之间应该有相互重合的冗余部分。在拆分时相邻的发束之间应该有重合部分，这样才能避免发束单独运动时出现瑕疵，如图 7-12 所示。这也有助于我们实现上述的第①点。

图 7-12　发束的重合部分

7.2.2 侧发的拆分

侧发也可以称作鬓发，指的是耳朵前鬓角附近的头发。侧发位于脸的侧面，因此所有的侧发图层都应该在前发图层的下方。如图 7-13 所示，高亮的部分是角色的侧发。从图 7-13 中可以看出，和前发不同，侧发在许多发型下都是看不到的（以鬓角的形式存在，或者被前发遮挡）。

图 7-13　角色的侧发

相对前发来说，侧发的重要性较低，没有必要拆分到很高的精度。对于比较简单的模型，我们需将侧发拆分为“侧发左”和“侧发右”两个图层，如图 7-14 所示。如果希望提升精度，或者侧发本身比较复杂，则可以进一步拆分，直到单独拆分出每个发束。

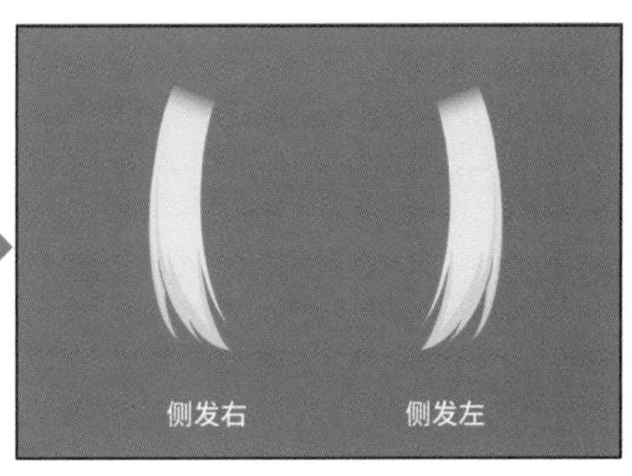

图 7-14　侧发的拆分

绘制和拆分侧发时，请特别注意发根的位置。通常来说，侧发有两种情况，如图 7-15 所示。第一种是仅让侧发延伸到前发后方，这样的侧发不适合较大的旋转角度，但拆分起来比较简单。第二种是让侧发直接延伸到头顶，这样的侧发适合较大的旋转角度，但在拆分时需要注意左右两侧的侧发最好使用不透明度渐变来衔接。

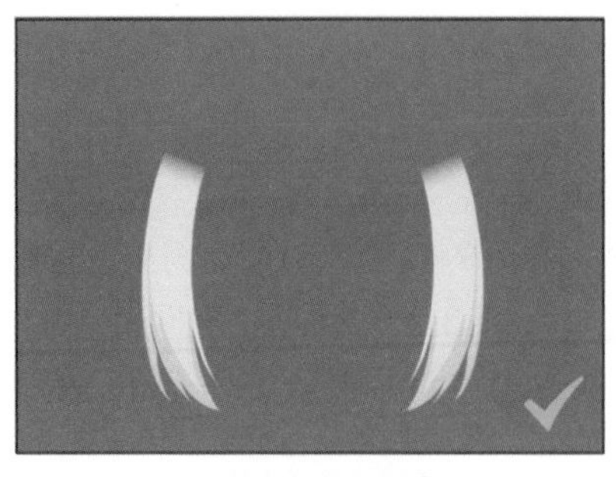

侧发延伸到前发后方

侧发延伸到头顶

图 7-15　侧发的两种情况

为什么延伸到头顶的侧发适合较大的旋转角度呢？因为这样的侧发可以在前发转向一侧后，负责遮挡住脸部图层。在角色转向侧面时，前发往往不能遮挡住脸部图层。如果角色的侧发延伸到了头顶，则可以帮忙遮挡住脸部图层；如果侧发没有延伸到头顶，则无法达到遮挡脸部图层的效果，如图 7-16 所示。

图 7-16　旋转后侧发的效果

当角色没有侧发时也不要担心，遮挡脸部图层的效果也可以由面积较大的“前发”图层或“发际线”图层（参见 6.4.3 节）实现。

当侧发较为细长时，模型师可以使用我们在 4.5.2 节中讲过的“蒙皮”功能制作侧发的摇摆效果。如图 7-17 所示，这样的侧发就很适合使用“蒙皮”功能拆分为多份，使其可以像绳子一样摇摆。对于这类侧发，在拆分时需要将每个需要使用“蒙皮”功能的发束都单独拆分出来。

图 7-17 使用“蒙皮”功能的侧发

另外，如果侧发中只有一部分适合使用“蒙皮”功能，则可以单独将那部分拆分出来。如图 7-18 所示，侧发附带的辫子部分适合使用“蒙皮”功能，可以将这部分拆分出来。这样一来，当在 Live2D Cubism 中建模时，就可以分别处理这两个部分。

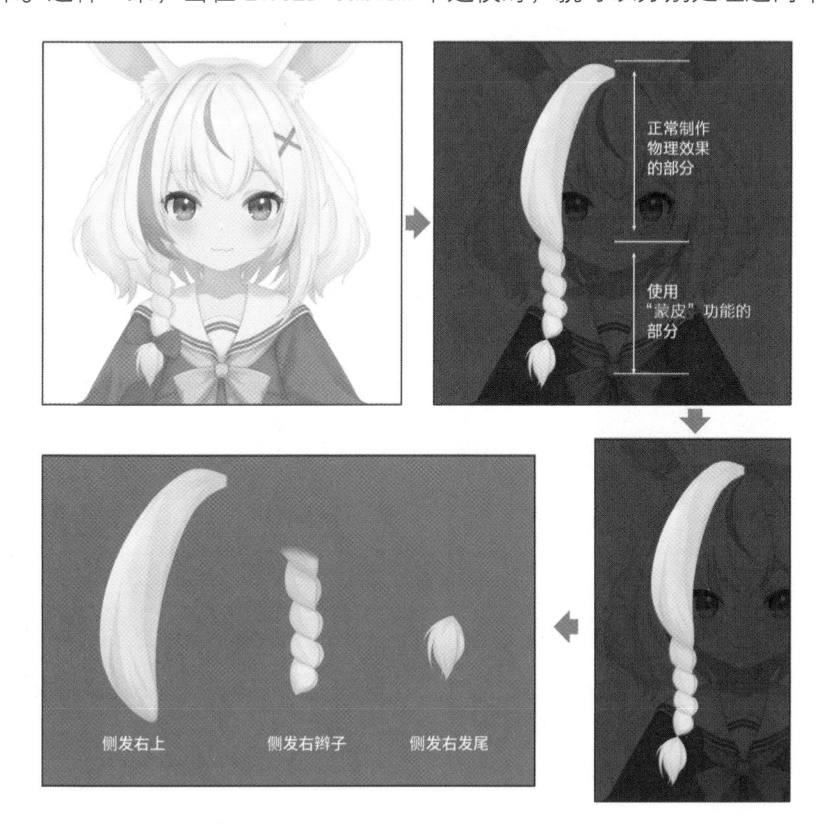

图 7-18 拆分需要使用“蒙皮”功能的部分

7.2.3 后发的拆分

后发指的是脸部和耳朵后方的头发。就像前发和侧发一样，这里的后发也仅指紧贴头部的头发。如图 7-19 所示，高亮的部分是角色的后发。而马尾等，虽然也位于脸部和耳朵后方，但是它们不紧贴头部，我们将其分类为“装饰发”。

图 7-19　角色的后发

这样分类是为了方便读者理解各个类型的头发的作用。紧贴脸部的后发需要起到构成头部轮廓的作用。如图 7-20 所示，无论是什么风格、什么发型的角色，只要转头幅度足够大，就必然需要用后发构成头部的轮廓，这是其他类型的头发图层做不到的。

图 7-20　后发构成头部的轮廓

因此，在绘制或拆分时，我们需要注意将后发补画完整。无论后发被遮挡了多少，我们都应该将它尽可能完整地补画出来，如图7-21所示。如果后发不完整或留有缝隙，则在角色转头时，这些缝隙会转化为头部轮廓的瑕疵，影响模型的观感。

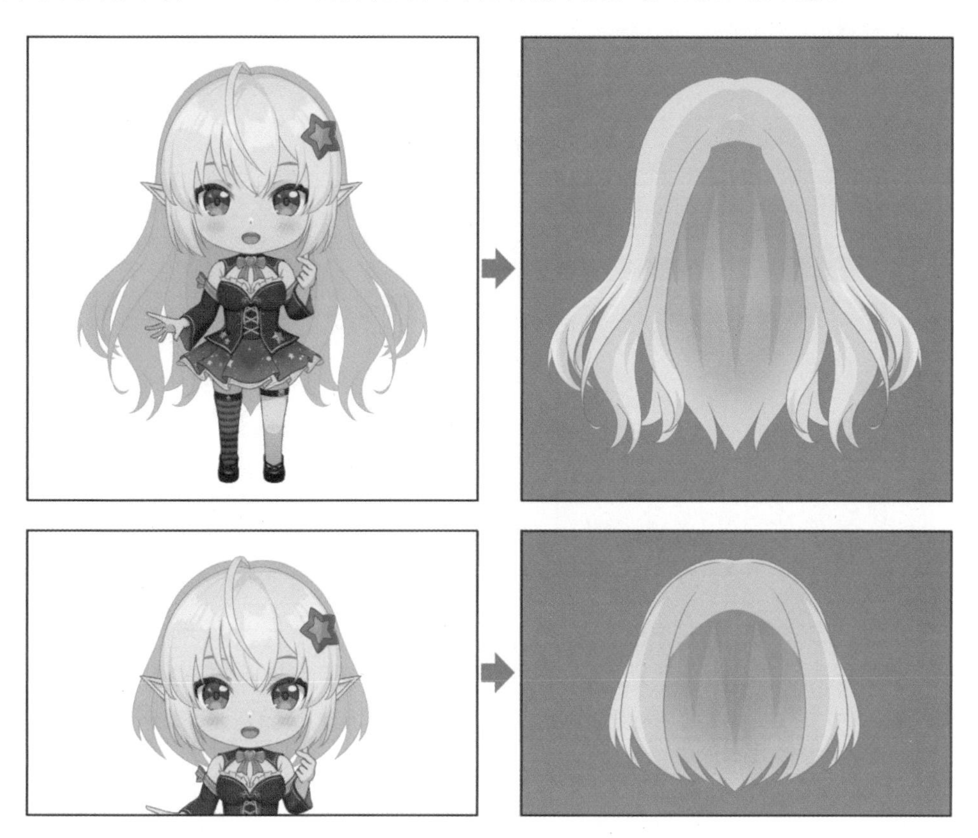

图 7-21　后发的补画

如果角色的头发是垂下来的，则可以将头发想象成一个被切掉一半的空心圆台。在圆台两侧，我们能看到朝外的面；而在圆台中间，我们能看到朝里的面。在拆分垂下来的头发时，我们需要将朝外的面和朝里的面拆分开。

比如，对于如图7-22所示的发型，后发的两侧就是朝外的面，而后发的中间则是朝里的面。朝外的面和朝里的面的颜色显然是不同的，观察一下平时看到的动漫风角色会发现，大多数下垂的后发都会有这样的特点。因此，我们应按照“从大到小，先拆后补”的顺序，将后发拆分成“后发侧”和“后发内”两个图层。

在拆分“后发侧”图层和“后发内”图层时，需要注意以下两点。

① “后发侧”图层需要包含后发的外轮廓和头顶。在转头时，“后发侧”图层要负责构成头发的外轮廓。如果需要进一步拆分，则可以将后发侧拆分成左右两个部分，并使用不透明度渐变来衔接。

② “后发内”图层的范围需要再大一些，补画出和“后发侧”图层产生相互重合的冗余部分。和之前一样，这是为了避免它们在单独运动时产生瑕疵。

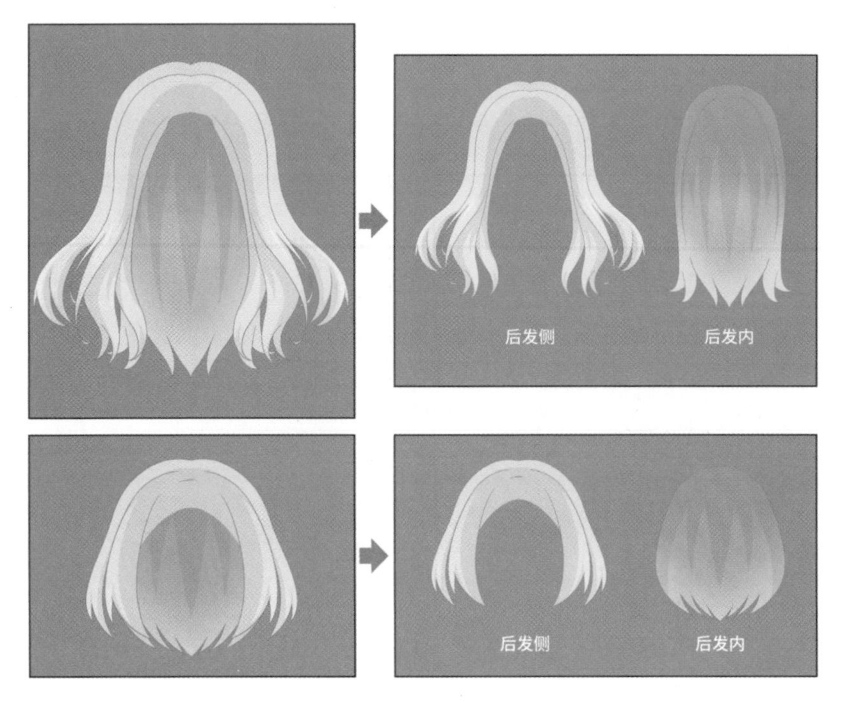

图 7-22　拆分成“后发侧”和“后发内”两个图层

拆分出“后发侧”图层和“后发内”图层后，如果想进一步提升精度，则可以拆分出更小的发束，如图 7-23 所示。“后发内”图层通常会被身体遮挡，可以拆分得简单一些；而“后发侧”图层被身体遮挡的面积较小，所以相对来说进一步拆分“后发侧”图层会有更好的效果。

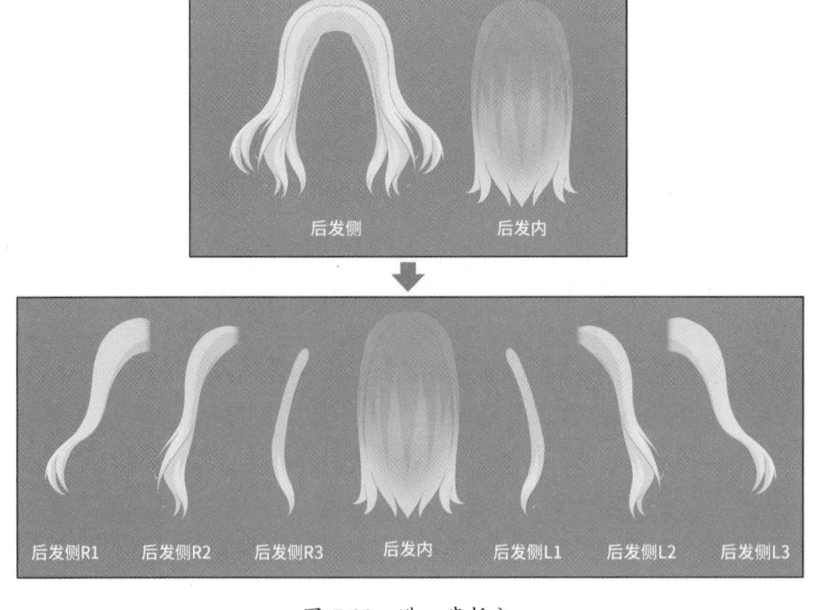

图 7-23　进一步拆分

如果角色的后发是扎起来的（比如，双马尾、单马尾等），则不需要做更多的拆分，只需要准备一个近似圆形的“后发”图层作为被头发包裹住的头部即可，如图7-24所示。如果有需要，则可以将代表头发走向的线条等细节拆分出来。

图 7-24　扎起来的后发

7.2.4　装饰发的拆分

正如我们之前所说，所有不紧贴头部的部分都可以被归类为“装饰发”。比如，马尾、发团、翘起的呆毛等。如图 7-25 所示，高亮的部分是角色的装饰发。

图 7-25　角色的装饰发

由于装饰发通常是相互独立的，因此在拆分时需要尽量将它们分别补画完整。虽然角色的单马尾几乎会被身体完全遮挡住，但是为了制作头发的摇摆效果，我们需要将它补画完整。至于角色的双马尾，就更要绘制完整了。我们可以根据项目需要，将马尾拆分得更精细些，如图 7-26 所示。

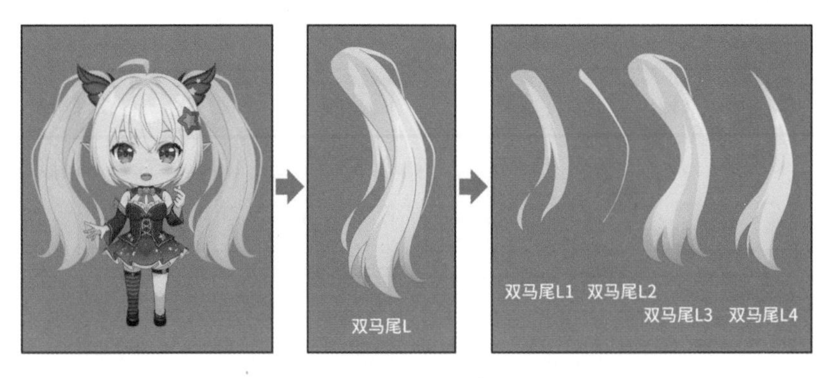

图 7-26　马尾的拆分

前面的 3 种类型“前发”“侧发”“后发”的图层顺序基本是确定的。“装饰发”的图层顺序是不确定的，甚至可能跨越图层。

比如，呆毛的发根位于前发后方，但呆毛的发梢却位于前发前方，因此我们可以将呆毛拆分为“呆毛 1”（发根）和“呆毛 2”（发梢）两个图层，分别改变它们的图层顺序，如图 7-27 所示。

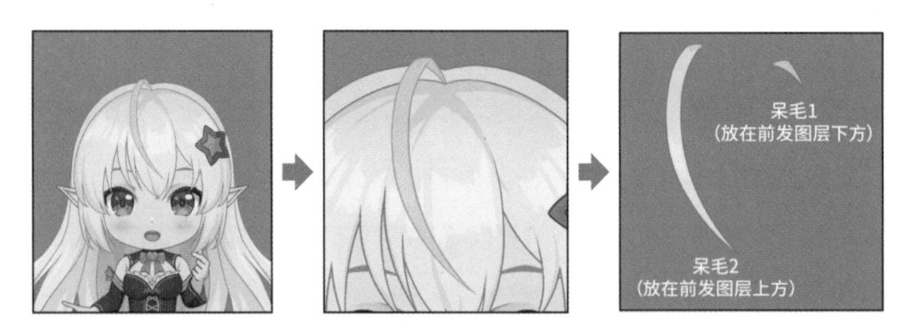

图 7-27　拆分跨越图层的呆毛

再比如，辫子的发根位于前发前方，但辫子的发梢却位于后发后方，因此我们可以将辫子拆分为“辫子 1”（发根）和“辫子 2”（发梢）两个图层，分别改变它们的图层顺序，如图 7-28 所示。

图 7-28　拆分跨越图层的辫子

又或者某个发束是和后发一起运动的，但是该发束会穿插到身体前方，因此在拆分时需要将这个“小辫子”图层单独拆分出来，并放到“前发”等顺序靠上的图层组中，如图 7-29 所示。

图 7-29　拆分跨越图层的发束

需要注意的是，这种跨越太多图层的部分会限制中间所有图层的运动，导致制作模型变得困难，因此在设计角色时需要慎重考虑。

7.2.5　发饰的拆分

角色的头发上往往会有发卡、发带、蝴蝶结等饰品。它们和发型紧密相关，因此我们也将“发饰”作为一种头发图层的类型。

拆分发饰最理想的标准，就是“即使没有发饰，角色的头发也是完整且自然的”。也就是说，在拆分发饰前，我们应该先隐藏头发上的发饰，并将头发补画完整，如图 7-30 所示。

图 7-30　隐藏发饰后的效果

这么做有两个原因：第一个是，发饰可能要单独运动，即可能有单独的透视变化和物理效果，甚至可能被单独隐藏；第二个是，我们在 5.3.2 节中讲过，要将软的部分和硬的部分拆分开，这样当软的部分（头发）变形时，硬的部分（发卡）才不会跟着变形。

至于发饰本身，我们需要将其单独拆分出来并尽量补画完整，如图 7-31 所示。

图 7-31　发饰的拆分

如果需要进一步拆分发饰，则可以拆分出用于构成发饰厚度的图层和用于发光的图层等，如图 7-32 所示。至于具体如何准备用于发光效果的图层，我们会在 12.3 节中进行讲解。

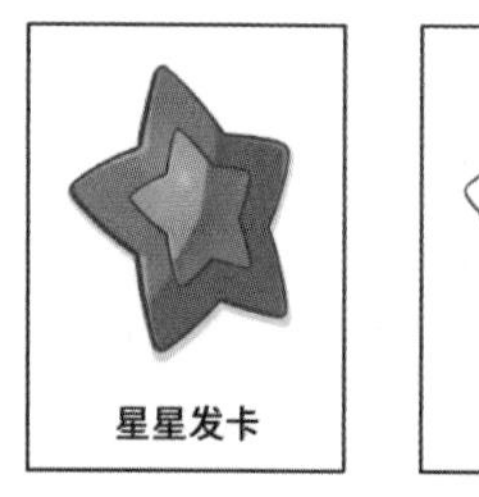

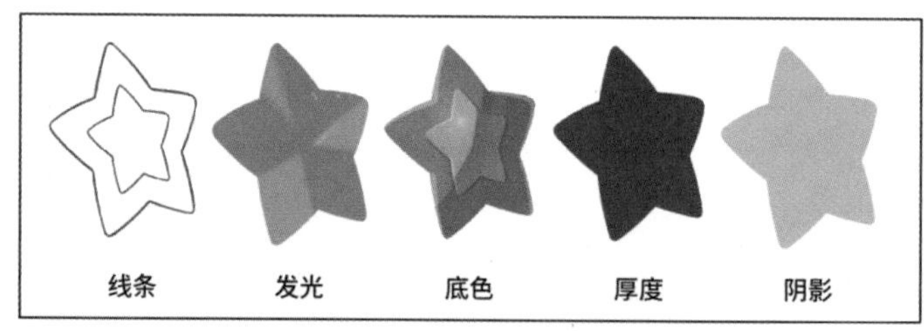

图 7-32　进一步拆分发饰

7.3 替换发型和发色

如今许多 Live2D 模型都有多种发型和发色。比如，我们用于演示的模型就拥有多种发型。因此，本节主要介绍应该怎么准备图层，以便模型师为角色制作替换发型和发色的效果。

7.3.1 替换发型的方法

有 3 种常见且简单的替换发型的方法，分别为“改变不透明度”、“改变形状和不透明度”和“使用剪贴蒙版”。这 3 种方法在替换过程中会有观感上的差别。我们以长发类型的后发为例，展示了这 3 种方法开启发型的过程，如图 7–33 所示。同理，将这些过程倒过来，就是关闭发型的过程。

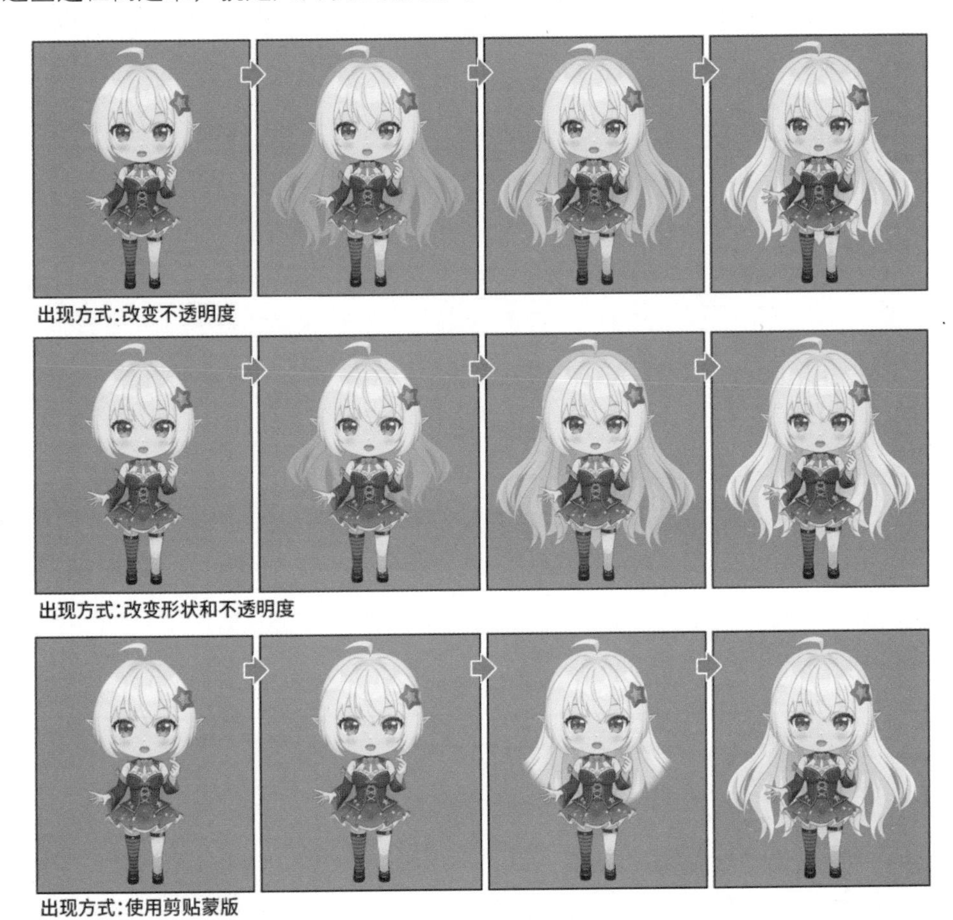

图 7-33 开启发型的过程

其中，“改变不透明度”的方法最简单，即直接将发型的不透明度从 0 调整到 100%；“改变形状和不透明度”的方法稍复杂些，需要同时改变头发在不同不透明度下的形状，以便让头发出现的过程更具动感。这两种方法都不需要额外的图层，可以由模型师直接制作。

而“使用剪贴蒙版”的方法，则是像“扫描”一样，让头发像海浪褪去的沙滩那样逐渐出现。这种方法需要提前准备好剪贴蒙版用的蒙版图层。蒙版图层的形状取决于想要的“扫描”方式。如果想要头发以头部为圆心逐渐以圆形被“扫描”出来，则可以准备一个圆形的蒙版，如图 7-34 所示。

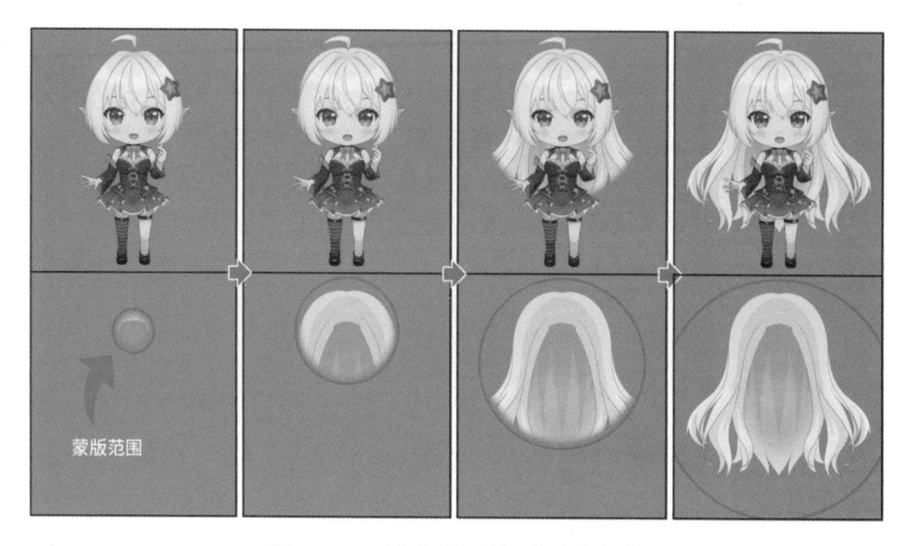

图 7-34　以圆形“扫描”出现的头发

在 Live2D Cubism 中，模型师需要将相关的头发图层作为被剪贴图层，之后通过参数改变蒙版图层的大小，让相关的头发图层出现或消失。

7.3.2　替换发色的方法

替换发色最直接的方案是像替换发型时那样，直接准备多套不同颜色的头发，并在不同颜色的头发之间进行切换，如图 7-35 所示。

图 7-35　准备多套不同颜色的头发

但这种方法有个明显的缺点：会增加大量的图层。如上面的图 7-35 所示的头发，如果要准备两种颜色，就需要额外增加 38 个图层。这样不仅会让修改颜色和制作模型都很麻烦，还会增大模型对计算机产生的负载。

我们在第 4.3.2 节中讲过，Live2D Cubism 中有调色功能。虽然这个功能仅限于为图层增加一层“正片叠底色”和“屏幕色”，但是使用起来比较方便。所以，我们可以考虑只绘制一种颜色的头发，并给模型师相应的调色建议，让模型师完成其他发色的制作。

使用这个功能来改变发色，最好将头发的线条和颜色拆分开。是否拆分开线条和颜色，所得到的调色效果是不同的，如图 7-36 所示。

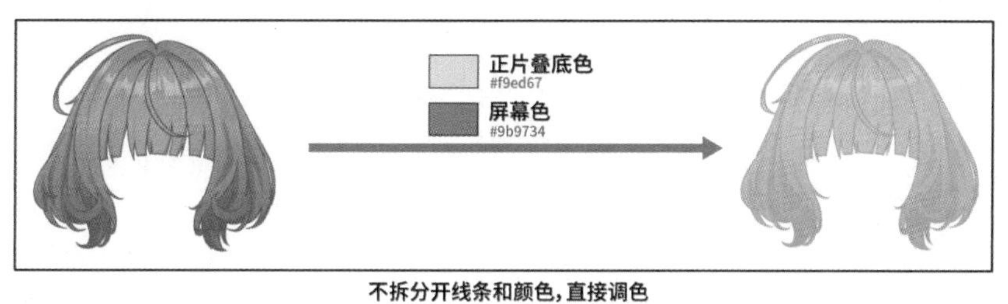

不拆分开线条和颜色，直接调色

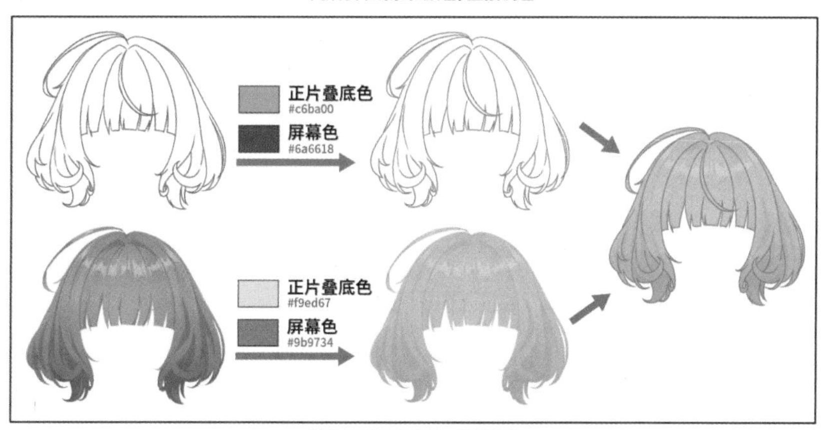

拆分开线条和颜色，分别调色

图 7-36 不同的调色效果

具体来说，从图 7-36 中可以看出，在拆分开线条和颜色之前，我们虽然可以将颜色调整到位，但是线条会因此变得不清晰。这是因为经过压暗再提亮后，实际上整幅画的对比度会降低，线条和颜色的亮度会更接近。

在拆分开线条和颜色之后，我们仍然使用相同的“正片叠底色”和“屏幕色”来调整颜色，同时使用另一组“正片叠底色”和“屏幕色”来调整线条，让线条比颜色暗一些。这样一来，线条变得不清晰的问题就能得到解决。

第 8 章

拆分案例：身体

本章讨论身体的拆分方式。

身体不像头部那样复杂精细，Live2D Cubism 中的相关参数也不多。但是，制作精良的身体可以让 Live2D 模型更加生动灵活，这无疑离不开有效的拆分。

根据初始姿势、服装设计和画风的不同，身体的拆分方式也千差万别。但是，我们仍然可以根据人体结构，总结出一些基本的拆分方法。在大多数情况下，只要按照本书所讲的拆分思路，就能较好地拆分角色的身体。

8.1 和身体相关的参数

按照惯例，我们先来了解一下身体在 Live2D Cubism 中使用的参数。

和身体相关的默认参数包括“角度 Z”、“身体旋转 X”、“身体旋转 Y”、“身体旋转 Z”和“呼吸”，其效果如图 8-1 所示。

初始状态

呼吸：从0变为1

角度Z：从0变为-30

身体旋转X：从0变为-10

身体旋转Z：从0变为-10

图 8-1　和身体相关的默认参数的效果

身体旋转Y：从0变为-10　　身体旋转Y：从0变为10

图 8-1　和身体相关的默认参数的效果（续）

和身体相关的默认参数的具体含义如下。

① **角度** Z：头部的 Z 轴旋转。虽然这是头部旋转的参数，但是通常会影响到脖子的形状，因此它也算是身体的参数。

② **身体旋转** X：身体的 X 轴旋转。对身体来说，这个参数的立体效果是最明显的。

③ **身体旋转** Y：身体的 Y 轴旋转。如果身体上没有透视感非常明显的部分，那么实际效果通常显示为身体纵向伸缩或上下位移。在通常情况下，屈膝动作也会直接绑定在这个参数上，使得身体的上下移动更自然。

④ **身体旋转** Z：身体的 Z 轴旋转。通常表现为基于腰胯扭动身体。在通常情况下，腿部的转动动作也会直接绑定在这个参数上，使得身体的扭动更自然。

⑤ **呼吸**：角色的呼吸。呼吸带来的变化不会非常明显。我们通常会制作胸腔起伏和头发、衣服略微向外蓬松的效果。

除了上述默认参数，我们通常还会创建和手臂相关的参数。在本章中，我们只关注让手臂整体抬起的“右（左）大臂旋转”参数，其效果如图 8-2 所示。

初始状态　　右大臂旋转：从0到10

图 8-2　和手臂相关的参数的效果

在大多数情况下，以上这些参数就足够了。用于游戏的 Live2D 模型往往会有更多参数，如“拔剑”等用于战斗场景的特殊参数。

如果最终需要制作用于面部捕捉的 Live2D 模型，则和头部、表情不同，上述的

5个参数中只有“角度Z”参数是真正适用于面部捕捉的（至少在目前的面部捕捉软件中是这样的）。在面部捕捉软件中，身体旋转的动作是根据头部的运动计算得出的，“呼吸”动作是自动循环播放的，手臂相关的动作需要绑定快捷键才能使用。也就是说，有些模型可能用不到这些参数，不需要制作对应的动作，也就不需要拆分对应的部分。

因此，最好能提前了解到模型需要使用的参数，并根据这些参数拆分插画。这样可以尽可能地提高效率，避免做无用功。

通常来说，将身体按照如图8-3所示的方式进行拆分，以便满足建模要求。只是根据角色的服装不同，拆分的位置会有所差别。

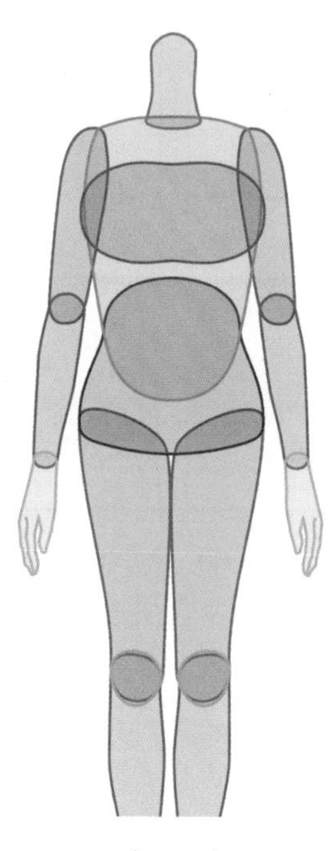

图8-3 身体的拆分方式

下面针对每个部分进行详细讲解。本章重点讲解脖子和躯干的拆分，而四肢的拆分比较复杂，我们放在第9章中单独讲解。

8.2 脖子的拆分

脖子是连接头部和身体的重要部位。在拆分时，我们的主要目标是保证头部、脖子、身体的衔接，避免出现破绽。

脖子的下端基本是相对身体固定的，即使头部或身体发生旋转，脖子和身体的衔接处也不会有什么变化，如图 8-4 所示。

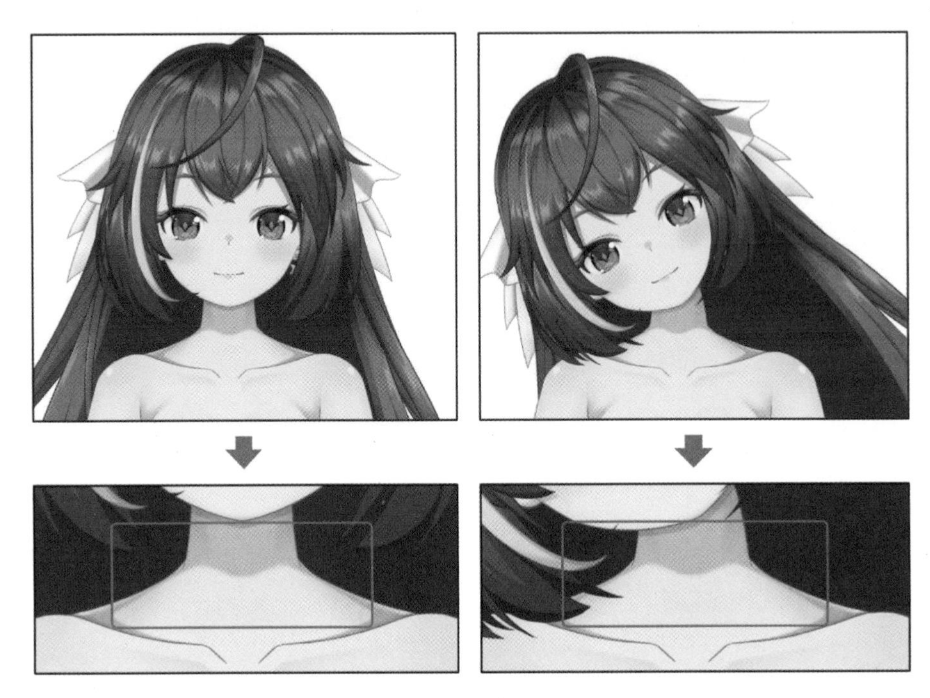

图 8-4 脖子和身体的衔接

即便如此，我们仍然需要将脖子和身体拆分开。因为如果脖子和身体在同一个图层上，则很难单独对脖子进行变形。在拆分脖子和身体时，脖子的下端可以使用不透明度渐变，和身体自然地衔接起来，如图 8-5 所示。拆分后，要让“脖子”图层位于“身体”图层的上方。

图 8-5 拆分脖子和身体

至于脖子和头部连接的一端，则需要保留得尽可能长一些，以此保证头部能够灵活地运动。通常来说，脖子延伸到后发际线所在的高度就足够了，也就是延伸到大约嘴巴的高度，如图 8-6 所示。如果有需要，则可以将脖子再向上延长一些，但是不宜更短。

图 8-6 拆分脖子和头部

如果脖子上有比较复杂的阴影或饰品，则需要将其单独拆分出来。由于脖子上的饰品可能会围绕脖子一周，因此可以将饰品拆分成“饰品前”和“饰品后”两个图层，并将脖子补画完整，这样对建模是最有利的，如图 8-7 所示。

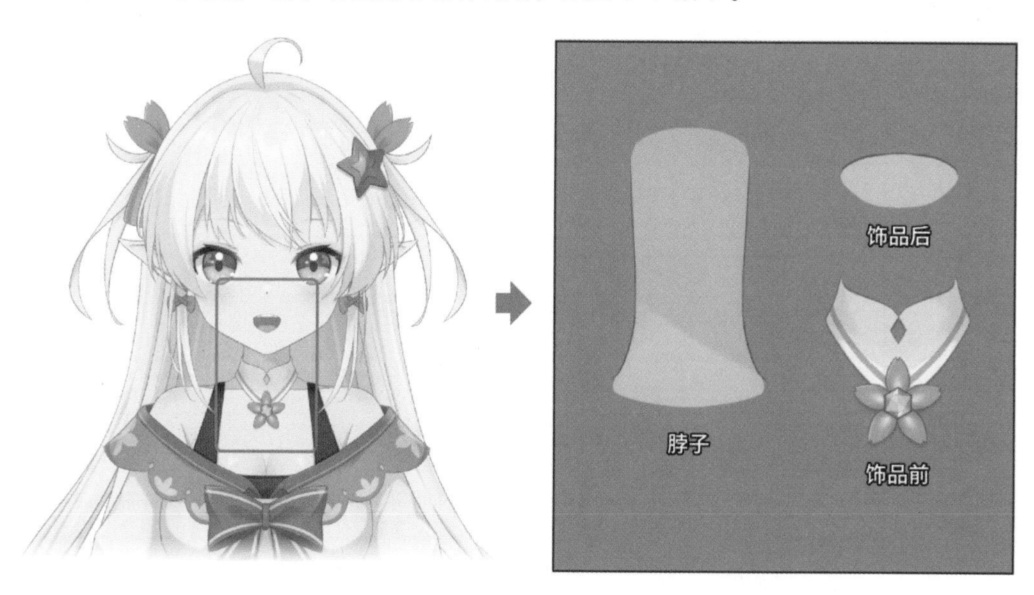

图 8-7　拆分脖子和饰品

8.3 躯干的拆分

拆分出脖子后，身体就只剩躯干和四肢了。另外，对于女性角色，我们还要考虑拆分胸部。下面先来讨论躯干的拆分。

根据角色的服装设计，在拆分躯干时我们可以选择“以身体为主”和“以衣服为主”两种拆分方式。

8.3.1 拆分躯干：以身体为主

所谓的“以身体为主”的拆分方式，就是在拆分躯干时，我们以人体结构为依据进行拆分。具体来说，我们要将躯干拆分为“三角肌”“上身”“下身”3个图层，如果是女性角色，则需要额外拆分出“胸部右”和“胸部左”2个图层，如图8-8所示。

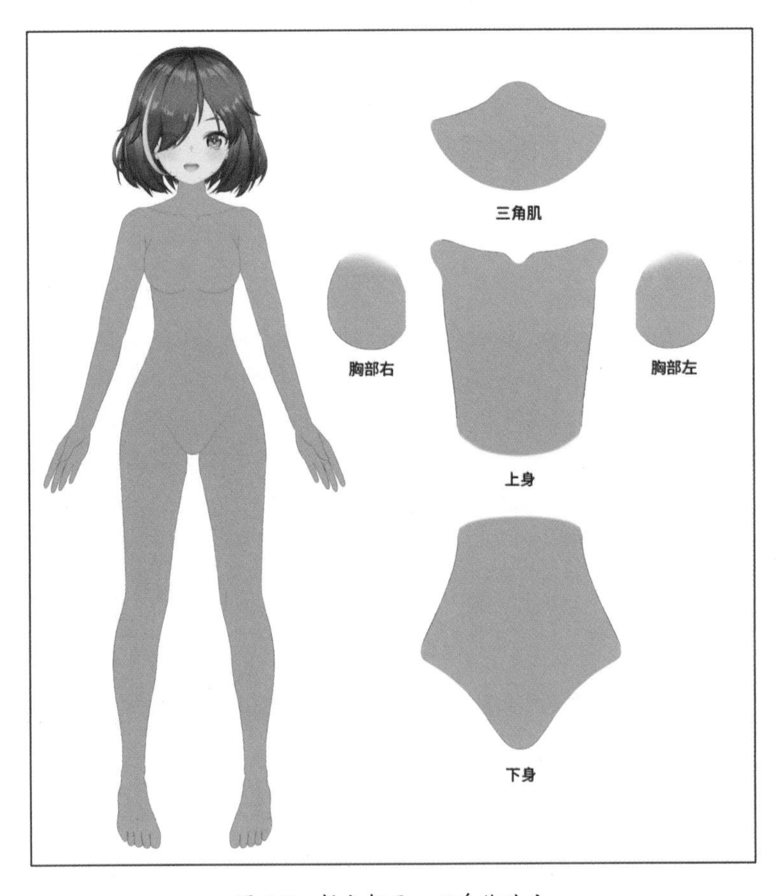

图8-8 拆分躯干：以身体为主

当角色穿着的服装（比如，比基尼、露肩服、露脐装等）会露出较多的身体时，我们需要按照人体结构进行拆分。另外，当角色穿着日式学校泳装、胶衣、连体紧身衣等紧贴身体的衣物时，也需要按照人体结构进行拆分，并且可以直接将紧贴皮肤的部分当成人体的表面来处理。

其中，单独拆分出“三角肌”图层是为了将三角肌和肩膀放在不同的图层上。这样“上身”图层负责和手臂衔接，“三角肌”图层负责和脖子衔接，便于单独控制其形状，且不容易出现参数冲突。而拆分“上身”图层和“下身”图层，是为了让“下身”图层独立出来和腿衔接，也是为了让角色可以更好地基于腰部转动身体。在拆分前，身体需要衔接 5 个部位；这样拆分后，身体的每个部位都不至于需要衔接大量其他部位，可以使建模更加方便，如图 8-9 所示。

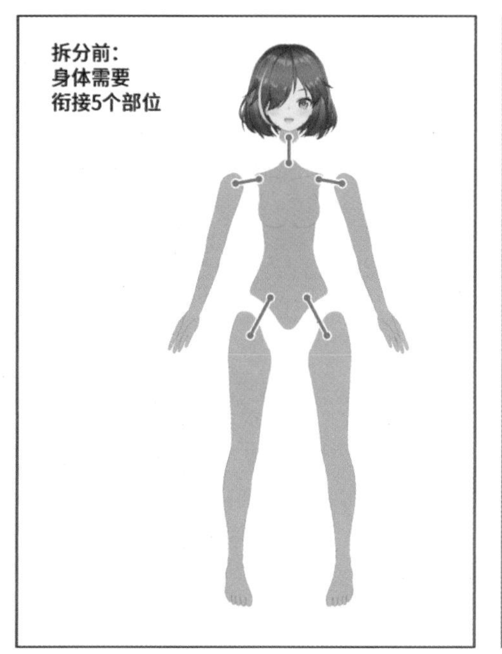

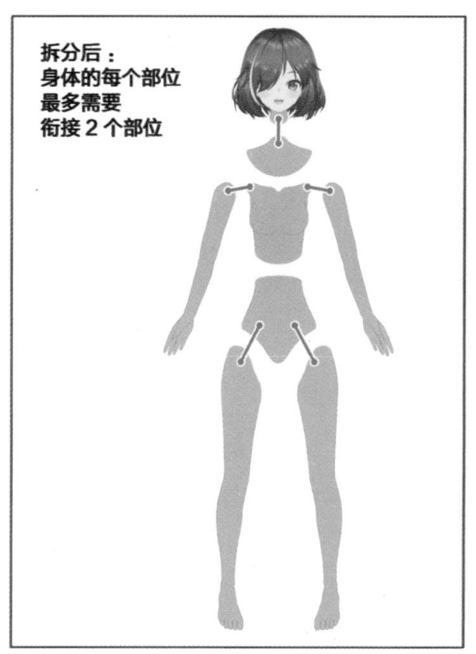

图 8-9　拆分躯干前后的区别

拆分时，我们需要关注以下几处衔接。

首先是三角肌和脖子的衔接处。擦除脖子后，需要将三角肌补充完整，并补画出脖子后的线条，如图 8-10 所示。尽管脖子后的这根线条并不存在，但将它补画出来可以让脖子有更大的运动范围。

另外，“三角肌”图层应该向下延伸一些，和“上身”图层之间形成相互重合的冗余部分，如图 8-11 所示。“上身”图层从锁骨处断开，不必向三角肌延伸。

然后是上身和手臂的衔接处，通常在大概肩膀的位置断开，没有具体要求。如果想要一个参照，则可以在身体的延长线和肩膀的交点处拆分手臂，只需上身和手臂的线条稍有重合，不必有太多冗余，如图 8-12 所示。拆分手臂的细节我们会在稍后的 8.3.2 节中讲到。

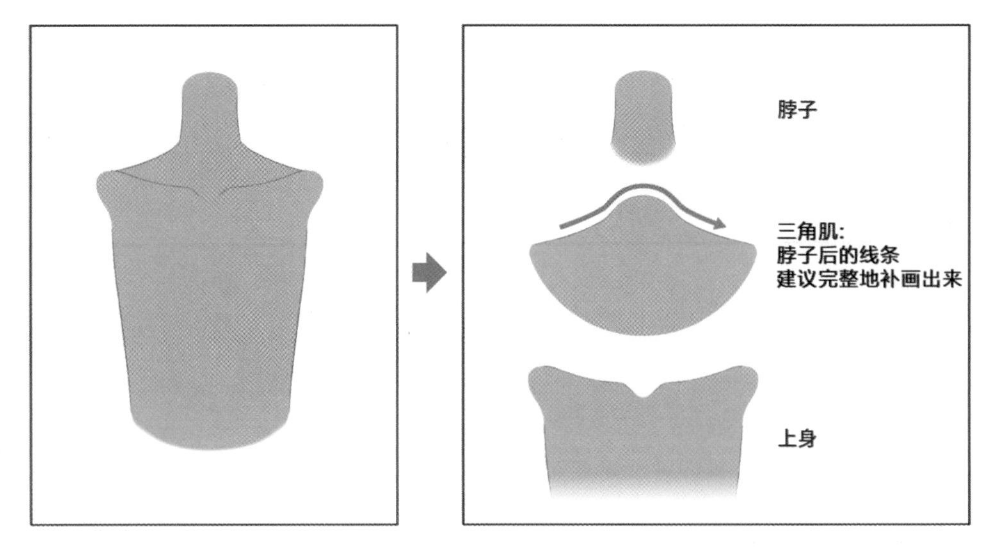

图 8-10　三角肌和脖子的衔接

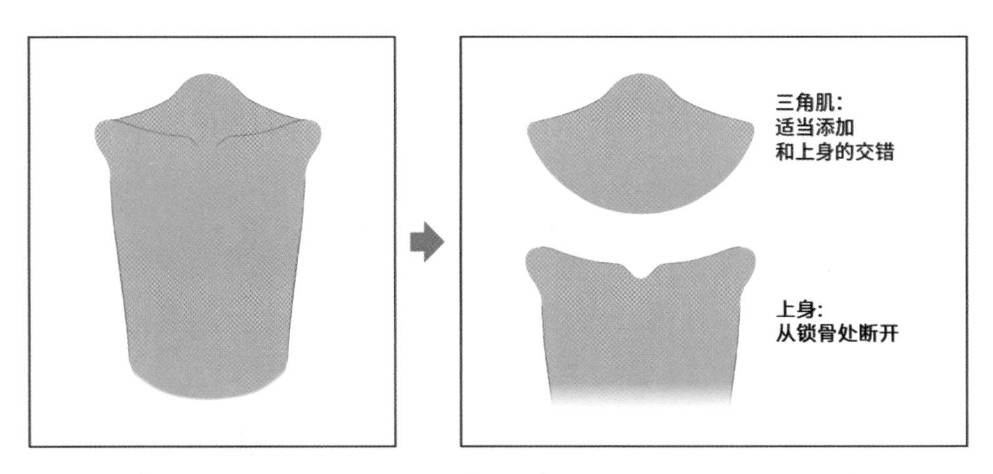

图 8-11　三角肌和身体的衔接

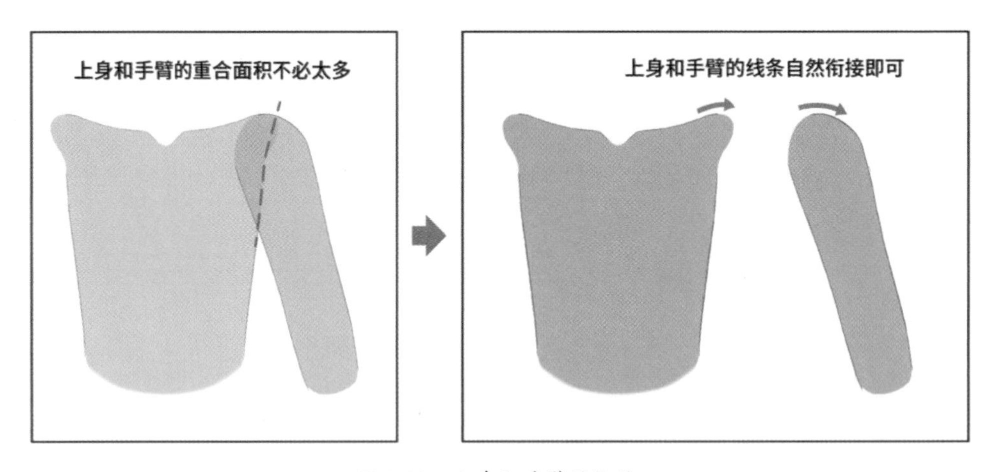

图 8-12　上身和手臂的衔接

在拆分“上身”图层和“下身”图层时，通常在腰部最细的地方将其断开。和拆分其他相互衔接的部分时一样，“上身”图层和“下身”图层之间应保留相互重合的冗余部分。这里的重合面积不必过大，尤其是腰部两侧，只要有一小块重合部分即可，如图 8-13 所示。因为模型师通常会使用“胶水”功能将“上身”图层和“下身”图层固定在一起，所以重合面积太大反而不利于操作。

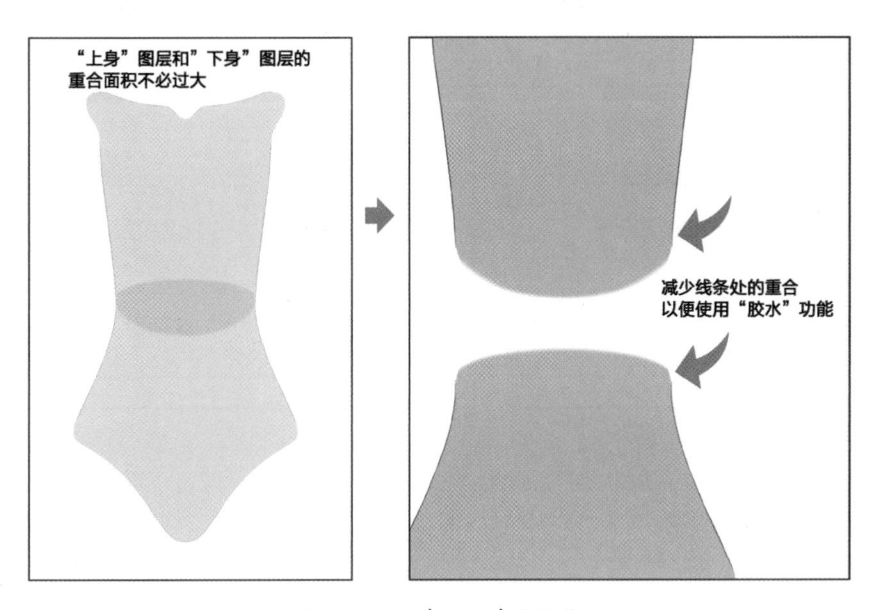

图 8-13　上身和下身的衔接

最后是下身和腿的衔接处，通常在髋骨附近将二者断开，如图 8-14 所示，我们同样需要保证下身和腿能够相互衔接，只需下身和腿的线条有一定的重合面积，不必有太多冗余，以便模型师使用“胶水”功能。拆分腿的细节我们将在 9.4 节中进行详细介绍。

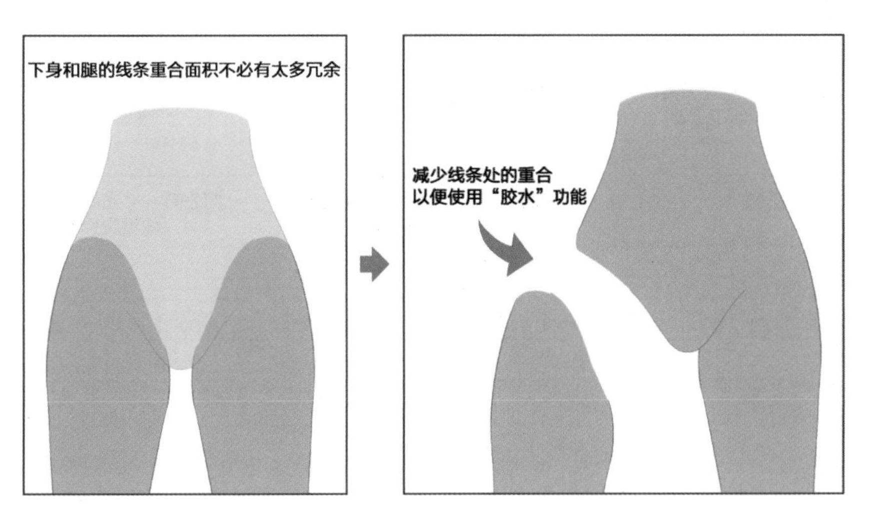

图 8-14　下身和腿的衔接

除此之外，还有一个特殊部位需要拆分，即女性角色的胸部。当角色的胸部超出了躯干的外轮廓时，我们需要先把胸部擦除掉，将“上身”图层补画完整；再单独拆分出两侧的胸部；最后只需胸部和身体可以自然过渡，没有太多要求，如图 8-15 所示。

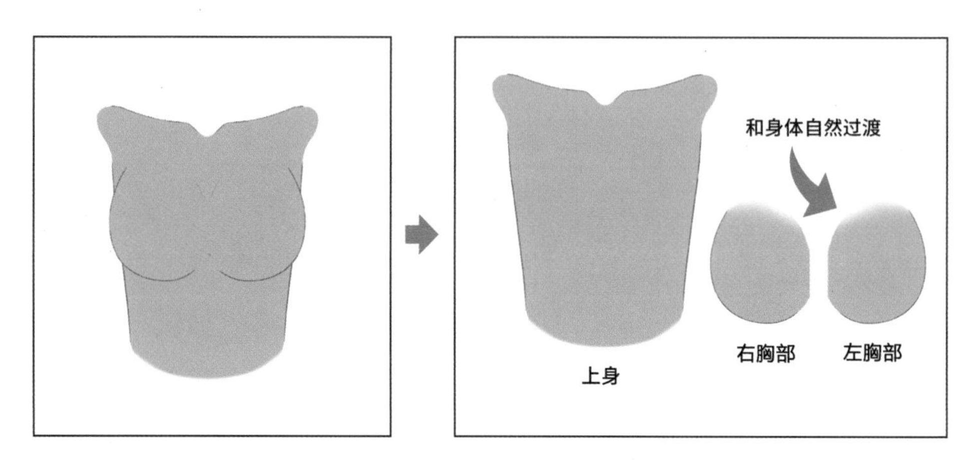

图 8-15　拆分胸部和上身

如果胸部比较大，则需要将左右两侧拆分开。在身体转向一侧时，“左胸部”“右胸部”两个图层之间的覆盖关系会发生变化，如图 8-16 所示。这种变化对于透视感至关重要，只有将左胸部和右胸部拆分开才能制作出该效果。

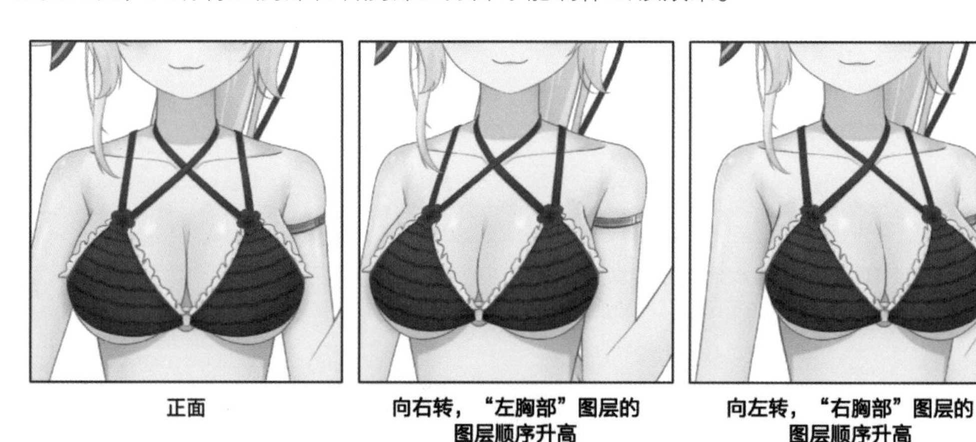

图 8-16　拆分胸部的作用

在本节最初，我们是以没有衣服的状态演示拆分的，通常将这种状态称为角色的“素体”。在日常绘画时，我们经常会先绘制素体，再为素体添加服装。

而在绘制用于 Live2D 建模的插画素材时，同样可以将素体完整地绘制出来。如果是规格较高的项目，即使角色的衣服将身体完全遮盖了，也经常会要求画师绘制出完整的素体，以便制作换装等效果。如图 8-17 所示，这个角色有 3 套服装，但素体却是共用的。

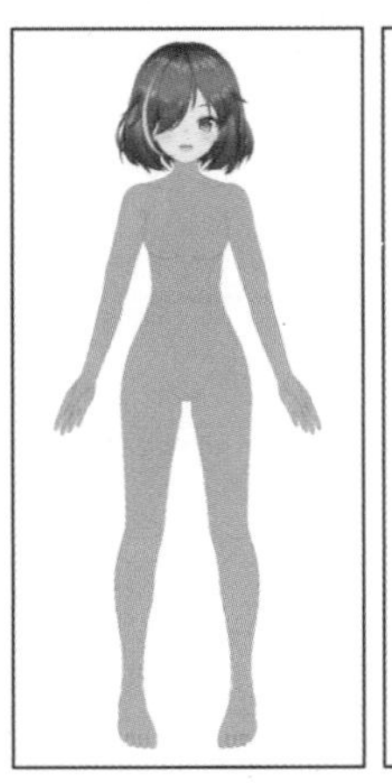
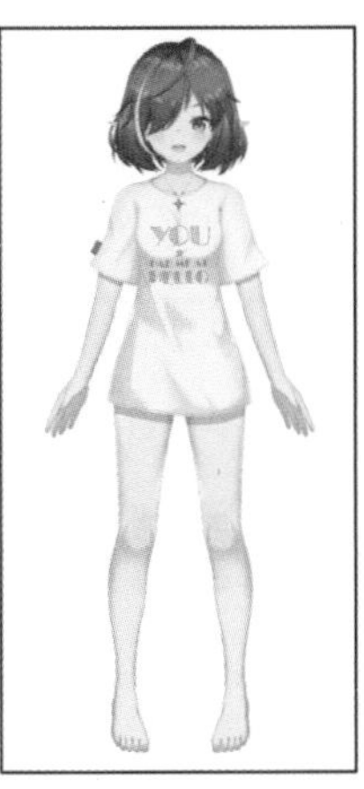

图 8-17 方便换装的素体

在绘制素体时，我们需要考虑添加衣服后的状态。比如，在绘制角色的胸部时，我们应考虑添加衣服后衣服产生的束胸效果，上述案例中角色的胸部就是束胸后的状态；如果绘制的是自然状态下的胸部，则会使添加衣服后衣服的形状很不自然，在胸部摇晃时还可能超出衣服的范围。再比如，长筒袜和腿环等可能会对大腿产生“勒肉”的效果，需要将对应的曲线绘制出来，此时我们就必须更改素体上大腿的形状。

8.3.2 拆分躯干：以衣服为主

所谓的“以衣服为主”的拆分方式，就是在拆分躯干时，以衣服为依据进行拆分。当衣服覆盖较多的身体面积，尤其是衣服比较蓬松时，我们不需要补画出躯干本身，只需根据衣服结构来拆分。

即使衣服覆盖了身体，我们仍然需要考虑腰部的旋转。通常来说，我们可以将躯干拆分为上身和下身。虽然不同角色的服装设计有所不同，但是在大部分情况下，我们都可以在腰附近找到腰带、裙子等适合拆分的地方，如图 8-18 所示。

图 8-18 不同设计下适合拆分的位置

拆分上身和下身时，同样需要注意保留相互重合的冗余部分。比如，拆分作为上身的“上衣”图层和作为下身的“裙子”图层后，考虑到上衣是塞进裙子里的，可以将“上衣”图层延伸到裙子下方，如图 8-19 所示。

图 8-19　拆分上身和下身

但如果腰部附近没有适合拆分的分割线，则可以将躯干作为一个整体，如图 8-20 所示。像这样的 T 恤，在腰部附近没有明显的分界线，甚至没有形状变化，即使将躯干拆分成上身和下身，对建模也不会有什么帮助。Live2D 官方最经典的示例模型之一“桃濑日和”的躯干就没有经过拆分，从衣服的领口到衣服的下边缘都在同一个图层上。如果读者想下载 Live2D 官方模型，则可以参见 1.2.6 节。

图 8-20　将躯干作为一个整体

拆分躯干时，需要特别注意领口部分。虽然我们可以选择将整个领口和领口处露出的皮肤放在同一个图层上，但是这样不利于表现立体感，也不利于控制领口和脖子的衔接。因此，建议将衣领部分拆分成“领子前”“三角肌”“领子后”3 个图层（因为侧重点不同，所以此处和 5.2 节设置的图层名称不同；图层名称容易辨识即可，没有严格要求），如图 8-21 所示。

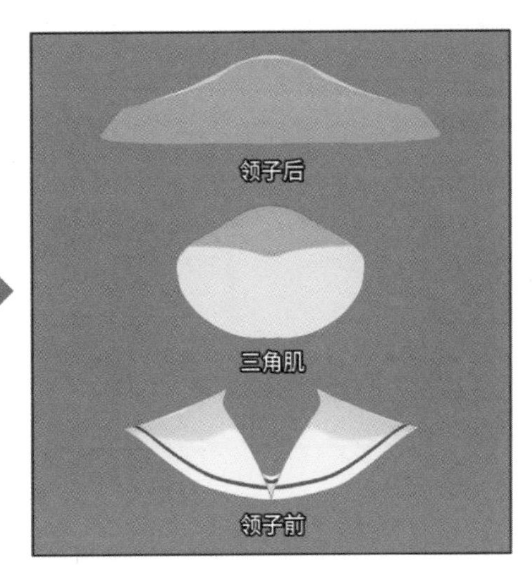

图 8-21　领口的拆分（1）

其中，“三角肌”图层不需要像素体一样补画得那么完整，只需比领口的范围稍大即可。而“领子后”图层则需要补画得完整一些。如图 8-22 所示，如果补画到位，则在隐藏“三角肌”和“脖子”两个图层后，可以使衣服本身看起来是完整的。

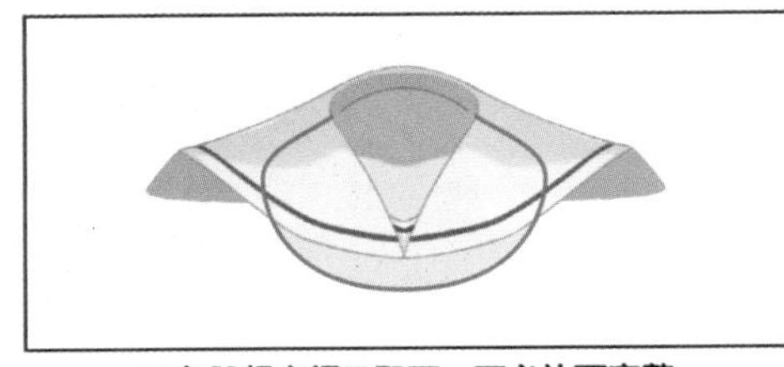

三角肌超出领口即可，不必补画完整

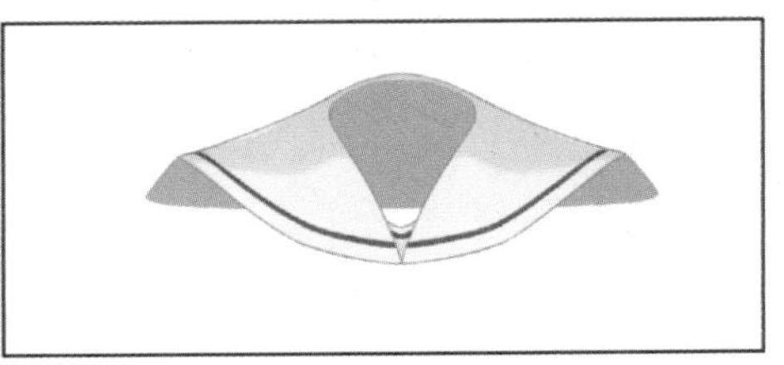

衣服本身看起来是完整的

图 8-22　领口的拆分（2）

躯干与四肢通过衣服衔接的方式，和之前讲的通过身体直接衔接的方式很相似。而且在有衣服时，躯干与四肢拆分起来会更轻松一些。

首先是上身和手臂的衔接。在有衣服时，衣服在肩膀处往往会产生一个比较明显的凸起，我们可以直接在凸起处拆分，如果没有类似的凸起，则可以在身体的延长线和肩膀的交点处拆分手臂，如图 8-23 所示。

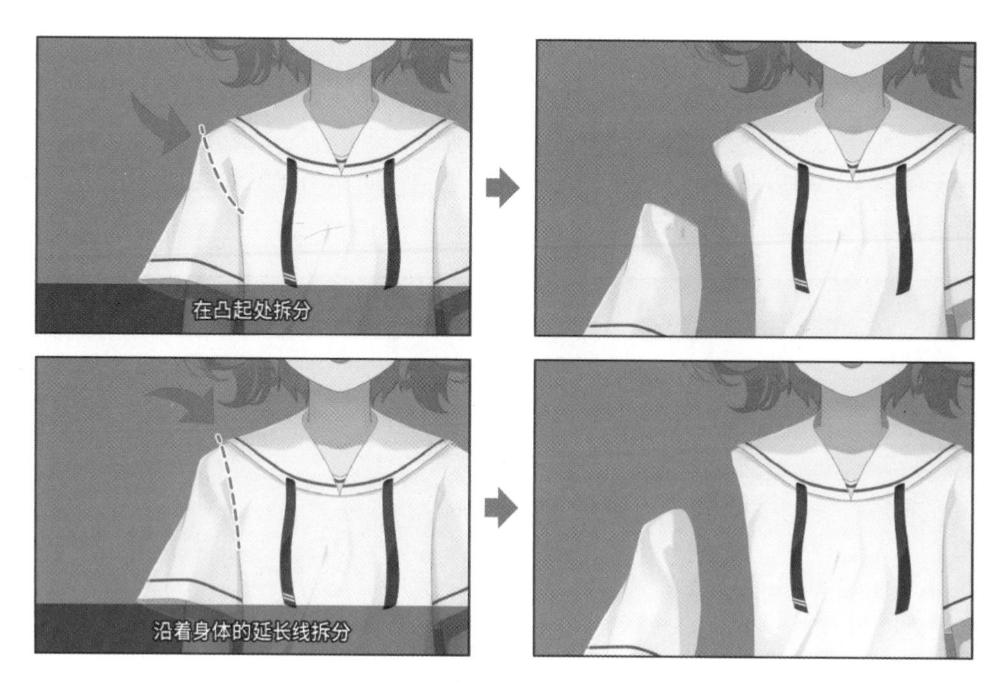

图 8-23　上身和手臂通过衣服衔接

然后是下身和腿的衔接。如果角色穿的是裙子，则直接将图层上的腿擦除干净并保留完整的裙子即可；如果角色穿的是裤子，则同样在髋骨附近拆分即可，如图 8-24 所示。至于腿，只要延伸到裙子或裤子内即可；如果裤腿几乎不会晃动，则可以将裤腿直接放在“腿”图层上。

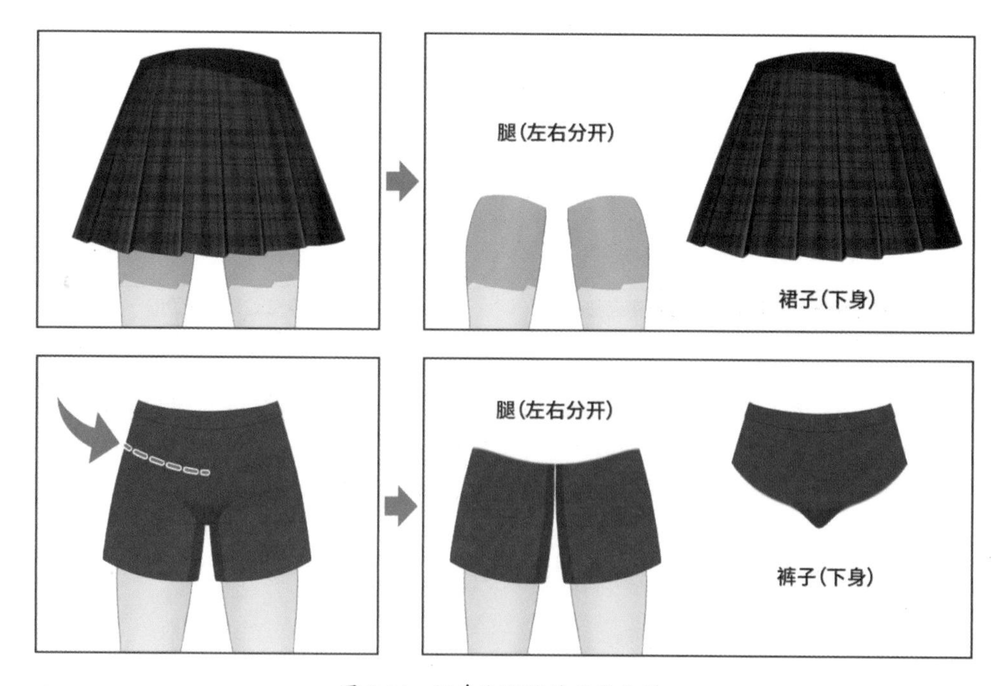

图 8-24　下身和腿通过衣服衔接

同样地，我们需要处理女性角色的胸部问题。如果直接通过衣服表现胸部，则通常不需要将胸部拆分为左右两侧。因为左右两侧的胸部通常是通过衣服连在一起的，而中间的衣服会被胸部撑起来，所以不像素体那样存在左右两侧相互覆盖的问题。我们只需单独拆分出胸部的衣服，让模型师能够单独对胸部进行变形即可，如图 8-25 所示。

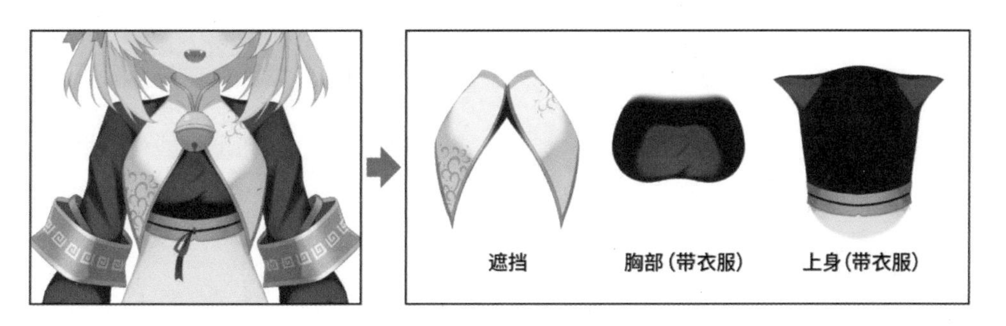

图 8-25　拆分胸部的衣服

根据具体的服装设计，我们可能会遇到介于“以身体为主”和“以衣服为主”两者之间的情况。比如，角色虽然穿了比较多的衣服，但是肩膀、腰部都是暴露在外的，如图 8-26 所示。我们结合两种拆分方式，能获得更好的拆分结果。

图 8-26　结合两种拆分方式

另外，衣服上可能会有各种饰品，需要按照“需独立运动，就单独拆分”的原则，尽量将饰品拆分开。我们会在第10章讲解一些典型的饰品拆分案例，学习常见的蝴蝶结、宝石吊坠等应该如何拆分。

8.4 关于身体的拆分精度

Live2D模型无论是用于直播还是用于游戏立绘，在大多数情况下，都只会展示其上半身，下半身很少有机会使用，如图8-27所示。在这种情况下，为了节约性能和成本，也许将下半身制作得简单一些会是更好的选择。

用于直播的常见裁剪

用于游戏的常见裁剪

图8-27 Live2D模型的常见使用场景

我们在本章最开始就说过，最好可以先了解制作模型需要哪些参数，再根据参数对应的动作完成拆分。如果知道不需要下半身相关的参数，则在拆分时可以适当将下半身简化。如图8-28所示，我们可以将上半身的蝴蝶结拆分得精细一些，而下半身的蝴蝶结则可以直接不拆分。这样在性能和成本有限的情况下，能将更多资源投入上半身。

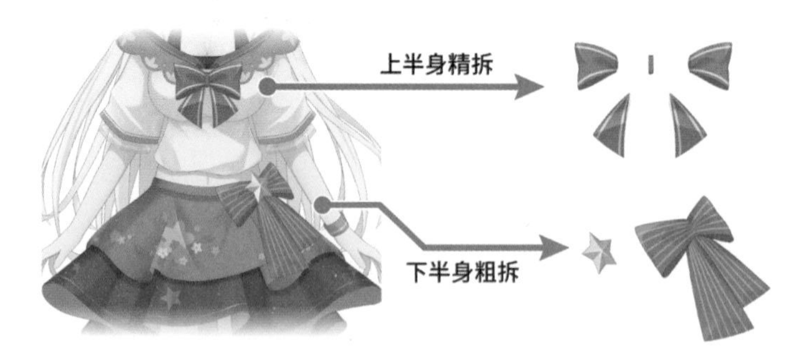

图8-28 简化下半身的拆分

当然，如果要再极端一点，我们甚至可以选择不拆分下半身，仅拆分上半身并制作Live2D模型，如图8-29所示。对比一下图8-27中所展示的使用场景就可以预测到，像这样拆分得到的效果其实也不会很差。

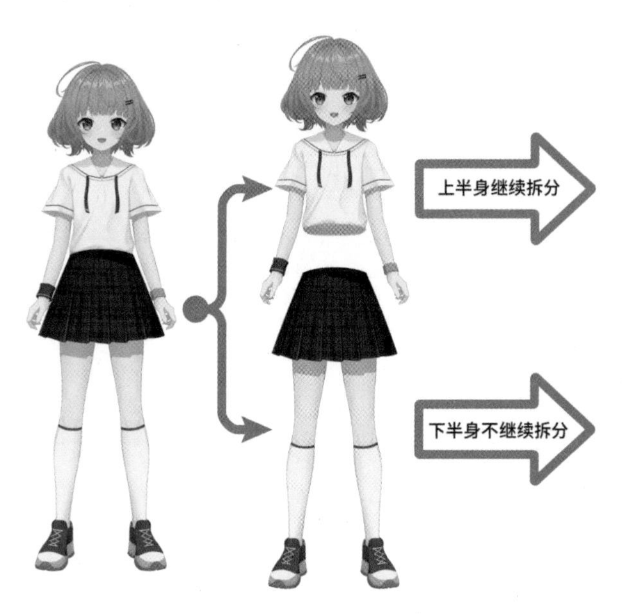

图8-29 不拆分下半身

我们不仅可以不拆分下半身，甚至可以不绘制下半身。Live2D官方的示例模型“伊普西隆”、“春”和“雫”等都是没有绘制出腿部或者是没有下半身的，由此可以看出，这也是Live2D官方推荐的一种做法。如果不绘制下半身，则可以减小画布的尺寸，以此在绘画和建模时减少设备的负载。

第 9 章

拆分案例：四肢

了解过身体的拆分后，下面讨论一下手臂和腿的拆分。

这两个部位的运动方式比较特殊，都可以分为几段，并基于相邻两段之间的关节旋转。在如图 9-1 所示的 3D 模型的手臂中，标示了每段对应的关节位置。虽然我们要制作的是 Live2D 模型，但是思路是完全相同的，需要通过拆分和建模制作出所需的“关节”。

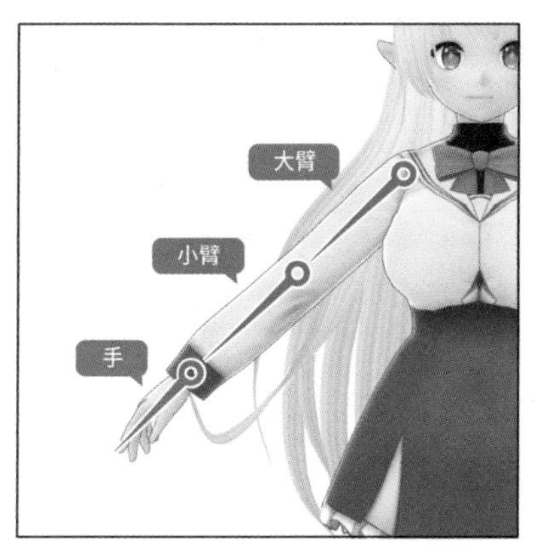

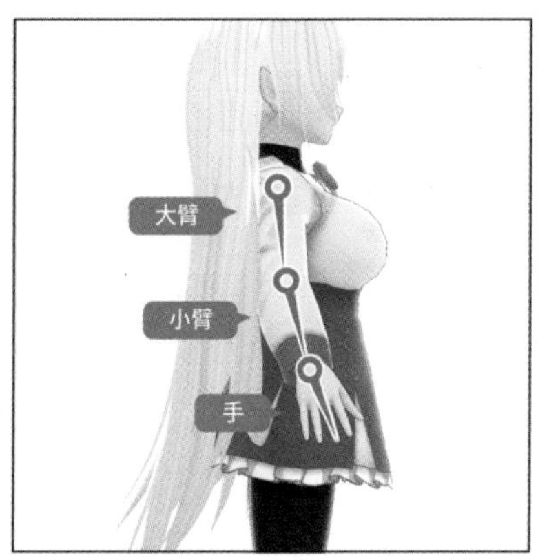

图 9-1　3D 模型的手臂

然而，手臂和腿的拆分方式并不固定，受项目需求的影响较大——可以很简单，也可以很复杂。因此，本章会反复讨论不同的需求对应的参数，以及对应的拆分和建模方式。

下面我们从手臂开始讲起。这次我们均以裸手臂为例进行详解，带有袖子的手臂的拆分方式也是一样的，需要处理好衔接部分。

提示：本章将省略“左右”

角色通常有基本对称的手臂和腿。本章仅以角色的右手臂、右腿为例进行讲解。为了方便观看，本章中涉及的图层名称均省略了“左右”，如将“右大臂”图层的名称写成“大臂”。

9.1 手臂的拆分：基础

我们先从最基础的拆分方式讲起，这也对应了最基础的建模方式，主要涉及“大臂旋转”“小臂旋转”“手旋转”3 对参数。3 对参数对应的效果如图 9-2 所示。

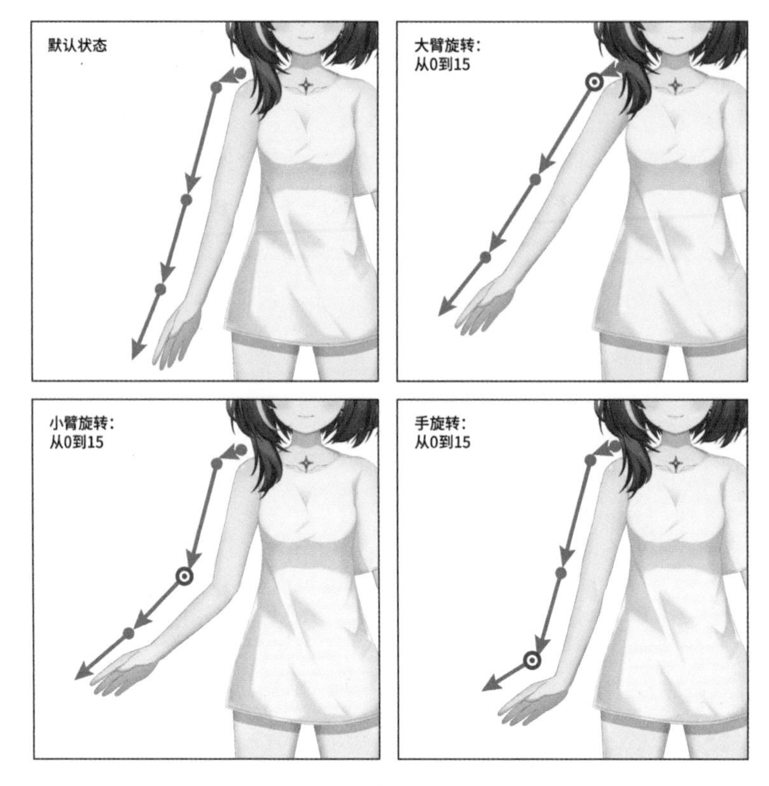

图 9-2　3 对参数对应的效果

如果制作的模型仅需这 3 对参数，则可以不拆分手臂，只需将整条手臂放在同一个图层上即可，如图 9-3 所示。

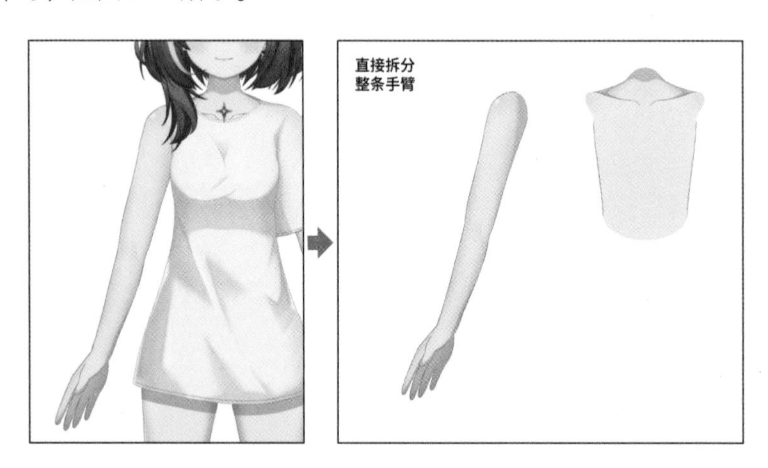

图 9-3　基础的手臂拆分

拆分时，需要注意“手臂”图层和“上身”图层衔接的地方。我们需要让手臂远离身体一侧的线条和肩膀自然地衔接，让靠近身体一侧的线条被挡在身体后面，如图 9-4 所示。这样“手臂”图层和“上身”图层之间会有相互重合的冗余部分，在手臂基于肩膀旋转时，不会出现破绽。

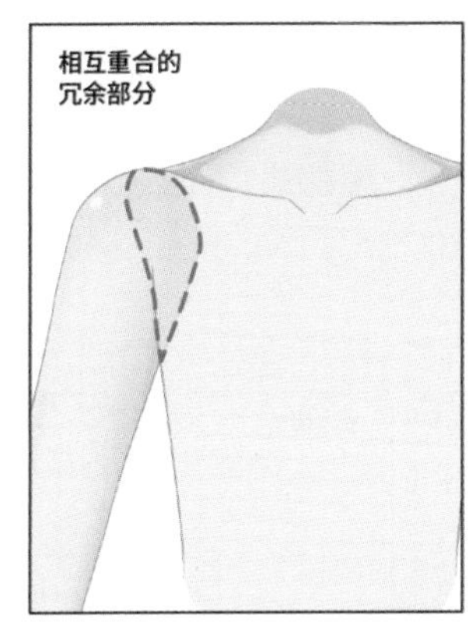

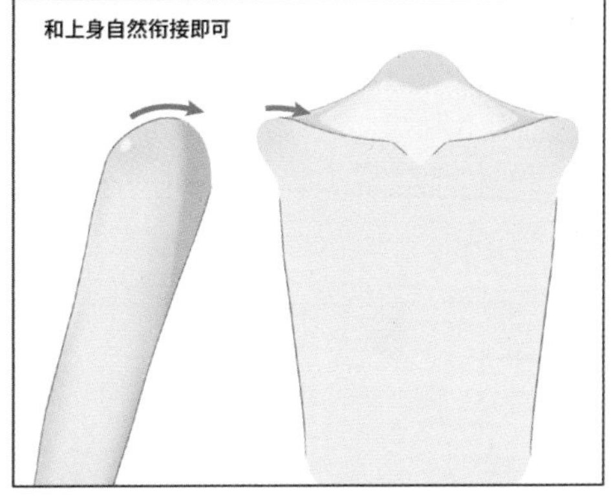

图 9-4　基础的手臂和身体的衔接

不了解 Live2D Cubism 的读者可能会担心：如果不拆分手臂，那么小臂和手怎么进行旋转呢？不拆分关节，手臂能够正常变形吗？

尽管本书通常不讲解建模方式，但是这确实是一个比较难以理解的特例。因此，我们在这里简单讲解一下 Live2D Cubism 中的弯曲变形器，以及弯曲变形器在此处的应用。

Live2D Cubism 中存在一种容器——“弯曲变形器”。它的外观是一个绿色的网格，可以对子级的图形网格（即图层）进行变形。当我们让弯曲变形器发生变形时，弯曲变形器中的内容也会发生相应的变化，工作原理如图 9-5 所示。

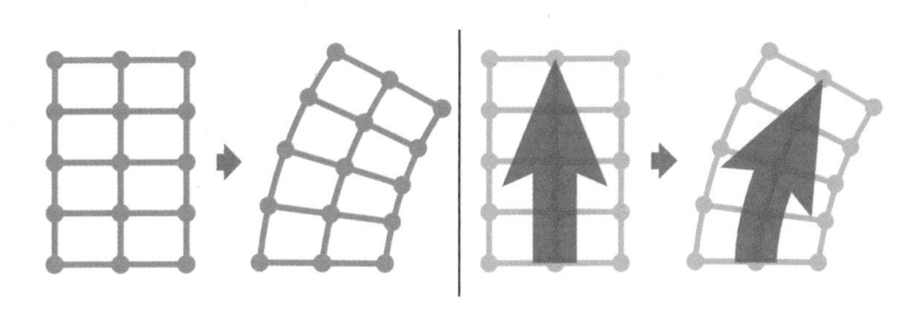

图 9-5　弯曲变形器的工作原理

由于弯曲变形器本身是基于绿色的网格完成变形的，因此我们只要让网格线位于关节处，并让网格线两侧发生类似“折叠”的变形，就能让变形器中的内容产生折叠变形效果，如图 9-6 所示。

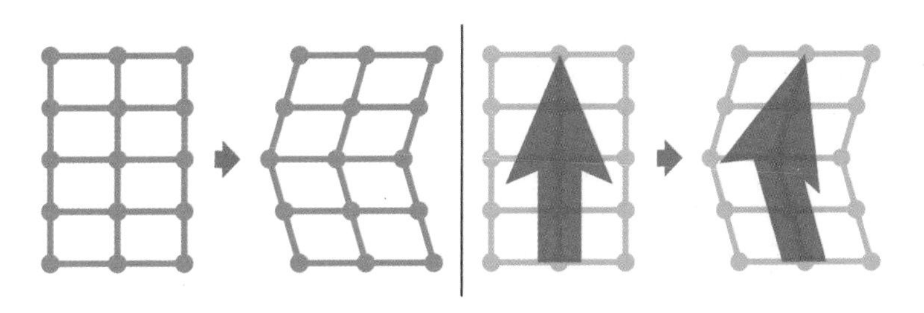

图 9-6　利用弯曲变形器制作折叠变形效果

因此，即使我们不拆分手臂，模型师也可以创建合适的弯曲变形器，让手臂产生折叠变形效果。我们可以沿着手臂的方向，创建一个长条形的弯曲变形器，并合理改变弯曲变形器的初始形状，让绿色的网格线刚好位于手腕和手肘的位置，这样就可以通过弯曲变形器轻松地实现小臂旋转和手旋转，如图 9-7 所示。只要旋转角度不太大，形状看起来就不会有什么破绽。

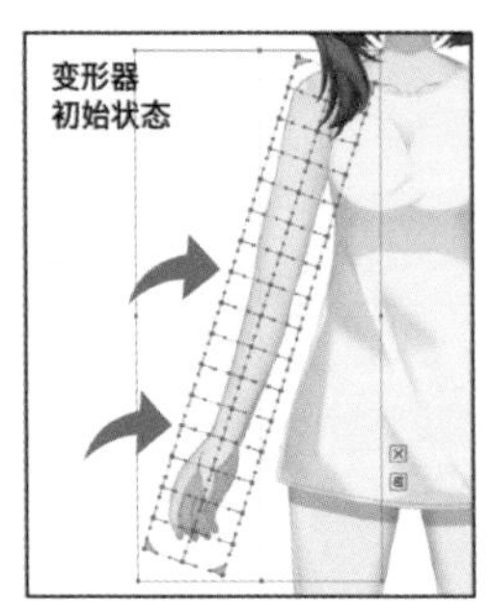

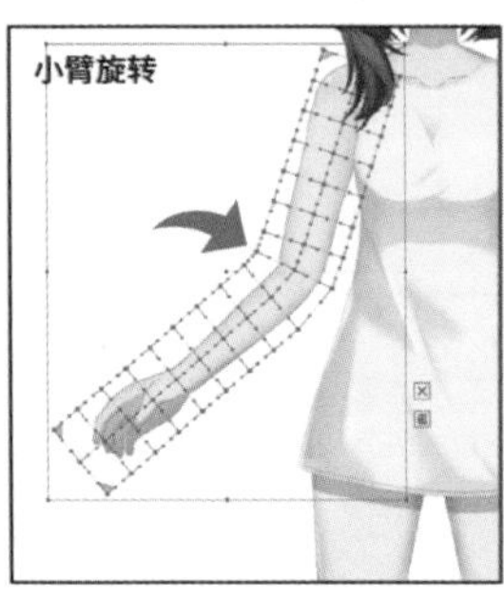

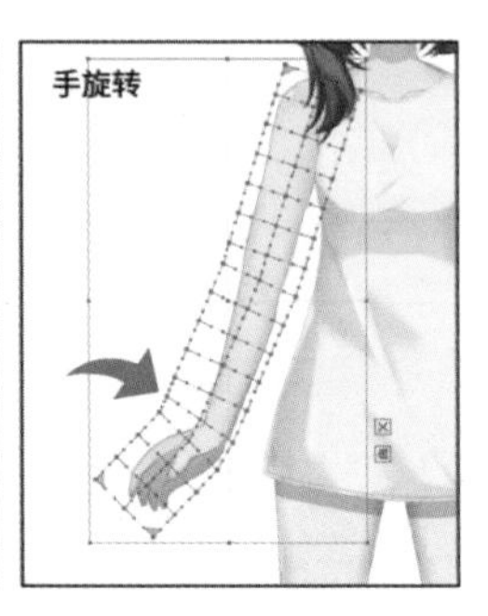

图 9-7　利用弯曲变形器实现小臂旋转和手旋转

因此，最简单的拆分方式，就是单独把整条手臂拆分出来，不做进一步拆分。但是这种拆分和建模方式会让手臂的运动幅度有限，也无法让手的姿势发生变化，因此该方式只适合比较基础的模型。如果项目规格较高，则需要继续提高拆分和建模的精度。

9.2 手臂的拆分：进阶

本节主要介绍精度更高的手臂的进阶拆分方式。这种拆分方式对应的建模方式仍然要涉及之前的“大臂旋转”“小臂旋转”“手旋转”3 对参数。此外，我们还可以额外添加 1 对“手变形”参数，其效果如图 9-8 所示。

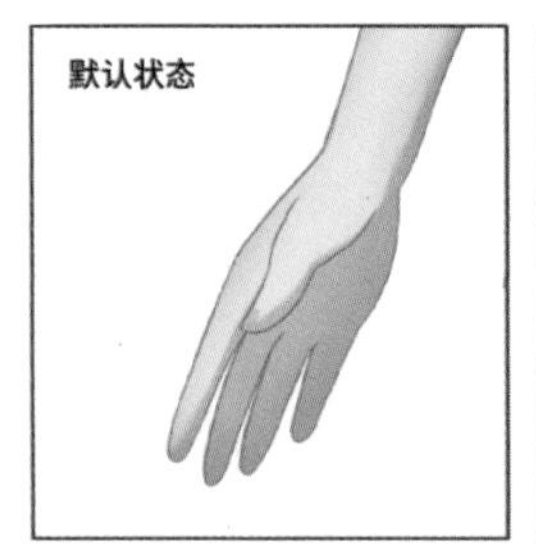

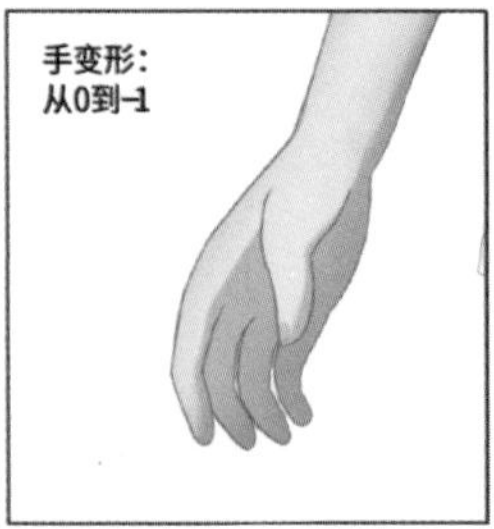

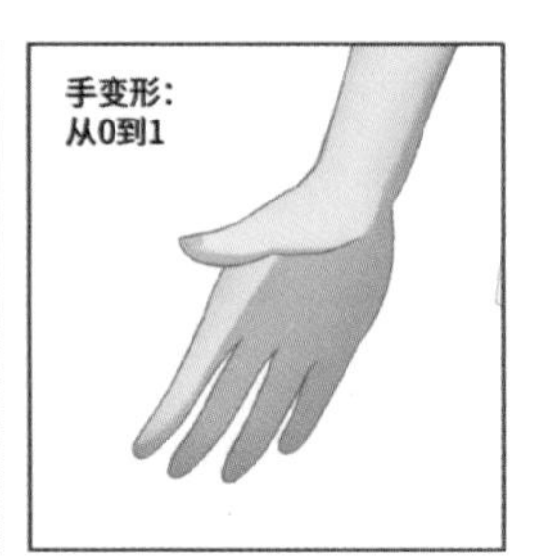

图 9-8　“手变形”参数的效果

虽然相比之前只多出了 1 对参数，但是我们要将原本不需要拆分的手掌拆分开。同时，我们可以细致地拆分手臂，提升模型的精度。

以 9.1 节单独拆分出的裸手臂为基础，我们按照“从大到小，先拆后补”的顺序进行拆分，将手臂拆分为“大臂”“小臂”“手”3 个图层，如图 9-9 所示。需要注意的是，在拆分时，这类图层之间最好保留接近椭圆形的相互重合的冗余部分，这样关节才能更好地实现手臂的旋转。

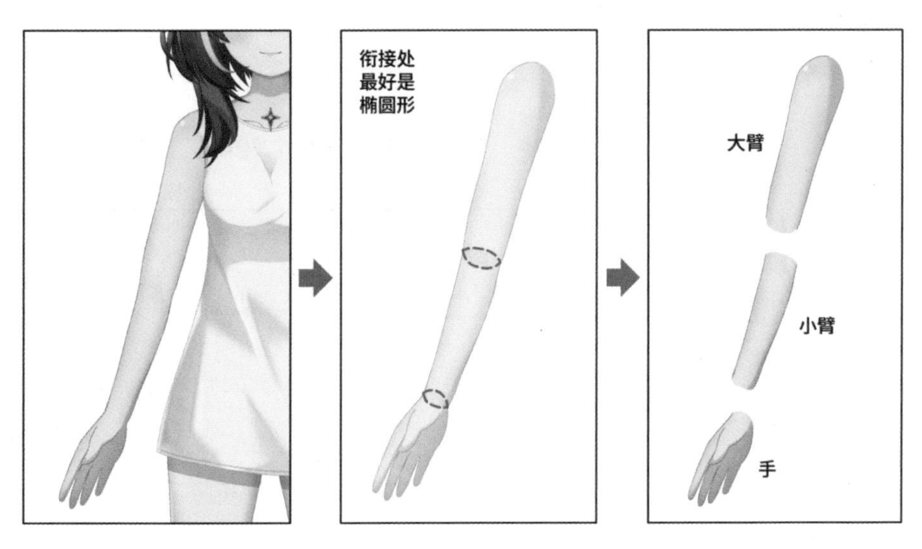

图 9-9 拆分手臂

如果预计手肘处的旋转角度较大，则建议额外拆分出三角形的“手肘”图层，如图 9-10 所示。这样在旋转角色的手臂时，模型师就可以单独控制“手肘”图层的形状，使“大臂”图层和“小臂”图层能够更自然地衔接。

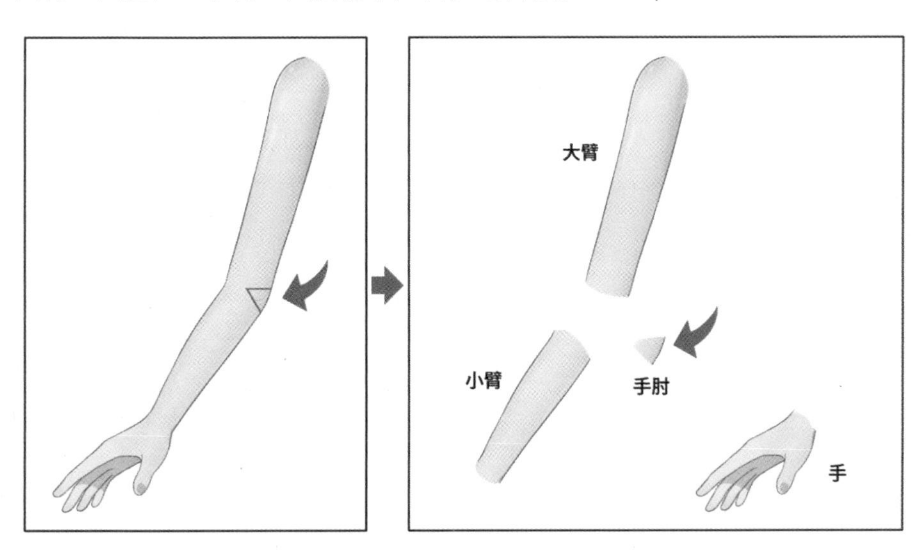

图 9-10 拆分出“手肘”图层

接下来，我们可以进一步拆分手。创建一个“手”图层组，将“手”图层放入其中，并拆分成“手掌”“手指 1”“手指 2”“手指 3”“手指 4”“手指 5”这 6 个图层，如图 9-11 所示。虽然我们也可以用“大拇指”“食指”等名字命名这些图层，但是操作起来比较麻烦，而且不方便根据名称查找图层，因此这里还是推荐直接用数字序号。

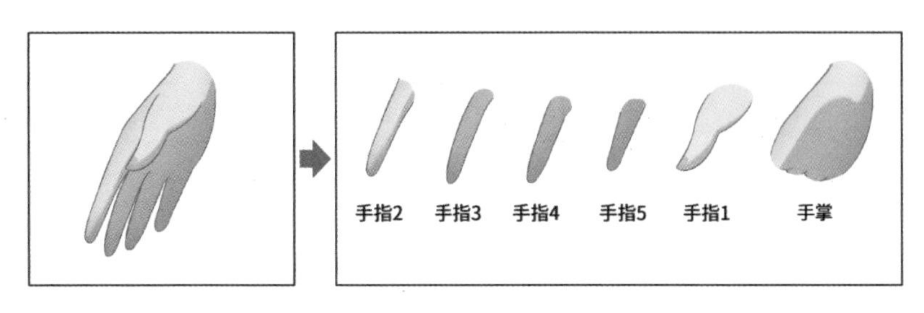

图 9-11　拆分手（1）

根据手的姿势，我们可能需要不止一个手掌图层。如图 9-12 所示，在这种初始姿势下，手掌可以拆分为手掌前和手掌后，即“手掌 1”图层和“手掌 2”图层，以便单独拆分出每根手指。同样地，为了方便变形，手掌和各手指之间应该留有相互重合的冗余部分。

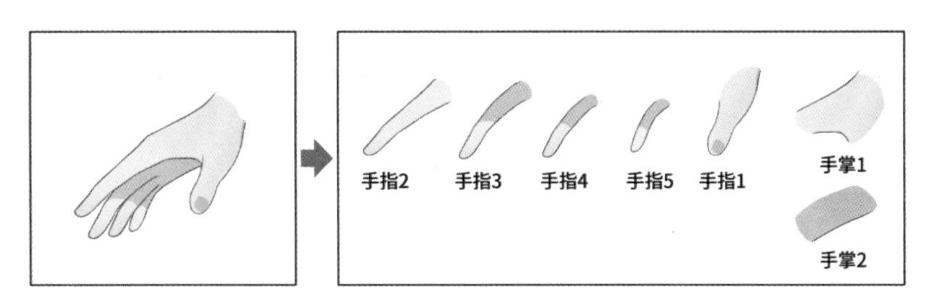

图 9-12　拆分手（2）

这样就完成了对手臂的拆分，进阶手臂的图层结构如表 9-1 所示。

表 9-1　进阶手臂的图层结构

<table>
<tr><td rowspan="10">🗁 手臂</td><td colspan="2">大臂 *</td></tr>
<tr><td colspan="2">手肘</td></tr>
<tr><td colspan="2">小臂 *</td></tr>
<tr><td rowspan="7">🗁 手 *</td><td>手指 1</td></tr>
<tr><td>手指 2</td></tr>
<tr><td>手指 3</td></tr>
<tr><td>手指 4</td></tr>
<tr><td>手指 5</td></tr>
<tr><td>手掌 1</td></tr>
<tr><td>手掌 2</td></tr>
</table>

其中，带星号（*）的图层通常是必不可少的，其他图层则可以根据项目需要进行删减。换句话说，拆分方式可以在“基础”和“进阶”之间折中。比如，如果手变形对应的变化幅度不大，则可以只将手拆分为“手前”和“手后”两个图层，如图 9-13 所示。

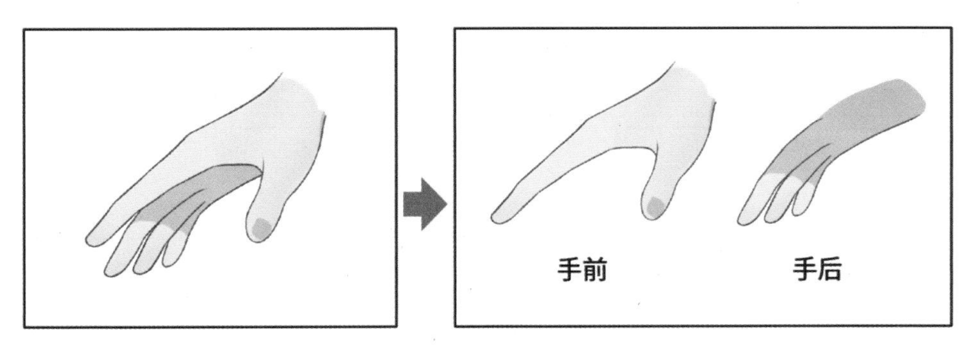

图 9-13　拆分手的简化方法

此时，读者可能会有疑问：既然可以使用弯曲变形器让手臂弯曲，拆分出“大臂”图层、“小臂”图层和“手”图层又有什么意义呢？为什么这么做能提高精度呢？

之前讲过，在未拆分手臂时，我们需要 1 个细长的弯曲变形器，而拆分手臂为大臂、小臂、手 3 段之后，则可以使用 3 个细长的弯曲变形器分别控制它们的形状，如图 9-14 所示。尤其是当手臂在默认状态下是折叠的时，使用 3 个弯曲变形器显然更能匹配每段手臂的方向。

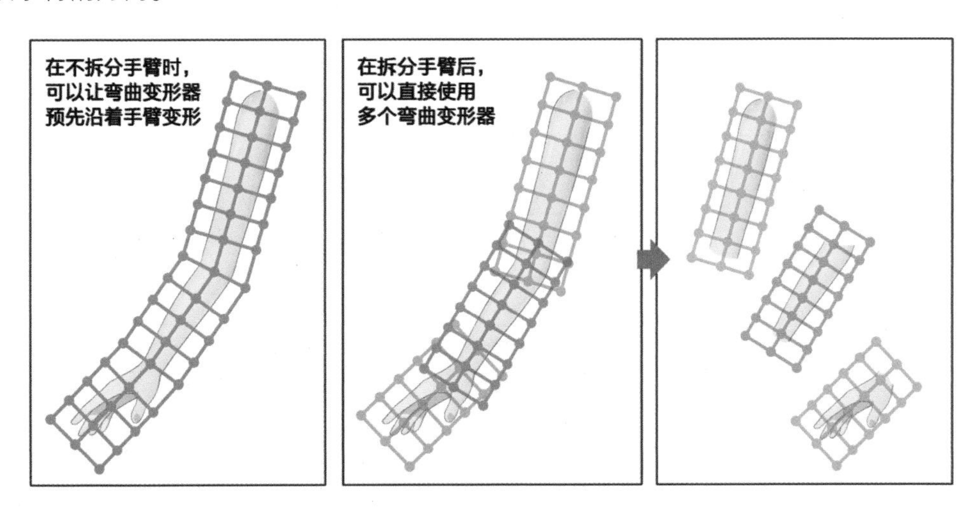

图 9-14　不同拆分方式下设置变形器的方法

相比于使用 1 个弯曲变形器，使用 3 个弯曲变形器能更精细地调整各部分的形状，从而提高模型的精度。因此，大部分企业推出的虚拟主播使用的 Live2D 模型都会像这样，将手臂至少拆分为大臂、小臂、手 3 段。

9.3 手臂的拆分：动作捕捉

如今，许多面部捕捉软件已经开始支持动作捕捉了。比如，VTube Studio 和小 K 直播姬都支持捕捉手的动作。手的结构比较复杂，要想实现自由运动，其对应的参数也会比较复杂。表 9-2 所示为手的动作捕捉参数。

表 9-2　手的动作捕捉参数

参数 ID	参数名称	描述
ParamHandLeftPositionX	左手 X	离中心的 X 轴距离
ParamHandLeftPositionY	左手 Y	离中心的 Y 轴距离
ParamHandLeftPositionZ	左手 Z	离中心的 Z 轴距离
ParamHandRightPositionX	右手 X	离中心的 X 轴距离
ParamHandRightPositionY	右手 Y	离中心的 Y 轴距离
ParamHandRightPositionZ	右手 Z	离中心的 Z 轴距离
ParamHandLeftAngleX	左手转动	/
ParamHandLeftAngleZ	左手倾斜	/
ParamHandRightAngleX	右手转动	/
ParamHandRightAngleZ	右手倾斜	/
ParamHandLeftOpen	左手开合	/
ParamHandRightOpen	右手开合	/
ParamHandLeftFinger1Thumb	手指 L1	左手指旋转
ParamHandLeftFinger2Index	手指 L2	左手指旋转
ParamHandLeftFinger3Middle	手指 L3	左手指旋转
ParamHandLeftFinger4Ring	手指 L4	左手指旋转
ParamHandLeftFinger5Pinky	手指 L5	左手指旋转
ParamHandRightFinger1Thumb	手指 R1	右手指旋转
ParamHandRightFinger2Index	手指 R2	右手指旋转
ParamHandRightFinger3Middle	手指 R3	右手指旋转
ParamHandRightFinger4Ring	手指 R4	右手指旋转
ParamHandRightFinger5Pinky	手指 R5	右手指旋转

我们高亮标注了其中和手指相关的部分。显然，要想为手制作动作捕捉效果，就要拆分手指。

虽然参数比较复杂，但是实现动作捕捉的难点主要在于建模，拆分起来并没有太大困难。目前针对动作捕捉，手的拆分方式主要有“拆分指节和细节”“拆分填充和边缘”两种。

9.3.1 拆分指节和细节

如果选择“拆分指节和细节”方式，则需要基于9.2节提到的进阶拆分方式，将手进一步拆分。不同的是，用于动作捕捉的手往往是抬起来的，且默认状态通常是朝前的，如图9-15所示。因此，我们要重新绘制一只手，这里提供了手A和手B两种版本。

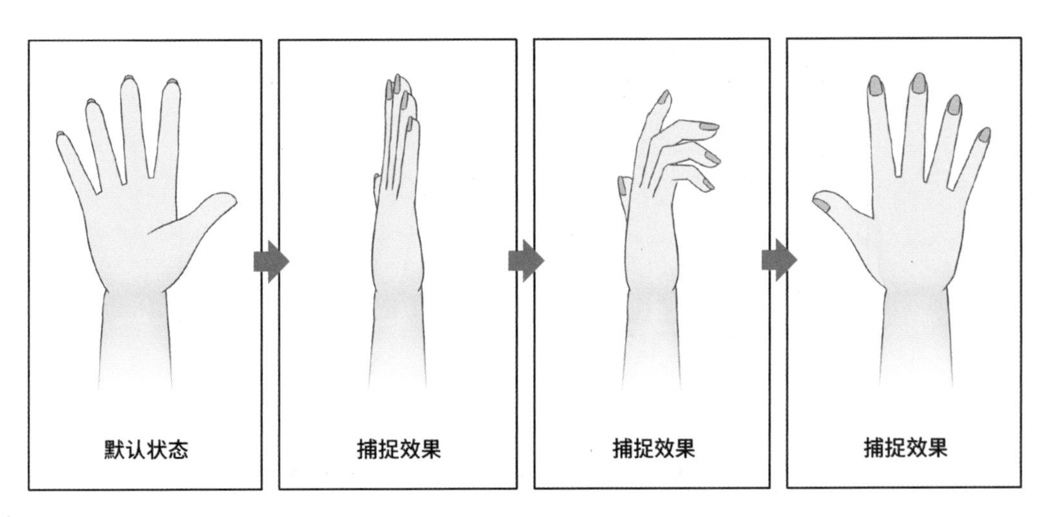

图9-15 用于动作捕捉的手

手A是比较简单的，既没有指甲，又没有手部纹理。因此，在拆分时，我们只需将手掌和每个指节拆分开即可，如图9-16所示。其中，最好将手掌拆分为“线条”和“颜色”两个图层，以便和手指之间保持衔接。

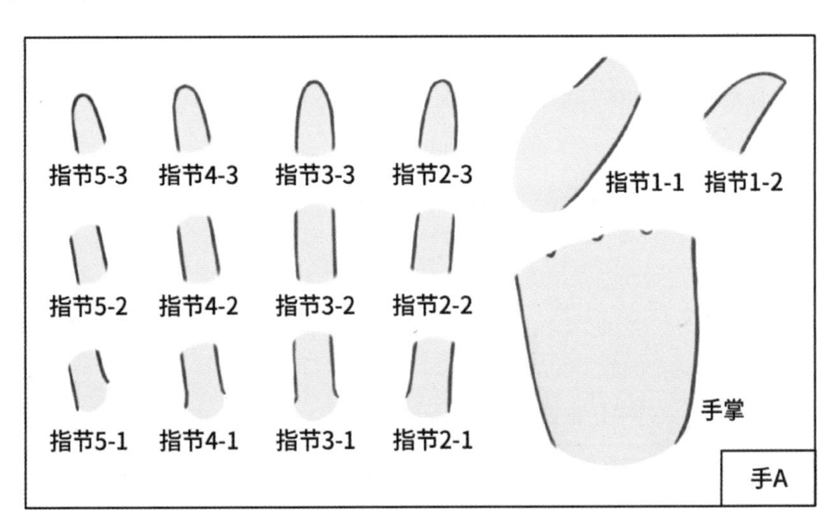

图9-16 手A的拆分

最终我们会得到16个图层，建议命名图层时用字母和数字作为后缀。以右手为例，这 16 个图层可以命名为：手掌 R 线条、手指 R1-1、手指 R1-2、手指 R2-1、手指 R2-2、手指 R2-3、手指 R3-1、手指 R3-2、手指 R3-3、手指 R4-1、手指 R4-2、手指 R4-3、手指 R5-1、手指 R5-2、手指 R5-3 和手掌 R 颜色。上述这些图层名称是按照推荐的图层顺序排列的。如果是左手，则可以将上述名称中的“R”换成“L”。这样一来，我们就可以根据图层名称快速找到任何一个指节或手掌所在的图层了。

而手 B 比较复杂，有指甲和手部纹理。当旋转手 B 时，指甲会逐渐转到正面（可见面积增加），而手部纹理则会逐渐转到背面（可见面积减少），如图 9-17 所示。

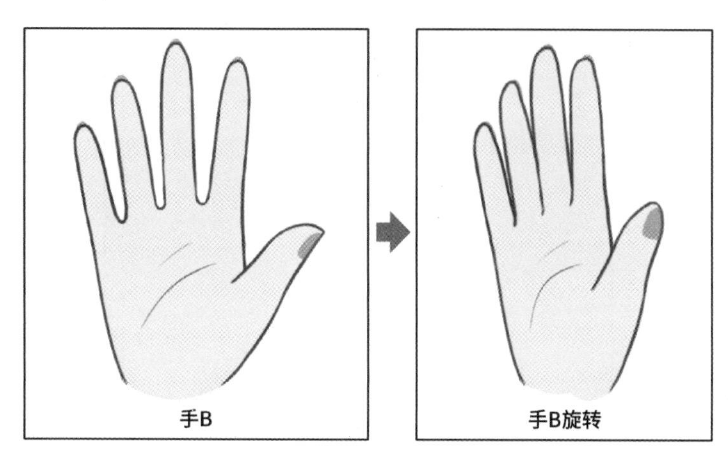

图 9-17 手 B 的旋转

因此，有必要在手 A 的拆分基础上，将指甲和手部纹理都单独拆分出来，如图 9-18 所示。仍然以右手为例，我们在手 A 的拆分基础上，新增了“指甲 R1”“指甲 R2”“指甲 R3”“指甲 R4”“指甲 R5”“手纹理 R”共 6 个图层。

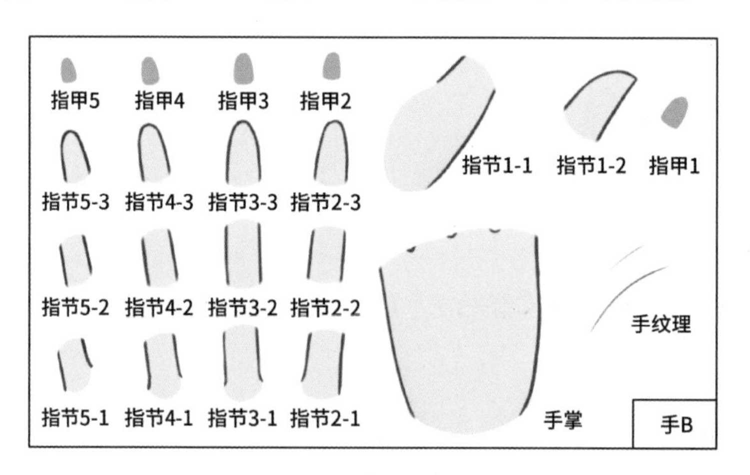

图 9-18 手 B 的拆分

从图 9-18 中可以看到，如果以手 B 的拆分为标准制作用于动作捕捉的手，那么仅仅一只手就要使用 22 个图层。如果手上戴着手套或戒指等饰品，那么所需的图层数还会更多。这样一来，拆分阶段就已经提高了不少成本，而建模工作更是十分困难，因此成本较高的模型在市面上也并不常见。当项目明确要求要制作用于动作捕捉的手时，再考虑这么拆分。

9.3.2 拆分填充和边缘

另一种用于手部动作捕捉的拆分方式为“拆分填充和边缘”。可能有读者会好奇：之前讲解拆分时，我们经常要求拆分“线条”和“颜色”。而这里的“填充”“边缘”和之前“线条”“颜色”的含义相同吗？

其实是不同的。当我们说拆分“线条”和“颜色”时，指的是将外侧的空心线条图层和内部的实心颜色图层拆分开。而当我们说拆分“填充”和“边缘”时，指的是将一个实心图层放在前面作为颜色，另一个实心图层放在后面作为线条，如图 9-19 所示。如果拆分得足够仔细，那么这两种拆分方式都能得到不错的外观。

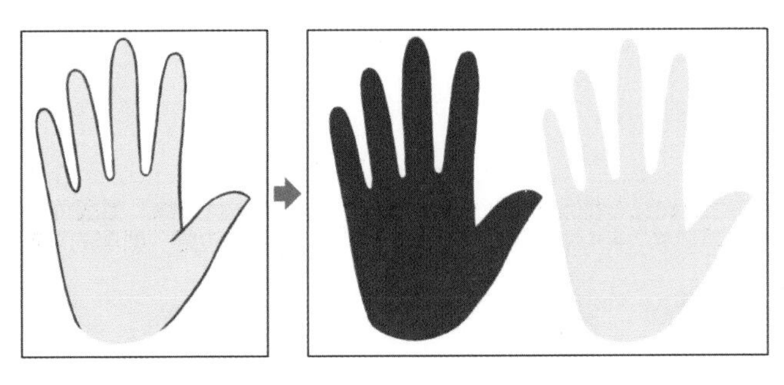

图 9-19　“填充”和“边缘”的含义

下面以“拆分填充和边缘”的拆分方式对手进行拆分，如图 9-20 所示。我们利用这种拆分方式可以将右手拆分为 12 个图层，并将其命名为：手指 R1 填充、手指 R2 填充、手指 R3 填充、手指 R4 填充、手指 R5 填充、手掌填充、手指 R1 边缘、手指 R2 边缘、手指 R3 边缘、手指 R4 边缘、手指 R5 边缘、手掌边缘。上述这些图层名称是按照推荐的图层顺序排列的。

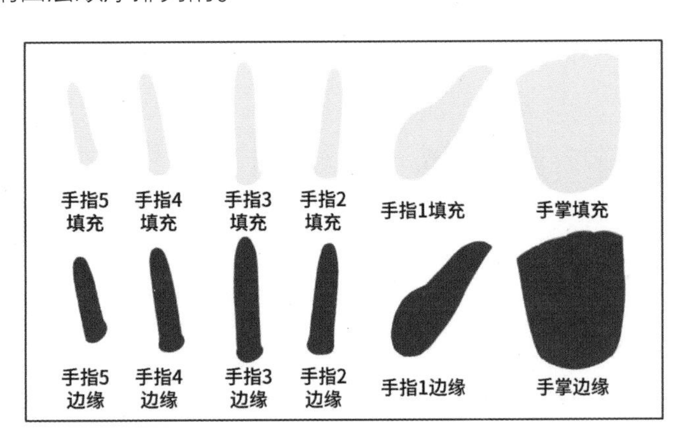

图 9-20　将手拆分为“填充”和“边缘”

这是一种非常方便建模的拆分方式。因为填充的图层始终在上方，所以只要调整边缘的图层的顺序，就能控制当前状态下手指周围有没有描边。当大拇指虎口处的边缘位于手的上方时，看起来就会是手心朝向屏幕的感觉；当大拇指虎口处的边缘位于手的下方时，看起来就会是手背朝向屏幕的感觉，如图 9-21 所示。

这样拆分的优势是，建模时不容易出现破绽，灵活度很高；缺点是决定了手不能包含太多细节，如“边缘”最好是纯色的，且最好不要有指甲、手套等。

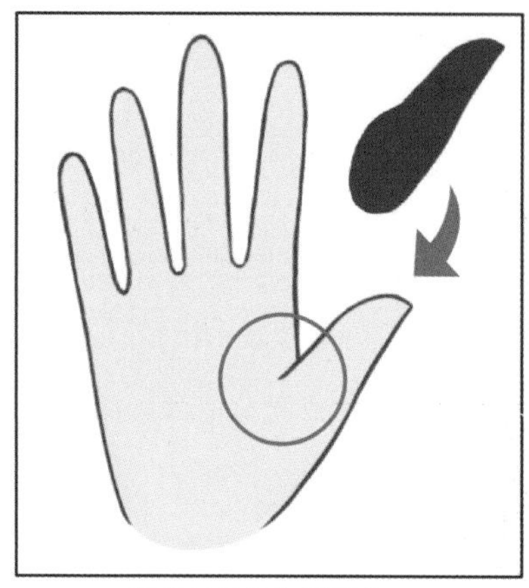

“手指1边缘”图层位于
“手掌边缘”图层的上方

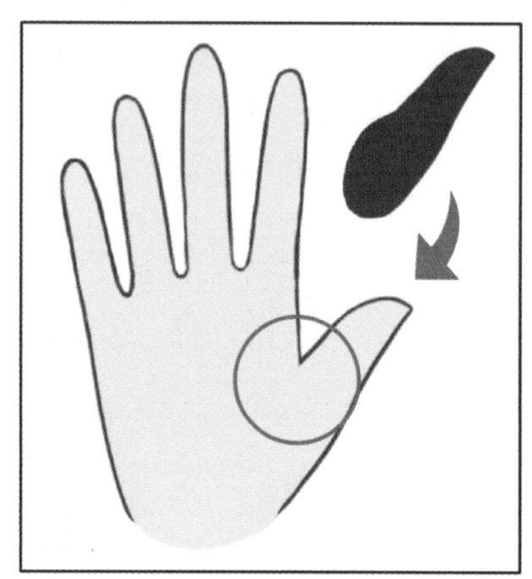

“手指1边缘”图层位于
“手掌边缘”图层的下方

图 9-21　将手拆分为“填充”和“边缘”的作用

如果模型需要手部动作捕捉的效果，且精度要求不高，则可以尝试这种拆分方式。

9.4　腿的拆分

了解过手臂的拆分后，腿的拆分就比较容易了。因为下半身的动作通常比较简单，并且目前不存在针对脚部的动作捕捉，所以在拆分腿部时的精度要求通常不高。我们仍然以右腿为例，讲解一些拆分细节。

9.4.1　腿相关的参数

和手臂不同，模型师通常不会专门给腿设置参数，而是将腿的动作绑定在身体参数上。因此，和腿相关的参数通常为“身体旋转 X”、“身体旋转 Y”和“身体旋转 Z”，如图 9-22 所示。有些参数不会让腿产生明显的变化，需要用文字对其进行说明。

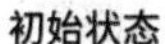

图 9-22　和腿相关的参数

① **身体旋转** X：配合身体的左右扭转，腿需要跟着扭动。具体可以表现为腿的弯曲程度发生变化，或鞋跟的朝向发生变化。

② **身体旋转** Y：配合身体的上下移动，腿需要跟着做出动作。当身体向上移动时，腿需要伸直甚至踮脚；当身体向下移动时，腿需要弯曲。顺便一提，用于游戏的 Live2D 模型通常会设置“屈膝”参数来专门控制腿的动作。

③ **身体旋转** Z：配合身体的左右摇摆，腿需要负责保持平衡。当身体向屏幕左侧摇摆时，让屏幕右侧的左腿稍微抬起来，这样效果通常会很不错。

9.4.2　腿的拆分方式

根据相关参数对应的效果，我们能总结出：腿的关节角度变化通常不会太大，其中角度变化最大的关节是膝盖。

因此，我们同样可以采用最基础的拆分方式：将整条腿拆分到同一个图层上，不做进一步拆分。我们在第 8 章中讲过，拆分时需要注意腿和下身的图层衔接。如果角色穿着裤子或衔接处没有衣服，则保留一些相互重合的冗余部分；如果角色穿着裙子，则让腿的上端延伸到裙子里，如图 9-23 所示。

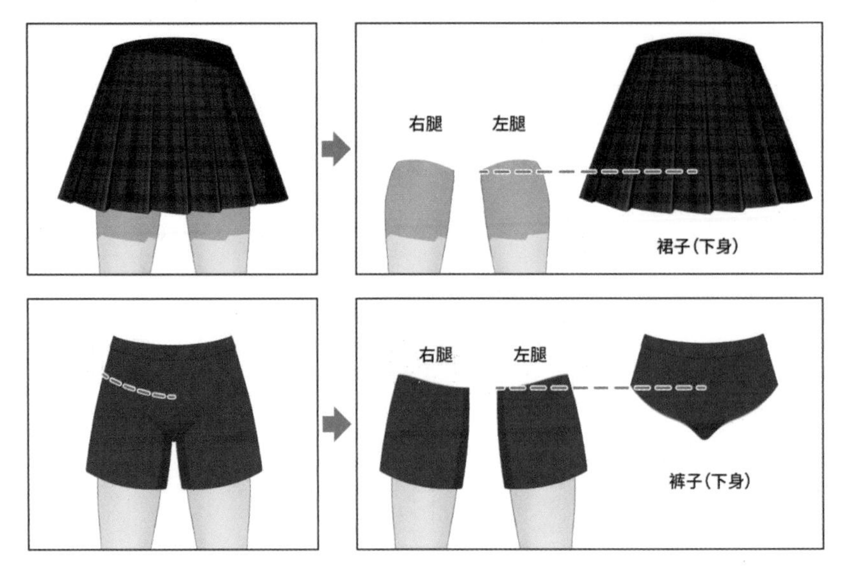

图 9-23　腿和下身的图层衔接

如果想要提升精度，则可以按照“从大到小，先拆后补”的顺序进一步拆分。以右腿为例，创建一个“右腿”图层组，并将右腿拆分为“右大腿”“右小腿”“右脚”3个图层，如图9-24所示。和之前一样，图层之间需要保留相互重合的冗余部分，衔接处最好近似椭圆形。

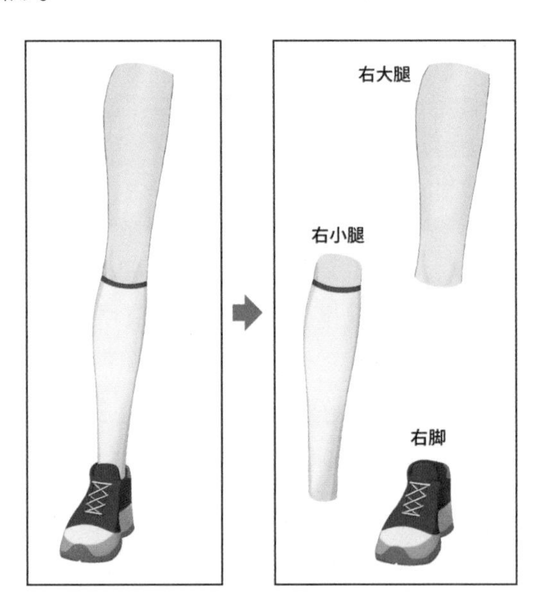

图 9-24　进阶的腿拆分

我们通常会将膝盖放在“右大腿”图层上。但是，如果想要进一步提升精度，则需要将膝盖单独拆分出来，即将膝盖单独拆分为一个图层，并补画“右大腿”图层因此缺少的部分，如图9-25所示。这样模型师就可以在腿发生运动时单独控制膝盖的形状和位置了。

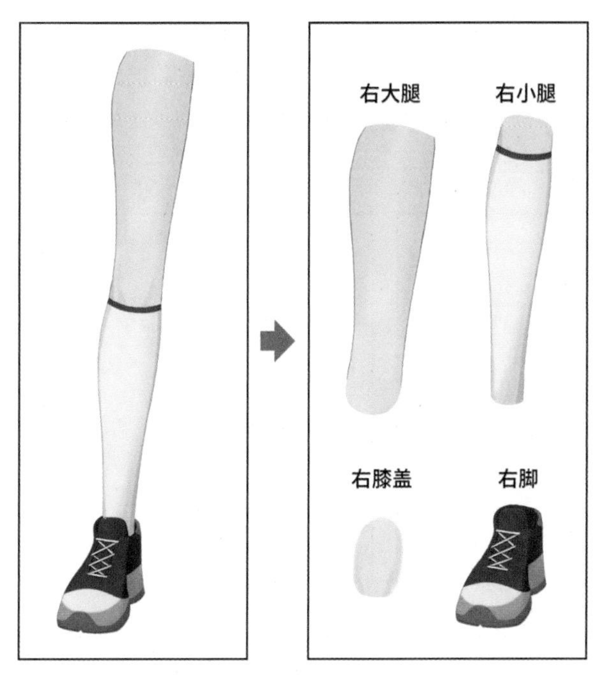

图 9-25　拆分膝盖

由于贴身的衣物或饰品（比如，袜子、腿环等）并不影响腿的整体形状，因此通常不需要对其进行拆分，而是直接放在对应的图层上。至于腿上蓬松的衣物和会摇摆的饰品，则需要使用拆分衣物、饰品的方式进行处理，具体细节将在第 10 章中讲解。

最后，再简单说一下拆分的精度问题。无论是用于直播还是用于游戏，通常展示的都是 Live2D 模型的上半身。因此，如果时间精力有限，则应着重提升上半身的拆分精度，下半身则可以拆分得简单一些。

比如，我们可以用较高的精度，将手臂拆分成“左（右）大臂”“左（右）小臂”“左（右）手”“左（右）手指”等图层。同时，用较低的精度，仅将腿拆分成“左腿”和“右腿”两个图层。

9.5 替换手臂

在实际的使用场景下，我们经常需要让 Live2D 模型做出比较复杂的手臂动作，或者用手拿一些物品。由于 Live2D 模型的运动能力是有限的，尤其是手这种复杂的部位，因此仅依靠变形实现不同的动作十分困难。

在进行如图 9-26 所示的手臂动作时，虽然没有多出任何额外的内容，但是如果想要用 Live2D 实现两个动作间的转换，就需要对相关图层进行非常复杂的变形。这会让成本变得极高，需要先让画师按照动作捕捉的标准拆分手臂，再让模型师仔细控制每个图层的变形。

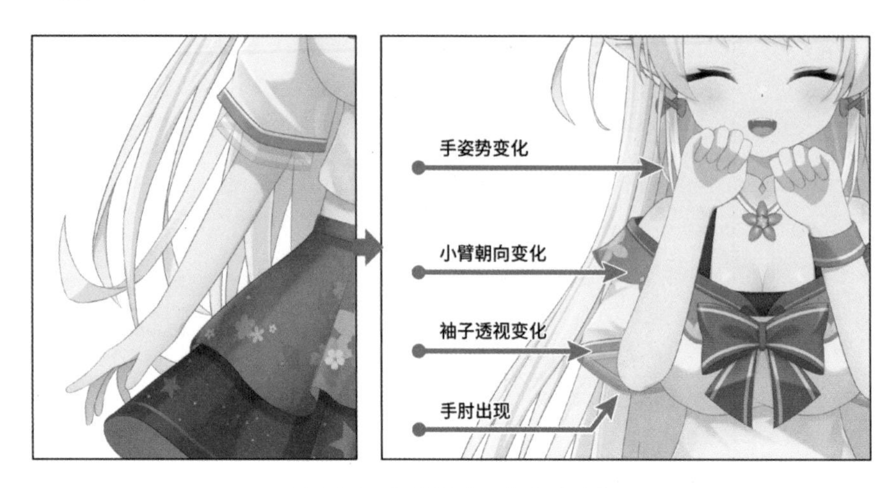

图 9-26　靠变形难以实现的动作

在大部分情况下，我们无法接受这样高的成本，因此通常会选择直接替换掉手臂。也就是说，我们可以直接绘制一条动作不同或拿着物品的手臂，让模型师用它替换掉原本的手臂，以此实现不同的手臂动作。

下面从易到难对只替换手、替换小臂到手、替换大臂到手进行举例说明。

9.5.1　替换手臂：只替换手

如果只希望替换手持的物品，且手臂整体的姿势变化不大，则可以单独替换手。比如，我们可以直接通过替换整只手的方式，将空手状态替换成拿着杯子的状态，如图 9-27 所示。

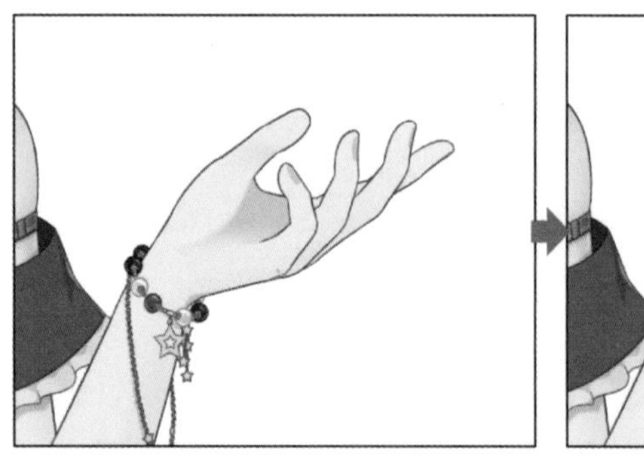

图 9-27　只替换手

需要注意的是，在替换时手腕处要保持衔接，尽量不要替换手腕部分，如图 9–28 所示。这样替换前后的手都能和手腕正常衔接，控制手旋转的变形器也可以通用。

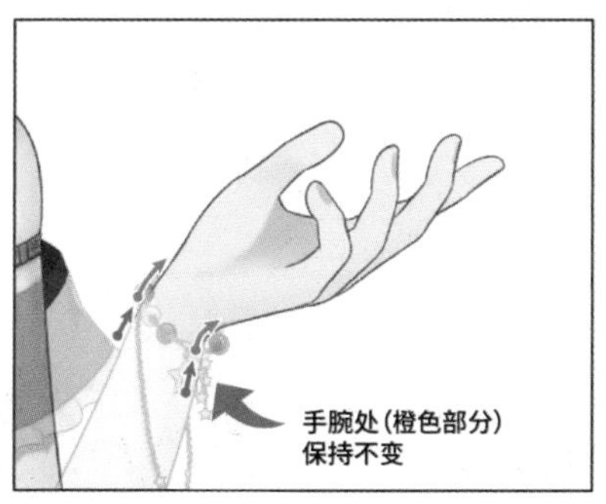

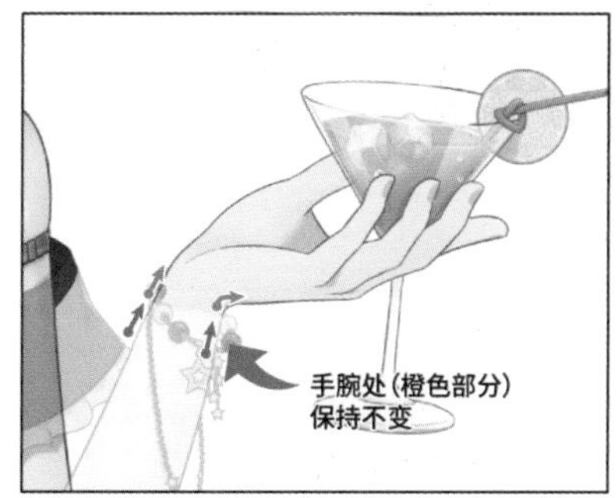

图 9-28　保持手腕部分不变

9.5.2　替换手臂：替换小臂到手

由于手腕的活动范围不大，因此只替换手的应用场景并不多。在通常情况下，我们会连带着小臂一起做替换。比如，替换前小臂是向下伸的，替换后小臂则是向上抬起的，这样的动作变化非常明显，如图 9–29 所示。

图 9-29　替换小臂到手

替换时的注意事项和之前一样，处理好衔接处即可。为了实现上述动作，我们需要隐藏掉初始手臂（原本的“小臂”和“手”图层），并绘制替换用小臂，如图 9–30 所示。

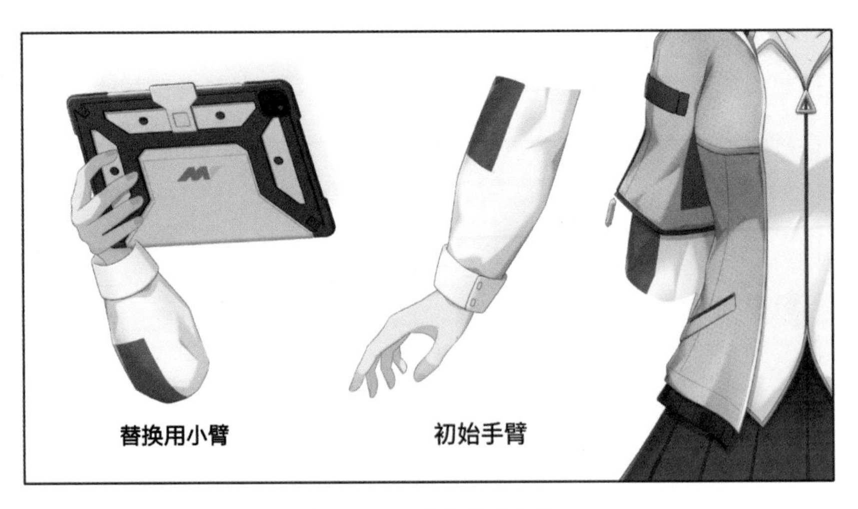

图 9-30　绘制替换用小臂

为了让“大臂”图层能同时衔接替换前后的小臂，我们需要重新考虑大臂和小臂该在什么位置拆分。如果实在难以衔接，则可以添加一个替换用的“手肘”图层，专门用来填补接合处。另外，替换用小臂中包括手，如果替换后的手需要旋转，则同样需要单独拆分出来。替换用小臂的拆分结果如图 9-31 所示。

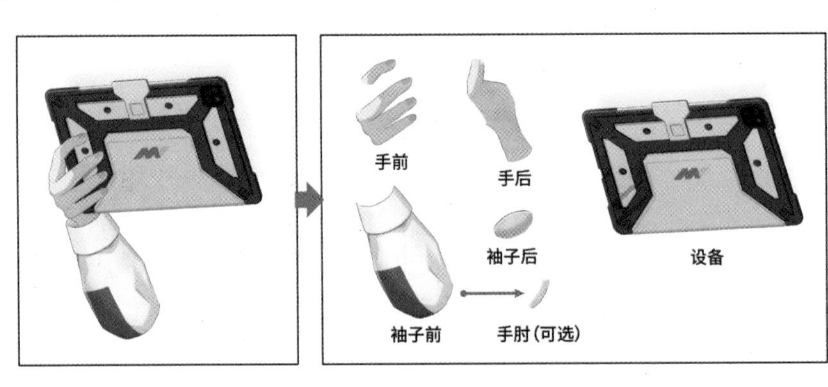

图 9-31　替换用小臂的拆分结果

9.5.3　替换手臂：替换大臂到手

在多数情况下，只替换小臂仍然不够。比如，在角色穿着短袖时，不同的手臂动作会改变袖子的透视，如图 9-32 所示。虽然这样的透视变化通过变形也可以实现，但是同样需要更复杂的拆分和更精细的建模。因此，不如直接替换掉整条手臂。

替换整条手臂时的注意事项和拆分手臂时的相同，需要处理好手臂和上身的衔接。同样地，替换后的手臂也至少需要拆分成“大臂”“小臂”“手”3 个图层，以便模型师制作更精细的动作，如图 9-33 所示。

图 9-32 袖子的透视变化

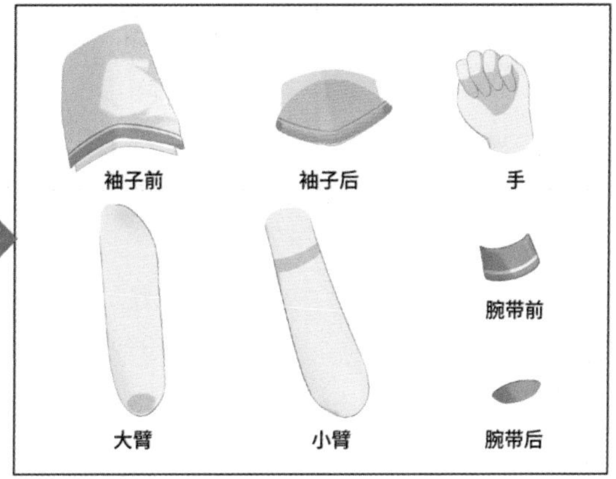

图 9-33 拆分替换用手臂

9.5.4 替换手臂的负面影响

虽然替换用手臂绘制起来不算困难，效果也比较好，但是会妨碍模型的可扩展性。

比如，当我们想为模型更换衣服时，一旦手臂部分的设计发生了变化，就需要绘制新的替换用手臂，如图 9-34 所示。如果一套衣服对应 3 条替换用手臂，每增加一套衣服就需要额外绘制 3 条替换用手臂，这将是不小的工作量。

不仅如此，模型师也需要逐一排查图层变更后可能导致的破绽。比如，在改为替换后的手臂对应的图层后，大臂和身体之间可能会无法衔接，从而需要增加额外的修复工作。再比如，“替换后的大臂”图层同样需要和“上身”图层用“胶水”功能衔接在一起，但新增的“胶水”功能可能会影响原来的“大臂”图层的效果，模型师需要反复调试。替换用手臂越多，这一过程就越复杂，最终模型的容量就会越来越大。

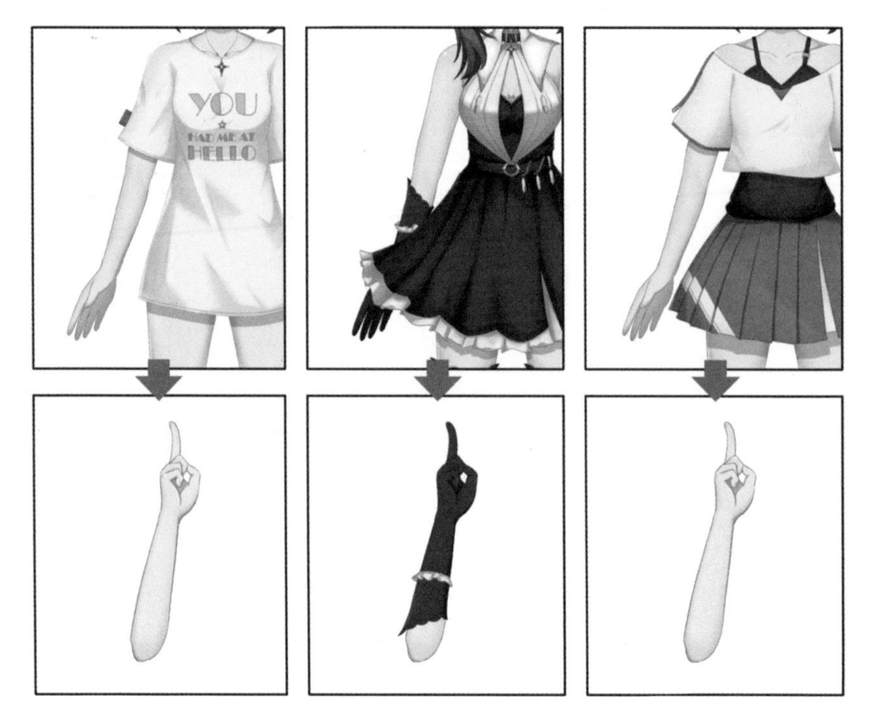

图 9-34　根据衣服绘制新的替换用手臂

因此，大量绘制替换用手臂也许并非最好的选择，需要充分讨论、合理规划，依次执行最合适的策略。

第 10 章

拆分案例：常见物品

之前我们讲了角色本身拥有的五官和脸、头发、身体、四肢该如何拆分。本章要拆分的是角色身上的常见物品，包括衣物、饰品等。只有拆分好这些部分，才能让它们跟随角色运动，制作出自然的效果。

在之前的拆分案例中，我们或多或少提及过物品的拆分。本章将按照不同类型更加详细地讨论常见物品的拆分。

10.1 衣物的拆分

在了解过人体的拆分方式后，敏锐的读者应该已经想到了：衣物的基本拆分方式和人体是相同的。以手臂为例，无论穿着的衣服中是否包含袖子，手肘的位置都不会变化，手臂仍然需要在手肘的位置弯曲。因此，我们可以轻松列出一些人体和衣物的对应关系，如表10-1所示。

表10-1 人体和衣物的对应关系

人体部位/图层名	衣物
脸（头）	帽子
脖子	颈饰、围巾
三角肌	衣领
上身	上衣
下身	裤子、裙子、连衣裙（和上衣相连）、腰带
大臂、小臂	袖子（和上衣相连）、腕带
手	手套
大腿、小腿	裤腿（和裤子相连）、长筒袜
脚	袜子、鞋子

无论角色穿着什么样的衣物，都可以像这样按照人体部位先将衣物分为几大块，再按照“从大到小，先拆后补”的顺序，进一步拆分出衣物上需要摇摆的部分和特殊结构。

在5.2.1节中，我们已经通过拆分PNG立绘讲解了拆分衣物时的许多要点。下面讲解一些其他典型的情况。

10.1.1 衣领的拆分

衣领围绕脖子一周，属于我们在5.3.1节中讲过的“2. 围绕其他内容的部分”，而且在正常透视角度下，我们通常能看到衣领的截面，因此关键在于要将衣领拆分为前后两部分。

如果没有外翻的衣领，则需要将衣服拆分为“衣服”和“衣领后”两个图层，如图 10-1 所示。拆分完成后，将“衣领后”图层放在“身体”图层组的下方。此时，隐藏“身体”图层组中的“脖子”和“三角肌”等图层，让衣领看起来仍是基本完整的。

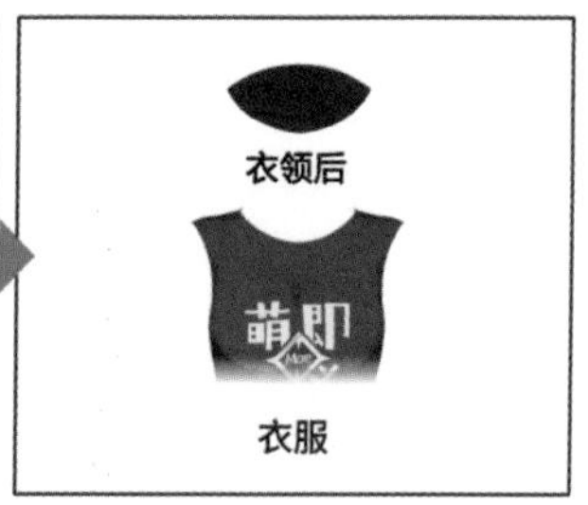

图 10-1　衣领的拆分

如果有外翻的衣领（或水手服衣领），则需要把它单独拆分出来，因此需要将衣服拆分为“衣领前”图层、“衣服前”图层和“衣领后”图层。此时，“衣服前”图层应该位于“衣领前”图层的下方。如图 10-2 所示，“衣领前 L/R”图层和“衣服前 L/R”图层有重合部分，这样在衣领发生摇摆时，模型才不会出现破绽。

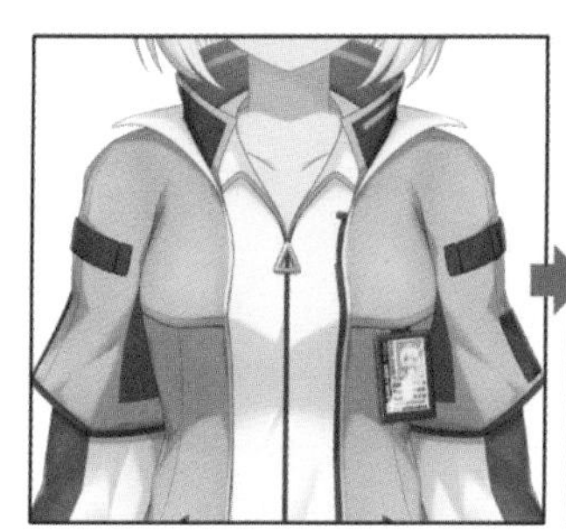
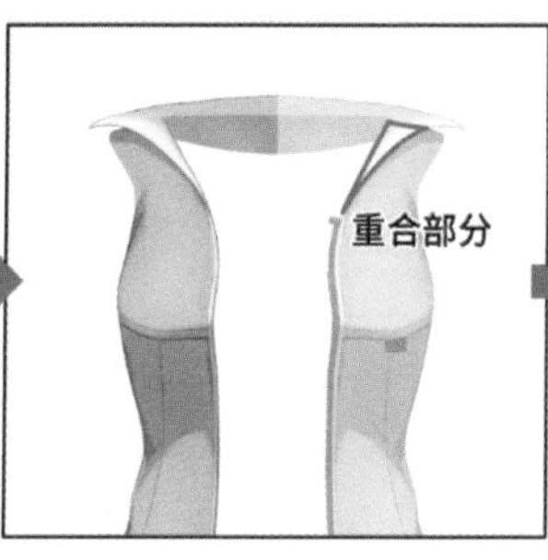

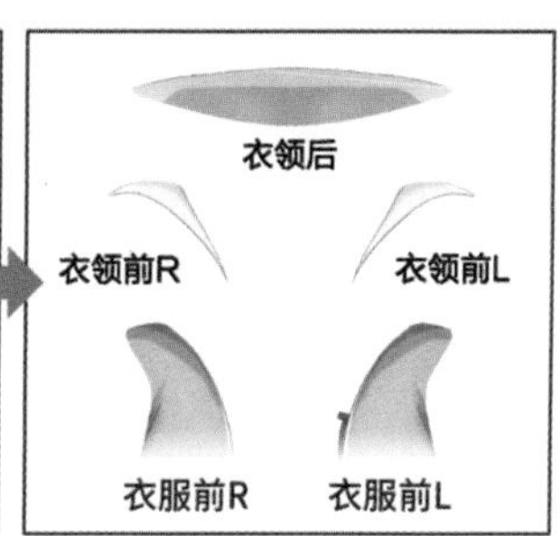

图 10-2　衣服和衣领的拆分

10.1.2　袖口、腕带的拆分

袖口和腕带围绕手臂一周，因此和衣领一样，如果在正常透视角度下能看到截面，则需要将其拆分为前后两部分。如图 10-3 所示，对于袖口，我们可以将补画出的袖子末端的部分作为“袖口后”图层。因为袖子的活动范围不大，所以袖子阴影几乎不会晃动。如果不需要穿脱袖子，则可以将袖子阴影直接绘制在“大臂”或“小臂”图层上。

对于较粗的腕带，其处理方式和袖口相同，可以将补画出的腕带末端的部分作为“腕带后”图层；而对于较细的腕带，则建议直接完整地补画出“腕带后”图层，如图 10-4 所示。另外，由于细腕带的活动范围可能较大，我们可以准备腕带的阴影图层，以便制作阴影的运动。在制作模型时，我们可以使用剪贴蒙版控制阴影的出现范围，让“小臂”图层作为蒙版图层，让腕带的阴影图层作为被剪贴图层。

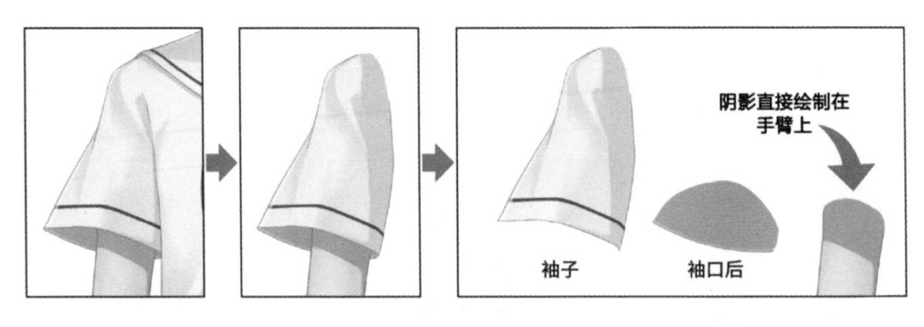

图 10-3　袖口的拆分

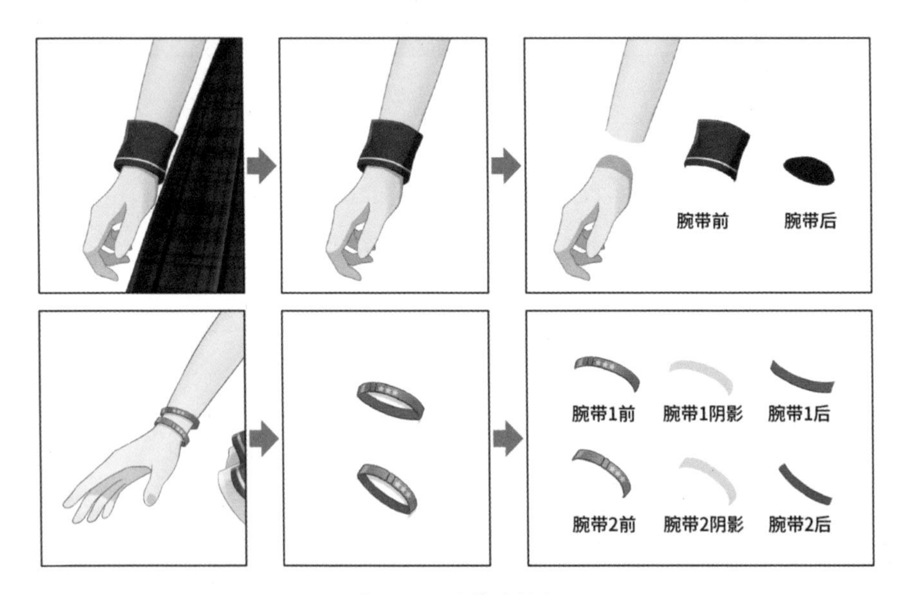

图 10-4　腕带的拆分

另外，如果角色有不必脱下且遮住手腕的长袖或腕带，则可以用它代替“小臂”图层和“手”图层的衔接部分，如图 10-5 所示。这样画师就不需要仔细处理手腕的衔接处了，模型师处理起来也会比较轻松。在设计角色时，适当考虑一些这样“取巧”的衣物，可以在兼顾美观的同时提升各个环节的效率。

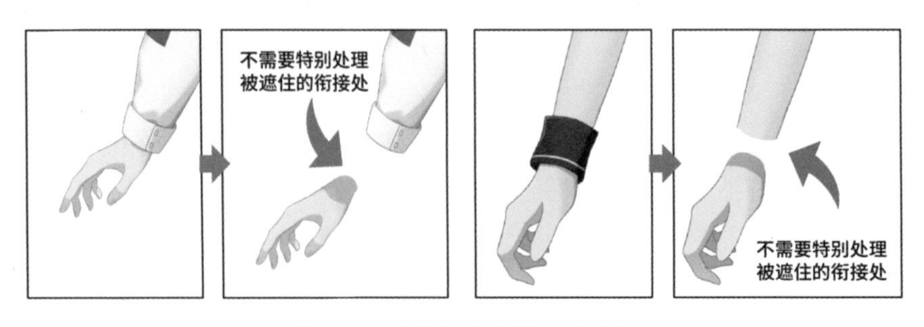

图 10-5　用长袖或腕带遮盖手腕

10.1.3 外套的拆分

在多数情况下，角色的衣服不止一层，可能会穿着外套等，具体可以分为“外套不需要脱掉”和“外套需要脱掉”两种情况。

如果外套不需要脱掉，那么我们需要考虑的是两层衣服之间的位置关系，也就是要回答下面这个问题：衣服的摇摆和两层衣服之间的透视变化会让里层的衣服被看到多少？根据这个问题的答案，我们需要补画出完整的外套（外层衣服）和一部分里层的衣服（内层衣服），如图 10-6 所示。这样当模型运动时，两层衣服间才不会出现破绽。

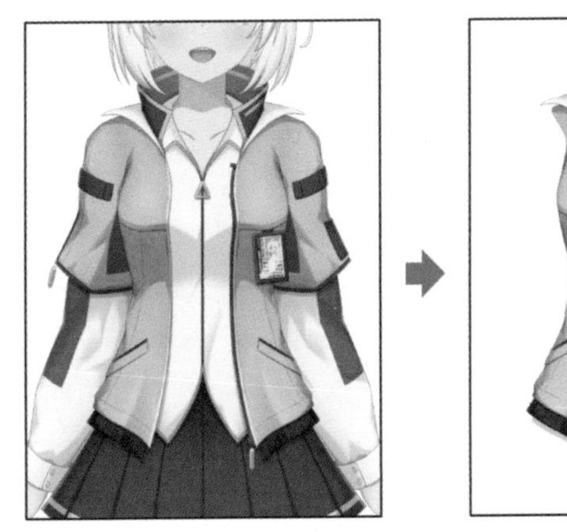

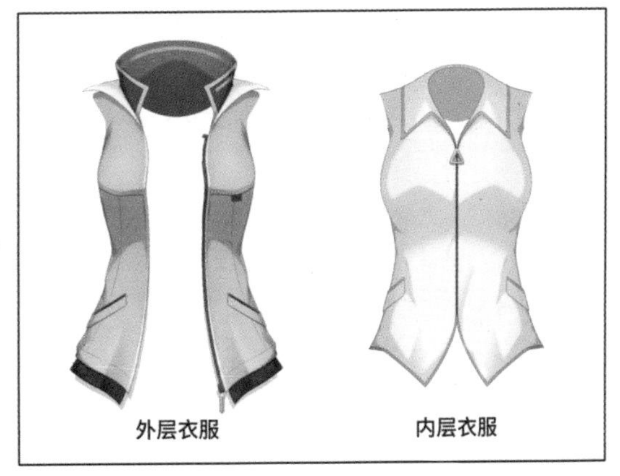

图 10-6　拆分外套

如果外套需要脱掉，那么我们必须将里外两层的衣服都完整地补画出来。如图 10-7 所示，即使脱掉这个模型外层的外套（这里指泳衣），里层的衣服（比基尼）仍然是完整的；为了达到这个效果，两层衣服都必须被完整绘制并拆分出来。

图 10-7　拆分两层衣服

在外套没有被脱掉时，可能会在身体上产生投影；当外套被脱掉时，外套阴影就会消失。为了制作这种效果，我们需要将外套阴影拆分出来并作为被剪贴图层。需要注意的是，外套阴影的形状和面积应该和产生投影的衣服相似，如图 10-8 所示。

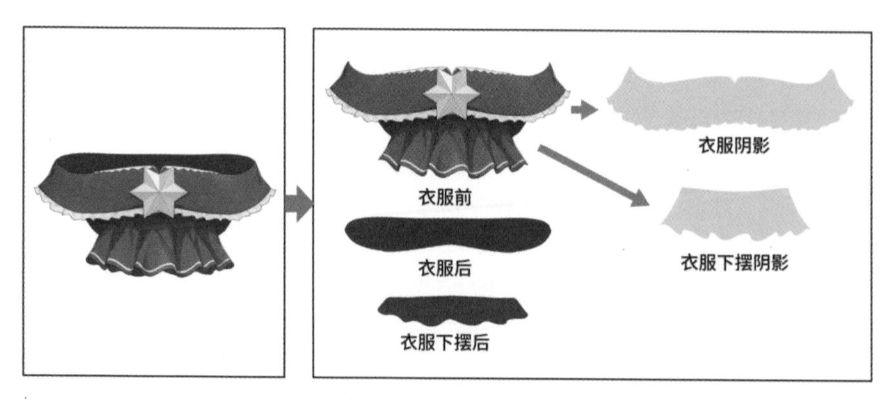

图 10-8 拆分外套阴影

如果想要为模型制作许多套衣服，则需要考虑衣服的投影所产生的影响。如果许多套衣服的设计各不相同，则需要准备形状各异的许多套衣服的阴影。当阴影的覆盖面积产生变化时，可能会覆盖更多图层，从而导致剪贴蒙版的数量增加。我们在 4.2.2 节中讲过，在 SDK 中剪贴蒙版是有数量上限的，如果阴影的覆盖面积变化太大，则在建模时可能会导致剪贴蒙版数量溢出。

另外，我们还有可能遇到内层衣服超出外层衣服的情况（也被称为“穿模”），此时也可能需要用到剪贴蒙版。如图 10-9 所示，当穿着裙子时，内层衣服的蕾丝边应该被压在裙子内；当脱掉裙子时，内层衣服的蕾丝边实际是超出裙子的范围的。

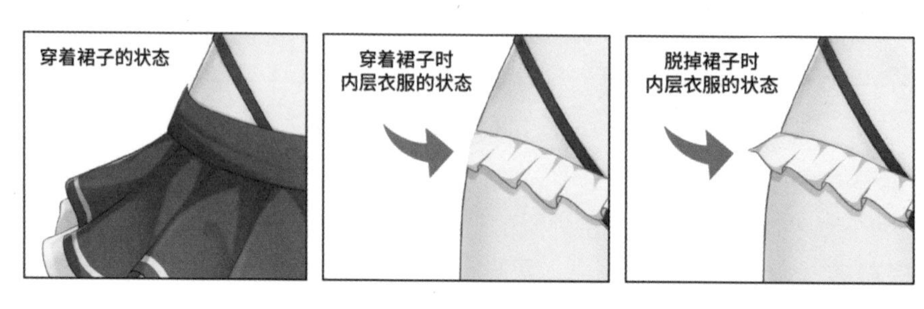

图 10-9 内层衣服超出外层衣服

此时，我们可以将需要隐藏的蕾丝拆分出来，并准备一个范围略小于裙子的图层作为它的蒙版图层，如图 10-10 所示。

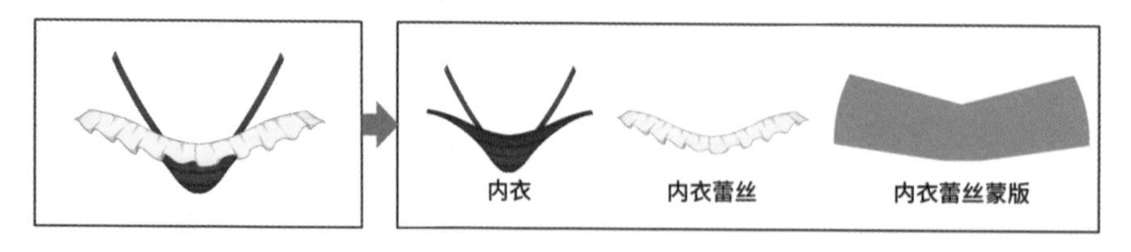

图 10-10 准备蒙版图层

这样模型师就可以改变蒙版图层的形状，从而控制内层衣服的显示范围。如图 10-11 所示，当角色穿着裙子时，蒙版图层的大小保持不变，蒙版图层外的部分会被隐藏；当角色脱掉裙子时，蒙版图层的范围会扩大，被隐藏的部分就可以显示出来。

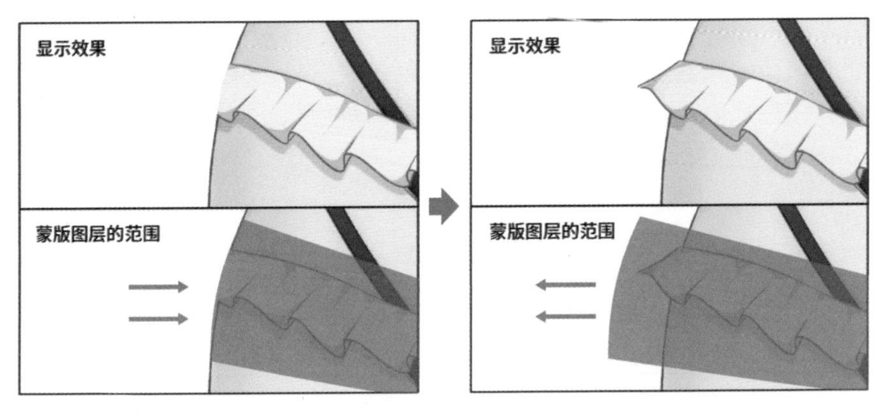

图 10-11　通过蒙版控制内层衣服的显示范围

10.1.4　腰带和裙子的拆分

围绕腰部的腰带的拆分方式与腕带的相似，也要拆分成前后两部分，以体现围绕感。虽然我们也可以将整个腰带后补画完整，但是角色的腰部通常不会大幅度旋转，因此只要补画出腰带后两头的部分即可，如图 10-12 所示。

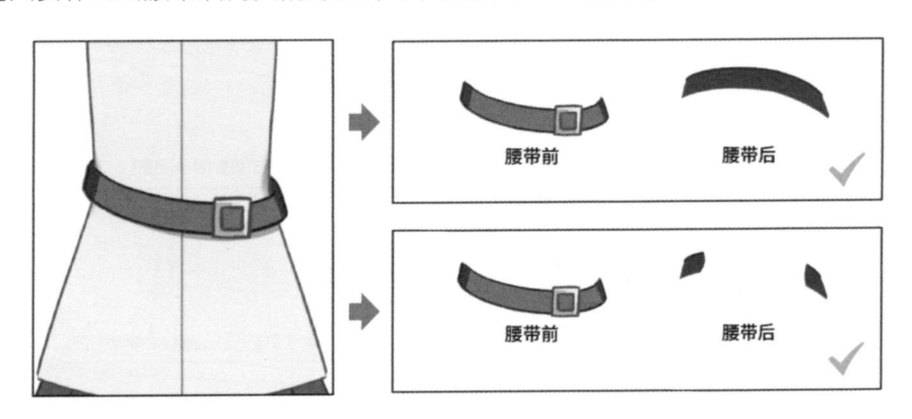

图 10-12　腰带的拆分（1）

另外，腰带经常是裙子或裤子的一部分。以裙子为例，在拆分时，同样可以拆分出“裙子腰带后”图层，让裙子的束腰有围绕身体的感觉，如图 10-13 所示。如果看不到腰部的截面，或者腰部被上衣遮盖住，则不需要拆分出“裙子腰带后”图层。

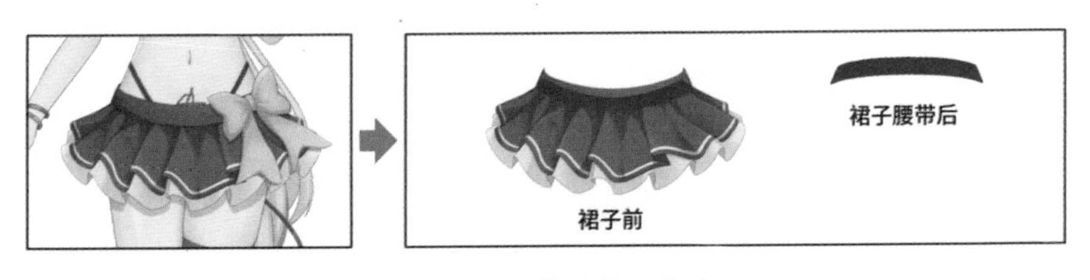

图 10-13　腰带的拆分（2）

另外，我们经常会看到多层的裙子，而且额外的层数只是为了设计上的美观，并不是为了穿脱。对于这种情况，我们可以将每一层拆分出来，如图 10-14 所示。在拆分之后，模型师可以让两层裙子拥有不同的物理效果，这样裙子会显得更轻盈、更有动感。

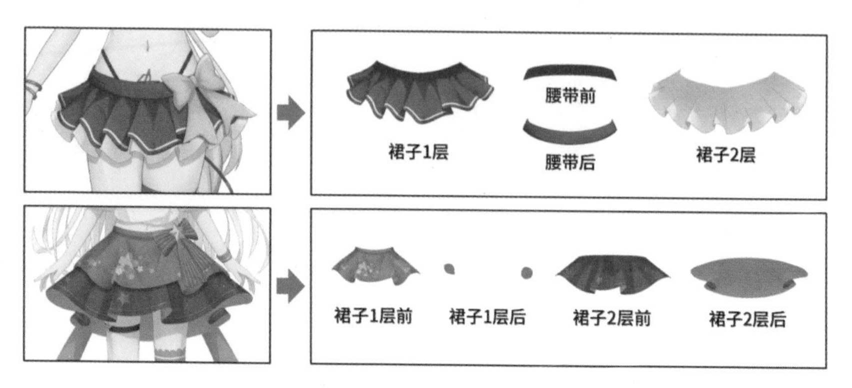

图 10-14　拆分多层裙子

另外，裙子会在腿上产生投影，由于裙子的摇摆幅度较大，通常不建议将投影直接绘制在腿上，而要拆分出阴影图层让它和裙子一起摇摆。阴影图层的形状应该和裙子相似，不要只补画出腿上的部分。

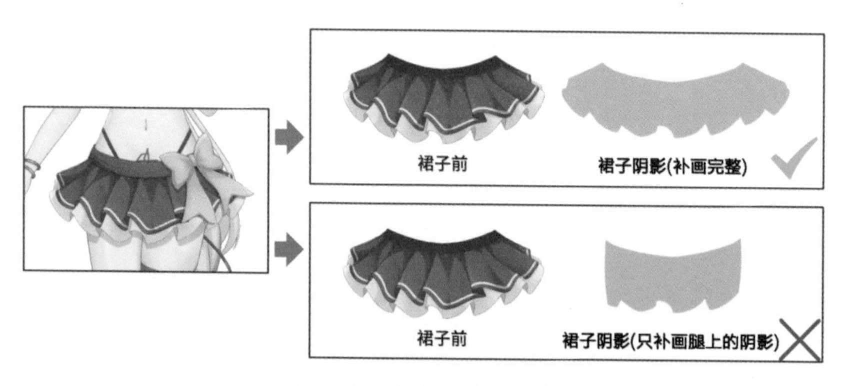

图 10-15　拆分裙子的阴影

10.1.5　帽子的拆分

在日常生活中，有很多种常见的帽子类型，其中渔夫帽、鸭舌帽、宽檐遮阳帽是比较典型的类型，如图 10-16 所示。

在拆分帽子时，我们最基础的思路是将帽檐和帽子顶部拆分开。比如，对于渔夫帽，我们需要拆分成帽檐和帽子顶部，并补画一些帽檐和帽子顶部交错的部分；对于鸭舌帽，我们需要拆分成鸭舌部分（帽檐）和帽子顶部，并补画一些帽檐和帽子顶部交错的部分，如图 10-17 所示。这样在转动角色头部时，我们才可以对这两个部分分别进行变形。

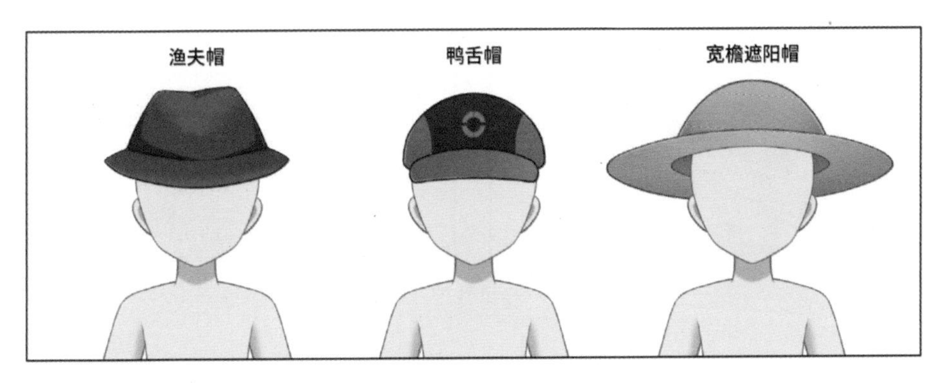

图 10-16　常见的帽子类型

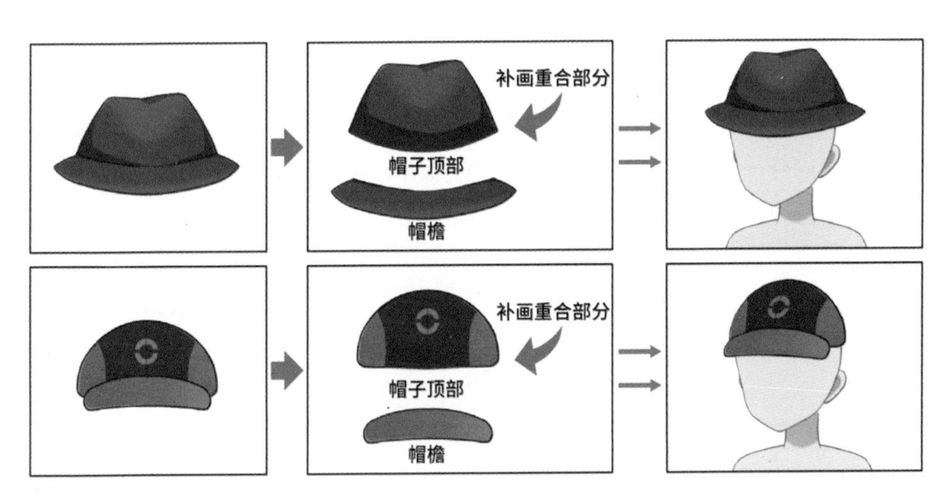

图 10-17　渔夫帽和鸭舌帽的拆分

如果角色头部俯仰的角度较大，则可能会看到帽子的截面，因此需要将帽子拆分为“帽子顶部”“帽子前”“帽子后”3个图层，如图10-18所示。在拆分完成后，我们需要将“帽子前”图层放在“前发”图层组的上方，将“帽子后”图层放在“后发”图层组的下方，这样帽子才能包裹住头部。

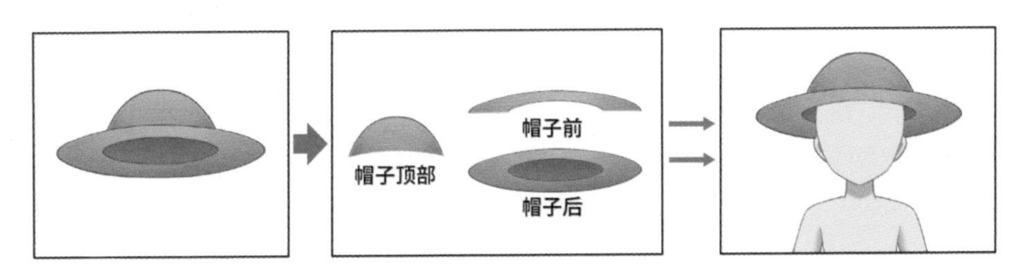

图 10-18　拆分帽子

如果帽子同时拥有穿和脱两种状态，则可能和头发发生穿模的问题。比如，角色的头发有比较突出的部分，或者有兽耳、兽角，则很可能超出帽子的范围，如图10-19所示。因此我们需要像10.1.3节中处理内层衣服时一样，准备一个略小于帽子的蒙版图层，以此控制超出帽子范围的部分的显示范围。

图 10-19　超出帽子范围的部分

10.1.6　披肩的拆分

披肩是典型的跨部位衣物，最好不要按部位拆分。

跨部位的披肩不仅围绕着身体，还围绕着手臂和胸部，因此会受到身体物理、胸部物理、手臂旋转、身体旋转等多个参数的影响，如图 10-20 所示。如果我们把披肩拆分成几份，分别放在手臂、胸部、身体处，则在运动时会很容易四分五裂。即使是有经验的模型师，也很难处理好这种情况。

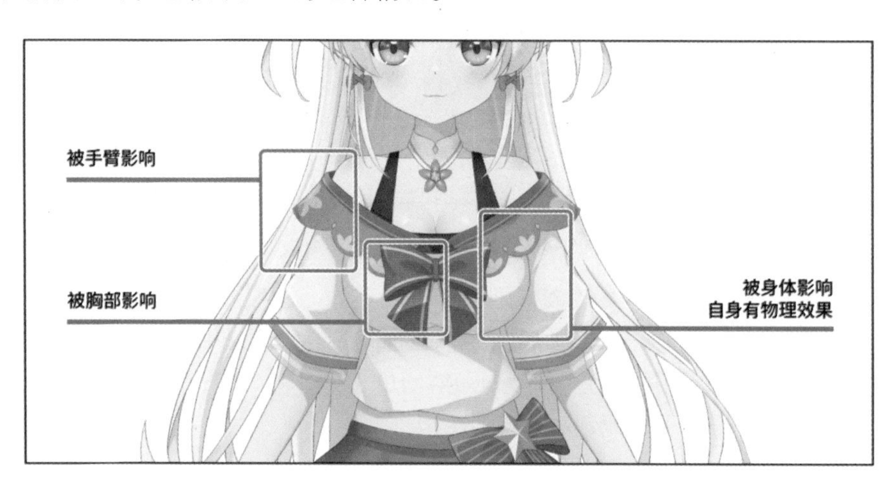

图 10-20　跨部位的披肩

因此，我们建议直接把披肩作为一个整体。除了需要单独拆出领口的“披肩领子”图层，我们仅将披肩拆分成“披肩前”图层和“披肩后”图层，这样就足够了，如图 10-21 所示。

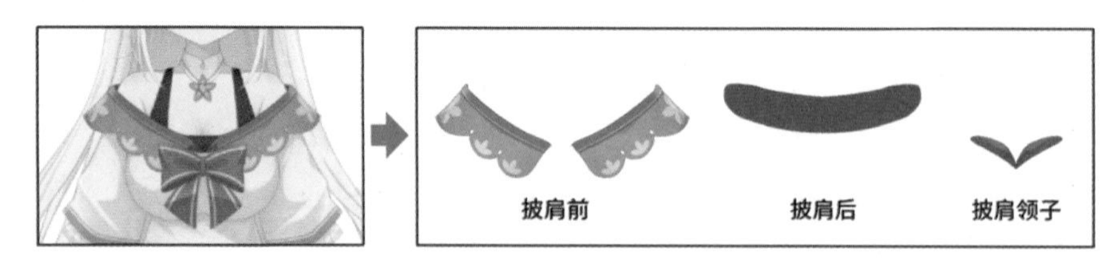

图 10-21　披肩的拆分

在建模时，模型师可以为每个参数都新建一层弯曲变形器，让披肩可以根据各个部位的运动产生变化，如图 10-22 所示。虽然这样看起来会给建模带来非常大的困难，但是实际上这比将披肩拆分成几份要容易处理得多。

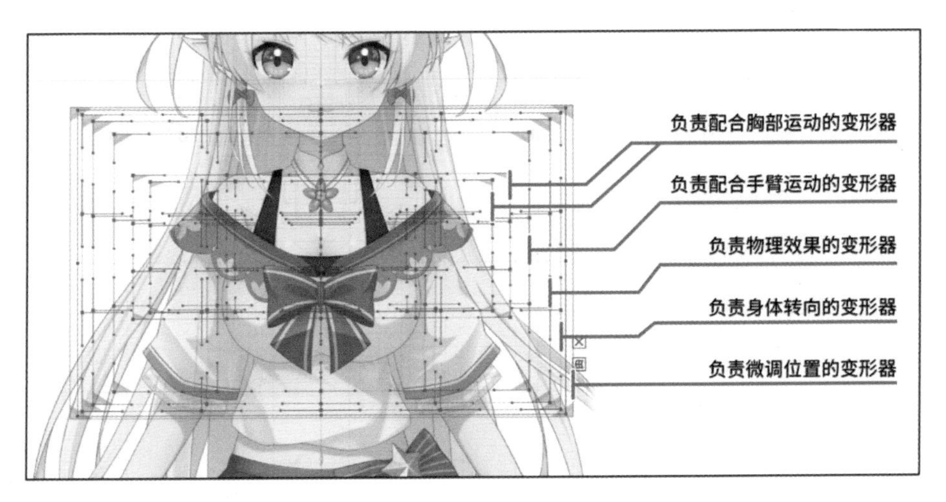

图 10-22 Live2D Cubism 中制作披肩运动变形的方式

由此可见，“尽可能拆分”并不是最好的策略。如果使用本书介绍的“需独立运动，就单独拆分”的思路思考，则可以判断出披肩是整体做独立运动的，并不需要进一步拆分。

10.1.7 斗篷的拆分

由于斗篷属于一种“外套”，往往是可以穿脱的，因此我们需要将内层衣服补画完整，以保障模型无论是否穿着斗篷，都不会出现破绽，如图 10-23 所示。

图 10-23 角色穿脱斗篷

虽然斗篷看起来比较复杂，但它其实只是帽子和披肩的组合。我们只要将斗篷拆分为帽子部分和披肩部分并分别处理即可（斗篷上的小装饰可以根据需要进行拆分），如图 10-24 所示。布偶装、兜帽、披风等衣服都具有类似斗篷的结构，因此可以参考此处的拆分方式。

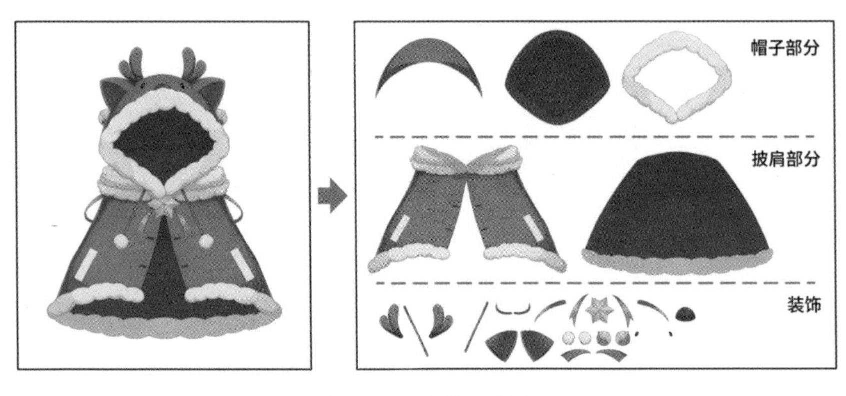

图 10-24 斗篷的拆分

10.2 饰品的拆分

结合 10.1 节中的案例，读者应该掌握了各种典型衣物的拆分方式。至于衣物上各类的饰品，我们可以按照“从大到小，先拆后补”的顺序继续拆分。本节将统一讲解各类典型的饰品该如何拆分，角色直接穿戴的饰品也同样放在这里讲解。

10.2.1 蝴蝶结的拆分

蝴蝶结是一种非常常见的饰品，拆分起来并不困难。通常来说，我们需要先将蝴蝶结绳结部分单独拆分出来，因为这部分是不会发生物理摇摆的；再将从绳结延伸出来的绳头拆分出来，这部分是会发生物理摇摆的，如图 10-25 所示。需要注意的是，蝴蝶结上的图层位于蝴蝶结下的图层的上方，应该在蝴蝶结下的图层上补画出相互重合的冗余部分。

如果对拆分精度的要求不高，则没有必要将每个蝴蝶结都拆分为 5 个图层。比如，我们可以将蝴蝶结拆分为“蝴蝶结上”和“蝴蝶结下”两个图层，如图 10-26 所示，模型师同样可以制作蝴蝶结的物理效果。

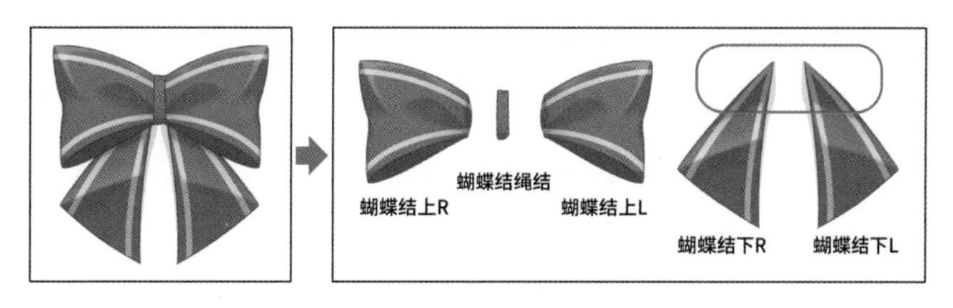

图 10-25　蝴蝶结的拆分（1）

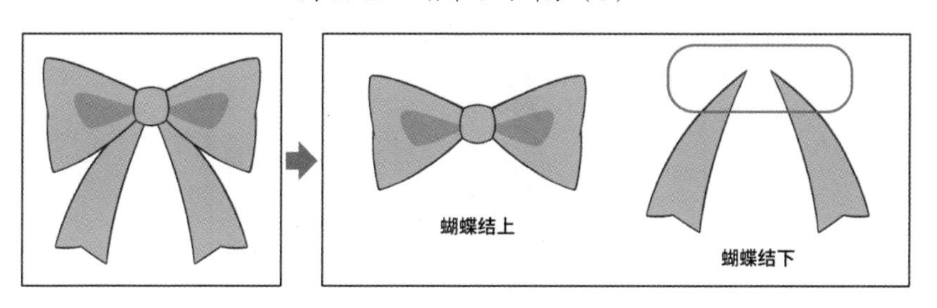

图 10-26　蝴蝶结的拆分（2）

无论如何拆分，蝴蝶结上、下之间都应有相互重合的冗余部分，以免变形时出现破绽。

10.2.2　宝石饰品的拆分

如果布料饰品上镶嵌着宝石（或金属）等硬质、反光的物品，则建议单独将其拆分出来，如图 10-27 所示。这么做一方面是因为，布料是软的而宝石是硬的，单独拆分出宝石可以保护它的形状；另一方面是因为，如果需要制作特殊效果，则可以将单独拆分出的宝石作为蒙版图层。

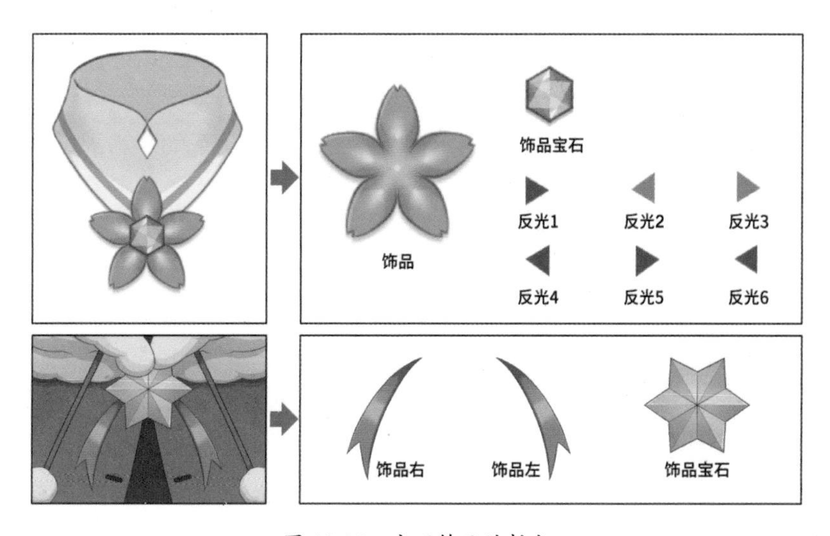

图 10-27　宝石饰品的拆分

拆分出宝石后，我们可以根据宝石的形状准备一些用于表现反光的图层。在图 10-27 中，我们为颈饰准备了一些反光用的图层，形状和宝石的各个面相同。在角色转向某个方向时，模型师可以提高对应图层的不透明度，以表现出宝石的反光效果（在 Live2D Cubism 中，将图层设置为“加法”混合模式并改变不透明度），如图 10-28 所示。

图 10-28　宝石的反光效果

除此之外，我们还可以为宝石准备一个能起到贴图作用的图层。如图 10-29 所示，我们拆分出了边框和宝石（蒙版图层），并在中间添加了一个宝石贴图的图层（被剪贴图层）。这样一来，当我们移动宝石贴图的图层时，就会在宝石里呈现出星空流动的效果。这种效果在 Live2D Cubism 中也能实现。

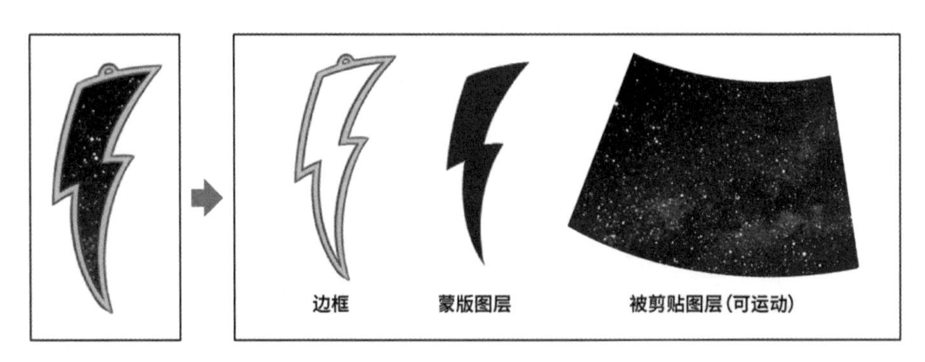

图 10-29　添加宝石贴图

10.2.3　项链和吊坠的拆分

项链和吊坠都是常见的装饰品，具有一个共同点：均有一条绳索和一个坠子。在拆分时，我们需要将绳索和坠子拆分开，并延长绳索到坠子后方，如图 10-30 所示。

这样操作一方面是为了保护坠子的形状，因为坠子即使是绒球，也不会像绳索那样大幅度变形；另一方面是为了单独拆分出细长的绳索，方便模型师使用“蒙皮”功能或“变形路径”功能。

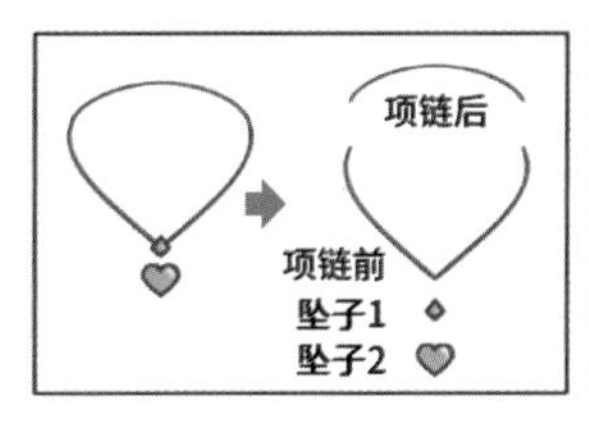

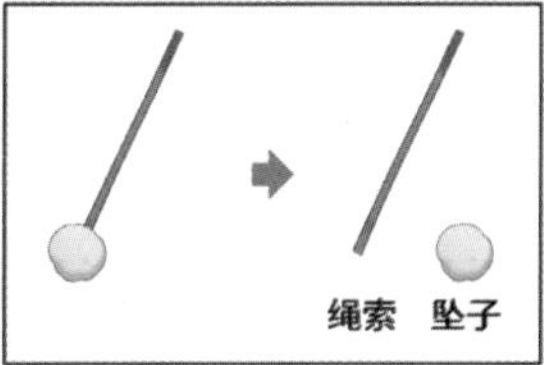

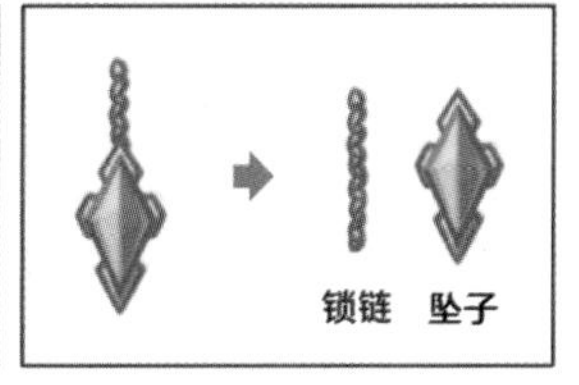

图 10-30 拆分项链或吊坠

如果坠子上有宝石等，则可以单独拆分出来，并使用在 10.2.2 节中讲过的方法添加反光效果或宝石贴图。

10.2.4 眼镜的拆分

眼镜是比较特殊的物品，根据不同的绘画手法，眼镜可能位于不同的层级上。如图 10-31 所示，眼镜可以在前发上方，也可以在前发和侧发之间，还可以在侧发和脸之间；虽然前两种层级关系不符合现实情况，但是在绘画中是很常见的。

图 10-31 眼镜所在的不同层级

如果想要把角色的眼镜绘制在头发上面（前发上方或前发和侧发之间），则只能选择最简单的拆分方式：不绘制眼镜腿。如果想要把眼镜绘制在头发下面，则可以额外加上眼镜腿，如图 10-32 所示。

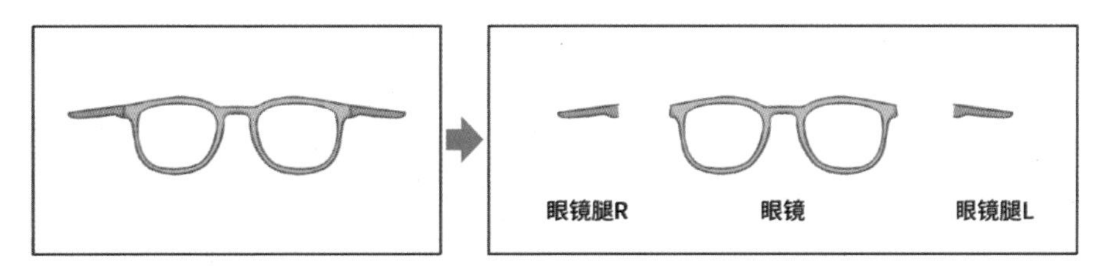

图 10-32 眼镜的拆分

此处需要注意的是，我们是以“眼镜打开”的状态绘制眼镜腿的，如图 10-33 所示。这么做是因为，如果我们以“眼镜折叠”的状态绘制眼镜腿，则在模型师将宽度较窄的眼镜腿横向拉长后，很容易使眼镜腿变模糊。

图 10-33　绘制眼镜腿的方式

因此，对于这种原本就朝向侧面的图层，建议绘制其朝向正面的状态。之后只要说明情况，并让模型师把它变形到朝向侧面的状态即可。我们在 5.3.1 节中讲过如何绘制默认角度下不可见的侧面，这里就是应用案例。

另外，如果想为眼镜制作反光效果，则可以额外准备“镜片”和“镜片反光”图层，如图 10-34 所示。其中，“镜片”图层本身应该是不透明的，因为它要作为“镜片反光”的蒙版图层（参见 4.2 节）。如果希望镜片本身不可见，则需要在准备好“镜片”图层后，将其不透明度设置为 0。

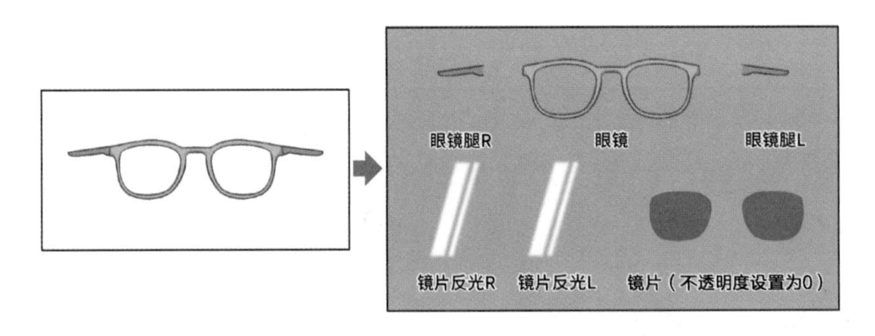

图 10-34　眼镜的反光

届时在 Live2D Cubism 中，我们可以将“镜片”图层作为蒙版图层，将“镜片反光”图层作为被剪贴图层，并将“镜片”图层的不透明度设置为 0。完成后，虽然我们看不到镜片，但是只要移动“镜片反光”图层，就可以制作出反光的位置发生变化的效果。

顺便一提，由于眼镜框通常不需要拆分为左右两个图层，因此镜片也不需要拆分为左右两个图层，可以将左右两个镜片都放在“镜片”图层上。

10.3 非人类部位的拆分

在设计角色时，我们经常会加入一些非人类的特征，如“兽耳”和“翅膀”等。虽然这些部位都是幻想出来的，但是我们可以使用“需独立运动，就单独拆分”的思路，并按照“从大到小，先拆后补”的顺序进行拆分。

下面主要讲解一些常见的典型情况。

10.3.1 兽耳和兽角的拆分

首先是常见的兽耳和兽角。我们在6.4.2节中讲过，为了立体感需要将兽耳拆分为“耳廓”“耳毛”“耳内”3个图层，如图10-35所示。

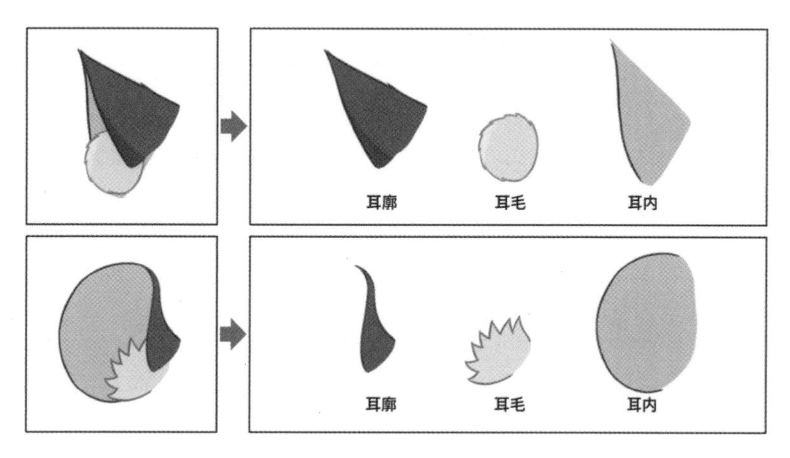

图10-35 拆分兽耳

有时，我们还需要让耳朵的形状发生变化。比如，较长的兔子耳朵可能需要“耳朵直立”和“耳朵折叠”两种状态。此时，我们要优先考虑如何实现耳朵的变形，并准备好变形前后要用的耳朵图层，如图10-36所示。

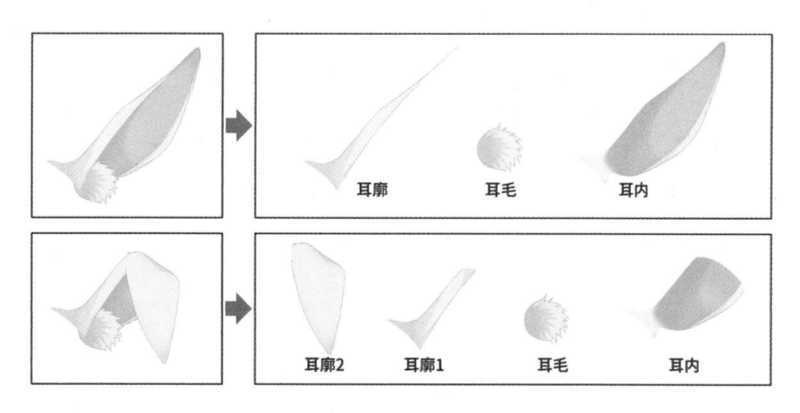

图10-36 准备不同状态的耳朵图层

在建模时，模型师需要分别制作好耳朵的两种状态，并利用参数进行替换。读者可以在本书的附件中，找到兔子“七诺”的拆分结果和对应的Live2D模型，体会一下切换耳朵的感觉。

★请在本书配套资源中查找源文件：10-1-七诺拆分结果和Live2D模型。

和兽耳一样，为了体现出立体感，有些兽角也需要进一步拆分。如图 10-37 所示，螺旋状的兽角会同时显示出朝外的面和朝内的面，我们有必要拆分它们，以便模型师分别控制这两种面的形状；拆分时要注意，两段兽角之间需要补画出相互重合的冗余部分。如果是直兽角，则没有必要继续拆分。

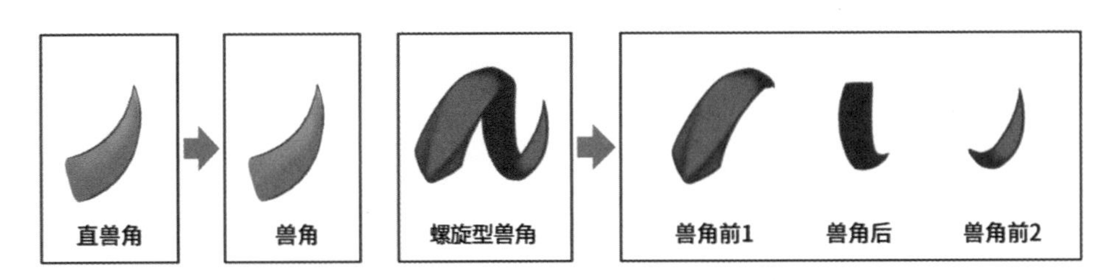

图 10-37 拆分兽角

除了拆分，我们还需要考虑图层顺序的问题。下面以兽耳为例进行讲解，如果耳朵位于侧发后面，则耳朵和前发之间应该是有间隙的，此时我们可以准备一个图层用于遮盖耳朵的根部；如果耳朵位于侧发前面，则直接将耳朵图层放在“前发”图层组和“侧发”图层组之间，如图 10-38 所示。

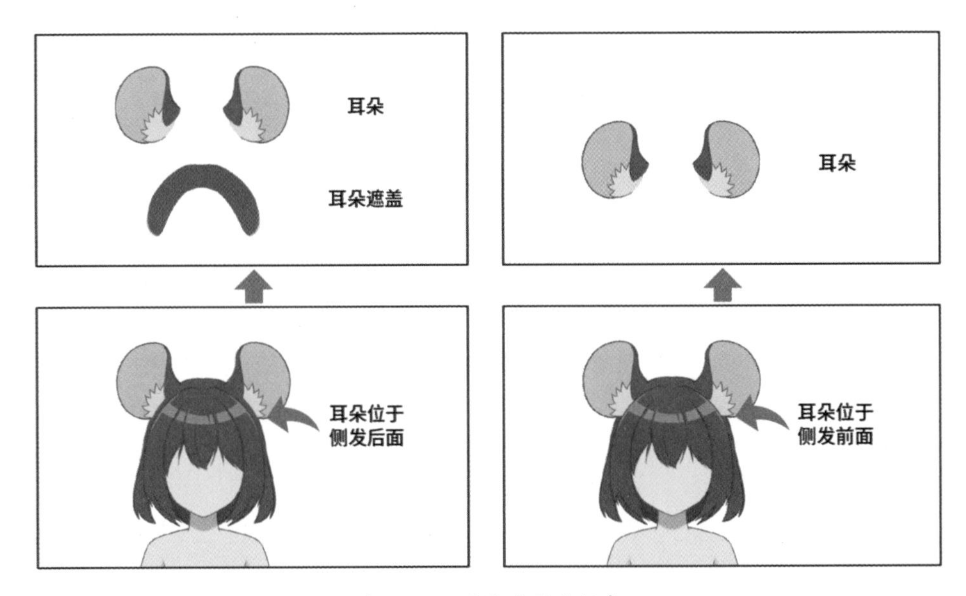

图 10-38 耳朵的图层顺序

10.3.2 翅膀的拆分

虽然翅膀看起来比较复杂，但是它其实是绘制和拆分起来非常简单的部位。因为对大多数立绘来说，只需要将翅膀藏在角色身后，不需要考虑翅膀和其他任何部位的衔接。如图 10-39 所示，常见的翅膀类型有如下 3 种。

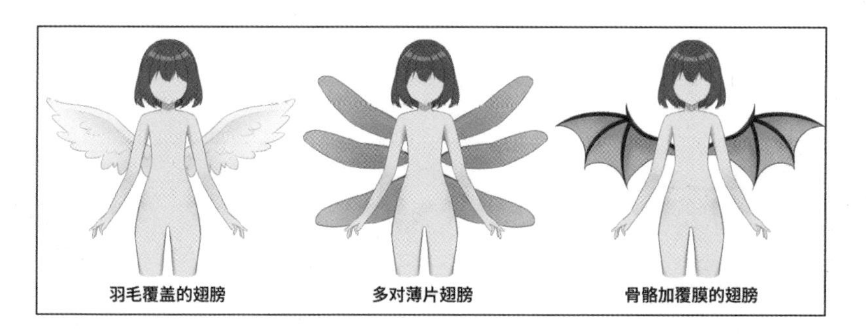

图 10-39　常见的翅膀类型

① **羽毛覆盖的翅膀**：翅膀被羽毛覆盖，基本看不到翅膀的骨骼，所以看起来几乎是一个整体。比如，鸟类翅膀、天使翅膀。

② **多对薄片翅膀**：有多对翅膀，并且每一扇翅膀都是一个薄片，翅膀上没有可活动的关节。比如，昆虫翅膀、精灵翅膀。

③ **骨骼加覆膜的翅膀**：翅膀被清晰可见的骨骼分为几个扇面，骨骼之间被覆膜连接。比如，蝙蝠翅膀、恶魔翅膀。

对于前两种翅膀，因为每一扇翅膀都可以视为一个整体，所以只需将每扇翅膀单独拆分开即可，如图 10-40 所示。我们需要补画出每扇翅膀在角色背后的部分，因为在角色转身时，翅膀和身体会发生相对运动，原本被遮挡住的部分会显露出来。

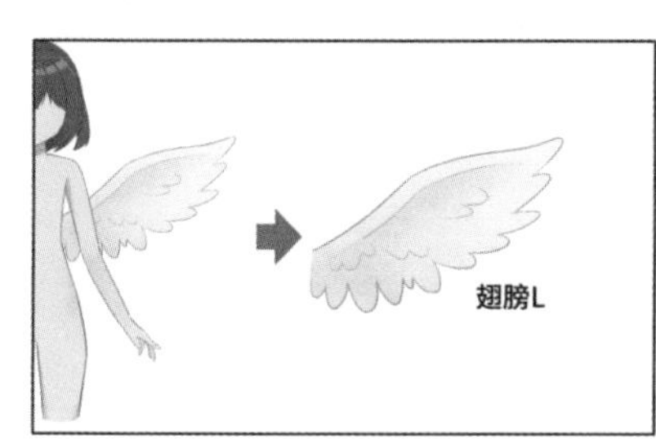

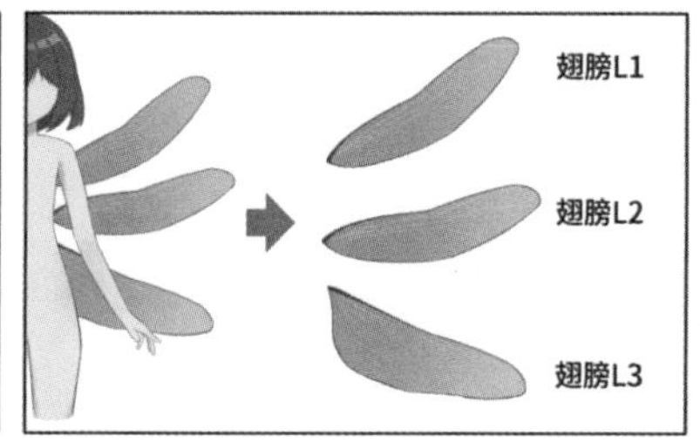

图 10-40　前两种翅膀的拆分

对于骨骼加覆膜的翅膀，在翅膀收起时，骨骼的形状应该基本保持不变，而覆膜的面积却会缩小，就像扇子一样。因此，为了保护各个部分的形状，我们需要将每个部分的骨骼和覆膜都拆分开，如图 10-41 所示。

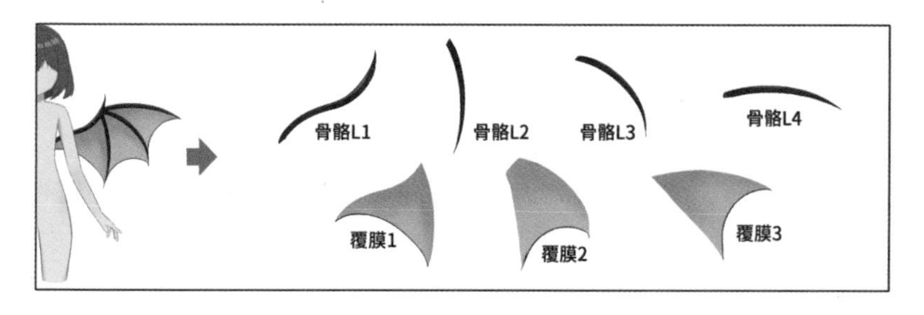

图 10-41　骨骼加覆膜的翅膀的拆分

归根结底，我们的拆分原则仍然是“需独立运动，就单独拆分”。如图 10-42 所示，无论翅膀多么复杂，都要将需要单独产生变化的部分拆分到单独的图层上。

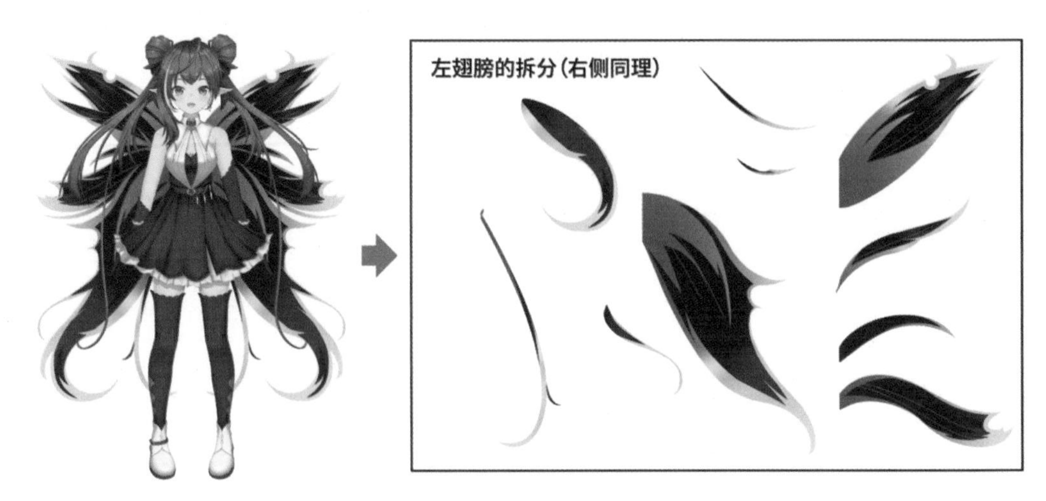

图 10-42 复杂翅膀的拆分

还有一点需要注意，由于翅膀是横向展开的，因此在预计角色带有翅膀时，我们需要将画布设置得宽一些。在 3.1.1 节中，我们建议为高清立绘准备宽度为 5000 像素、高度为 8000 像素的画布，如果角色有翅膀，则建议增加画布的宽度到 8000 像素，以免后期再做调整。

10.3.3 尾巴的拆分

和翅膀一样，尾巴也是藏在角色背后的部位。由于角色的尾巴位于身后，因此可以直接将它拆分出来并补画出被身体遮挡的部分，如果尾巴上有饰品或尾巴尖的形状特殊，则需要单独拆分出来，以保护它们的形状，如图 10-43 所示。

像这样拆分后，模型师就可以手动改变尾巴的形状了。

然而，这种拆分方式看似合理，却存在较大的限制。因为用这样的图层制作尾巴的摇摆相对来说比较困难，很难有较好的效果。

由于尾巴都是细长的形状，因此我们可以使用 4.5.2 节中讲过的“蒙皮”功能来制作尾巴的摇摆，而且使用“蒙皮”功能制作尾巴的摇摆是标准做法。如果我们想要使用“蒙皮”功能制作尾巴的摇摆，就不能采取上述的拆分方式了。

在使用“蒙皮”功能制作尾巴的摇摆时，尾巴的默认状态最好是垂直向下（或垂直向上）的。如果尾巴上有饰品或尾巴尖形状比较特殊，则需要单独拆分出来，如图 10-44 所示。

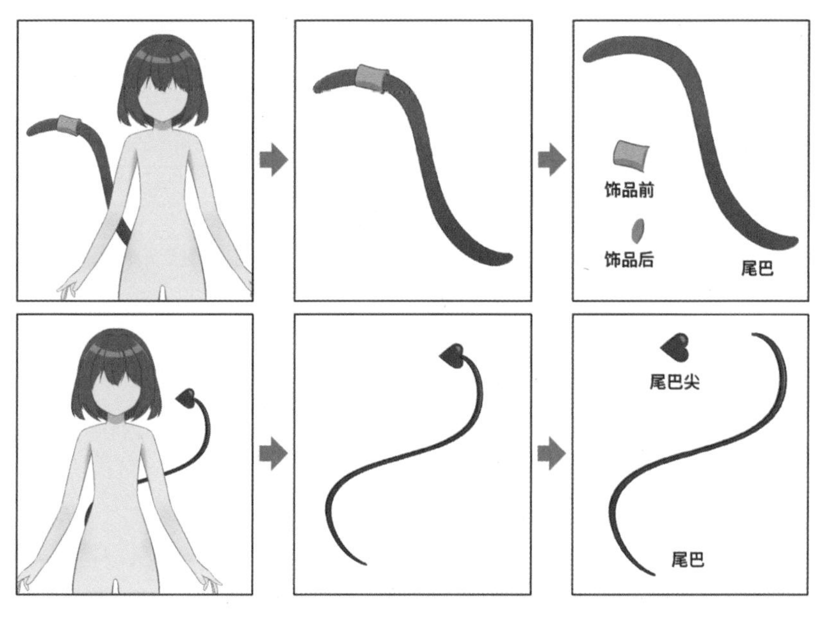

图 10-43 尾巴的拆分

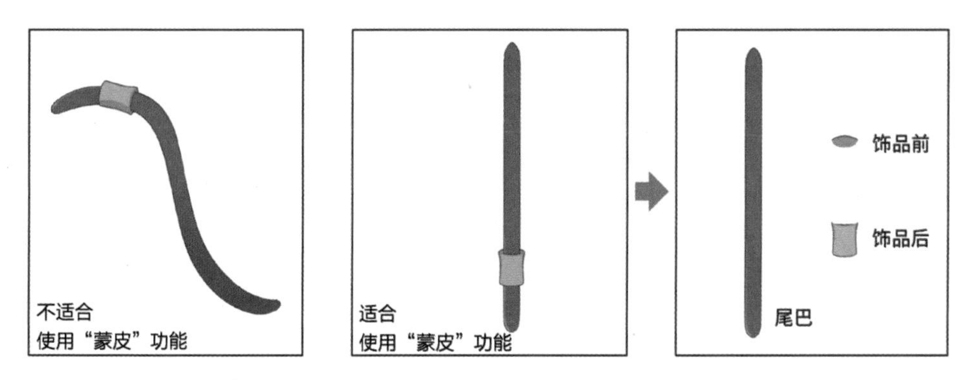

图 10-44 使用“蒙皮”功能制作尾巴的摇摆

为什么尾巴最好是垂直向下（或垂直向上）的呢？因为“蒙皮”功能会生成旋转变形器，而旋转变形器实际相当于带旋转轴的直线段，无法完全贴合曲线。如果尾巴是弯曲的，则旋转变形器的轨迹和尾巴的曲线之间会有差异。

在尾巴弯曲时，旋转变形器难以均匀分布。在尾巴曲率较大的地方，为了让旋转变形器的轨迹接近尾巴的曲线，必然需要提高旋转变形器的密度。但在理想情况下，旋转变形器的分布应该是均匀的。

因此，弯曲的尾巴会导致旋转变形器不贴合轨迹且分布不均匀，如图 10-45 所示。这最终会影响尾巴的变形效果。

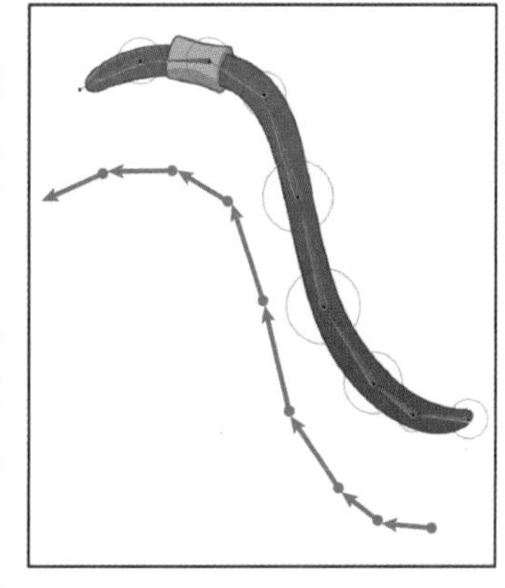

图 10-45 对弯曲的尾巴使用“蒙皮”功能

当尾巴是垂直向下的时，在使用“蒙皮”功能后，尾巴上的旋转变形器才能沿着尾巴均匀分布，如图 10-46 所示。这样在尾巴发生大幅度摇摆时，边缘不容易出现锐利的折叠，变形效果会更好。

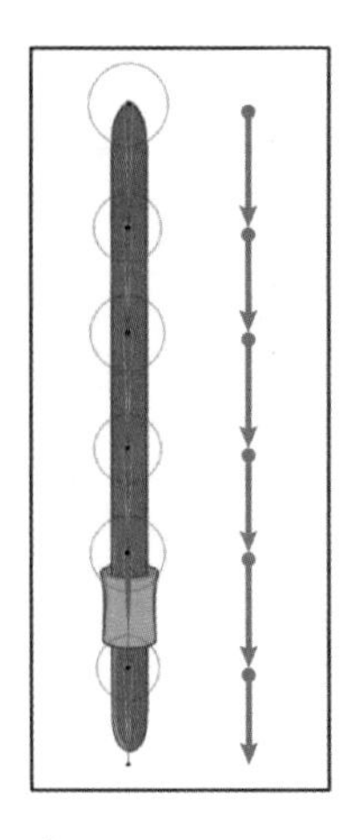

图 10-46　对垂直向下的尾巴使用“蒙皮”功能

因此，我们可以先绘制一条弯曲的尾巴用于输出美观的立绘图片，再绘制一条垂直向下（或垂直向上）的尾巴用于 Live2D 建模，这样就两全其美了。

10.3.4　头顶光环的拆分

头顶的光环是比较经典的设计。如果是普通的天使光环，则可以拆分为光环前和光环后，不需要过多讲解，如图 10-47 的左侧所示。但我们要讲的是另一种光环，如图 10-47 的右侧所示，如果这种光环的设计比较复杂，而且需要添加旋转效果，那么此时该怎么处理呢?

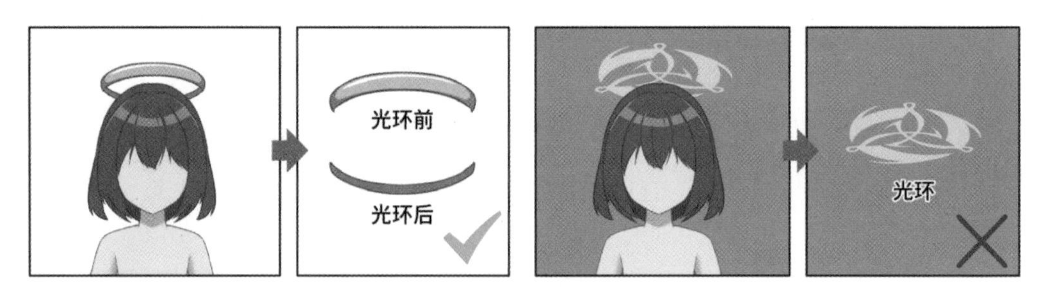

图 10-47　不同类型的光环

由于光环带有透视，因此只是将光环单独拆分出来，是很难制作旋转效果的，建议先将带有透视的光环作为参考图保留下来，再额外绘制一个朝向正面的光环，如图 10-48 所示。这样模型师不仅可以轻松为朝向正面的光环制作旋转效果，还可以按照参考图修改光环的透视。

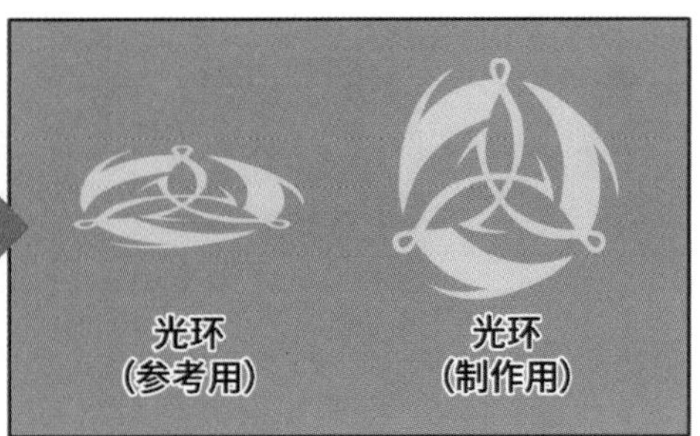

图 10-48 准备两份光环

至此，我们介绍的许多案例都表明，在拆分用于 Live2D 建模的素材时，不能仅仅从立绘上“拆分”出图层，有时需要根据建模的需要，准备一些与立绘中形状不同的图层或立绘中未绘制出的图层。因此，即使我们只是画师或拆分师，也要逐渐学会从建模角度思考问题，准备好建模所需的图层。

10.4 其他物品的拆分

角色携带物品的方式，常见的有手持物品和嘴叼着物品两种情况。本章会讲解一些典型的物品，帮助读者加深对拆分的理解。

10.4.1 手持物品的拆分

首先是手持物品的情况。

物品的体积越小、重量越轻，就越容易拿稳，相对于手就越难以发生位移。因此对于手机等又小又轻的物品，如果不需要制作特殊效果，则可以和手直接绘制在一起。

而物体的体积越大、重量越重，就越不容易拿稳，相对于手就越容易发生位移，此时通常建议将物品完整地单独绘制出来。

在单独绘制出物品的同时，手也至少需要被拆分为上下两层。物品上方的手图层需要绘制完整，物品下方的手图层需要和物品有足够的重合面积。如图 10-49 所示，我们将手中的平板电脑和水杯从手中抽走后，物品仍是完整的，而手也几乎是完整的，这是将手分为上下两层后才有的效果。既然手是完整的，我们就不用担心手中的物品因发生摇晃而出现破绽。

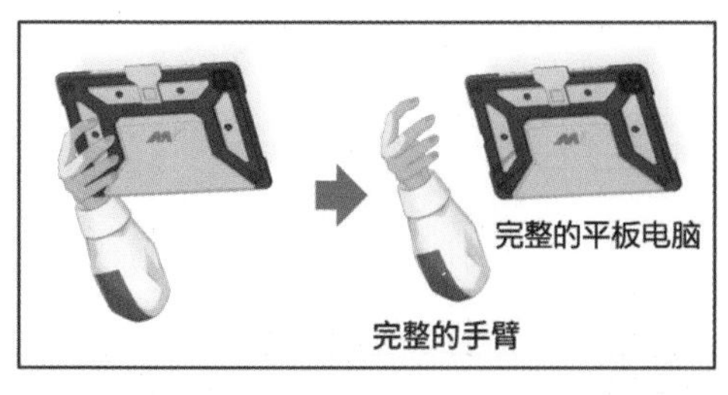

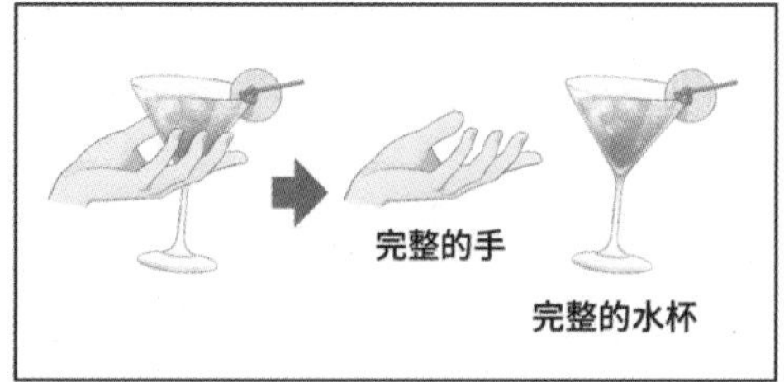

图 10-49　拆分手和物品

如果想要为物品制作特殊效果，则需要相应地对其进行拆分。比如，在拆分魔杖时，我们想让魔杖顶端的宝石发光，同时想让魔杖的翅膀做物理摇摆，因此需要将这两部分单独拆分开，如图 10-50 所示。

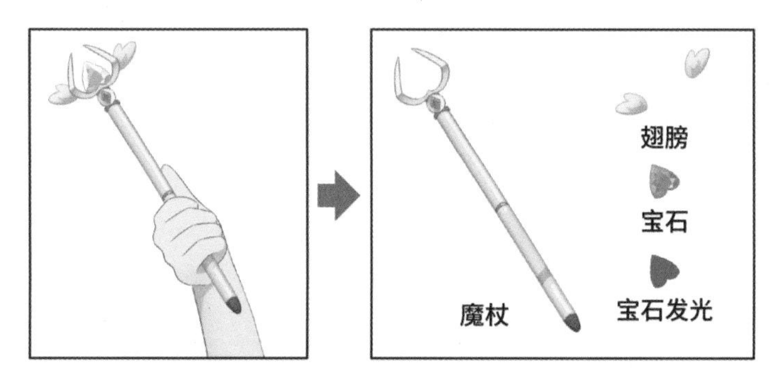

图 10-50　魔杖的拆分

再比如，在拆分小风车时，我们希望风车可以转动，因此需要单独将风车的扇叶拆分出来，如图 10-51 所示。另外，随着风车的旋转，风车的阴影也应该发生变化，因此需要将阴影也单独拆分出来。在建模时，我们可以将"风车杆"图层作为蒙版图层，将"风车阴影"图层作为被剪贴图层。

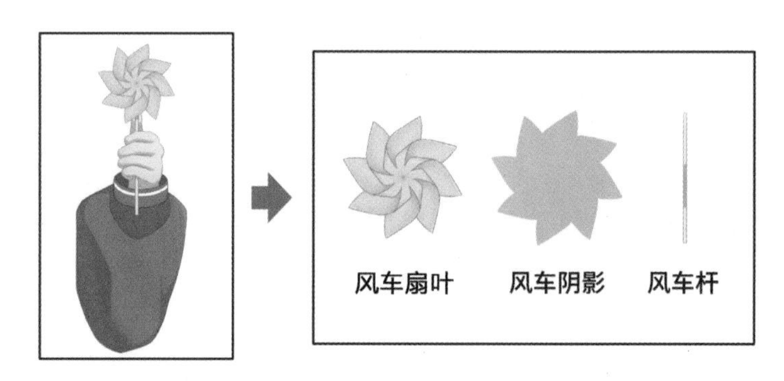

图 10-51　风车的拆分

较长的手持物品会和整个身体发生穿插，如武器、雨伞等。

我们以雨伞为例，在图 10-52 中，虽然拿着雨伞的手及雨伞的下半段位于身体前方，但是雨伞的上半段位于身体后方。在拆分时，我们首先要将雨伞补画完整，然后在雨伞杆上找一个合适的位置将雨伞拆分成上下两部分。先将雨伞的下半段和"小臂"

图层放在一起，再将雨伞的上半段对应的图层放在“身体”图层组下方，这样雨伞就可以跨越身体前后了，如图 10-52 所示。

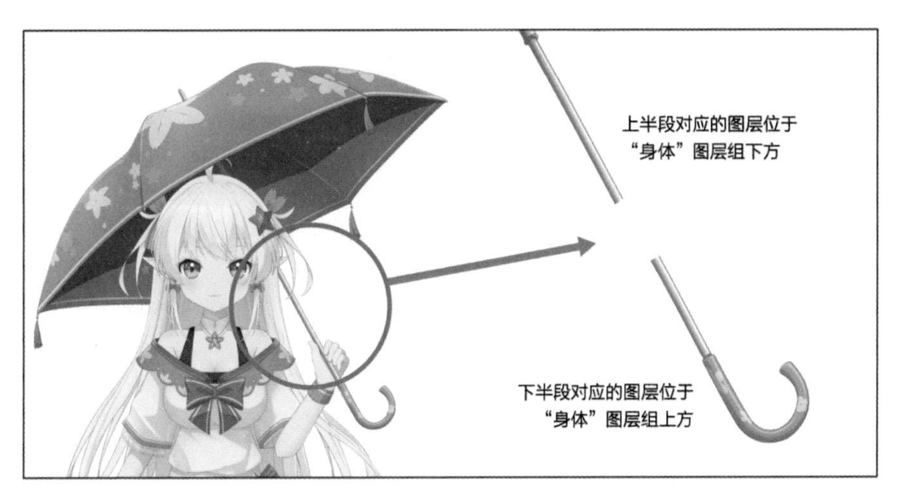

图 10-52　雨伞的穿插（1）

为了更好地体现角色是打着伞的，我们需要将雨伞的伞盖分为前后两部分，并将头夹在中间，如图 10-53 所示。

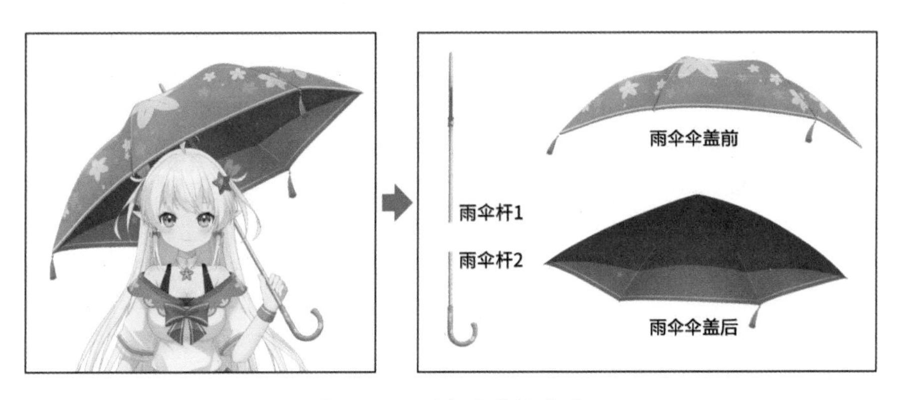

图 10-53　雨伞的穿插（2）

虽然物体和角色像这样相互穿插会产生很好的视觉效果，但是在制作较大的动作时会更容易发生穿模的问题，需要模型师花费更多精力调整。因此，在设计较长的手持物品时，需要同时考虑角色的动作是否合适。

10.4.2 口内物品的拆分

有时我们会遇到角色嘴叼着物品的情况，此时同样需要将物品补画完整。比如，在拆分棒棒糖时，我们几乎不需要拆分图层，只需将糖果和棒棒糖杆完整地补画出来并放在“舌头”图层上方即可，如图 10-54 所示。

需要注意的是，由于头部的旋转幅度较大，因此嘴里叼着的物品需要表现出较强的立体感。像棒棒糖这样的物品在任何角度下形状都差不多，所以受影响不大。但是，像卡祖笛之类的物品受影响较大。

图 10-54　棒棒糖的拆分

卡祖笛的笛身部分是一个长方体，顶面和侧面有比较明显的分界线。在拆分时，我们首先可以将笛身的线条和颜色拆分出来，并将颜色作为蒙版图层；然后准备一个能表现正面和侧面的光影变化的“笛身底色”图层作为被剪贴图层，如图 10-55 所示。在建模时，模型师让“笛身底色”图层在卡祖笛内部移动，从而表现出“从正面转到侧面”的透视效果。

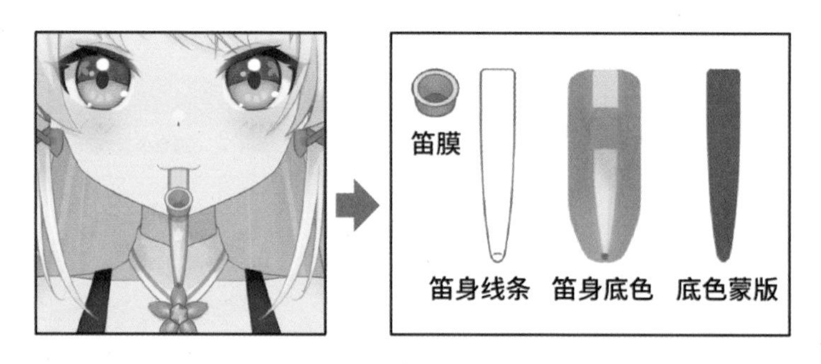

图 10-55　卡祖笛的拆分

虽然绘制和拆分并不困难，但是在嘴里加入物品必然会影响嘴巴的灵活度，也会和舌头、牙齿等图层相互影响。而对 Live2D 模型来说，嘴巴是呈现表情和对话感的重要部位，因此除非有特殊需要，否则不建议在嘴里加入物品，画师在设计角色时应谨慎取舍。

10.4.3　三维物品的拆分

在 Live2D Cubism 中，模型师可以制作出几乎完全三维化的物品。比如，六面体和排球都可以 360° 旋转，这样的三维物品能为 Live2D 模型带来很有趣的效果，如图 10-56 所示。

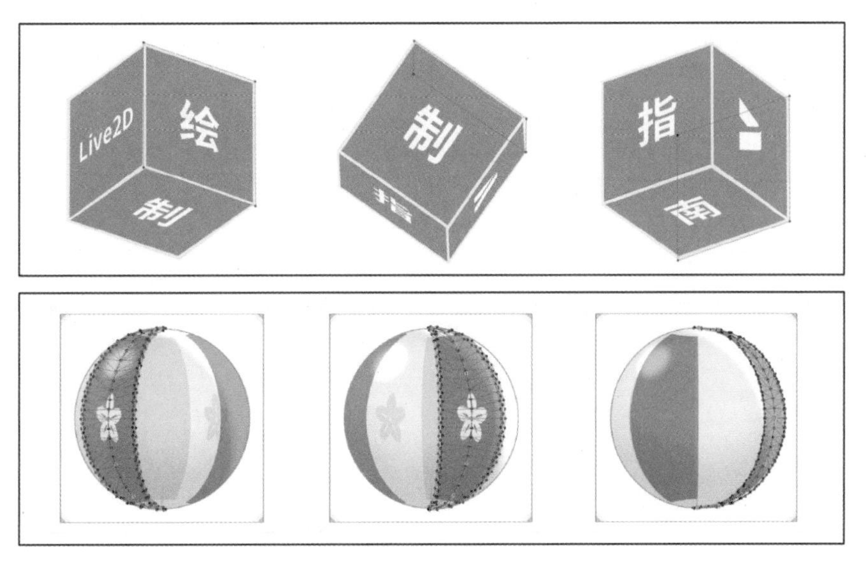

图 10-56　Live2D 模型中的三维物品

既然物品是三维的，在准备图层时我们就需要将各个方向的面都绘制好。对于六面体，我们需要将 6 个面分别拆分出来；而对于排球，则需要拆分出构成球体的每一片材料，而且要以朝向正面的状态进行绘制，如图 10-57 所示。

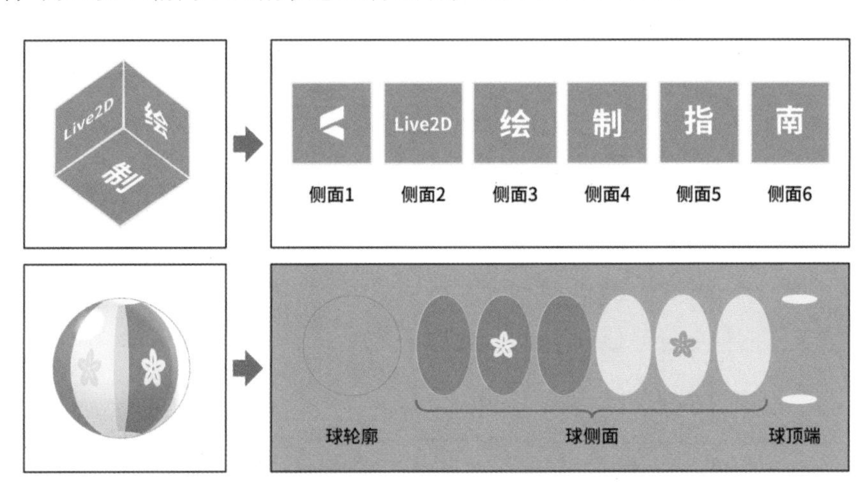

图 10-57　拆分三维物品

需要注意的是，由于我们只准备了将三维物品拆分开后的图层，因此需要向模型师详细描述这些图层该如何组合，以及组合起来是怎样的效果。

另外，在 Live2D Cubism 中制作三维物品比较烦琐，可能会带来很高的成本，因此是否加入三维物品不仅要看角色的设计，还要看项目的规格。

第11章

拆分案例：表情贴图

在 Live2D 模型中，有一类比较特殊的图层被称为“贴图”。图 11-1 所示为表情贴图。

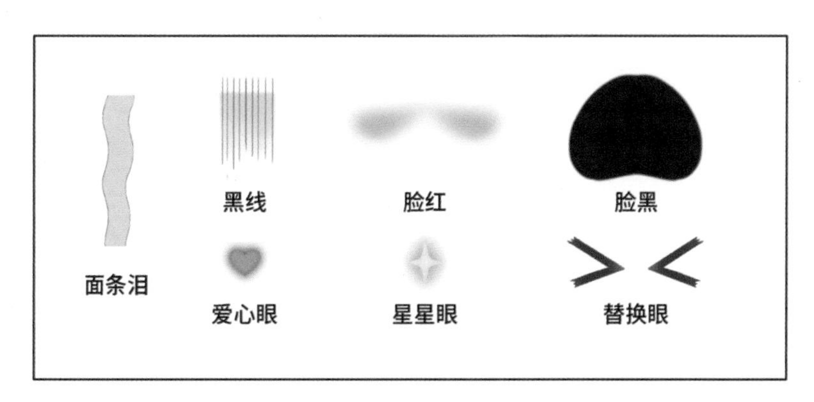

图 11-1　表情贴图

表情贴图的主要作用是以漫画化的手法强化角色表情的表现力。借助表情贴图，我们可以实现仅凭五官变化无法达到的效果。如图 11-2 所示，在上下两组图中，角色的五官神态是完全相同的；我们只为每种表情添加了一个表情贴图，却让表情的表现力有了质的提升，甚至让表情表达了不同的含义。

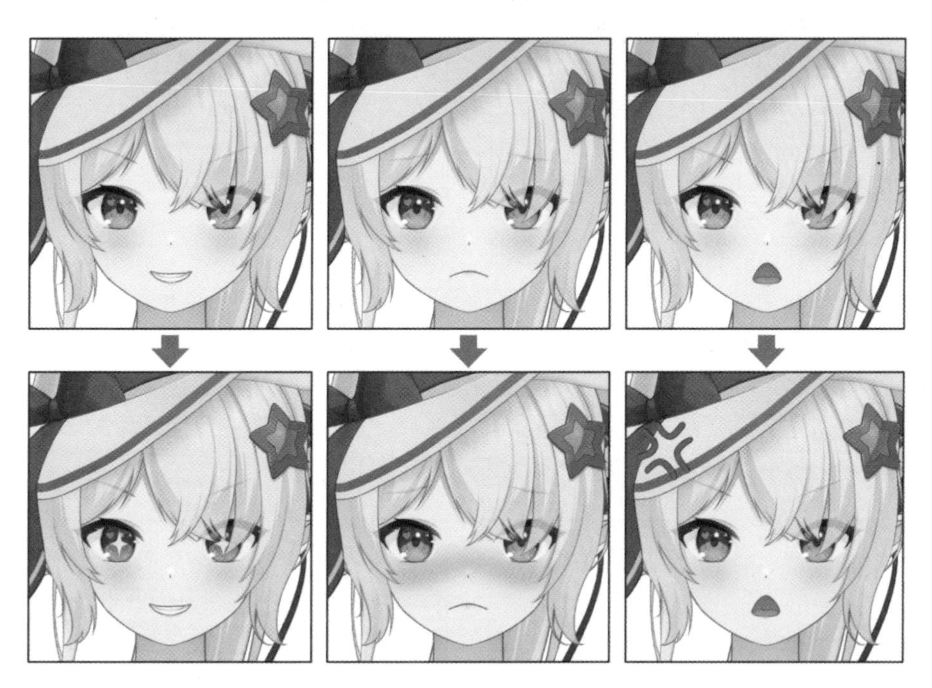

图 11-2　表情贴图的作用

表情贴图只会配合特定的表情出现，而立绘的默认表情往往比较平淡，所以立绘上原本是不会有表情贴图的。因此，“拆分”表情贴图的描述是不够准确的，我们往往需要绘制它们。下面介绍一些典型的表情贴图的绘制方法。

11.1 眼睛贴图

在制作和眼睛相关的贴图时，我们需要注意贴图图层和眼睛图层的顺序问题。

其实，我们可以将眼睛中原本就有的“高光”图层视为眼睛贴图。在角色需要做出冷漠或沮丧的表情时，我们可以将“高光”图层关闭，以进一步强化情感表现。

11.1.1 星星眼和爱心眼

星星眼和爱心眼是常见的眼睛贴图，如图 11-3 所示。显而易见，它们应位于“眼黑”图层上方和“（上/下）眼睑”图层下方。

图 11-3 星星眼和爱心眼

需要注意的是，由于眼睛里通常会有较亮的高光，因此贴图也是比较亮的。如果直接将“星星眼”图层放在“眼黑”图层上方，则会受图层间的相互影响，导致贴图的效果不够明显。此时，我们可以在“星星眼”图层下方额外添加一个“星星眼阴影”图层，将“高光”图层和“眼黑”图层压暗，以此凸显星星眼的效果；而对于爱心眼，则建议添加一圈描边和外发光效果，如图 11-4 所示。

图 11-4 眼睛贴图的底色或描边

如果不想分层，则可以将“星星眼阴影”图层和“星星眼”图层直接合并。但拆分开这两个图层后，当星星眼或爱心眼跳动（循环变大变小）时，背后的“星星眼阴影”图层或“爱心眼外发光”图层可以不同步变化，这样能产生更有趣的效果。

11.1.2 泪滴和面条泪

除了眼黑内的贴图，我们还可以准备眼泪等贴图。常见的眼泪类型有泪滴和面条泪两种。

如果不想让模型的表现效果过于漫画化，或者想体现出角色贤淑内敛的感觉，则可以选择泪滴，如图 11-5 所示。我们主要添加挂在下眼睑上的“泪珠”图层。为了表现泪珠的水润感，建议将“泪珠高光”图层也单独拆分出来，以便单独移动它。此外，我们还可以添加“泪滴”图层，让模型师制作眼泪沿着脸颊滴落的效果。

图 11-5　拆分泪滴

面条泪是一种比较漫画化的表现方式，如图 11-6 所示。在拆分面条泪时，我们可以将顶端切成水平的，这是因为当眼睛闭合时，眼睑会是一条细线，隐藏面条泪顶端的空间并不充裕。而底端则建议超出脸颊范围，以便制作摇摆效果。在建模时，我们可以将“脸线”图层和“脸色”图层作为蒙版图层，只显示面条泪在脸颊范围内的部分。

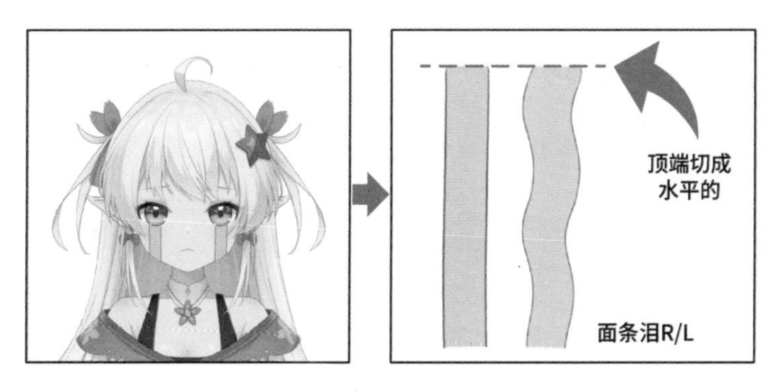

图 11-6　拆分面条泪

11.2 脸部贴图

在制作脸部贴图时，我们需要注意贴图图层和五官图层间的顺序问题。

其实，我们可以将脸上原本就有的“脸颊红晕”图层视为脸部贴图。在角色受到惊吓时，我们可以将“脸颊红晕”图层关闭，呈现出脸色煞白的效果。

除了原本就有的脸颊红晕，常见的类似效果还有脸红、脸黑和黑线等，如图 11-7 所示。这些脸部贴图都在脸颊的范围内，但在绘制时最好稍微超出脸颊范围一些，在建模时使用“脸色”图层作为它们的蒙版图层。

图 11-7　脸红、脸黑和黑线

其中，“脸红”图层和“脸黑”图层都可以使用“乘法”（正片叠底）混合模式制作，但需要特别注意图层顺序的问题。如图 11-8 所示，“脸黑”图层必须位于所有五官图层的上方，这样才能压暗整张脸。

图 11-8　“脸黑”图层的图层顺序

而“脸红”图层要更复杂一些。通常来说，“脸红”图层必须位于“眼睛”图层组下方，否则会影响眼白的颜色。如果嘴巴带有肉色边缘，则“脸红”图层必须位于“嘴”图层组上方，否则会导致肉色边缘和脸无法融合。如果鼻子原本就有高光，则“脸红”图层最好位于“鼻子”图层组上方，否则无法将“鼻子高光”图层压暗（除非你想要的就是这样的效果）。这些问题都会影响观感，如图 11-9 所示。

图 11-9 "脸红"图层的图层顺序

如果考虑同时加入"脸红"图层和"脸黑"图层，则必须合理规划整张脸的图层顺序。推荐的脸部贴图的图层顺序如表 11-1 所示。

表 11-1 推荐的脸部贴图的图层顺序

🗀 表情	脸黑	
	🗀 眉毛	左眉
		右眉
	🗀 右（左）眼睛	右（左）上眼睑
		右（左）下眼睑
		右（左）高光
		右（左）眼黑
		右（左）眼白
	黑线	
	脸红	
	脸颊红晕	
	🗀 鼻子	鼻子点
		鼻子高光
	🗀 嘴	上嘴唇
		下嘴唇
		嘴内

除了脸部贴图，还有添加在整个头部上方的贴图，如愤怒符号和流汗，如图 11-10 所示。

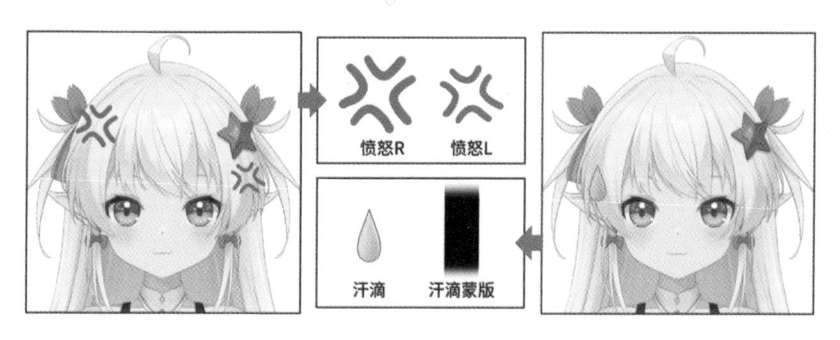

图 11-10 愤怒符号和流汗

我们已经分别在4.1.3节和5.3.3节中讲过这两种贴图的拆分方式了。对于愤怒符号和叹号等贴图，我们需要将其单独拆分到一个图层上。而对于流汗贴图，我们需要拆分出“汗滴”图层，并根据汗水滴落的范围准备一个“汗滴蒙版”图层。

11.3 其他贴图

除了和表情关联性较强的贴图，还有一些可以用于辅助表现角色状态的贴图。在通常情况下，我们可以将这些贴图的图层放在“前发”图层组的上方（也就是所有角色相关的图层的上方），不必考虑图层顺序的问题。

11.3.1 对话框贴图

针对一些特殊表情或宣传需要，我们可以将一些常用的文字做成贴图放在模型里。比如，我们可以为角色制作睡着的表情，额外增加一个“ZZZ…”的对话框，让观众更容易理解当前的状况；也可以将直播间的宣传语放在对话框中，如图11-11所示。

图11-11 文字对话框贴图

在11.2节中讲过的愤怒符号和叹号等表情符号，其实也可以制作成对话框形式的贴图，得到的效果同样非常不错，如图11-12所示。

这类贴图制作起来比较简单，让它们分别单独占用一个图层即可。如果想再拆分得精细一些，则可以将对话框和里面的内容放在不同的图层上。

图 11-12 表情符号对话框贴图

11.3.2 氛围贴图

此外，我们还可以使用氛围贴图让角色的脸周围出现一些爱心、星星或花朵等，以此强调某种氛围，如图 11-13 所示。

图 11-13 氛围贴图

为了方便模型师建模，建议将其中的每一颗爱心、每一颗星星、每一朵花都拆分到单独的图层上。因为这些贴图通常不是静态的，只有让每个小贴图都跳动起来，才会有较好的效果。

11.4 替换用贴图

除了上述这些添加在原本的表情上的贴图，还有一类替换用贴图。也就是说，我们可以使用替换用贴图代替原本的部位。

如图 11-14 所示，通过变形将原本的眼睛变成右侧的这种状态是几乎不可能做到的。因此，我们需要直接绘制出右侧的这种眼睛，让模型师直接替换掉原本的图层。

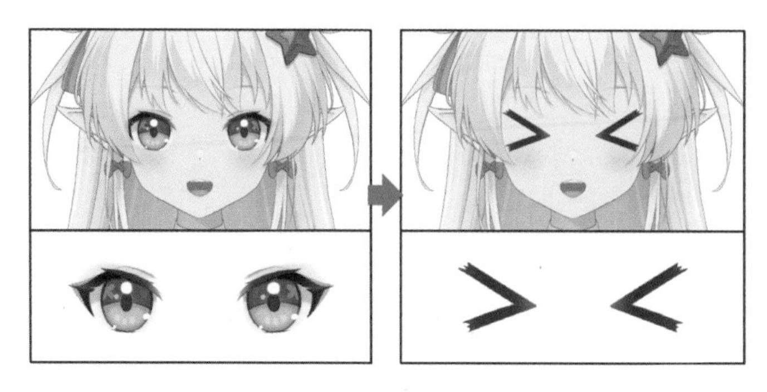

图 11-14　替换眼睛

同样地，我们还可以用贴图替换掉嘴巴、眼黑等部位，以此制作出仅通过变形很难得到的表情，如图 11-15 所示。

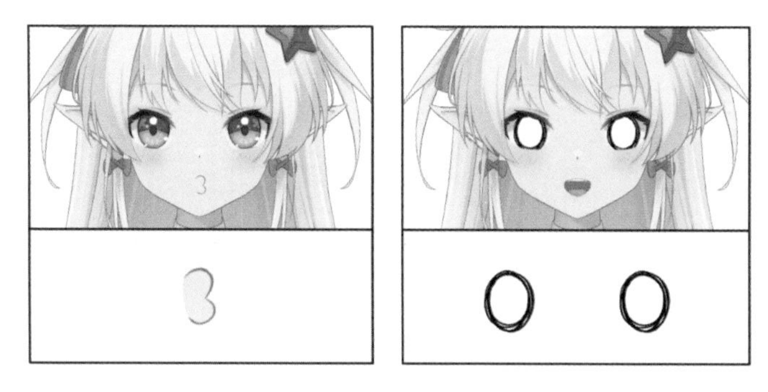

图 11-15　替换嘴巴和眼黑

需要注意的是，虽然替换贴图的瞬间能带来非常显著的表情变化，但是贴图本身的运动能力往往比较有限。比如，图 11-14 中替换的眼睛很难制作眨眼效果，图 11-15 中替换的嘴巴也很难制作张嘴效果。由于替换用贴图能带来的效果是有限的，因此需要把默认的一套五官做好。

11.5 贴图和挂件

在目前主流的面部捕捉软件中，我们都能找到“挂件”功能。使用“挂件”功能，可以将一张图片（或其他 Live2D 模型）吸附到当前使用的 Live2D 模型的任意部位上，达到类似于贴图的效果，如图 11-16 所示。

图 11-16　VTube Studio 的“挂件”功能

“挂件”功能使用的图片可以是动态的，并且可以跟着模型移动。对使用面部捕捉软件的用户来说，“挂件”功能非常容易部署，也非常方便更换，比使用快捷键触发的固定贴图要方便得多。因此，我们可以将一些简单的贴图导出为图片，让用户在面部捕捉软件中直接使用，而不是让模型师把它们制作到模型里。这不仅方便了用户，还可以降低建模成本。

我们在 11.3.1 节中讲的对话框贴图就非常适合作为“挂件”功能要吸附的贴图使用。除此之外，翅膀、耳朵、尾巴、头顶光环、眼镜等可以直接放在模型前方或后方的内容，也很适合作为“挂件”功能要吸附的贴图使用。如图 11-17 所示，使用“挂件”功能可以将贴图吸附到模型上，得到的效果还是不错的。

图 11-17　使用“挂件”功能将贴图吸附到模型上

第 12 章

拆分案例：处理特殊图层

至此，我们已经讲解了许多典型情况该如何拆分，本章主要讲解一些拆分时可能会遇到的难点，以及可以使用的技巧。

12.1 处理半透明图层

本节主要讲解各种和半透明图层相关的问题。

12.1.1 补画半透明图层上的缝隙

在拆分时，我们经常会遇到半透明的图层。也就是当图层的“填充”和“不透明度”均为 100% 时，仍然是半透明的。这类图层是非常难以拆分和补画的，最理想的情况是画师在绘画时直接单独将其绘制好。

如图 12-1 所示，无论我们的画笔是否带有模糊的边缘，是否是半透明的，都很难处理好衔接部分。

半透明图层(背景是透明网格)

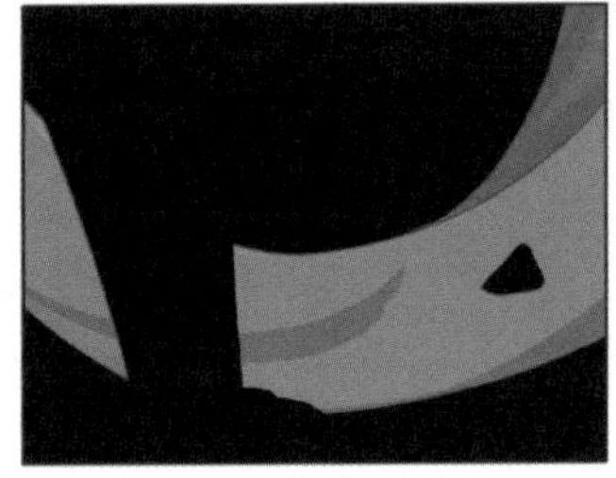

半透明图层(背景是黑色)

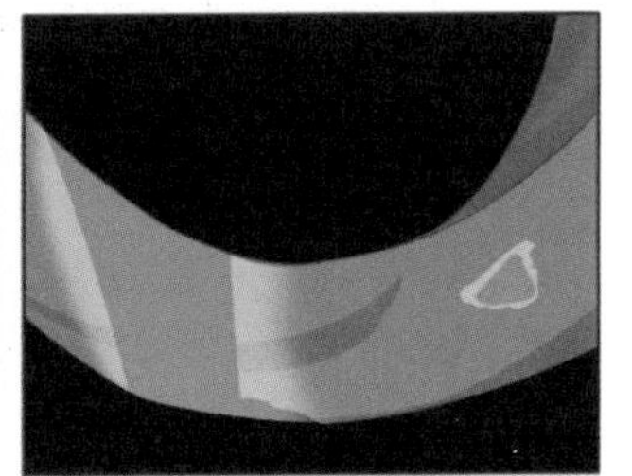

非常难以补画

图 12-1　难以补画的半透明图层

如果不得不拆分补画这样的图层，则有两种可行的方法。

1. 用涂抹工具填补漏洞

如果半透明的图层上只是有些小的漏色问题，则可以使用 Photoshop 中的涂抹工具完成填补。先在工具栏中单击“涂抹工具”图标，再打开“画笔设置”面板（快捷键为“F5”），将“硬度”调整为“0%”（或者选择一个边缘模糊的笔尖），适当调整笔刷的“大小”；最后在选项栏中适当调整笔刷的“强度”，并取消勾选“对所有图层取样”复选框，如图 12-2 所示。

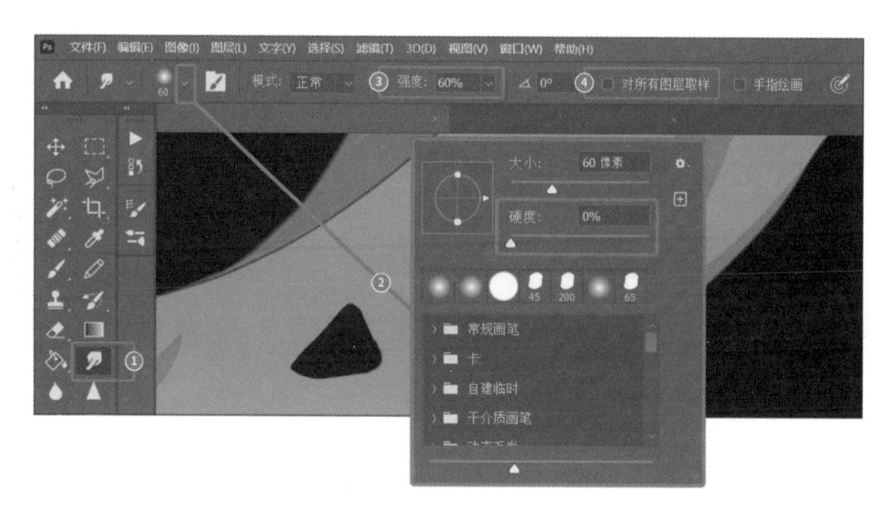

图 12-2　设置涂抹工具

使用涂抹工具沿着纹理的方向轻轻涂抹，涂抹过几次后，漏色的部分就会被修补好，同时整个图层会保持半透明状态，如图 12-3 所示。

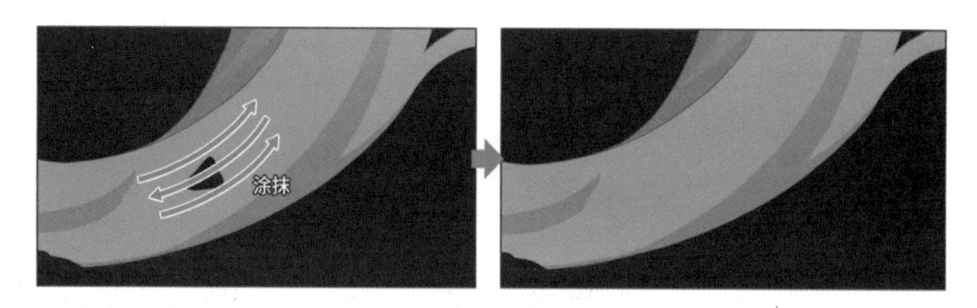

图 12-3　用涂抹工具填补漏色

2. 把图层变成非透明状态后补画

在透明图层缺少了一大块时，只能先将图层变成非透明状态，再进行补画。要想将图层变为非透明状态，则需要将图层重叠几次：选中半透明的图层，多次在菜单栏中执行“图层”→“新建”→“通过拷贝的图层”命令（或者按组合键“Ctrl+J”），直到图层看起来不再透明。之后将所有复制出的图层合并，我们就得到了非透明状态的图层，如图 12-4 所示。

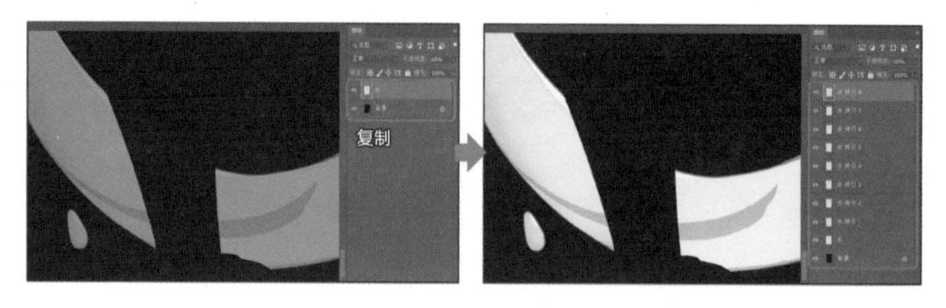

图 12-4　将图层调整为非透明状态

此时按照正常的方式补画好缺失的部分。补画完成后，直接调整不透明度或使用图层蒙版，重新将图层变为半透明状态，如图 12-5 所示。

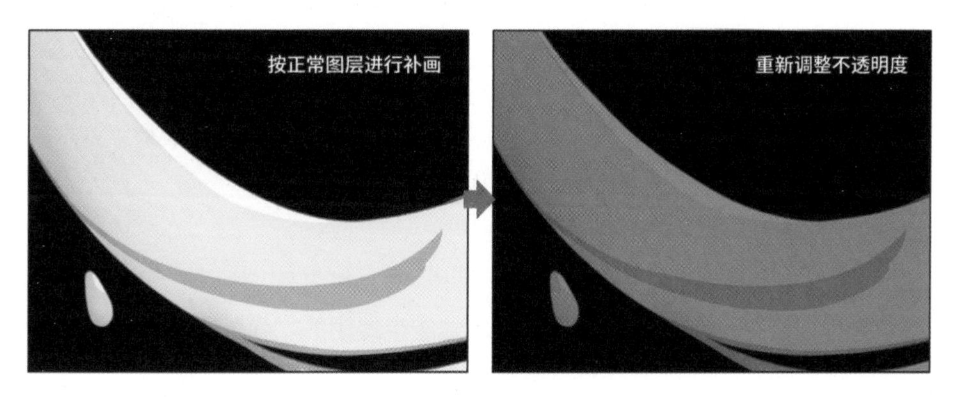

图 12-5　补画调整后的图层

需要注意的是，在使用这种方法时，图层边缘原本可能有一些不透明度较低的像素，在叠加后这些像素的不透明度会增加，导致图层的边缘出现锯齿，如图 12-6 所示。此时，我们还需要手动处理一下图层的边缘。

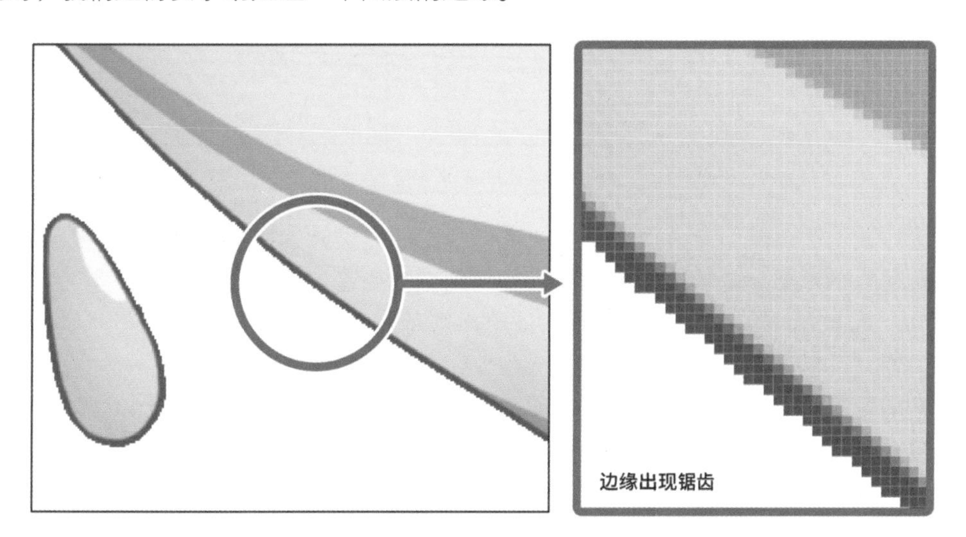

图 12-6　叠加图层导致边缘出现锯齿

12.1.2　五官透过头发的效果

在绘制立绘时，我们经常需要制作五官透过头发的效果（比如，让眼睛和眉毛透过头发），如图 12-7 所示。这个效果在 Live2D 模型上也可以实现，下面以眉毛为例，介绍 3 种让眉毛透过头发的方法，并对应 3 种不同的拆分策略。

图 12-7　五官透过头发的效果

1. 让前发半透明

最简单直接且符合直觉的方式是将前发做成半透明的。我们直接将前发的下半部分涂抹成半透明的，即可让下方的图层显示出来，如图 12-8 所示。

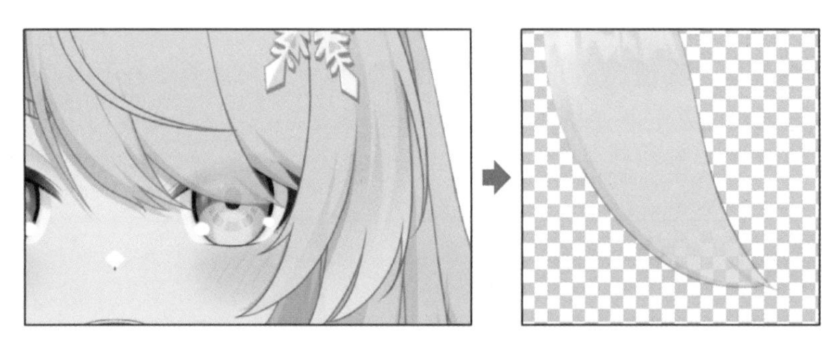

图 12-8　让前发半透明

这样做的优点是简单直接，不需要模型师做任何额外的操作。但缺点也很明显，因为头发的下半部分是半透明的，所以其颜色必然变暗。我们需要稍微提亮下半部分的颜色，让半透明的部分看上去没有明显的不协调感。

另外，因为头发本身是半透明的，所以无法做到让头发只遮挡一部分内容。比如，有时我们希望头发能遮住眼睛，但眉毛却能透过头发，这种效果很难使用当前这种方法做到。但是，如果希望眼睛和眉毛都能透过头发，或者仅眼睛能透过头发，则可以使用当前这种方法做到，如图 12-9 所示。

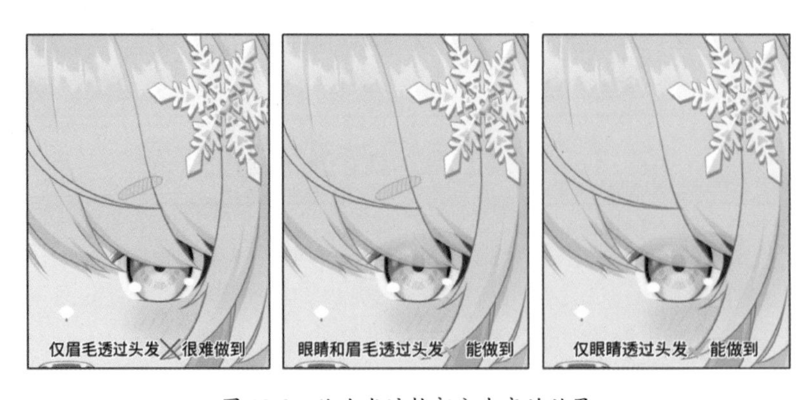

图 12-9　让头发遮挡部分内容的效果

2. 为眉毛准备剪贴蒙版

为了能精确地控制哪个部分能透过头发，我们可以使用“剪贴蒙版”功能。比如，想要让眉毛以 30% 的不透明度透过头发，我们可以先复制一个眉毛图层并将“不透明度”改为“30%”，再和一个空图层合并，从而得到眉毛蒙版图层，如图 12-10 所示。

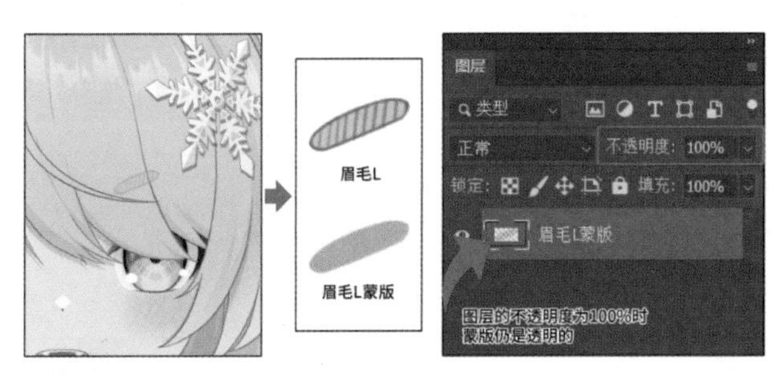

图 12-10 设置眉毛蒙版图层

模型师在建模时，将眉毛蒙版图层作为蒙版图层，将前发相关的图层作为被剪贴图层，开启“反转”即可。这样在眉毛蒙版的范围内，前发相关的图层将会是半透明的（相当于不透明度为 70%）。

这种方法的优点在于，可以精确控制眉毛可以透过哪几束头发。比如，我们想让其中一束头发遮盖住眉毛，可以不为它设置剪贴蒙版。而缺点在于，这种方法会额外占用 2 个剪贴蒙版的份额。

3. 复制眉毛图层

相比起蒙版，我们还有一种更简单直接的方法，即直接复制一个眉毛图层，将其放在“前发”图层组上方，并将“不透明度”改为“30%”，如图 12-11 所示。

图 12-11 复制眉毛图层

模型师在建模时，也可以遵循相同的逻辑，即完成眉毛的建模后，先复制一个眉毛图层，再将其移到“前发”图层组上方，最后将不透明度降低到30%。

这种方法是最简单高效的，但对模型师的要求较高。因为复制的眉毛图层位于“前发”图层组上方，所以眉毛的完整形状总是可见的。模型师必须有能力处理好各种状态、各种角度下的眉毛，避免出现不协调的感觉。

12.1.3 半透明图层和背景

我们在4.2.1节中讲过，如果半透明图层的背后是背景，则在使用绿幕抠图（色度键）时，可能会破坏半透明图层，如图12-12所示。

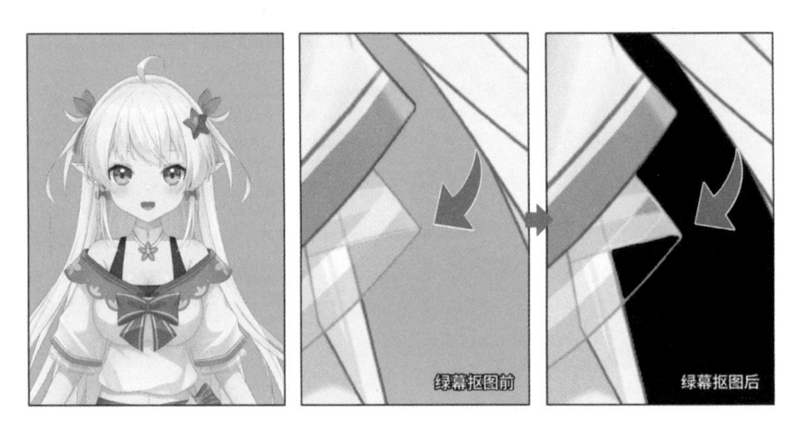

图12-12 绿幕抠图可能造成的问题

无论是画师还是模型师，都无法保证用户会在什么环境下使用Live2D模型。因此，如果模型有大量的透过背景的半透明部分，则建议垫一层白底作为保护。我们仍以刚才的模型举例，准备一个形状完全相同且不透明的白色的图层垫在模型的最下方，以保护图层，如图12-13所示。为了得到不透明的图层，我们可以将原本的半透明图层多复制几份并合并，最后将图层改为白色。

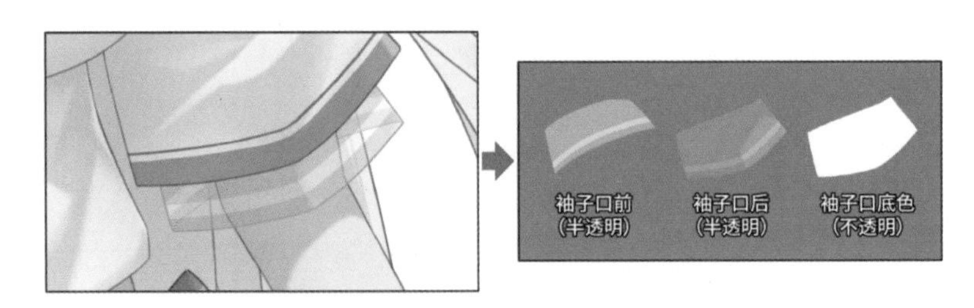

图12-13 白色保护图层

模型师在建模时，可以为这些白色图层设置快捷键开关。用户在需要使用绿幕抠图（色度键）时，可以将这些图层打开，如图12-14所示。这样就可以保证模型在任何环境下都有较好的效果。

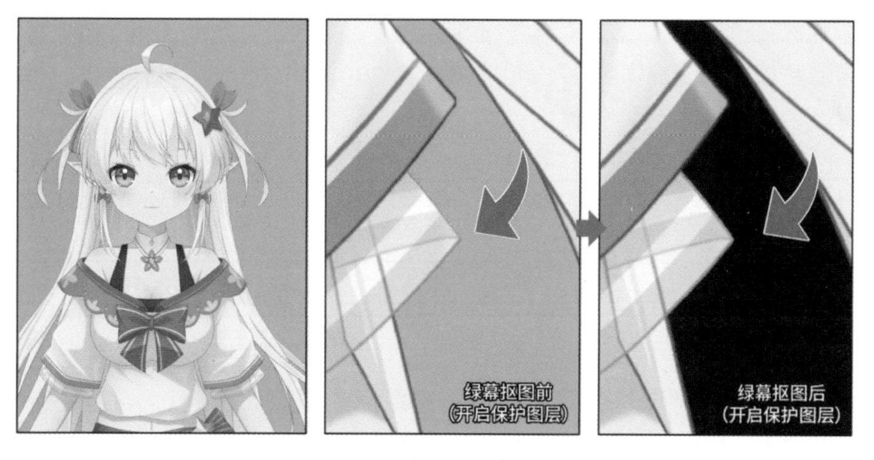

图 12-14 白色保护图层的作用

12.2 处理阴影

我们之前简单提及过阴影图层应该如何拆分和处理，这里再统一总结和深入探讨一下。

首先是阴影的尺寸问题。我们往往是以“阴影需要运动”为前提拆分阴影的。通常来说，让阴影图层的面积和投影物体相似即可。比如，裙子阴影的面积应该类似于裙子；袖口阴影的面积应该类似于袖口；头发阴影的面积应该类似于对应发束，如图 12-15 所示。只有这样，阴影图层才是完整的，运动时才不会出现破绽。

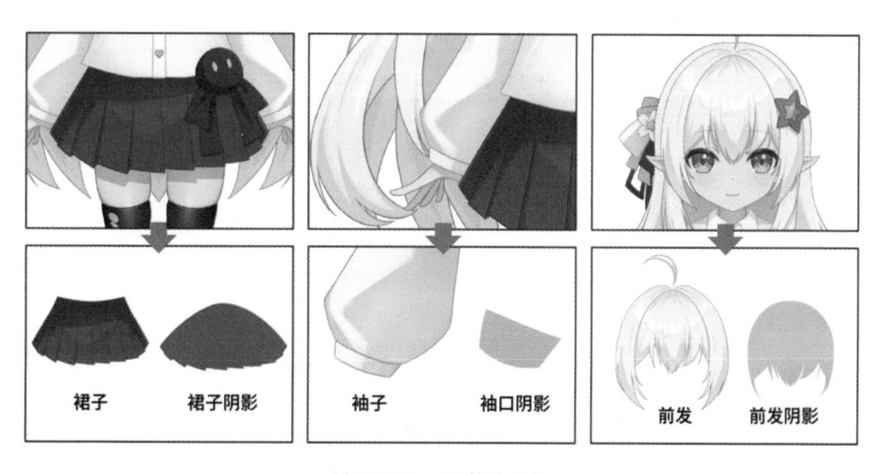

图 12-15 阴影的面积

为 Live2D 模型添加阴影，有以下 3 种方法。

① 使用混合模式为“正片叠底”（也就是 Live2D Cubism 中的“乘法”）的阴影图层。

② 使用颜色较深的半透明图层。

③ 使用不透明的纯色图层。

这 3 种方法各有优劣，而且有各自的最佳用途。

12.2.1 混合模式为“正片叠底”的阴影图层

我们以裙子阴影为例讲解混合模式为“正片叠底”的阴影图层。Live2D Cubism 中“乘法”混合模式和 Photoshop 中“正片叠底”混合模式的效果是相同的，可以对下方的图层起到压暗和调色的作用。因此对画师来说，使用“正片叠底”混合模式可以更好地控制阴影的颜色。

为了得到和裙子相近的阴影形状，我们可以复制一个“裙子前”图层，为其填充一个相对较亮的颜色（颜色越深压暗效果越明显），并使用笔刷稍微修改形状，如图 12-16 所示。我们也可以为阴影图层添加一点高斯模糊效果，让阴影更柔和。

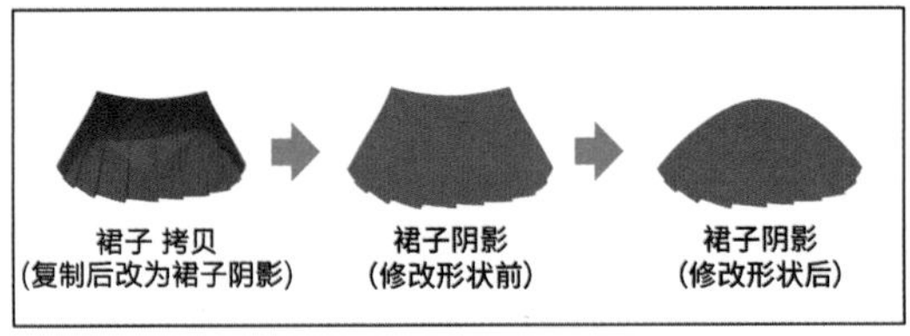

图 12-16 用裙子图层得到裙子阴影图层

将得到的图层命名为“裙子阴影”，混合模式改为“正片叠底”，并将“腿”图层组作为它的蒙版图层。如果对所得的阴影颜色不满意，则可以调整“裙子阴影”图层的颜色和不透明度，如图 12-17 所示。

图 12-17 调整“裙子阴影”图层的颜色和不透明度

这种阴影图层的优点在于，“正片叠底”混合模式的图层效果是压暗下方的所有内容，所以线条的颜色总是会比颜色更深，不会出现对比度严重降低的问题。而缺点之一是，“正片叠底”混合模式的图层通常饱和度不能为 0，否则阴影看起来会很脏。反过来说，“正片叠底”混合模式的图层必须是有颜色的，如果阴影需要跨越各种颜色的区域，则压暗后得到的阴影的颜色可能会不自然，如图 12-18 所示。

图 12-18 带颜色的正片叠底图层

因此，混合模式为“正片叠底”的阴影图层更适用于制作衣服在皮肤上的投影。如果投影范围内有许多种颜色（比如，外层衣服在内层衣服上的阴影），则直接使用12.2.2 节讲的半透明的阴影图层。

12.2.2 颜色较深的半透明的阴影图层

如果投影需要跨越各种颜色的区域，则可以使用半透明阴影图层制作。下面以夹克的阴影为例进行讲解。

为了得到和夹克形状类似的图层，我们需要复制一个“夹克右”图层，为其填充一个相对较深的颜色，并稍微修改一下阴影图层的形状，如图 12-19 所示。

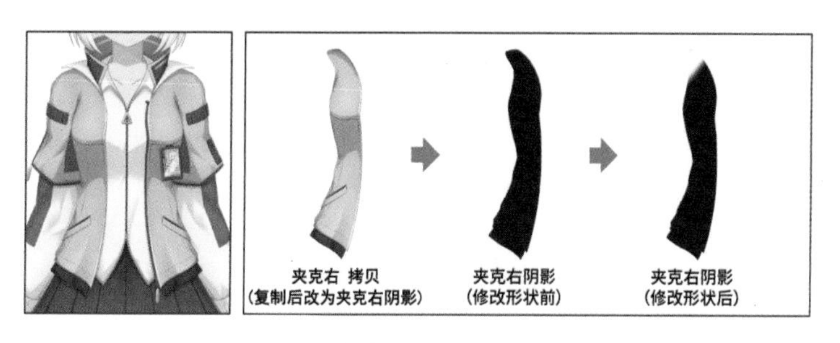

图 12-19 用夹克图层得到夹克阴影图层

将得到的图层命名为“夹克右阴影”，并降低不透明度直到满意为止。如果阴影并没有超出立绘，则不需要在 Photoshop 中设置蒙版；如果对所得的阴影颜色不满意，则可以调整“夹克右阴影”图层的颜色和不透明度，如图 12-20 所示。

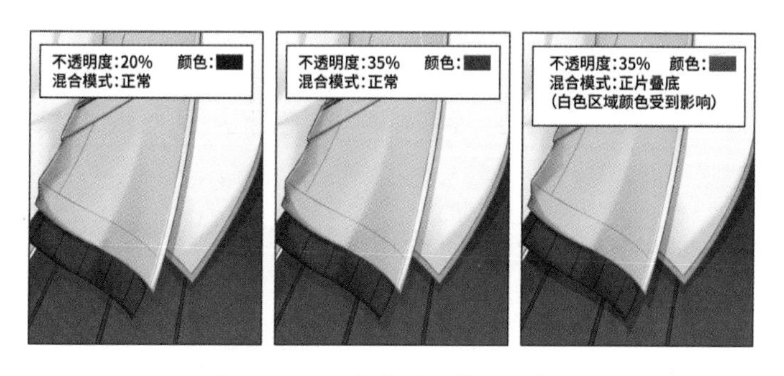

图 12-20 让半透明阴影图层生效

相对于混合模式为“正片叠底”的阴影图层来说，这种半透明的阴影图层对颜色的影响更小，而且产生的负载更小，非常适合作为衣服的阴影，又因为混合模式为“正片叠底”的阴影图层产生的阴影往往比较昏暗，难以兼顾亮度和饱和度，所以不太适合用在皮肤上。

12.2.3 不透明的阴影图层

我们在 4.2.1 节和 4.3.1 节中讲过，前两种阴影图层有一个通病：无法在 Live2D Cubism 中实现先合并图层再压暗的效果（尽管在 Photoshop 中可以实现）。如果将前两种阴影图层用在头发上，则在 Live2D Cubism 中会得到如图 12-21 所示的效果。

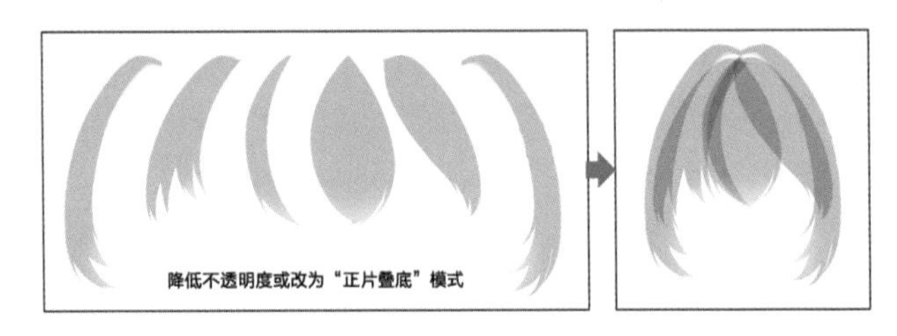

图 12-21 前两种阴影图层用在头发上的效果

理论上，模型师可以使用“剪贴蒙版”功能处理这个问题。但是，如果模型比较精细，头发阴影可能有十几个图层，则需要消耗十几个剪贴蒙版，这是不可接受的。因此，对于头发阴影，我们往往使用不透明的阴影图层。

和之前一样，先对所有会产生阴影的头发图层进行复制，再填充阴影颜色并适当改变形状，从而得到头发阴影，如图 12-22 所示。当然，头发阴影是比较细腻的部分，因此手动绘制阴影也是完全可以的。需要注意的是，不能让头发和阴影的拆分精度不一致，每一束额头前的头发都要有自己的阴影图层。

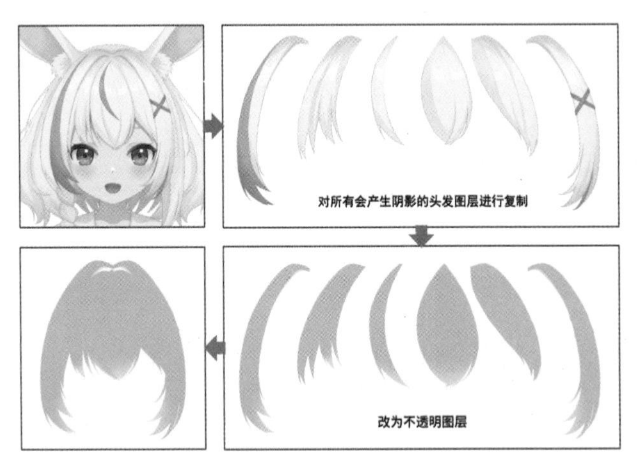

图 12-22 用头发图层得到头发阴影

在所有头发阴影图层的名称后面加上“阴影”后缀，将它们打包成“头发阴影”图层组，并将“头发阴影”图层组放在“脸线”图层和“脸色”图层之间，如图 12-23 所示。如果对所得的阴影颜色不满意，则可以调整每个图层的颜色，但是不可以改变不透明度。

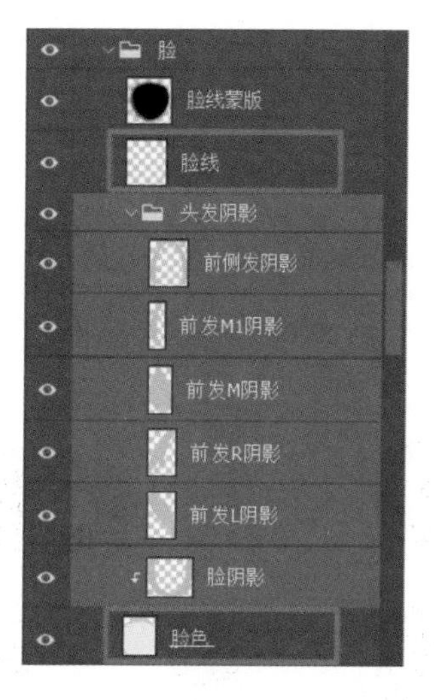

图 12-23　让不透明的阴影图层生效

这种阴影图层是不透明的，所以必须将被投影的图层拆分为“线条”和“颜色”，并将阴影图层夹在中间，否则阴影图层会遮挡住线条。因此，这种阴影使用起来比较麻烦，通常只用于头发。

12.3 处理发光和变色

在制作发光或变色的效果时，其制作方法和制作阴影很相似，因为需要改变的同样是颜色和亮度。在 4.3.1 节和 10.2.2 节中，我们已经举过星星饰品和宝石发光的例子。下面举两个典型且简单的例子，并结合 Live2D Cubism 中的操作进行说明。

12.3.1 交通信号灯的发光和变色

图 12-24 所示为一个交通信号灯。我们可以利用混合模式在 Live2D Cubism 中实现交通信号灯的变色。

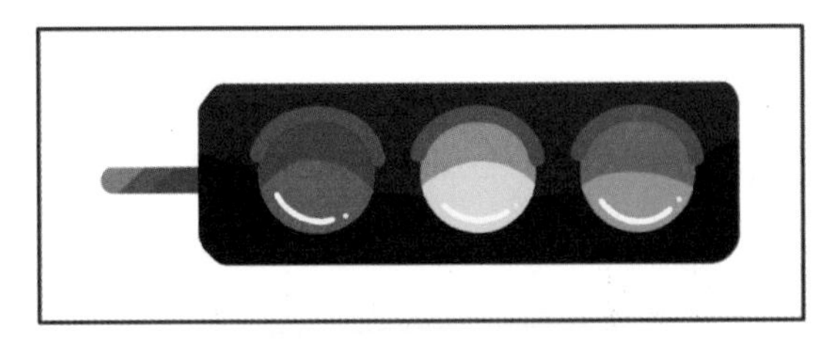

图 12-24　交通信号灯

我们首先要把交通信号灯的边框和 3 个灯拆分出来；然后将 3 个灯都改为深灰色，也就是关灯时的状态，如图 12-25 所示，这样我们就完成了交通信号灯的拆分。在命名时，我们可以在 3 个灯的名称后面加上开灯后对应的颜色代码。比如，红灯对应的图层可以命名为“红灯 ED1C24”，对应红色的色号“#ED1C24”。

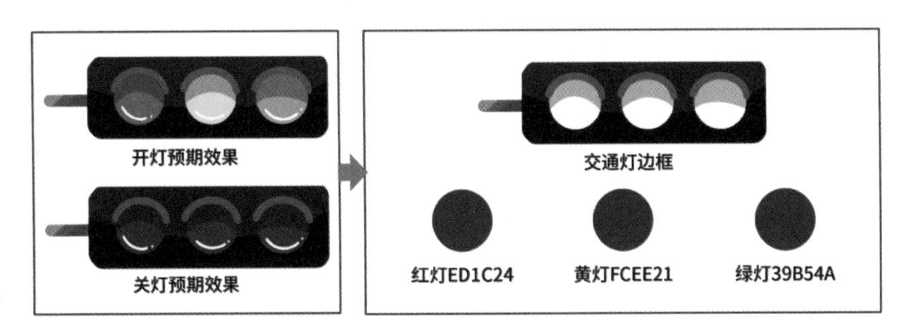

图 12-25　交通信号灯的拆分（1）

当在 Live2D Cubism 中建模时，模型师可以根据颜色代码，对 3 个灯进行调色，让它们重新变为亮起的状态，如图 12-26 所示。只要将调色前后的状态分别绑定在不同的参数上，就可以通过参数开关这 3 个灯。

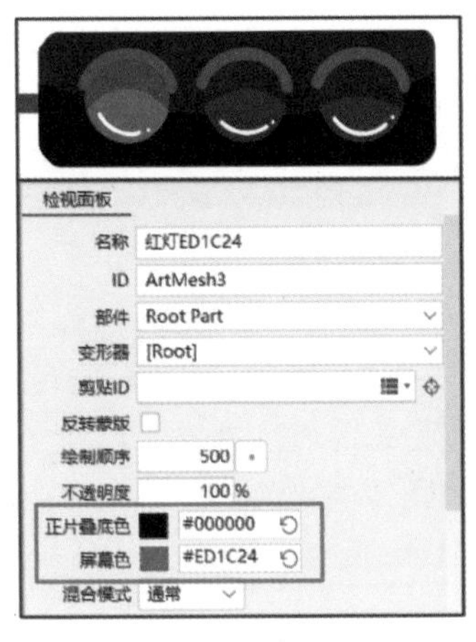

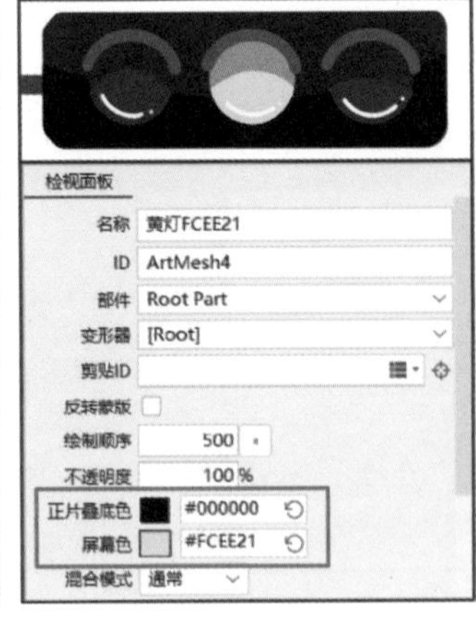

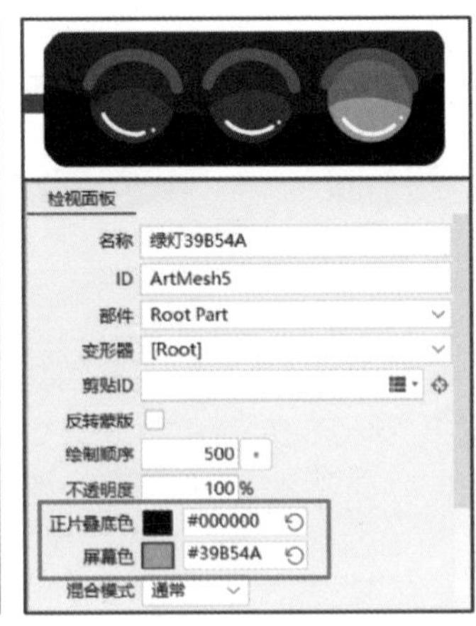

图 12-26　交通信号灯的变色

如果觉得缺少灯光亮起的感觉，则可以为每盏灯额外添加一个光晕图层。如图 12-27 所示，先准备一个和红灯颜色相近的图层，将其命名为“红灯灯光”；再对它进行模糊处理；最后将它覆盖在红灯的上方。当红灯关闭时，将“红灯灯光”图层的不透明度设置为0；当红灯开启时，将“红灯灯光”图层的不透明度设置为100%。

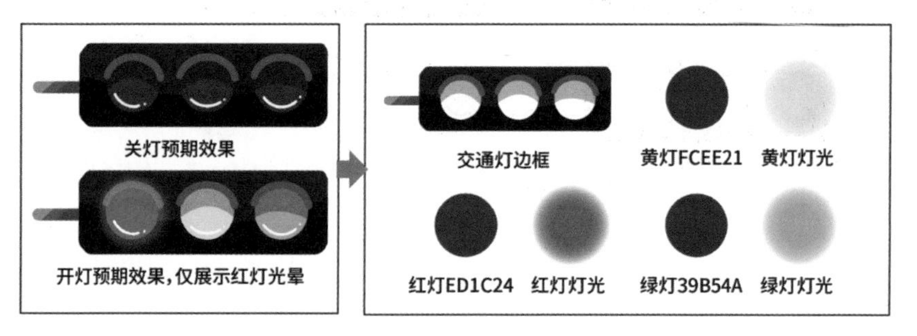

图12-27 交通信号灯的光晕

如果觉得“红灯灯光”图层的提亮效果不够好，则可以在Photoshop中将混合模式改为“线性减淡（添加）”并重新调色。在Live2D Cubism中，模型师将这个图层的混合模式改为“加法”（5.0版本之前为“变亮”），即可得到相同的效果，如图12-28所示。如果颜色和想象的略有差异，则可以微调“不透明度”等参数。

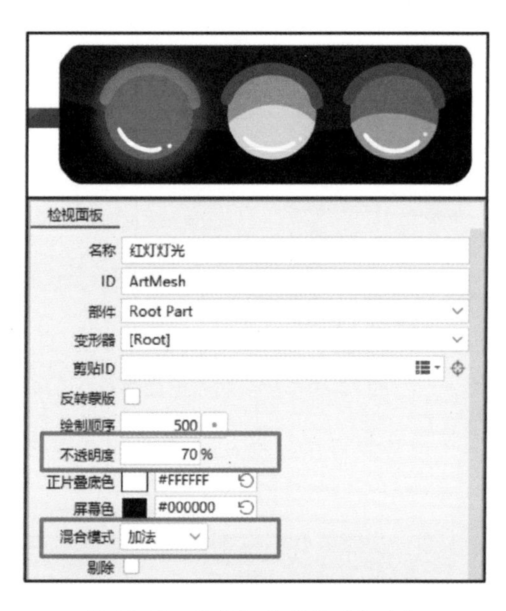

图12-28 信号灯的光晕（加法）

在上述案例中，我们演示了如何利用Live2D Cubism实现变色和发光效果。需要注意的是，“变色”功能需要SDK4.2或更高版本。如果无法确定Live2D模型的运行环境，则可以通过替换图层的方式更安全地实现这种效果。

针对红灯，我们可以直接准备“红灯亮起”和“红灯关闭”两个图层，如图12-29所示。在关灯状态下，将“红灯亮起”图层的不透明度设置为0。这种做法也非常常见。

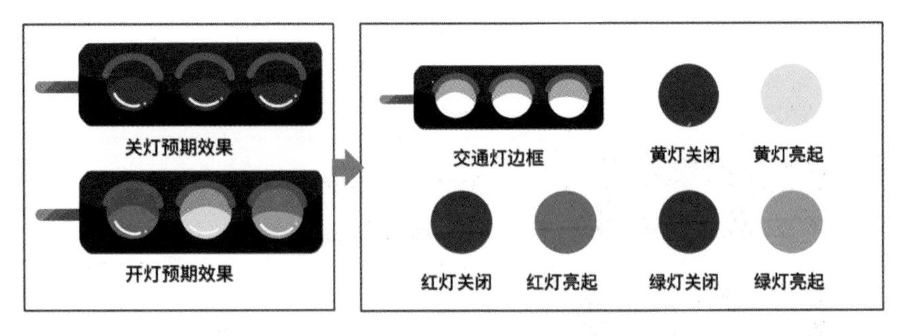

图 12-29　交通信号灯的拆分（2）

12.3.2　小提灯的反光

图 12-30 所示为一个欧式小提灯，可以作为角色的饰品。它周围的面由玻璃制成，所以会反射光线。

图 12-30　一个欧式小提灯

在拆分外壳时，我们先单独拆分出灯架，再为两侧的玻璃面准备一个反光用的图层，如图 12-31 所示。

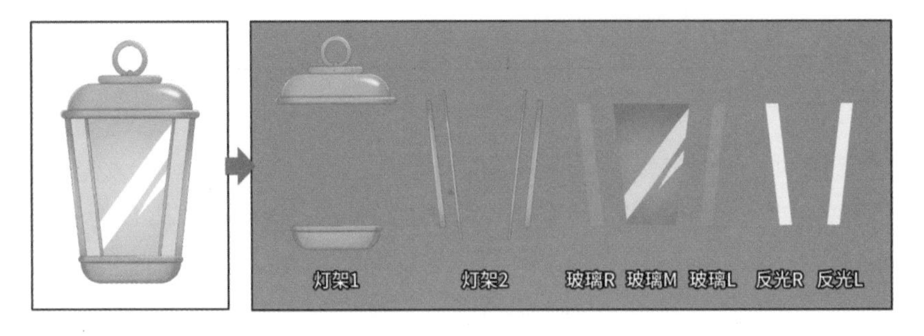

图 12-31　小提灯的拆分

在 Live2D Cubism 中，我们先将反光用的图层的不透明度设置为 0。当小提灯转到一定的角度时，就可以让某个面亮起（提高发光用的图层的不透明度），这样小提灯的反光效果会更有质感，如图 12-32 所示。

图 12-32　小提灯的反光效果

如果我们只用了“正常”和“线性减淡（添加）”两种混合模式，则通常只需保证 Photoshop 中光线的效果合适即可，不必担心在 Live2D Cubism 中的效果。因为模型师可以在 Live2D Cubism 中调整不透明度和颜色混合（参见 4.3 节），所以可以对光线的亮度和颜色进行微调。

12.4 使用不透明度渐变衔接图层

我们在拆分时，往往会遇到纹理或阴影比较复杂的图层，这种情况下难以找到合适的拆分点，可以使用不透明度渐变进行衔接。

比如，袖子的阴影不算太复杂，却有许多纵向纹理跨越了手肘的位置，如图 12-33 所示。如果要将它拆分成“大臂”和“小臂”两个图层，又不想将纹理拦腰斩断，则应该怎么做呢？此时，我们可以直接用不透明度渐变进行裁切。

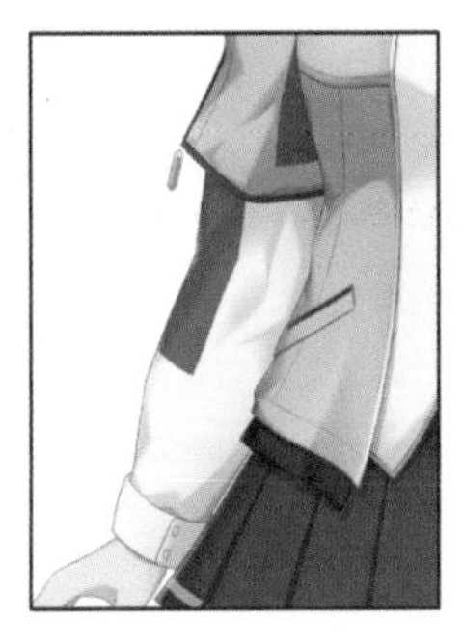

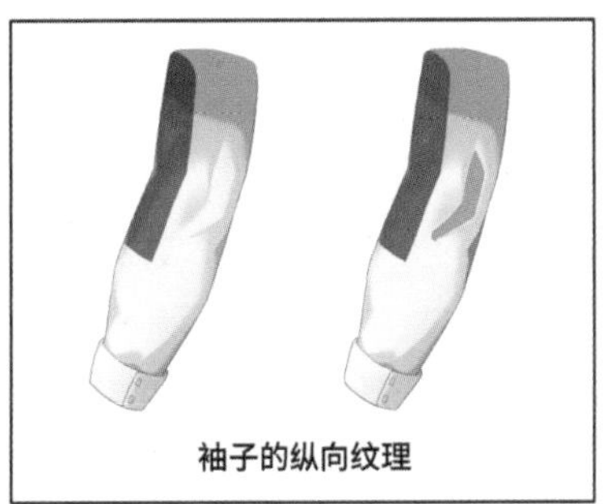

图 12-33　有纵向纹理的袖子

复制袖子图层，用带模糊的软笔刷在手肘的一侧擦出一个模糊的边缘，另一侧也如法炮制。这样“大臂”图层和“小臂”图层之间就会有半透明的过渡部分，衔接起来会更容易，如图 12-34 所示。虽然使用了不透明度渐变，但是应该和拆分裸手臂时一样，让衔接处接近椭圆形，这样可以减少运动时可能出现的问题。

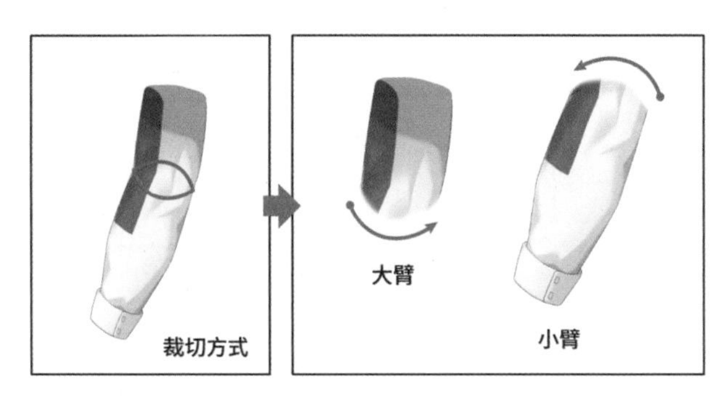

图 12-34　拆分有纵向纹理的袖子

在拆分 12.1 节讲过的半透明图层时，同样可以使用不透明度渐变衔接。但不同的是，半透明图层的衔接处最好用相互平行的直线渐变，这样才能保持衔接处的不透明度，如图 12-35 所示。

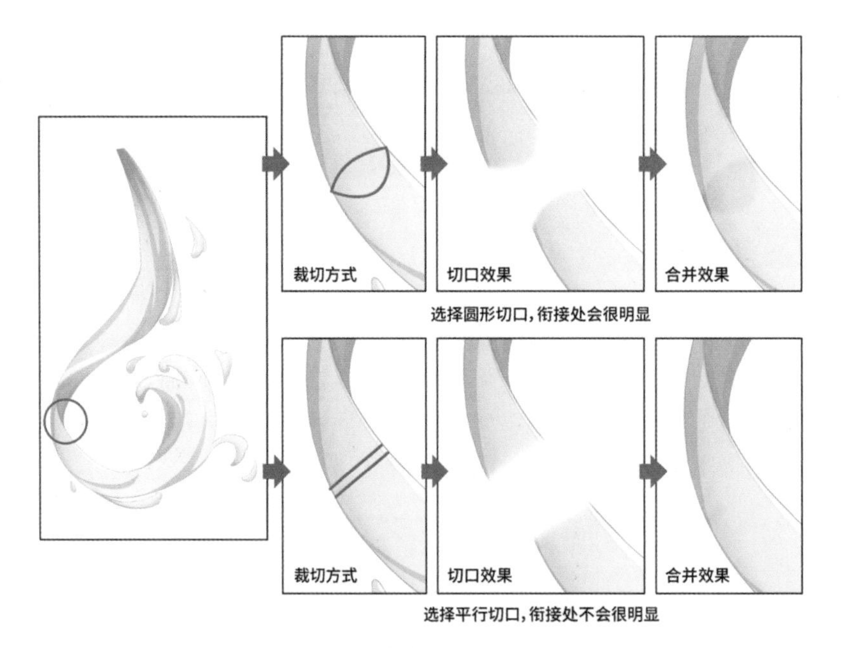

图 12-35　半透明图层的衔接

第 13 章

PSD 文件的交付

至此，我们已经讲完了拆分的思路、方法和典型案例。本章主要介绍交付PSD文件前可以做的额外处理。

下面这个附件是一个绘画完成后得到的PSD文件，我们需要进一步整理它，即在Photoshop中打开并随着下面的讲解进行操作。

★请在本书配套资源中查找源文件：13-1-七诺拆分结果（未整理）.psd。

如果使用的是自己制作的PSD文件，则在执行以下操作前，先按照2.1.2节所讲的内容进行检查。

13.1 处理图层以实现美化

打开附件后，立绘在Photoshop中的外观，如图13-1所示。这个PSD文件是完全可以直接用于Live2D建模的，但是非常不美观。这既不利于我们导出预览图片，又不利于交付后给人以良好的第一印象，因此需要做一些处理。

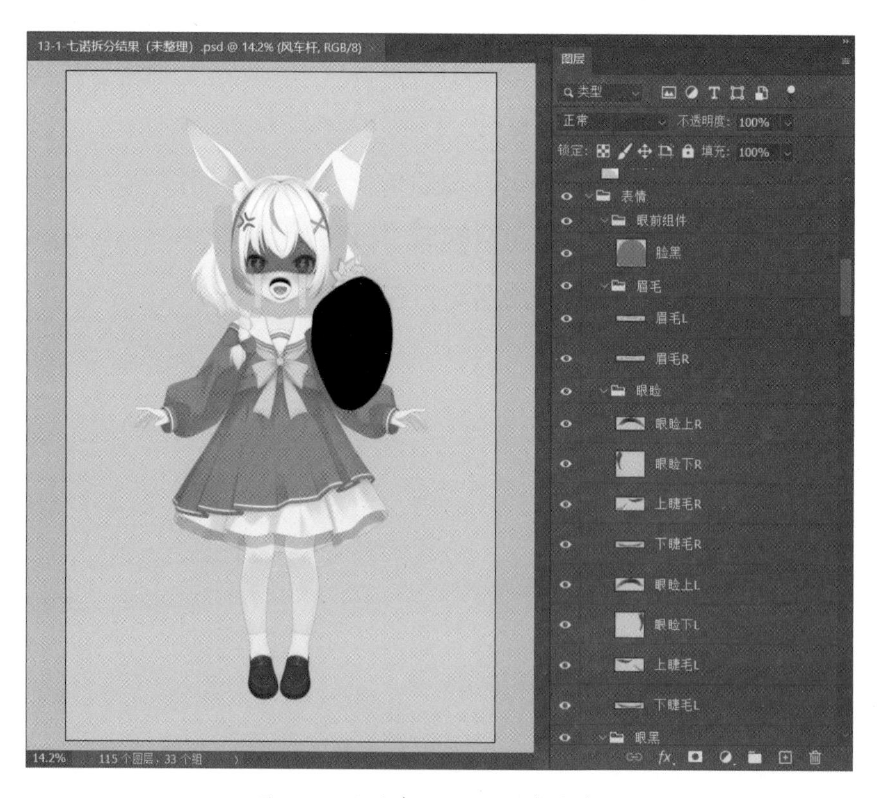

图13-1　立绘在Photoshop中的外观

为了美观起见，我们需要对图层做一些设置，最好能让 Photoshop 中的显示效果和立绘一致。

首先，我们可以将一些图层的不透明度调整为 0，以此隐藏它们，而且这么做并不会影响导入。我们也可以选择关闭图层或单击图层组前面的眼睛图标来隐藏图层，效果是一样的。

其中，我们可以隐藏蒙版图层。比如，立绘中非常显眼的黑色的部分，即“手臂蒙版”图层，选中它并将“不透明度”调整为“0%”，如图 13-2 所示。

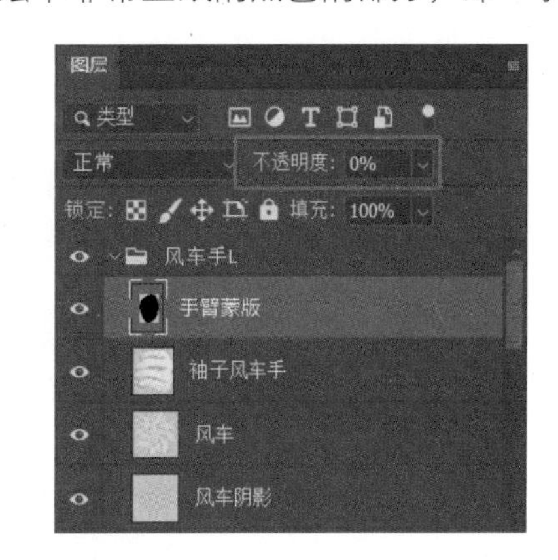

图 13-2　调整“手臂蒙版”图层的不透明度

在本案例的立绘中，需要像这样隐藏的蒙版图层包括：“手臂蒙版”图层和“脸线蒙版”图层。

然后，我们可以隐藏贴图图层，因为在默认表情下它们是不应该显示的。在本案例的立绘中，需要隐藏的贴图图层包括：“愤怒”图层、“脸黑”图层，以及“星星眼”图层组、“眼泪”图层组、“脸红”图层组。

将上述图层都隐藏后，立绘的外观，如图 13-3 所示。

图 13-3　隐藏图层后的立绘外观

仔细观察我们会发现，现在所有需要在 Live2D Cubism 中使用“剪贴蒙版”功能的图层都没有经过处理。其中，最明显的就是裙子和脸的阴影，眼睛和嘴巴也有同样的问题。在 Photoshop 中，我们可以为图层组创建图层蒙版，或者使用“剪贴蒙版”功能处理它们，这些操作不会影响建模。

下面介绍为图层组创建图层蒙版的操作。我们以左眼为例，因为眼黑应该在眼白内，所以首先按住“Ctrl”键并单击“眼白 L”图层的缩览图，获取对应的选区；然后选中“眼黑 L”图层组，单击“图层”面板底部的“添加图层蒙版”图标，这样左眼就会有正确的显示效果，如图 13-4 所示。

图 13-4 为眼睛创建图层蒙版

表 13-1 所示为需要创建图层蒙版的图层组及获取选区的来源图层。

表 13-1 需要创建图层蒙版的图层组及获取选区的来源图层

需要创建图层蒙版的图层组	获取选区的来源图层
眼黑 L	眼白 L
眼黑 R	眼白 R
发影	脸色
眼前组件	脸色
眼后组件	脸色
嘴巴	嘴内

下面介绍使用“剪贴蒙版”功能进行处理的操作。我们以裙子阴影为例，由于“裙子阴影”只有一个图层，如果要使用图层蒙版，就必须为它创建一个图层组，这并不划算，因此我们选择使用“剪贴蒙版”功能。首先确认“裙子阴影”图层位于“腿”图层组上方，然后选中“裙子阴影”图层并右击，在弹出的右键菜单中执行“创建剪贴蒙版”命令（或者按组合键“Ctrl+Alt+G”），这样裙子阴影就只会出现在腿的范围内，如图 13-5 所示。

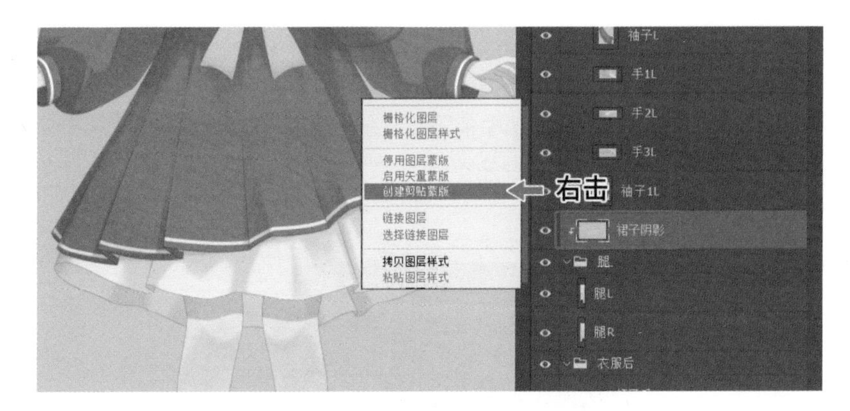

图 13-5 为裙子阴影创建剪贴蒙版

为裙子阴影创建剪贴蒙版需要用到的被剪贴图层和蒙版图层，如表 13-2 所示。

表 13-2 需要用到的被剪贴图层和蒙版图层

被剪贴图层	蒙版图层
裙子阴影	腿
脸阴影	脸色
风车阴影	风车杆

处理完成后，立绘的外观如图 13-6 所示。从图 13-6 中可以看出，除了差分的图层（手臂和耳朵），其他部分的显示效果已经和预期中的相同了。

图 13-6 处理完成后的立绘的外观

下面介绍隐藏差分的图层。这次我们直接关闭“风车手 L”和“兔耳朵下 L”图层组前面的眼睛图标。为了方便令后查找这些差分图层，我们可以为它们添加一个标签颜色。比如，右击需要隐藏的“兔耳朵下 L”图层组，在弹出的右键菜单中执行“红色”命令，如图 13-7 所示。这一步并不是必要的，读者可以根据个人习惯决定是否进行该操作。

图 13-7　隐藏差分图层组

这样一来，Photoshop 中的显示效果就和我们想要的立绘完全相同了。最终的立绘效果如图 13-8 所示。此时，我们可以在菜单栏中执行“文件”→“另存为”命令，保存一个 PNG 格式的立绘，届时和 PSD 文件一起提交。

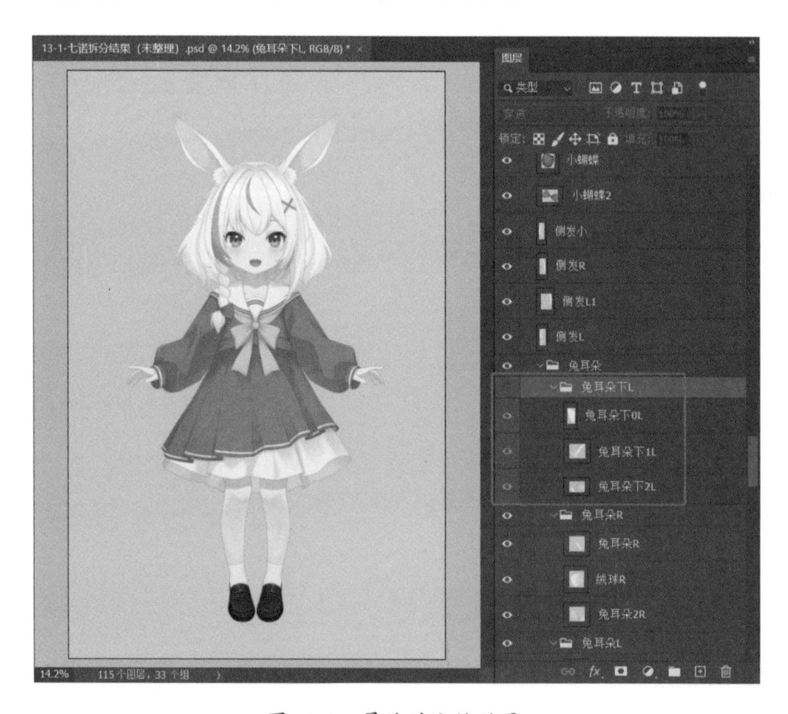

图 13-8　最终的立绘效果

除此之外，我们还可以对图层进行链接。比如，和左眼眼黑相关的“高光 L”“瞳孔 L”“底光 L”“眼黑 L”4 个图层是一起移动的，所以我们选中这 4 个图层并右击，在弹出的右键菜单中执行“链接图层”命令，完成这 4 个图层的链接，如图 13-9 所示。

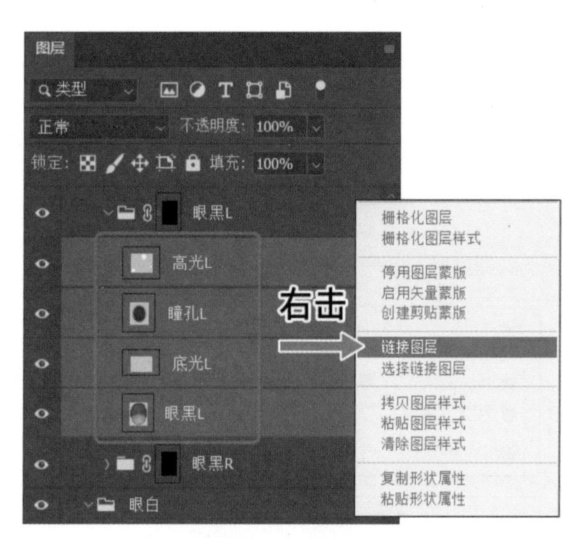

图 13-9 链接图层

链接图层后，当我们移动“高光 L”“瞳孔 L”“底光 L”“眼黑 L”这 4 个图层中的任意一个时，其他图层也会跟着一起移动。换句话说，它们的相对位置被固定了。

除了眼睛，我们还可以把与衣领相关的“衣领 1”“衣领下”“衣领 2”“衣领后”这 4 个图层链接在一起。像这样对图层进行链接后，我们就可以在 Photoshop 中十分方便地批量移动图层，以便检查图层的组合效果和移动效果。这一步并不是必要的，读者可以根据个人习惯决定是否进行该操作。

★请在本书配套资源中查找源文件：13-2- 七诺拆分结果（已整理）.psd。

需要注意的是，本节做的所有操作都不会对建模产生实质影响。

13.2 批量重命名图层

在完成插画后，我们可能会收到新的命名要求，此时可以利用批量重命名脚本辅助完成工作。这个脚本来自 Adobe Photoshop 官方社区，作者已经对其进行了汉化，如果读者有需要，则可以在附件中进行下载。

★请在本书配套资源中查找源文件：13-3-批量处理图层名.jsx。

比如，我们原本将所有“左”都写成了“L”，将所有“右”都写成了“R”。但后来收到要求，必须写“左”和“右”，此时我们就可以用上述脚本快速完成批量处理图层名的工作。

在Photoshop中，首先执行菜单栏中的“文件”→“脚本”→“浏览”命令，然后找到本书配套资源中的“13-3-批量处理图层名.jsx”文件并打开，最后在弹出的对话框中，分别选中“处理所有图层”单选按钮和“替换”单选按钮，在下方两个文本框中分别输入“L”和“左”，单击“执行”按钮，如图13-10所示。

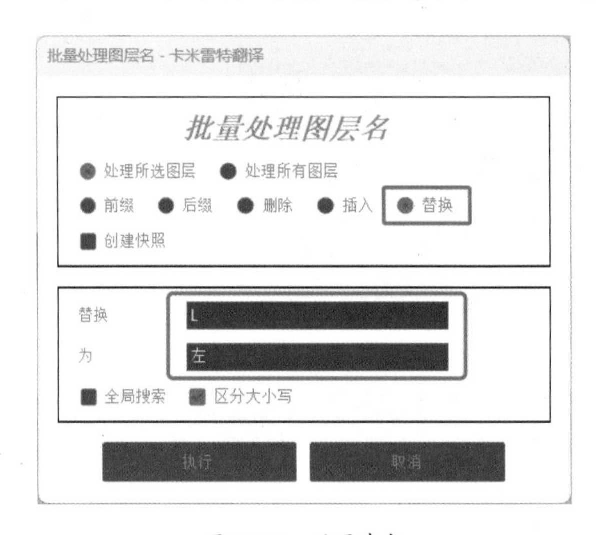

图13-10　设置脚本

脚本执行完成后，图层名称中所有的“L”都会被替换为“左”。再操作一次，将“R”都替换为“右”。

除了替换，我们还可以借助这个脚本为图层名称插入前缀、后缀，或者移除图层名中的某些字符。在需要管理几百个图层的名称时，使用这个脚本可以为读者节省大量时间。

13.3 文件的命名与打包

在检查无误后，我们就可以将PSD文件打包发送了。

在此之前，我们可以隐藏所有图层，以减小PSD文件的大小。我们仍然以刚才使用的“七诺”的插画文件为例，首先在“图层”面板中选中所有图层；然后单击“图层”面板底部的“创建新组”图标（或者按组合键“Ctrl+G”），创建一个包含所有内容的图层组，为它取一个合理的名字（比如，这里用角色的名称“七诺”命名）；最后单击新图层组前面的眼睛图标，隐藏图层组中的所有图层，如图 13-11 所示。

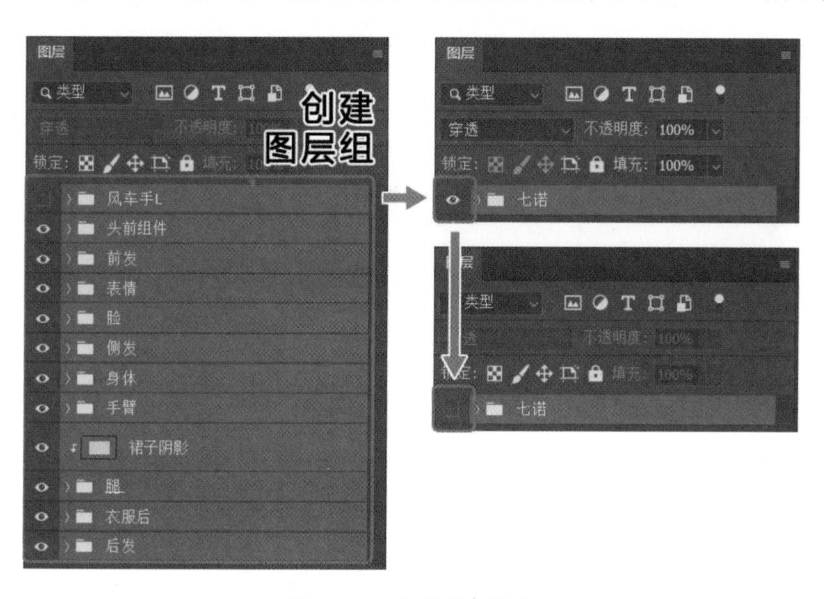

图 13-11　隐藏所有图层

保存后，我们会发现文件大小从约 24MB 减小为约 18MB。在立绘比较复杂且画布尺寸比较大时，用这种方法能有效减小文件的大小，提高传输文件的效率。

如果是初次提交文件，则可以将 PNG 文件和 PSD 文件一并发送，以便对方查看。如果有附加说明，则可以和文件放在一起一并发送。PSD 文件建议用修改日期作为后缀，以便今后查找历史版本。准备好所有文件后，将它们打包成压缩文件，如图 13-12 所示。

图 13-12　用于提交的压缩文件

至此，我们就完成全部拆分流程，请期待插画动起来的那一天吧！

附录 A

本书使用的虚拟形象

名称：七诺 版权持有人：卡米雷特 画师：卡米雷特 （附件含 PSD 文件和 Live2D 模型）	名称：米粒 版权持有人：卡米雷特 画师：卡米雷特 （附件含 PSD 文件和 Live2D 模型）	名称：络浅浅 版权持有人：卡米雷特 画师：卡米雷特

名称：夏卜卜（桃花小魔女） 版权持有人：夏卜卜 画师：卡米雷特	名称：夏卜卜（泳装） 版权持有人：夏卜卜 画师：卡米雷特	名称：夏卜卜（常装） 版权持有人：夏卜卜 画师：泳装扇贝

名称：夏卜卜（幼年） 版权持有人：夏卜卜 画师：卡米雷特	名称：夏卜卜（Q 版） 版权持有人：夏卜卜 画师：卡米雷特	名称：夏卜卜（动态壁纸） 版权持有人：夏卜卜 画师：chobi 糖

名称：林爱流 版权持有人：萌娘百科虚拟 UP 主编辑组 画师：卡米雷特	名称：卡米雷特 版权持有人：卡米雷特 画师：卡米雷特	名称：蜜柑箱 版权持有人：卡米雷特 画师：卡米雷特 （附件含 PSD 文件和 Live2D 模型）